中国气象发展报告

(2018)

主　编　于新文
副主编　王志强　张洪广　李　栋

气象出版社
China Meteorological Press

内容简介

本书从党的十八大以来气象发展成就、气象现代化进展、气象灾害防御、人工影响天气、生产生活气象服务、应对气候变化、生态环境气象保障、现代气象业务、气象科技创新、气象人才队伍建设、气象改革与法治、气象开放与合作等方面对2017年中国气象发展进行客观描述与评估，力求成为记录中国气象发展轨迹的重要载体，成为国内外了解中国气象发展的窗口。

本书适合气象及相关行业、部门的研究者、管理者和其他社会各界人士参阅。

图书在版编目(CIP)数据

中国气象发展报告. 2018 / 于新文主编. — 北京 ：气象出版社，2018. 10

ISBN 978-7-5029-6844-1

Ⅰ. ①中… Ⅱ. ①于… Ⅲ. ①气象-工作-研究报告-中国-2018 Ⅳ. ①P4-12

中国版本图书馆CIP数据核字(2018)第231589号

出版发行：气象出版社
地　　址：北京市海淀区中关村南大街46号　　**邮政编码**：100081
电　　话：010-68407112(总编室)　010-68408042(发行部)
网　　址：http://www.qxcbs.com　　**E-mail**：qxcbs@cma.gov.cn
责任编辑：林雨晨　　**终　　审**：吴晓鹏
责任校对：王丽梅　　**责任技编**：赵相宁
封面设计：时源钊
印　　刷：北京地大彩印有限公司
开　　本：710 mm×1000 mm　1/16　　**印　　张**：20.75
字　　数：433千字
版　　次：2018年10月第1版　　**印　　次**：2018年10月第1次印刷
定　　价：150.00元

《中国气象发展报告 2018》编写组

主　　　编：于新文

副 主 编：王志强　张洪广　李　栋

编写组成员（按姓氏笔画排名）：

王　喆　孔　锋　申丹娜　冯裕健　邢　超

吕丽莉　朱玉洁　孙石阳　孙国芝　李　栋

李　博　李婷婷　李锡福　肖　芳　辛　源

陈鹏飞　邵　洋　林　霖　易　晖　周　勇

周彦均　赵志强　祝海锋　唐　伟　龚江丽

审稿专家（按姓氏笔画排名）：

于玉斌　王存忠　王守荣　卞晓丰　石雪峰

任振和　刘宪华　李北群　何立富　张天勇

张连强　张俊霞　罗爱文　郑　伟　胡　鹏

钟国平　倪允祺　徐相华　郭　虎　郭彩丽

黄　卓　黄　燕　曹卫平　巢清尘　裴　翀

裴顺强　廖　军

统　　　稿：张洪广　姜海如　李　栋　肖　芳

前言与致谢

《中国气象发展报告》，是气象智库丛书的重要组成部分。《报告》由中国气象局发展研究中心组织编研，是立足于跟踪重大进展、透析发展前沿、解读公众热点、支撑科学决策的气象行业年度发展报告。

《中国气象发展报告》，遵循综合性、研究性、权威性、前瞻性和客观性的研究思路，跟踪中国气象发展进展、记录中国气象发展轨迹，旨在为国家气象预报预测、气象综合防灾减灾、应对气候变化、开发利用气候资源宏观科学决策提供重要支撑，为政府部门、科研院所、大专院校和社会公众了解中国气象发展动态、探索中国气象发展规律、理解气象对经济社会发展和人民安全福祉的作用和影响提供参考。

《中国气象发展报告(2018)》主要反映 2017 年中国气象发展状况。根据新的发展形势，本报告在基本保持《中国气象发展报告(2017)》框架的基础上略有调整，篇章名略有变化。从内容上更突出通过数据变化反映气象发展；更突出客观数据分析，从纵向横向维度反映气象发展时空变化。全书共有七篇十二章。各章主要执笔人员如下：第一章李栋；第二章王喆、唐伟；第三章辛源、吕丽莉、孔锋；第四章李锡福、赵志强、邵洋、肖芳；第五章肖芳、孙石阳、冯裕健；第六章申丹娜、龚江丽、孙石阳；第七章林霖；第八章周勇、唐伟、王喆、龚江丽；第九章陈鹏飞、申丹娜；第十章李锡福、邢超；第十一章李栋、辛源；第十二章朱玉洁、李博、周彦均；附录吕丽莉。全书由于新文、王志强、张洪广、姜海如、李栋、李锡福等同志统稿并审定。

《中国气象发展报告(2018)》在编研过程中，得到了气象行业相关机构、中国气象局机关及直属单位的大力支持。许多专家学者对编研工作给予了悉心指导，于玉斌、王存忠、王守荣、卞晓丰、石雪峰、任振和、刘宪华、孙国芝、李北群、李婷婷、何立富、张天勇、张连强、张俊霞、易晖、罗爱文、郑伟、胡鹏、钟国平、祝海锋、倪允祺、徐相华、郭虎、郭彩丽、黄卓、黄燕、曹卫平、巢清尘、裴翀、裴顺强、廖军等参与了研讨、咨询和审稿。马明、王丽华、王建凯、王淞秋、许崇海、孙逸涵、孙锐、李俊、李晓露、杨晓武、杨静、汪青、沈文海、张礼春、张宇、张恒德、张强、周林、周恒、赵滨、胡博、姜燕、袁佳双、郭文刚、桑瑞星、蒋品平、臧海佳、魏超等分别提供了相关资料。气象出版社在编辑、校对、出版等方面给予了大力帮助。在此，我们对所有提供帮助的领导和专家表示衷心感谢！对所有编研人员作出的努力和贡献表示诚挚的谢意！

《中国气象发展报告(2018)》引用了气象行业机构、中国气象局机关职能司和直属单位提供的大量资料和数据，部分已在参考文献或正文中标注，但由于涉及资料较多，未予全列，请谅！《中国气象发展报告(2018)》中涉及的一些述评仅限于编研人员的认识，不代表任何政府部门和单位的观点。作为研究成果，限于编研人员的水平和经验不足，难免存在疏漏和不妥，希望广大读者提出宝贵意见和建议。

于新文

2018年8月

报告摘要

《中国气象发展报告 2018》是中国气象局发展研究中心组织编研出版的第 4 本年度行业发展研究报告。报告分综述篇、现代化篇、减灾篇、趋利篇、能力篇、创新篇、改革开放篇，从党的十八大以来气象改革发展主要成就、气象现代化进展、气象灾害防御、人工影响天气、生产生活气象服务、应对气候变化、生态环境气象保障、现代气象业务、气象科技创新、气象人才队伍建设、气象改革与法治建设、气象开放与合作等不同领域，对 2017 年中国气象发展进行研究评估，对未来气象发展愿景进行研判和展望。

报告认为，党的十八大以来，全国气象系统全面推进气象现代化、全面深化气象改革、全面推进气象法治建设、全面从严加强气象部门党的建设，完成了“十二五”气象发展规划，接续实施了“十三五”规划，气象事业发展取得显著成就。气象综合实力显著提升。全国 24 小时暴雨预报准确率提高了 7%，接近国际先进水平。台风路径预报 24 小时误差从 95 千米缩小到 73.5 千米，达到国际领先水平。9 颗风云气象卫星在轨运行，参与组网运行的天气雷达增加到 198 部，自动气象观测站乡镇覆盖率提高了 7.4%。气象保障更加有力。气象预警信息公众覆盖率不断扩大。气象灾害造成的人员伤亡和经济损失占 GDP 的比重逐年下降。有效应对“莫兰蒂”等强台风、2016 年长江流域和太湖流域持续特大降雨等严重气象灾害，有力保障四川茂县“6·24”山体高位垮塌等突发事件和自然灾害应对防范救援。气象保障 APEC 北京峰会、抗战胜利 70 周年阅兵、G20 杭州峰会、“一带一路”国际高峰论坛、厦门金砖国家领导人会晤等重大活动取得圆满成功。气象保障生态文明建设、区域协调发展、“一带一路”建设、军民融合发展等国家重大战略实施取得重大进展。气象改革和法治建设迈出新步伐，气象行政审批制度改革深入推进，防雷减灾体制改革主要任务全面完成，气象服务市场监管逐步建立。气象人才科技创新环境明显优化，国家气象科技创新体系逐步形成，气象科技贡献率呈上升趋势。中国气象的国际地位和全球影响力明显提高，中国气象局被正式认定为世界气象中心(WMC)，标志着我国气象业务服务的整体水平迈入世界先进行列。

2017 年是实施“十三五”气象发展规划的重要一年，也是推进气象现代化的关键一年。全国气象系统贯彻落实全面推进气象现代化的战略部署，深入推进气象保障国家战略逐步深入，气象现代化建设取得新的重大进展。报告评估表明，2017 年国家级和省级气象现代化综合评分较2016年分别提高5.5分和5.7分。

趋利和避害是气象工作的两大主题。2017年,气象防灾减灾救灾成效显著。组织完成四川茂县山体滑坡、九寨沟地震、内蒙古森林火灾等救灾气象服务。国家突发事件信息预警发布系统汇集多个部门76类预警信息,发布中央气象台提供的暴雨、高温、台风等灾害天气预警721期次,发布各类突发事件预警信息213824条,气象灾害预警发布时效由10分钟缩短到5~8分钟。预警信息覆盖率达85.8%,高于2016年水平。2017年,气象灾害直接经济损失总额比2016年减少2014.2亿元,直接经济损失占GDP的比例持续下降至0.38%,为2000年以来最低值。气象灾害造成的死亡(失踪)人数为913人,比上年减少687人,为2004年以来第3低年份。依靠已经建成的地质灾害风险预警业务,2017年成功避让地质灾害1016起,避免伤亡人数39869人。2017年,主要气象灾害造成农作物受灾面积1848万公顷,比上年减少774万公顷,持续保持减少趋势。

气象工作蕴含着巨大的经济、社会、生态利益。相关研究表明,气象服务对经济、社会、生态文明建设的贡献力年均增长超过10%。气象服务的领域逐步拓展,为保障城市安全、服务"三农"和脱贫攻坚、区域协调发展等作出了重要贡献。2017年,气象服务助力"一带一路"国际合作高峰论坛、厦门金砖会晤、第十三届全运会和建军90周年阅兵等重大活动取得圆满成功。公众气象服务满意度达到89.1分,为历年最高。气象科学知识普及率达76.44%。国内粮食总产预报准确率达99.4%。832个国家级贫困县自动气象观测站乡镇覆盖率达91.0%,气象信息员覆盖99.5%的行政村。环境、海洋、交通、民航、兵团、农垦、森工、旅游等面向行业和特定领域的气象服务更加精细。人工影响天气已经形成了比较完善的业务体系,2017年全国开展飞机人工增雨作业1077架次,开展火箭和高炮地面增雨和防雹作业4.37万次,人工影响天气增雨目标区约491.3万千米^2,增加降水约483亿米^3,取得了显著经济社会效益。

2017年是全球气候治理格局出现重要转折的一年,也是我国作为全球气候变化引领者具有里程碑意义的一年。我国积极倡导全球治理,习近平主席发表的《共同构建人类命运共同体》首次写入联合国决议。积极推进生态文明建设,积极引导应对气候变化国际合作,对于《巴黎协定》"破纪录"的达成、签署和生效起到了决定性的作用,我国已逐渐成为全球气候治理的重要参与者、贡献者、引领者。坚持适应与减缓并举发展战略,大力倡导绿色、低碳、气候适应型发展理念,在减排、清洁能源、植树和城市适应性建设、气候治理等方面采取了有效行动。2017年,万元国内生产总值二氧化碳排放下降5.1%,单位GDP能耗下降3.7%,全年完成造林面积736.2万公顷,碳交易额有新突破。应对气候变化科技支撑工作扎实稳步推进,适应气候变化技术研究取得明显进展,组织完成联合国政府间气候变化专门委员会(IPCC)新一轮评估报告专家提名,并积极参与主席团会议,应对气候变化决策服务能力进一步提升。

生态气象监测取得积极进展,已形成由9颗在轨运行的风云气象卫星和1颗碳卫星组成的生态遥感监测星座。能见度和细颗粒物($PM_{2.5}$)浓度预报时效延长至10天,雾、霾天气过程预报准确率达80%以上。完成了415项重大规划和重点工程项目气候可行性论证,服务37个城市的城市总体规划、城市通风廊道、海绵城市、气候适应性城市和重大行业发展规划设计。太阳能、风能、云水资源等气候资源开发利用能力进一步提升。

2017年,现代气象业务能力持续提升。全球数值天气预报能力建设迈出实质性步伐,区域天气模式和全球气候模式与世界先进水平差距缩小。全国智能网格预报"一张网"初步建立,空间分辨率精细到5千米。综合气象观测体系更加完善,卫星、雷达等监测能力位居世界前列。成功发射风云三号D气象卫星,实现极轨气象卫星业务组网观测,风云四号A星成功交付使用,静止气象卫星顺利升级换代。我国4个站点被世界气象组织认定为百年气象观测站。气象信息化水平和新技术应用能力显著提升。气象信息集约化程度进一步提高,初步建成气象云国家级中心,450个省级核心业务系统实现与全国综合气象信息共享平台对接,实现了国省数据同步消息全流程监控。气象与21个行业部门实现数据共享。气象数据共享开放能力不断提高,2017年中国气象数据网访问量达1.19亿人次,存储数据量达82TB,较2016年同期增长13.9%,支持国家科技支撑计划、973、863、自然科学基金等重点科研项目1588项。

全国气象系统坚持把科技创新作为第一驱动,深入实施创新驱动发展战略。聚焦重大核心关键技术开展攻关,卫星资料同化、四维变分同化、模式精细化改进、集合预报等重点领域科技研发取得积极进展。国家气象科技创新体系逐步形成,气象科技贡献率呈上升趋势。完善人才发展机制,制定《中共中国气象局党组关于增强气象人才科技创新活力的若干意见》,人才科技创新环境明显优化。推进专业技术二级岗位管理和职称制度改革,二级岗和正研级职称资格分别新增60人和244人,较上年分别增长63.8%、25%,并推进了高层次领军人才队伍建设。积极组织分层分类培训,全年共举办各类全国培训176期,培训干部职工6850余人。

2017年是供给侧结构性改革的深化之年,也是认真贯彻落实党中央全面依法治国重大战略部署的重要之年。全国气象系统深化"放、管、服"改革,非行政许可审批事项全部取消,气象行政审批中介服务全面规范,防雷服务市场全面开放,防雷减灾事业转型发展。中央与地方合力推进气象事业发展的机制逐步完善,运行保障更加有力。气象法律法规和标准不断健全并有效实施,2017年共制修订出台11部地方性法规和5部地方政府规章,制定发布112项国家标准、46项行业标准、2项团体标准和35项地方标准。2017年,以服务于国家总体外交和服务于气象事业发展为主线,积极开展国际气象合作。强化气象与国家总体外交战略的对接,在世界气象组织框架下进一步加强针对"一带一路"沿线国家的气象合作,参与世界气象组织

(WMO)、联合国政府间气候变化专门委员会(IPCC)、联合国气候变化框架公约(UNFCCC)、联合国亚洲及太平洋经济社会委员会(UNESCAP)、台风委员会(TC)等国际组织的活动,积极推进多边双边气象科技合作,确定双边合作项目62个。

2017年,全国气象系统全面加强党的建设,层层落实管党治党责任,“四个意识”明显增强,政治纪律和政治规矩更加严明。认真整改落实中央巡视反馈意见,推进部门巡视全覆盖。严格落实中央八项规定精神,持之以恒正风肃纪,干部队伍作风明显改善,战斗力明显增强,精神面貌焕然一新。

目　录

综述篇

现代化篇

减灾篇

趋利篇

能力篇

创新篇

改革开放篇

综述篇

第一章　党的十八大以来气象发展成就与现代化气象强国新征程

中国特色社会主义进入新时代，这是党的十九大作出的一个重大政治判断，明确了我国发展新的历史方位。站在新的历史起点，回顾党的十八大以来气象改革发展历程，总结党领导下气象改革发展取得的成就和主要经验，对于坚持以习近平新时代中国特色社会主义思想为指导，准确把握气象事业发展阶段特征和内在规律，坚定气象事业实现高质量发展的信心和决心，开启全面建设气象现代化新征程，早日实现气象现代化强国宏伟目标具有十分重要的意义。

一、党的十八大以来气象发展成就

党的十八大以来的这五年，在党中央、国务院的高度重视和正确领导下，在各级党委政府和社会各界的大力支持下，面对天气气候背景复杂多变的严峻形势，为满足党和国家重大战略、重大工程、重大活动的气象保障需要，满足人民群众日益增长的气象服务需求，全国气象系统迎难而上、勇于创新，全面推进气象现代化、全面深化气象改革、全面推进气象法治建设、全面从严加强气象部门党的建设，全面完成了"十二五"气象发展规划，接续实施了"十三五"规划，我国气象事业发展取得显著成就，并呈现出阶段性新特征。

（一）党中央、国务院更加关心和重视气象事业发展，气象工作地位不断提高

党的十八大以来，习近平总书记多次对气象防灾减灾、气象现代化建设提出殷切期望和明确要求。针对防灾减灾救灾气象工作，习近平总书记特别强调，防灾减灾救灾事关人民群众生命财产安全，事关社会和谐稳定，是衡量执政党领导力、检验政府执行力、评判国家动员力、彰显民族凝聚力的一个重要方面。习近平深刻指出："推进防灾减灾救灾，要坚持以防为主、防抗救相结合，坚持常态减灾和非常态救灾相统一，努力实现从注重灾后救助向注重灾前预防转变，从应对单一灾种向综合减灾转变，从减少灾害损失向减轻灾害风险转变，全面提升全社会抵御自然灾害的综合防范能力。"针对雾霾污染问题，总书记要求气象等部门加大联动协调力度，为实现美丽中国的发展目标作出应有贡献。针对全球气候变化问题，总书记明确提出要积极参与气候变化国际合作，携手努力建立公平有效的全球应对气候变化治理机制，构筑人类命运共同体。党的十八大以来，习近平总书记的亲切关怀、高度重视和更高要求，为气

象事业发展指明了前进方向、提供了强大动力。

五年来,党中央、国务院作出了一系列对气象事业发展影响深远的重大决策。党的十八大提出"加强防灾减灾体系建设,提高气象、地质、地震灾害防御能力"的战略任务。党的十八届三中全会从推进国家治理体系和治理能力现代化的全局,强调要"健全防灾减灾救灾体制"、"建立资源环境承载能力监测预警机制"。党的十八届五中全会提出"加强防灾减灾能力建设,切实维护人民生命财产安全"的工作任务。党的十九大作出"树立安全发展理念,弘扬生命至上、安全第一的思想,健全公共安全体系,提升防灾减灾救灾能力"的战略部署,要求"坚持环境友好,合作应对气候变化,保护好人类赖以生存的地球家园"。中央1号文件连续13年对气象服务"三农"作出工作部署、提出明确要求。2016年,国务院下发了《关于优化建设工程防雷许可的决定》(国发〔2016〕39号),这是继《国务院关于加快气象事业发展的若干意见》(国发〔2006〕3号)之后,第二个以国务院名义下发的关于气象灾害防御工作的重要政策性文件。这些政策举措,强化了气象工作在经济社会发展、生态文明建设中的地位和作用,有力地推动了气象事业科学发展,对调动全社会力量共同参与气象防灾减灾,保障经济社会发展和人民安全福祉具有重大意义。

(二)重大气象工程和基础设施建设快速推进,气象综合实力显著提升

这五年,中央加大了对重大气象工程的支持力度,灾害预警、气候变化应对、风云气象卫星、山洪地质灾害防治、区域人工影响天气、雷达等一批重点工程建设扎实推进,气象现代化水平大幅提升。五年来,中央财政预算增长了36.4%,中央财政拨款收入(决算)增长37.5%(图1.1),地方财政预算增长了60.5%,重大气象工程和基础设施建设保持年均30亿元左右的较高投资规模。

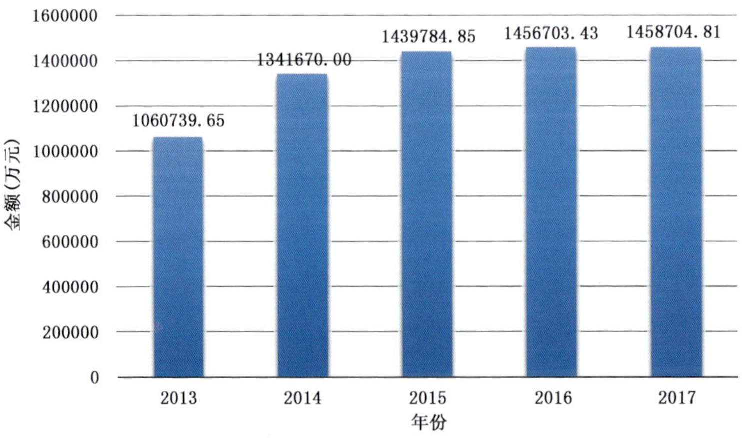

图1.1　2013—2017年气象部门中央财政拨款收入(决算)

五年来，我国综合气象观测体系更加完善，气象卫星、雷达等监测能力位居世界前列，气象信息化水平和新技术应用能力逐步提升。全球数值天气预报能力建设迈出实质性步伐，区域天气模式和全球气候模式与世界先进水平差距缩小。我国气象灾害监测预报预警和气候服务能力持续增强，气象防灾减灾救灾全球影响力逐渐提高。目前，我国9颗风云气象卫星在轨运行，参与组网运行的天气雷达增加到198部。通过严格遴选，国家地面天气站增加到10596个，区域气象观测站达57435个，乡镇覆盖率由88.6%提高到96%。地面观测基本实现自动化，气象数据全部实现实时汇交、质量控制和自动分发。气象预测准确率稳步提升，智能网格预报提高了预报的精准化水平。全国24小时暴雨预报准确率提高了7%，接近国际先进水平。台风路径预报24小时误差从95千米缩小到73.5千米，达到国际领先水平。中国气象发展指数（MDI）通过新华社向世界首次发布，以年均10.3%的增长速度，成为全球展示气象发展作用、贡献和社会经济效益的优秀典范（图1.2）。

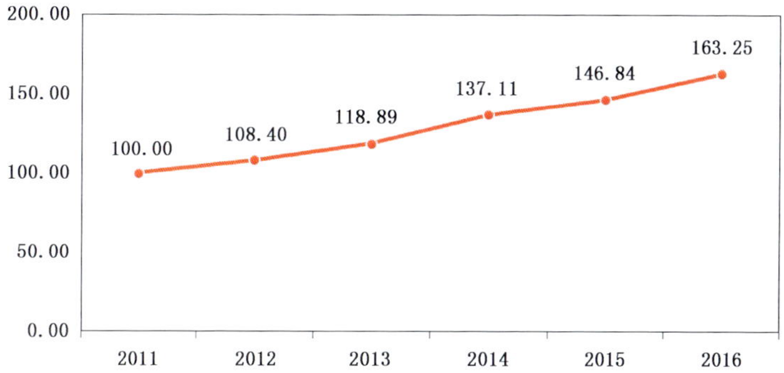

图1.2　2011—2016年中国气象发展指数

世界气象组织秘书长佩蒂瑞·塔拉斯贺信

尊敬的刘雅鸣局长：

我高兴地获悉新华社即将发布《中国气象发展指数》报告。我谨对中国气象局的这一创新举措表示热烈祝贺。

这些指数展示了中国气象局近年来取得的显著进展和巨大成就，以及你们在促进中国社会经济发展和保障人民福祉方面发挥的作用。你们所使用的方法是全球气象界用来展示气象服务的作用和社会经济效益的优秀典范。

中国一直是世界气象组织在综合观测、气象预报和气候预测、公共气象服务和早期预警、气象科研、教育和培训等方面的主要贡献方之一。近期你们被认定为世界气象中心并承办了若干其他世界气象组织全球或区域中心，中国专家更加积极地参与世界气象组织的活动，以及你们在“一带一路”倡议下开展了诸多国际合作活动，所有这些均显示了中国气象的快速发展以及你们为国际社会做出更大贡献的意愿。

我祝贺中国未来气象事业发展顺利，并期待你们为全球气象发展做出更大贡献！

佩蒂瑞·塔拉斯教授

世界气象组织秘书长

2017 年 9 月 25 日

(三)气象安全和生态环境气象保障更加有力，人民群众气象服务的获得感增强

五年来，有效应对了“莫兰蒂”等强台风、2016 年长江流域和太湖流域持续特大降雨等严重气象灾害的考验，有力保障了“东方之星”客轮翻沉、四川茂县“6·24”山体高位垮塌等突发事件和自然灾害应对防范救援，气象灾害造成的人员伤亡和经济损失占 GDP 的比重逐年下降，气象防灾减灾“消息树”和“发令枪”的影响和效益日益凸显。

五年来，APEC 北京峰会、抗战胜利 70 周年阅兵、G20 杭州峰会、“一带一路”国际高峰论坛、厦门金砖国家领导人会晤等重大活动气象保障取得圆满成功。京津冀大气污染防治、长江经济带气象保障协同发展、生态文明建设气象保障等国家重大战略保障工作扎实推进。应对气候变化气象支撑作用更加突出，为农业、生态、环保、海洋等领域适应气候变化以及建设气候适应型城市作出了重大贡献。推动太阳能、风能、云水资源等开发利用成效显著，人工增雨 2530 亿米^3，防雹作业保护 58.6 万千米^2，有力推动了生态修复、环境改善、污染防治、水库蓄水，绿色发展，为建设美丽中国发挥了重要作用。

五年来，国家突发事件预警信息发布系统建设，汇集了 16 个部门 76 类预警信息，2016 年以来发布预警 1.3 亿人次，预警信息公众覆盖率达到 85%；建成了 7.8 万个气象信息服务站、78 万名气象信息员、123 个标准化现代农业气象服务县和 1159 个标准化气象灾害防御乡镇，已成为基层气象防灾减灾的中坚力量。中国气象数据为 60 个行业及 690 多项国家重大科技项目提供服务。气象服务在改善社会民生中的作用与日俱增，公众气象服务满意度年均 87.6 分。我国已经成为气象服务体系最全、保障领域最广、服务效益最为突出的国家之一。

(四)气象保障国家重大战略实施取得重大进展,气象服务效益显著

党的十八大以来,国家提出了"一带一路"倡议、京津冀协同发展、长江经济带等一系列重大发展战略。为切实做好国家战略实施的气象保障工作,中国气象局先后制定了《气象"一带一路"发展规划(2017—2025年)》《京津冀协同发展气象保障规划(2015—2020年)》《长江经济带协同发展气象保障规划(2015—2020年)》《海洋气象发展专项规划(2015—2020年)》《"十三五"生态文明建设气象保障规划》。

通过以上规划的制定与实施,气象部门积极参与新时代中国走向强国的伟大实践,主动服务国家战略实施,并取得崭新进展。"一带一路"沿线国家气象合作全面加强,与世界气象组织签署了推进区域气象合作和共建"一带一路"意向书,并被纳入"一带一路"国际合作高峰论坛成果文件。首届中国一东盟气象合作论坛成功举办。建立中亚气象科技合作机制。推进中国一中亚、中国一东南亚极端天气联合监测预警合作及海洋气象联合观测。

京津冀区域协同发展气象服务保障不断深入,成立了京津冀环境气象预报预警中心,科学支撑区域大气污染联防联控,完善了京津冀交通气象监测网,初步实现京津冀交通气象信息共享和一体化服务,成立区域数值预报模式联合研发团队,区域内气象监测信息及预报预警产品实时共享应用、高性能计算资源共用,开展京津冀近55年气候变化影响研究、区域大气环境承载力研究和城市通风廊道数值模拟,以及京津冀城市群发展有关环境影响评估工作。重大活动区域人影协同工作机制逐步完善。

长江经济带建设气象服务保障协同推进,与水利部长江水利委员会签署合作协议,深化长江流域防汛抗旱、管理保护、生态文明建设等各领域合作,上海等13个省(市)气象部门共推长江黄金水道及近海航运交通气象服务系统建设,促进长江经济带气象服务互联互通、协同发展。

生态文明建设气象保障稳步发展,气象部门参与完成了京津冀及长江流域15省(市)生态保护红线审定。积极发挥生态气象监测评估在维护国家生态安全中的服务支撑作用,开展气候和气候变化对全国陆地植被、主要水体和大气质量的影响评价,试点建立气候条件对植被生态质量的贡献率指标。2017年与住建部合作,组织参与120个城镇规划、城市通风廊道和排水防涝设计,新增天津等13个城市暴雨内涝防治试点。组织完成全国贫困县10千米分辨率太阳能资源综合评估,组织全国完成415项气候可行性论证和1051个风电场、太阳能电站选址评估及预报服务。

(五)气象改革和法治建设迈出新步伐,发展的动力和活力明显增强

根据国家全面深化改革的要求,全国上下认真贯彻落实《国务院关于优化建设工程防雷许可的决定》,防雷减灾体制改革取得突破性进展,防雷服务市场全面开放,防雷减灾事业转型发展,平稳实现了防雷机构优化和人员安置。全部取消气象部门4

项非行政许可审批事项,取消下放 5 项行政许可事项,全面清理规范 12 项气象行政审批中介服务事项,气象"放管服"改革成效显著。气象服务、业务、科技和管理体制机制改革全面发力、多点突破、纵深推进。气象规划工作不断加强,建立和完善了以气象发展总体规划为核心、各专项规划和省级气象发展规划相互衔接的气象规划体系,成为引领气象事业发展的重要依据。

五年来,气象法治建设明显增强。目前气象方面已经实施的法律 1 部、行政法规 3 部、部门规章 19 部、地方性法规 106 部、地方政府规章 127 部。发布气象国家标准 37 项、地方标准 230 项、行业标准 204 项。以《气象法》为龙头,由气象行政法规、部门规章、地方性法规、地方政府规章和国际气象公约,以及国家标准、行业标准、地方标准构成的气象法律法规和标准体系进一步完善。配合全国人大两次开展执法检查,推动了气象法律法规的全面实施,我国气象发展的法治环境明显改善。

(六)气象科技创新取得新进步,发展的新动能加快积聚

五年来,国家气象科技创新工程深入推进,聚焦重大核心关键技术开展攻关,天气、气候、综合气象观测和应用气象 4 项研究计划取得新成效,200 多项国家科技计划和公益性行业专项进展顺利。与 20 多所高校建立了战略合作关系。自主创新的全球天气、气候模式实现重大进展,基本具备全球预报预测能力。

五年来,不断完善人才发展机制,激发创新活力,国家气象科技创新体系逐步形成,气象科技贡献率呈上升趋势。先后有 3 项科研成果获国家科技进步二等奖,3 个重点领域创新团队获国家科技计划支持,气象创新驱动力年均增长 11.4%。"千人计划""双百计划"等气象人才优先发展战略有效实施,30 余人次入选国家级人才工程。

(七)深度参与和引领全球气象治理,我国气象的国际地位和全球影响力明显提高

我国被正式认定为世界气象中心,标志着我国气象业务服务的整体水平迈入世界先进行列。风云系列气象卫星的成功改变了国际气象卫星的格局,中国碳卫星数据正式对外开放共享,使我国成为世界上第三个提供数据服务的国家,提高了我国国际影响力,树立了大国形象。徐家汇观象台以及呼和浩特、长春、营口气象站被确认为百年气象站。积极参与全球应对气候变化外交谈判,为《巴黎协定》和联合国政府间气候变化专门委员会第五次评估报告提供了有力的科技支撑。我国日益走进世界气象舞台中央,成为全球气候治理的积极参与者,在合作应对自然灾害、气候变化上负起了大国责任,作出了中国贡献。

(八)气象部门党的建设明显加强,落实全面从严治党成效显著

五年来,全国气象部门层层落实全面从严治党主体责任和监督责任,严格落实中央八项规定精神,认真整改落实中央巡视意见,深入推进气象部门巡视工作和党风廉政、思想文化和精神文明建设。全国气象部门 3151 个单位、4892 个党组织全部组织

开展了党的群众路线教育实践活动，“三严三实”专题教育，推进“两学一做”学习教育常态化制度化，党员干部普遍受到深刻的思想警醒和精神洗礼。广大气象工作者的政治意识、大局意识、核心意识、看齐意识更加坚定，党中央的权威和集中统一领导在全部门得到坚决维护。五年来，全国气象部门新增 62 个全国文明单位，使全国文明单位达到 125 个，国家级、省级、地市级和县级文明单位达到 2620 个，文明单位比例达到 98.57%，新增 18 人荣获全国五一劳动奖章、全国先进工作者、全国三八红旗手、全国青年岗位能手等国家级个人荣誉称号，16 个单位获得全国工人先锋号、全国五一劳动奖状、全国巾帼文明岗、全国青年文明号等国家级集体荣誉称号。

党的十八大以来，气象发展虽然取得了显著成就，但也还存在一些不足和问题，主要表现在：气象科技距离世界先进水平还有较大差距，高层次领军人才依然不足；参与全球气象服务和应对全球气候变化力度不够；助推气象发展的社会资源和力量亟待凝聚，气象治理体系和治理能力还有不少薄弱环节；个性化、专业化、精准化服务产品供给不足，气象服务供给侧结构性改革有待深化；东中西部气象事业发展不够平衡。为解决这些问题，全国气象部门还将付出更为艰苦的努力，继续为实现现代化气象强国的宏伟目标而积极进取，开拓创新。

二、党的十八大以来气象发展主要经验

党的十八大以来，气象改革发展的成功实践，不仅为率先基本实现气象现代化积累了坚实的物质基础，更以发展理念的转变，确定了气象事业发展的有效路径，奠定了未来全面协调可持续的发展格局，积累了开辟中国特色气象事业高质量发展广阔前景的宝贵经验。

（一）坚持和加强党的领导，为气象事业发展提供坚强的政治保证

气象事业的发展历程告诉我们，党的领导是气象事业不断开创发展新局面的根本保证。中国气象事业发展的最根本点在于坚持党的领导，坚决贯彻落实党的路线方针政策。五年来，气象事业取得的每一次重大成就、每一次重大进步，都与党的坚强领导密不可分。在前进的道路上，必须坚定不移把坚持党的领导、依靠和加强党的领导贯穿始终，切实增强政治意识、大局意识、核心意识、看齐意识，自觉维护党中央权威和集中统一领导，紧紧围绕党和国家工作大局和中心任务，统筹谋划改革开放和气象现代化建设，保证党和国家重大战略部署的全面贯彻和深入落实。这是开辟中国特色气象事业高质量发展广阔前景的政治保证。

（二）坚持以人民为中心的发展思想，让人民群众拥有更多获得感

人民是推动社会发展的根本力量，也是推动气象发展的根本力量。气象事业的发展历程告诉我们，气象与人民的生产生活和安全福祉密切相关，全心全意为人民服务是气象工作的根本宗旨，更好地满足人民群众美好生活的气象需要是气象发展的

根本目的。党和政府高度重视气象工作、社会各界关注气象事业、人民群众关心气象预报，归根结底就是希望气象部门能够提供满足人民需求、保障人民安全福祉的气象服务。五年来，气象部门坚持以人为本、服务民生，始终把保障人民生命财产安全和经济社会发展放在一切工作的首位，有力提升了气象事业的地位和影响力。气象发展必须坚持以人民为中心的思想，加快完善以人民群众需求为核心的气象发展格局，围绕人民群众的新期待大力发展智慧气象，使人民群众对气象工作的满意度更高、信赖感更强。这是开辟中国特色气象事业高质量发展广阔前景的根本出发点和落脚点。

（三）坚持全面深化气象改革开放，不断增添气象事业发展新动力

改革开放是发展的强大动力。气象事业的发展历程表明，改革开放是坚持和发展中国特色气象事业的必由之路，是实现气象现代化的重要法宝。五年快速发展的实践充分证明，只有始终坚持改革创新，才能解决气象事业发展中的各种矛盾和困难，破除影响和制约气象事业科学发展的体制机制障碍，才能适应发展形势的变化，不断增强发展的动力、永葆发展的活力。否则，就会丧失气象发展机遇，影响气象现代化的光明前景。因此，气象发展必须坚定不移全面深化气象改革，坚定贯彻落实国家既定各项改革部署，切实把改革开放贯穿实现气象现代化的全过程、各领域，任何时候都不能放松。这是开辟中国特色气象事业高质量发展广阔前景的动力源泉。

（四）坚持新发展理念，推动气象事业实现高质量高效益发展

以习近平同志为核心的党中央，在丰富和发展我党执政理念、深化对社会主义现代化建设规律认识基础上，提出创新、协调、绿色、开放、共享的发展理念，有力指导了气象事业科学发展。五年来，气象部门把发展作为第一要务，牢固树立和贯彻落实五大发展理念，坚持公共气象服务的发展方向，坚持趋利避害并举，以世界眼光、战略思维谋划气象事业发展，统筹推进气象事业全面协调可持续发展，着力推进安全气象、资源气象、生态气象，逐步形成了符合新发展理念的发展思路，科学回答了中国气象事业实现什么样的发展、怎样实现发展等重大问题，有力推动气象事业实现了历史性跨越。事实说明，实现气象发展目标，破解气象发展难题，厚植气象发展优势，必须坚定不移贯彻落实新发展理念，突出创新驱动、推动协调发展、保障绿色发展、坚持开放发展、注重共享发展。这是开辟中国特色气象事业高质量发展广阔前景的强大支撑。

（五）坚持现代化建设不动摇，推动气象综合实力全面提升

推进气象现代化建设，实现从气象大国向气象现代化强国跨越，是解决人民日益增长的美好生活需要和不平衡不充分的发展之间矛盾的必然要求，是建成富强民主文明和谐美丽的社会主义现代化强国的必然要求，是实现“两个百年”奋斗目标的必然要求。气象现代化建设是兴业之路，是气象事业发展的必由之路。五年来，全国气象部门贯彻落实全面推进气象现代化的战略部署，气象保障国家战略逐步深入，气象

业务能力增强，气象服务效益提升，气象整体实力接近同期世界先进水平。回顾既往，气象发展的历程就是奋力推进气象现代化建设的历程，只有加快建成适应需求、结构完善、功能先进、保障有力的，以智慧气象为重要标志的现代气象业务体系、气象服务体系、气象科技创新体系、气象治理体系，基本具备全球监测、全球预报、全球服务、全球创新、全球治理能力，才能形成特有的气象发展优势、服务优势、创新优势。因此，气象发展必须坚持气象现代化建设不动摇，全面提升气象保障社会主义现代化强国建设的能力，全面发挥气象在国家治理体系和治理能力现代化进程中的职能作用，继续朝着实现气象现代化强国的宏伟目标奋进。这是开辟中国特色气象事业高质量发展广阔前景的根本途径。

三、开启全面建设现代化气象强国新征程

党的十九大作出了中国特色社会主义进入新时代的重大判断，习近平总书记向全党发出"决胜全面建成小康社会，开启全面建设社会主义现代化国家新征程"的伟大号召，对开启现代化新征程进行了战略安排和全面部署。气象现代化是国家现代化的重要组成部分，是实现中华民族伟大复兴中国梦的重要推动力量。2017 年 11 月，刘雅鸣局长所作的题为《以习近平新时代中国特色社会主义思想为指导，在保障国家发展战略中开启气象现代化新征程》的学习研讨报告，明确了中国特色社会主义新时代气象事业发展的前进方向，立起了气象现代化前行的新航标。以习近平新时代中国特色社会主义思想为根本指引，在新的历史起点上开启全面建设现代化气象强国新征程，为决胜全面建成小康社会、夺取新时代中国特色社会主义伟大胜利、实现中华民族伟大复兴的中国梦、实现人民对美好生活的向往作出更大贡献，是推动中国气象事业发展的重大战略任务。

（一）全面建设现代化气象强国的新目标

党的十九大确定了决胜全面建成小康社会、开启全面建设社会主义现代化国家新征程的目标，从全面建成小康社会到基本实现现代化，再到全面建成社会主义现代化强国，是新时代中国特色社会主义发展的战略安排。中国特色气象事业实现更大发展要服从和服务于中国特色社会主义发展这一战略安排，紧扣党的十九大所确立的奋斗目标，开启现代化气象强国建设新征程。

1. 从现在起到 2020 年，基本实现气象现代化

党的十九大指出，从现在起到 2020 年，是我国全面建成小康社会的决胜期。与此相适应，中国特色气象事业发展进入基本实现气象现代化的决胜期。要围绕我国决胜全面建成小康社会的重大战略和攻坚战，抓发展、补短板、强弱项，坚定实施气象服务提质增效、乡村振兴气象服务、气象综合防灾减灾救灾、生态文明建设气象保障、气象军民融合、"一带一路"气象服务行动计划，基本建成适应需求、结构完善、功能先进、保障有力的，以智慧气象为重要标志的现代气象业务体系、服务体系、科技创新体

系、治理体系，基本具备全球监测、全球预报、全球服务、全球创新、全球治理能力，气象灾害预报预警、气象服务、气象卫星等领域达到世界领先水平。为此，必须突破思想观念的局限和体制机制的束缚，坚决打好气象核心技术突破、基础和基层建设、气象服务供给侧结构性改革攻坚战。打好气象核心技术突破攻坚战，就是要推动全球数值预报模式、气象大数据等科技攻关。打好基础和基层建设攻坚战，就是要实施气象卫星和雷达、气象综合观测自动化、气象信息化、生态文明建设气象保障、人工影响天气、海洋气象综合保障等重大工程，加快区域协调发展和基层台站基础设施项目建设。打好气象服务供给侧结构性改革攻坚战，就是要优化调整气象业务服务结构，发展气象信息产业，培育若干世界级气象服务实体，扩大气象服务有效供给，让公众享受到更优质的气象服务。使气象现代化达到全面建成小康社会的总体要求。

2. 从 2020 到 2035 年，基本建成现代化气象强国

党的十九大指出，从 2020 到 2035 年，我国将在全面建成小康社会基础上，再奋斗十五年，基本实现社会主义现代化。与此相适应，气象在率先基本实现现代化基础上，全面推进气象现代化建设，基本建成现代化气象强国。到那时，满足需求、技术领先、功能先进、保障有力、充满活力的现代化体系全面建成，全球监测、全球预报、全球服务、全球创新、全球治理能力显著提升，气象保障国家重大战略和服务国计民生能力显著增强，区域气象发展差距明显缩小，气象科技实力达到同期世界先进水平，气象预报预测、气象防灾减灾救灾、应对气候变化、开发利用气候资源、保障生态文明建设等综合实力进入世界先进行列，世界气象大国昂首走向世界气象强国。

3. 从 2035 年到本世纪中叶，全面建成现代化气象强国

党的十九大指出，从 2035 年到本世纪中叶，我国在基本实现气象现代化的基础上，再奋斗十五年，把我国建成富强民主文明和谐美丽的社会主义现代化强国。与此相适应，我们要在基本建成现代化气象强国的基础上继续奋斗，早日全面建成现代化气象强国。到那时，气象保障社会主义现代化强国的能力全面提升，在国家治理体系和治理能力现代化的职能作用全面发挥，我国成为气象综合实力和国际影响力全面领先的国家。我国气象将以更加昂扬的姿态屹立于世界气象发展之林、站在世界气象舞台中央，世界气象强国的梦想变为现实。

从率先基本实现气象现代化到基本建成现代化气象强国，再到全面建成现代化气象强国，这是在服务保障新时代中国特色社会主义发展道路上气象事业发展的战略安排和战略目标。必须坚忍不拔、锲而不舍，奋力谱写气象现代化新征程的壮丽篇章，努力实现从气象大国向现代化气象强国的跨越。

(二)全面建设现代化气象强国的战略任务

全面建设现代化气象强国，要坚持趋利避害并举，大力发展安全气象、资源气象、生态气象，全面提升气象保障国家发展战略的能力和水平。加快建设现代气象业务、现代气象服务、现代气象科技创新、现代气象治理四个体系，不断推进气象业务能力、

气象服务能力、气象科技创新能力和气象治理能力四个现代化。

1. 强化气象综合防灾减灾救灾职能，保障国家公共安全

党的十九大报告指出，健全公共安全体系，提升防灾减灾救灾能力。要贯彻落实习近平总书记提出的“两个坚持、三个转变”要求，贯彻落实党的十九大精神，做好新形势下的气象防灾减灾救灾工作。在理念上，坚持以人民为中心的发展思想和新发展理念，坚持以防为主、防抗救相结合，坚持常态减灾和非常态救灾相统一，从注重灾后救助向注重灾前预防转变，从应对单一灾种向综合减灾转变，从减少灾害损失向减轻灾害风险转变，全面提升全社会抵御自然灾害的综合防范能力。在定位上，明确气象在国家防灾减灾中的六大作用，也就是监测预报先导作用、预警发布枢纽作用、风险管理支撑作用、应急救援保障作用、统筹管理职能作用、国际减灾示范作用。在目标上，要提高气象防灾减灾工作的法治化、规范化、现代化水平，全面提升全社会抵御气象灾害的综合防范能力。在能力上，建设监测预报预警、预警信息发布、风险防范、组织责任和法规标准等五大体系。在体制机制上，坚持党委领导、政府主导、社会广泛参与，突出完善气象防灾统筹协调、属地管理、综合减灾、社会力量和市场参与的体制机制。防灾减灾方面，特别要强化责任意识，保持清醒的头脑和高度的政治敏锐性，坚决避免造成重大人员伤亡，以高度的责任意识，提高政府决策、防灾减灾服务的质量和效益。

2. 强化生态文明气象服务职能，保障美丽中国建设

党的十九大报告将“坚持人与自然和谐共生”作为新时代的一条基本方略，提出建设美丽中国。贯彻党的十九大精神，提升生态文明建设气象保障能力，需要在理念上，牢固树立社会主义生态文明观，全面融入人与自然和谐发展现代化建设新格局，积极服务于绿色发展、循环发展和低碳发展。在定位上，充分发挥气象对生态灾害的预警防治作用，生态保护的服务支撑作用，绿色发展的基础保障作用，生态治理的考核评价作用。在目标上，围绕建设美丽中国的目标，形成能有效满足人与自然和谐发展、人民对优美生态环境、优质生态产品需要的气象服务供给。在任务上，要加强生态系统保护气象综合监测服务，推进生态修复型人工影响天气工程建设，强化气候变化和极端气候事件应对，开展生态文明保障示范建设，开展绿色城镇和绿色乡村气象保障服务，加强重污染天气应对气象服务，打造气候资源开发利用、气候可行性论证、气候标志认证等气候服务品牌。在方式上，坚持气象融入地区经济发展，主动作为，大胆探索，发挥自身积极性，深化部门合作，积极参与国家生态文明建设重大试点，在生态文明建设上有所作为。

3. 强化气象为农服务职能，保障乡村振兴和脱贫攻坚战

党的十九大提出要实施乡村振兴战略，坚决打赢脱贫攻坚战，加快推进农业农村现代化，这为气象为农服务提供了前所未有的发展机遇和内生动力。在理念上，要根据党中央国务院实施乡村振兴战略的要求，建设气象为农服务网络，制定气象为农服

务计划。在目标上,构建现代农业气象服务体系,为农业农村现代化提供优质服务。在任务上,创新发展精准、互动、共创的智慧农业气象技术和模式,建设特色农业气象服务网络、现代农业气象科技创新中心,创新和增加气象为农服务有效供给,保障国家粮食安全和农业绿色发展。要总结气象助力精准脱贫的经验,挖掘气候资源,开展特色产业气象服务。

4. 深入实施军民融合气象发展战略,保障国防和军队现代化建设

军民融合关乎国家安全和发展全局,党的十九大报告提出要形成军民融合深度发展格局。中国气象局作为中央军民融合发展委员会成员单位之一,气象卫星已成为军民融合发展的典范,在与军队的气象信息共享、气象保障服务、人工影响天气等方面都取得了明显实效。推进军民融合气象发展,在理念上,要实现"四个转变",即气象军民融合的范围实现从国内向全球融合转变,气象军民融合的关注点实现从地球系统向空天一体转变,气象军民融合的着力点实现从业务技术向体制机制融合转变,气象军民融合的目标实现从传统气象向智慧气象融合转变。在目标上,对标国家关于军民融合发展的总体目标,构建"全要素、多领域、高效益、大格局、深层次"的战略格局,更广范围、更高层次、更深程度地推动气象军民融合发展。在任务上,要建设五大体系,即军民融合的气象保障协同体系、气象全球及太空安全协作体系、气象重大技术装备研发生产体系、气象科技创新体系、气象人才体系。在机制上,要建立和完善气象军民融合发展的领导管理机制、业务机制和联合保障机制、工程实施机制、协同创新机制及资源共享机制。

5. 推进气象"一带一路"发展,保障国家形成全面开放新格局

贯彻党的十九大精神,推进"一带一路"气象保障服务,需要在理念上,传承和弘扬"和平合作、开放包容、互学互鉴、互利共赢"的精神,坚持共商共建共享理念。在目标上,要形成全球气象服务标准、全球气象服务技术、全球气象服务支撑、全球气象服务品牌和全球气象服务机制。在能力上,要重点强化全球预报、全球服务能力,特别是到 2020 年要基本形成面向全球的监测预报预警能力,为"一带一路"气象保障服务提供支撑。在任务上,要充分利用比较优势和创新优势,主动对接我国企业"走出去"需求,护航我国"一带一路"重点产业发展;围绕通路、通航、通商安全以及文化往来交流,加快发展辐射"一带一路"沿线的优质气象服务;发挥现有多边合作机制作用,打造新型气象国际合作平台建设。在机制上,要遵循气象发展规律,充分利用国内国际两种资源、两个市场和不同规则;要引导相关省份在参与"一带一路"气象服务中发挥自身的比较优势,保障重点产业发展。

6. 推动气象服务提质增效,保障现代化经济体系建设

党的十九大提出建设现代化经济体系,深化供给侧结构性改革,充分发挥市场在资源配置中的决定性作用等要求。保障现代化经济体系建设,需要推动气象服务供给侧结构性改革,实现气象服务转型升级和提质增效。在思路上,要坚持公共气象发

展方向,更好发挥政府主导作用、气象事业单位主体作用和市场在资源配置中的作用。在任务上,要坚持公益属性,坚持面向民生、面向生产、面向决策提升气象服务供给质量和效益,建立健全有利于激发气象事业单位发展活力的体制机制;要解放思想,鼓励社会力量依法服务于气象领域,充分挖掘气象监测预报信息潜力,扩大气象服务有效供给和中高端供给;加强气象服务的规范管理,健全气象服务监管制度,发挥体制优势,完善监管机制,创新监管手段,规范气象信息发布,促进气象服务依法有序健康发展。

(三)全面建设气象现代化强国的战略举措

党的十九大对我国社会主义现代化建设作出战略安排,提出到本世纪中叶,把我国建成富强民主文明和谐美丽的社会主义现代化强国。气象发展要面向国家战略需求,面向世界科技前沿,抓重点、补短板、强弱项,加快建设以智慧气象为标志的气象现代化,为全面提升气象保障国家发展战略的能力和水平提供根本支撑。

1. 加快建设现代气象业务体系,不断推进气象业务能力现代化

推进现代化气象业务体系建设,提高气象监测预报预警的准确率和精细化水平,是全面推进气象现代化的重中之重。

——强化气象综合监测能力。要实现观测自动化,坚决减少重复建设,根据新的要求研究转型发展,重点思考县级气象部门如何面向服务转型。发展天地空一体化、内外资源统筹协作的现代气象监测业务,建设国家气候观象台,优化和完善气象雷达观测网和风云卫星全球组网观测。统筹应用社会化监测资源,加强基础资料业务技术能力建设,提升气象数据质量与开放共享水平,有效获取全球综合气象监测数据,有效利用各部门、各行业和社会化气象监测信息。

——提高气象预报预测水平。提高准确率是气象预测预报的核心工作和最终目标。发展无缝隙、精准化、智慧型的气象预报业务,建设及时性强、提前量大、覆盖面广的气象预警业务,推进天气气候模式一体化发展,毫不动摇推进核心技术攻关。

——推进气象业务技术体制改革。按照资源集约、流程高效、标准统一、布局合理、职责清晰的原则,调整和完善气象台站布局,拓展气象业务全球布局,优化职能分工,畅通信息流、业务流、服务流。提升全球气象监测预报能力。充分利用世界气象科技资源提升现代化水平,继续发挥负责任大国作用,积极参与全球气象治理体系改革和建设,不断为全球气象发展贡献中国智慧和中国力量。

2. 加快建设现代气象服务体系,不断推进气象服务能力现代化

推进现代化气象服务体系建设,发展智慧气象服务,是提升气象现代化质量效益的关键一环。

——加快构建开放多元有序的新型气象服务体系。以气象服务供给侧结构性改革为主线,坚持趋利避害并举,推进气象服务质量变革、效率变革、动力变革,不断增强气象服务的创新力和竞争力。

——加快新技术应用,促进气象服务技术创新。加快实施"互联网气象+"战略和气象大数据战略,建设全国统一的气象大数据平台,推动气象大数据高效应用。基于新一代信息技术,研发以位置服务、移动式交互、智能定向信息发布为显著特征的气象信息传播手段,发展全媒体融合的气象服务。充分利用社会资源推动技术创新,引进新技术服务和产品。

——以用户为中心,促进气象服务模式创新。要建立良好的用户伙伴关系,创新用户参与机制,以用户需求为导向,研发分众化的气象服务产品,提供面向不同用户、不同应用场景和不同时段的气象服务。

3. 加快建设现代气象科技创新体系,不断推进科技创新能力现代化

推进现代化气象科技体系建设,是引领气象发展的第一动力。

——组织关键核心技术科技攻关。围绕提高天气、气候预报预测准确率和精细化亟需解决的重大核心科技问题,瞄准世界科技前沿,强化基础性研究,实现引领性原创成果的重大突破。围绕智慧气象发展的技术创新,加强气象监测、气象资料、气象大数据和人工智能融合的应用基础研究,突出关键共性技术、前沿引领技术、现代气象工程技术创新。汇聚全国的气象科研力量,凝聚起全球顶尖科学家力量,围绕中国气象强国的目标开展科研攻关,让全国的科研力量成为服务气象发展的生力军。

——完善创新驱动体制机制。深化气象科技体制改革,加强气象科技开放合作,充分利用国家科技创新政策、社会科技资源、世界气象科技创新资源,推进气象人才培养联盟、区域大气科学联合中心、产业技术创新战略联盟建设,建立产学研紧密结合的协同创新机制。

——实施气象人才优先发展战略。谋划好人才培养和使用,把人才培养特别是领军人才的培养当做工程去做,在梯级人才培养和引进中运用好国家政策,以高层次领军人才和青年人才建设为重点,统筹推进各类人才资源开发和协调发展,培养造就一批具有国际水平的人才队伍和高水平的创新团队。

4. 加快建设现代气象治理体系,不断推进气象治理能力现代化

推进气象现代治理体系建设,提高气象治理能力,是全面推进气象现代化和全面深化气象改革的共同目标。

——加强战略规划顶层设计,提高履职能力。主动响应党和国家国有自然资源资产管理和自然生态监管机构改革。加强气象发展战略、规划、政策、标准等的顶层设计和实施力度。强化行业管理和资源配置,统筹规划全社会气象观测站网布局。强化公共气象服务和气象社会管理职能,完善"党委领导、政府主导、部门联动、社会参与"的气象防灾减灾工作机制。健全气象公共安全体系,强化安全生产的气象行业监管职能。建立生态文明建设的气象保障机制,探索建立气候资源开发利用保护与监督管理机制。

——深化气象改革,增强发展活力。建立统筹协调、分工明确、职责清晰、运行高

效的气象业务科技管理机制，推进权界清晰、分级负责、权责一致、运转高效、法治保障的气象行政机构改革，提高气象管理效能。推进气象行政审批制度改革，进一步简政放权，提高行政管理效能。建立气象事权和支出责任相适应的制度，深化气象预算和财务体制改革，完善气象国有资产管理制度，深化收入分配制度改革、气象干部人事制度改革。深化气象事业单位改革，强化气象公益属性，推进政事分开、事企分开、管办分离。

——加强气象法治建设，强化依法治理。健全气象法律法规体系，完善气象防灾减灾、气候资源开发利用保护、应对气候变化、人工影响天气、气象预报和气象服务等方面的法律制度。依法规范气象预报发布，推进气象数据开放。完善涵盖气象业务、服务、管理等各环节的标准体系，强化标准的实施应用，推进气象规范化管理。建立完善气象法律顾问制度。加强法治机构和基层执法队伍建设。

——落实新时代党的建设总要求，全面从严治党。办好中国的一切事情关键在党，建成现代化气象强国的根本保证必须毫不动摇地坚持党的领导。各级气象部门必须把政治建设放在首位，确保坚定执行党的政治路线。把全面从严治党向基层组织延伸，确保党的路线方针政策和决策部署在基层落地生根。认真落实全面从严治党“两个责任”，落实中央八项规定实施细则精神，强化巡视巡察和监督执纪问责。

在实现现代化气象强国的新征程上，积极参与世界气象治理体系改革和建设，提升“三个全球能力”，强化全球气候环境改善的中国贡献和中国力量。注重全球气象监测，秉持共商共建共享的全球治理理念，完善风云卫星全球组网观测，发展天地空一体化、内外资源统筹协作的现代气象监测业务；注重全球气象预报，发挥世界气象中心作用，发展高水平全球数值预报模式，提供全球气象预报预测产品；注重全球服务，推进南海台风监测预警中心、亚洲航空气象中心和全球气象预警系统亚洲平台建设，提供全球气象服务产品；注重全球气象创新，参与、倡议、主导和发起全球气象防灾减灾、合作应对气候变化、改善全球气候环境等大型国际气象研究计划和行动计划，打造国际气象合作新平台；注重全球气象治理，发挥我国在世界气象业务组织作用，继续参与全球气象治理体系改革和建设，彰显大国担当责任，不断为全球气象发展改革贡献中国智慧和中国力量。

现代化篇

第二章 气象现代化进展

气象现代化是气象事业发展的必由之路，气象发展历程就是不断推进气象现代化建设的历程。2017 年，全国气象部门贯彻落实全面推进气象现代化的战略部署，将气象现代化作为气象工作的总抓手，深入推进气象保障国家战略逐步深入，气象业务能力进一步增强，气象服务效益显著提升，气象现代化建设取得新的进展。

一、2017 年气象现代化概述

2017 年，全国气象现代化总体水平明显提升，综合气象观测体系更加完善，气象信息化水平和新技术应用能力显著提升，全球数值天气预报能力建设迈出实质性步伐，气象灾害监测预报预警和气候服务能力大幅增强，气象防灾减灾救灾全球影响力明显提高，国家气象科技创新体系不断完善，气象科技贡献率呈上升趋势。总体来看，2017 年全国气象现代化发展具有以下几个特点。

（一）强化规划统领，气象现代化顶层设计全面展开

2017 年，中国气象局通过强化规划统领和战略谋划，以《国务院关于加快气象事业发展的若干意见》《全国气象现代化发展纲要（2015—2030）》为基础，以《全国气象发展“十三五”规划》为龙头、专项规划为配套的规划体系逐步形成。《GRAPES 数值预报系统发展规划（2016—2020 年）》《综合气象观测业务发展规划（2016—2020 年）》《气象雷达发展专项规划（2017—2020）》《气象信息化发展规划（2016—2020）》《生态文明建设气象保障规划》《“十三五”环境领域科技创新专项规划》等 14 项专项规划相继出台；印发了《卫星遥感综合应用体系建设指导意见》，明确提出建立功能完善、技术先进、规范标准的全国气象卫星遥感应用业务；印发《关于增强气象人才科技创新活力的若干意见》，进一步调动气象人才科技创新的积极性主动性创造性，深化气象人才发展体制机制改革。围绕防灾减灾救灾体制机制改革、生态文明建设、“一带一路”、军民融合等国家重大发展战略，开展重大专项设计，加强了气象事业发展战略谋划。

（二）坚持创新驱动，气象现代化整体水平持续提升

2017 年，气象部门继续坚持科技引领，突出创新驱动，在关键科学领域及核心业

务技术方面取得了新的突破,支撑全国气象现代化不断发展并获得国际认可,中国气象局被世界气象组织评选为世界气象中心。

综合气象观测能力明显提升。2017 年,具有国际先进水平的风云四号 A 星正式交付使用,标志着我国静止轨道气象卫星观测系统实现了更新换代。同时,还发射了风云三号 D 星,完成了“上下午星业务组网”的观测布局。优化了国家地面天气站布局,地空天综合气象立体观测网基本成形,观测在重大保障、模式发展、资料再分析和数据综合应用等方面的效益日益显著,观测质量和效益得到世界气象组织认可。

数值模式等核心业务技术水平明显提高。2017 年,自主创新主导的现代数值模式业务和研发体系已初步建成,区域高分辨率模式快速发展,自主研发的新一代全球/区域数值预报系统(GRAPES)实现业务化运行,气候预测模式预报能力进一步提高,开发完成了耦合全球碳循环、氮循环、气溶胶、大气化学等过程的地球系统模式,我国成为世界上少数拥有完整模式体系的国家之一。

气象预报预测更加精准。2017 年,全国气象部门推进智能网格预报业务,标志着我国天气预报将实现从传统站点预报向格点预报转变。海洋、航空等预报业务建设持续推进。全国天气预报、暴雨预警、气候趋势预测准确率,以及强对流预警提前量、台风路径预报水平都有新提高,全国 24 小时晴雨预报准确率达 87.2%,台风路径预报 24 小时误差缩小到 73.5 千米,保持世界领先水平。

气象信息化建设顺利推进。2017 年,气象信息基础设施能力持续提升,国家级高性能计算机运算能力位居全球各国家或地区气象部门第二,国家、省级信息基础设施资源池初具规模,应用效益明显;气象数据业务能力不断增强,全国综合气象信息共享平台(CIMISS)全面业务化,以数据为核心的气象业务生态初步形成。气象数据开放迈出重大步伐,向社会免费开放 5 类 17 种气象资料和产品,有效支撑国土、环境、农业、林业、海洋、民航等部门和国防、经济等领域的发展。

气象服务能力持续增强。气象灾害监测预报预警和气候服务能力不断提升,气象防灾减灾救灾全球影响力明显提高,气象服务领域逐步拓展,为保障生态文明建设、城市安全、服务“三农”和脱贫攻坚、区域协调发展等发挥了重要作用,气象服务取得显著经济社会效益。2017 年,全国气象预警信息公众覆盖率达到 85%,公共气象服务满意度 89.1 分,我国已成为全球气象服务体系最全、保障领域最广、服务效益最为显著的国家之一。

(三)深化改革开放,气象现代化保障支撑力量增强

2017 年,持续推进人才科技创新发展,通过积极落实中央关于人才发展和科技创新政策精神,出台了增强气象人才科技创新活力的若干意见,完善了人才培养使用选拔激励机制,优化了人才科技创新环境,与创新型国家相适应的国家气象科技创新体系和人才队伍初步建成,在气象现代化中的根本动力和核心支撑作用进一步显现。

2017 年,气象改革和法治建设取得新进展,为全面推进气象现代化提供了强大

动力和保障。防雷减灾体制改革主要任务全面完成，多元主体参与的防雷技术服务市场基本形成，构建了防雷减灾工作新格局。气象行政审批制度改革深入推进，推动气象服务主体多元化发展，强化了市场监管和事中事后监管。气象法治建设取得新成效，修订了《气象灾害防御条例》，一批地方性法规、地方政府规章和规范性文件出台，发布气象领域国家和行业标准达到158项[①]。

2017年，持续扩大开放合作，通过省部合作推进了规划、项目和政策落地，通过部门合作强化信息数据共享，通过局校合作深化了学科建设，通过局企合作进一步推动气象服务业发展。继续强化与港澳台地区的气象交流。与世界气象组织签署共建“一带一路”的意向书，积极推动与“一带一路”沿线国家的气象合作，强化双边、多边合作及与国际气象组织的交流，中国作为世界气象大国的国际影响力不断提升。

（四）发展智慧气象，气象现代化发展水平升级

智慧气象要求气象服务更智慧、更个性、更便捷，更普惠；气象预报更准确、更精细、更多样；气象管理更科学、更高效、更标准。发展智慧气象已经成为全国气象系统强化气象与经济社会融合发展、转变气象发展方式、打造气象现代化“升级版”的共识。

2017年，我国建立了气象预报服务统一数据源的“一张网”网格预报业务，基于“智能网格预报云”，快速共享高分辨率数值预报模式产品供省级气象部门形成网格预报产品，使公众可随时随地获取基于位置的精细化气象服务。同时，各地气象部门围绕发展智慧气象也进行了很多有益的探索和实践，丰富了新时代气象现代化建设的内涵，推动气象现代化向着更高水平不断迈进。例如，上海市通过推进建立气象社区互动共创工作机制，积极融入政府主导的“智慧屋”、城市网格化管理体系建设，将智慧、贴心、可订制的气象服务送入千家万户。福建省构建了基于“互联网＋”的设施农业智慧气象服务体系，为福建设施农业企业、专业合作社等新型设施农业经营主体，提供直通式农业气象服务等。气象预报与人工智能深度融合是智慧气象的重要内涵，这方面社会企业已成为不可或缺的一股力量。例如“彩云天气”团队通过手机定位到用户所处的位置，利用人工智能算法，对覆盖全国的雷达图进行数据分析并预测，使用户能随时得知自己所在街区的分钟级天气走势；墨迹天气公司推出创新型产品“观云识天”，结合人工智能技术、图像处理技术、传统气象技术，自动识别图像中云图分类，从而帮助用户进一步了解天气情况。

---

① 资料来源：中国气象政策法规司。

二、2017 年气象现代化进展①

(一)国家级气象业务现代化总体水平提升

2017 年,国家级业务科研单位按照气象现代化实施方案的部署,对标国际先进水平,大力推进气象科技创新,围绕卫星探测、资料再分析、数值模式、预报预测业务、精细化个性化服务等提升核心技术和核心业务能力,使国家级气象业务现代化水平保持稳步提升趋势。2017 年,国家级现代化综合评估得分为 82.4 分,较 2016 年提高 5.5 分,超过中期评估应达总分(78.7 分),较 2020 年目标得分(90 分)仅差 7.6 分,总体达到当年预期目标水平(图 2.1,图 2.2)。

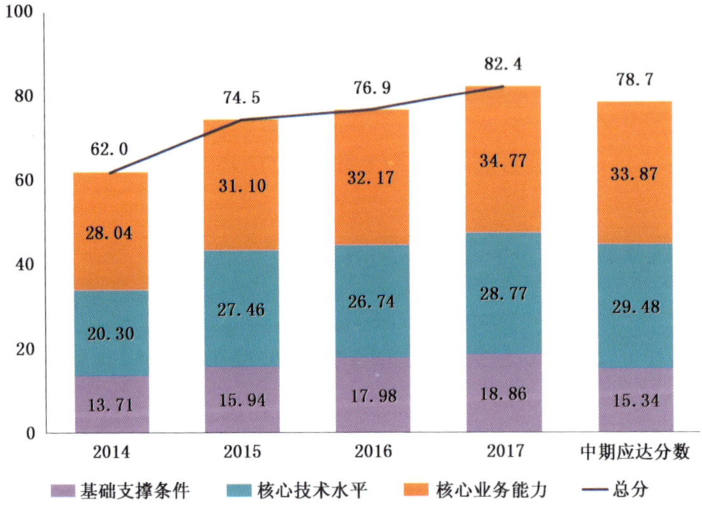

图 2.1　2014—2017 年国家级气象业务现代化指标评估总分变化趋势

1. 2017 年国家级气象业务现代化核心技术水平稳步提升

数值模式发展水平决定着气象预报预测的水平,是气象现代化的重要标志,而资料再分析水平在很大程度上决定着数值天气预报模式技术水平。2017 年,我国在卫星资料同化、四维变分同化、集合预报初始扰动技术(奇异向量)等方面跻身国际先进行列,使我国在数值预报领域具有了与国际对话的能力,为成功申请成为世界气象中心(WMC)发挥了关键作用。国家级数值预报业务体系实现了由“多核”向“单核”的转变;区域级高分辨率模式已成为精细化天气预报业务体系的重要组成部分;全球气候预测模式预报能力进一步提高;环境气象预报模式水平有效提升;气象资料再分析水平接近国际先进。根据评估结果,表征数值预报能力、资料再分析能力的气象核心

① 数据来源:中国气象局现代化办公室。

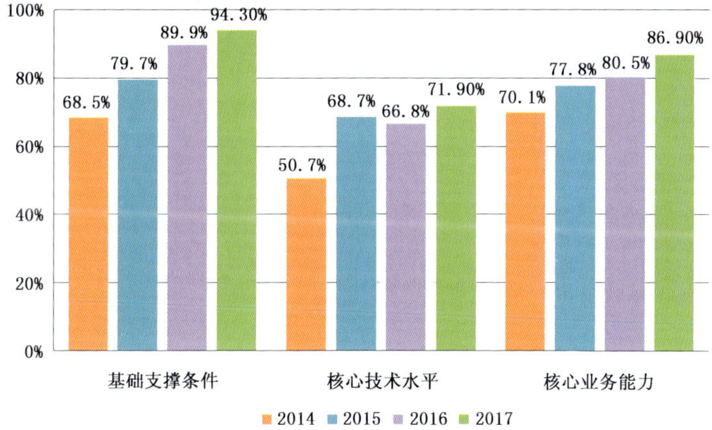

图 2.2　2014—2017 年国家级气象业务现代化评估一级指标完成度

技术水平指标得分为 28.77 分(满分 40 分),指标完成度达到 71.9%,较 2016 年分别提高 2.03 分和 5.1 个百分点。

(1)数值预报模式能力

全球数值天气预报模式(GRAPES-GFS)自主研发迈出了关键一步,目前,模式可用性为 7.0 天,该系统于 2017 年 6 月实现业务系统升级,经检验,升级后 GRAPES_GFS 前 3 天全球和北半球环流形势预报有改进。GRAPES_GFS 预报能力总体超过我国原全球业务模式 T639,其业务化成效显著,解决了模式动力框架、物理过程和资料同化研发中遇到的关键问题,体现出了关键技术的突破,但与国际先进水平还有一定差距,其北半球可用预报天数关键指标和欧洲中期天气预报中心(ECMWF)模式相差 1.5 天,和美国国家环境预报中心(NCEP)模式相差 0.9 天。区域数值天气预报模式(GRAPES-MESO)实现业务化升级,垂直分层达到 50 层,模式降水预报准确率 TS 评分 0.26,与 2016 年持平。模式台风路径预报误差 71 千米,较 2016 年评估误差大幅减小,使得该项指标完成度达到 100%。但总体来看,区域数值天气预报模式能力与 2020 年目标相比还有一定差距,仍是核心技术短板。全球气候系统数值模式水平分辨率 45 千米,垂直分层 56 层,模式层顶达到了 0.1 百帕,陆面模式、海洋模式、海冰模式相关物理过程进一步改进优化,模式东亚季节温度预测距平相关系数(ACC)评分 0.17,降水 ACC0.01。环境气象数值预报模式可用性达到 5 天,已达到 2020 年目标值及国际预期先进水平,城市环境气象数值模式已具备运行 3 千米分辨率的能力(图 2.3,表 2.1)。

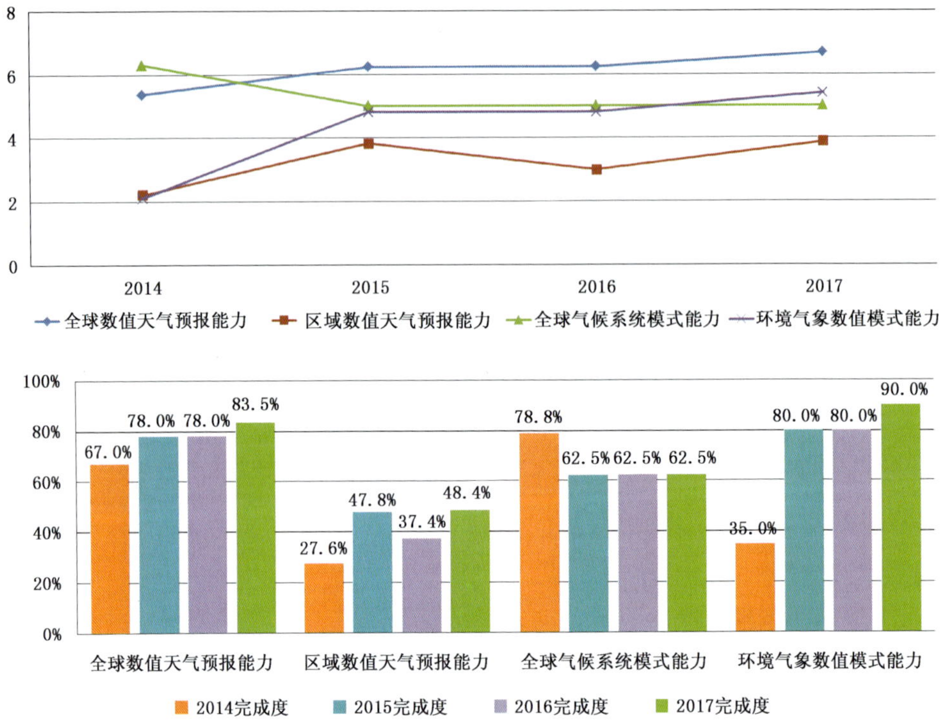

图 2.3　数值预报模式能力指标得分与完成度对比

表 2.1　各预报模式 2017 年可用预报天数对比

区域	ECMWF	NCEP	T639	GRAPES_GFS
北半球	8.5	7.9	6.8	7.0
东亚	8.3	8.0	6.7	6.9

(2)气象资料再分析水平

大气再分析试验产品进入国际先进行列,大气再分析全球产品分辨率根据波谱换算为 31～34 千米,区域产品分辨率由 15 千米提升至 12 千米。陆面融合系统(CLDAS-V2.0)实现业务化运行,增加土壤湿度地面观测、地表温度和微波亮温同化功能,实时提供亚洲区域,时空分辨率 6.25 千米/时的地面气温、气压、湿度、风速、降水、短波辐射、土壤湿度和土壤温度等实况格点分析产品。目前,高分辨率的陆面数据融合系统(HRCLDAS-V1.0)正在适用评估,预期可实时提供中国区域 1 千米分辨率的陆面土壤温湿度产品。陆面再分析土壤温度产品误差 1.8 开,湿度产品误差由 0.06 减小至 0.04,达到国际先进水平(图 2.4)。

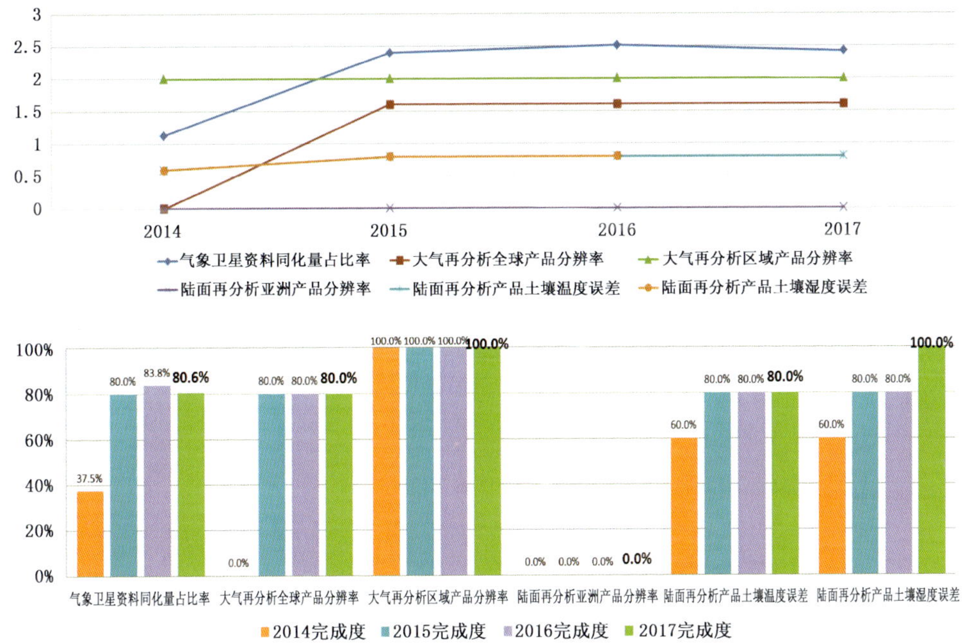

图 2.4 气象资料再分析水平指标得分与完成度对比

2. 2017 年国家级气象业务现代化核心业务能力保持增长态势

2017 年，国家级表征观测、预报、服务和应对气候变化的核心业务能力指标得分为 34.77 分（满分 40 分），完成度达到 86.9%，较 2016 年分别提高 2.60 分和 6.3 个百分点，总体稳中有升。

（1）气象预报准确率

24 小时晴雨和气温预报准确率分别为 87.2%和 81.7%，与 2016 年相比，晴雨准确率持平，气温准确率提升 0.8 个百分点，寒潮降温 24 小时预报准确率 TS 评分 0.33，保持在较高水平。暴雨 24 小时预报准确率 TS 评分 0.201，相对 EC 模式提高 29.7%，充分体现了预报员的模式订正能力。短时强降水 12 小时预报准确率 TS 评分 0.26，雷暴 12 小时预报准确率 TS 评分 0.35，较 2014—2016 年平均值分别提高 8.5%和 4.9%。

台风 24 小时路径预报误差 73.5 千米，优于日本（82.2 千米）和美国（89.6 千米），继续保持世界先进水平；台风 24 小时强度预报误差（C32）为 3.9 米/秒，创历史最好水平（表 2.2，图 2.5）。

气候预测方面，汛期降水预测准确率、月降水预测准确率、月气温预测准确率 PS 评分为 76 分、67 分和 84 分，较 2016 年分别提高 11 分、4 分和 3 分。

表 2.2　中国、美国、日本台风路径预报误差对比(单位:千米)

	中国	美国	日本
2016 年	66.1	80.7	77.4
2017 年	73.5	82.2	89.6

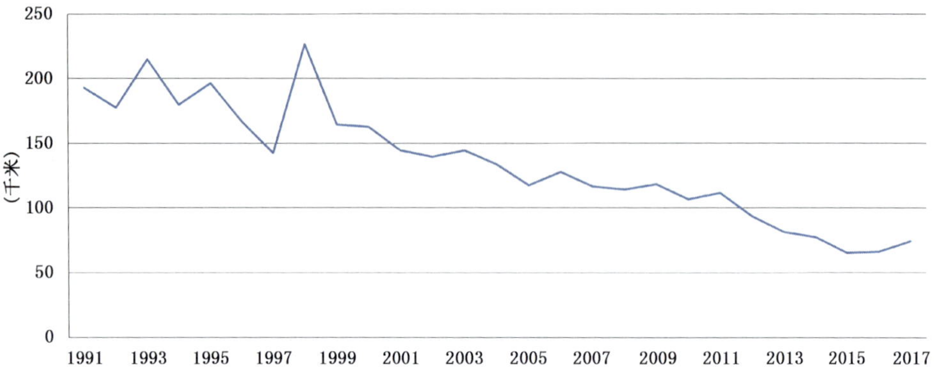

图 2.5　1991—2017 年中央气象台西北太平洋和南海台风路径 24 小时预报误差

(2)雷达、卫星等大型气象装备建设水平

2017 年风云四号卫星的发射和业务运行,使得我国气象卫星观测能力取得了跨越式发展,卫星将装载 14 波段的扫描成像辐射计,波段数量较现有的风云二号的 5 个波段有显著提高,且最高空间分辨率也由现有的 1.25 千米提高到 0.5 千米,区域观测能力提高到分钟级。同时,卫星首次在静止轨道上装载干涉式大气垂直探测仪,光谱分辨率可达 0.625 厘米$^{-1}$,通道数量 1648 个。

气象卫星定标精度是决定卫星观测资料可用性的关键指标。目前我国卫星微波定标精度为 1 开,红外为 0.7 开,可见光和近红外定标精度为 6%。风云四号 A 星的全球空间交叉定标系统(GSICS)初步建立,成像仪红外波段的高温端大部分通道优于 0.5 开。

天气雷达方面,我国天气雷达定量降水估测准确率达 75%,平均业务可用性由 2016 年的 92%提升至 99%。

高性能计算机峰值运算能力为 1.3 千万亿次/秒,指标完成度偏低,但随着新一代 8 千万亿次/秒(8PFlops)“派—曙光”高性能计算机部署到位,该项指标将会大幅提升。

(3)气象观测资料处理水平

2017 年,气象观测资料处理水平稳步提升,实时气象观测资料可用率已达 99%,其中自动气象站资料可用率 99%、区域自动气象站资料可用率 98%、雷达资料可用率 96%、探空资料可用率 100%。常规观测资料质量控制覆盖率达到 95%，较 2016 年提升 10%。气象资料在线管理方面，实现了地面、高空、海洋、辐射、农业气象、数值预报、大气成分、雷达和卫星等气象资料的在线存储管理，常规资料综合在线管理服务率为 95%，接近 2020 年 98%的目标值。

(4)气象信息集约化水平

2017 年，国家级基础信息资源和数据资源集约化程度较 2016 年有所提高。在基础信息资源方面，中国气象局直属各单位共有计算机服务器、存储系统、网络设备等硬件设施 873 个，其中国家气象信息中心集中管理 328 个，集约化程度为 37.57%，较 2016 年提升 7.17 个百分点。在数据资源方面，14 大类 206 种气象资料在全国综合气象共享信息平台(CIMISS)集中在线存储的有 163 种，数据资源集约化程度为 79.12%，较 2016 年提升 8.44 个百分点。

(5)公共气象服务业务水平

2017 年，气象预警社会公众覆盖率 85%，气象科学知识普及率 76.44%，均保持较好水平。气象服务数据精细化水平反映了面向服务的气象要素实况和预报数据的精细化程度，体现了服务产品的格点化、定量化水平。目前，我国提供的全球范围气象预报达到 26.7 万个站点，其中国内 15.5 万个站点，国外 11.2 万个站点。格点预报可达 0.025°分辨率。2017 年气象服务公众满意度 89.1 分(图 2.6)，为开展评估以来的最高分。

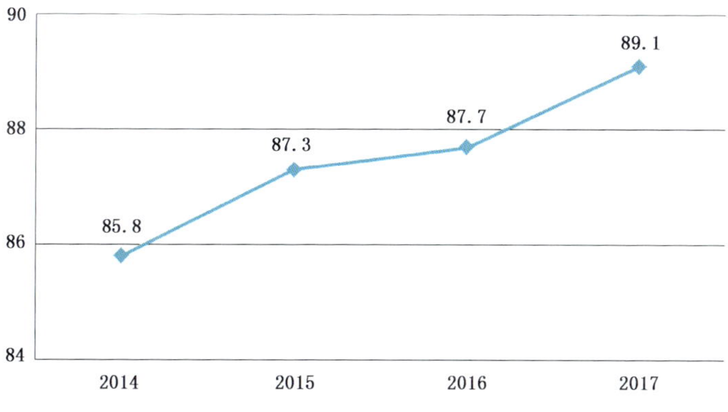

图 2.6　2014—2017 年气象服务公众满意度

(6)应对气候变化与气象灾害风险管理业务能力

2017 年，针对国家应对气候变化内政外交需求，加强应对极端气候事件能力和气候资源开发利用能力，不断提高人工影响天气的科技内涵，不断提高生态文明建设决策咨询和服务能力，2017 年应对气候变化能力指标得分 3.86 分，指标完成度 77.2%，较 2016 年提高 8.2 个百分点(图 2.7)。

全球气候变化监测水平，主要评估对全球气候变化事实的监测水平，国内部门信息共享水平和国际合作和资料交换能力。2017 年得分 1.43 分，完成度 71.3%。其中，全球均一性检验站点覆盖率 70.9%，世界气象组织(WMO)12942 个站点中，开展气温资料均一性检验的站点 9520 个，较 2016 年增加 2127 个，开展降水资料均一性检验的站点 8185 个。全球气候变量监测率 43.1%，与 2016 年持平(图 2.7)。

气象灾害风险管理业务能力，主要通过统计中小河流、山洪沟、滑坡、泥石流等灾害易发区和隐患点的气象灾害风险普查、区划程度和区划成果应用情况来进行评估。该项业务自 2013 年开展，近三年业务能力稳步提高。目前，已由 2013 年 36 分左右，提高到 2017 年 70 分。其中暴雨洪涝灾害风险普查率达到 100%、致灾临界阈值完整率 82%、气象灾害风险区划完成率 85%，气象灾害风险区划在 30 个部委和行业得到应用(图 2.7)。

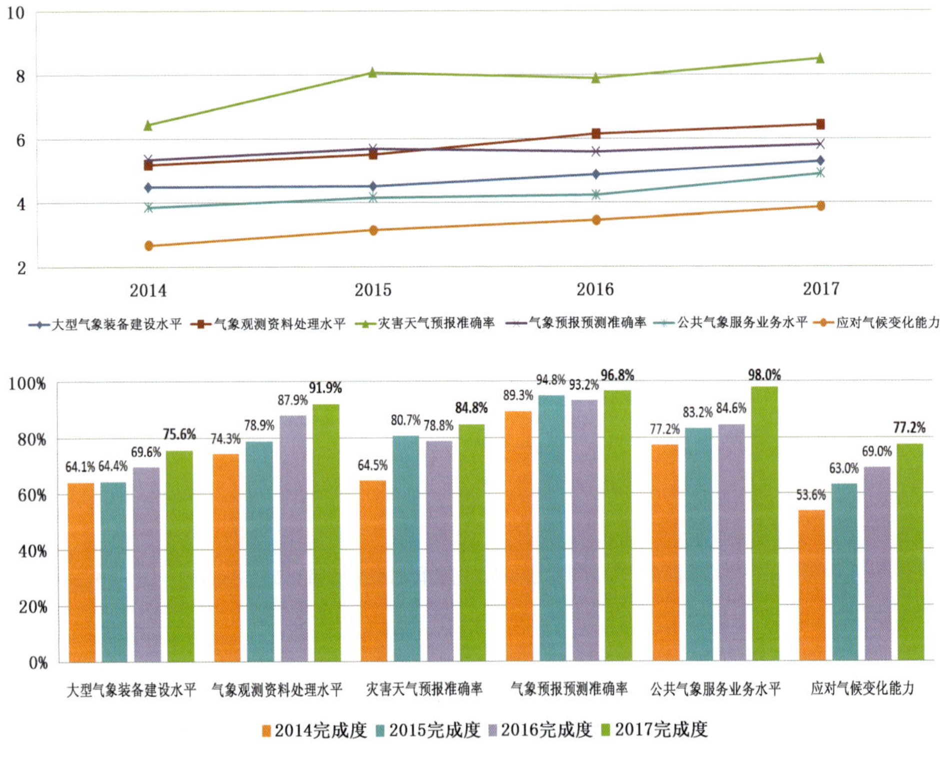

图 2.7　核心业务能力指标得分与完成度对比

人工增雨作业条件的正确识别是开展科学作业的关键技术指标，通过检验依据云系作业条件识别所完成作业设计的正确率来表征。2017 年实现对适合人工增雨条件的云系识别正确率达到 63%，较 2016 年小幅提升。

总的来看，2017 年国家级气象观测、气象预报、气象服务、应对气候变化能力水平等六项关键指标较 2016 年均有明显增长，核心业务能力指标完成度已达 86.9%，距 90%（2020 年基本实现气象现代化的指标完成度）目标值不断接近（图 2.7）。

3. 2017 年国家级气象业务现代化基础支撑条件已达较好水平

2017 年，表征国家级气象科技、人才、标准化水平等基础支撑条件指标得分为 18.86 分（满分 20 分），指标完成度 94.3%，分别较 2016 年提高 0.88 分和 4.4 个百分点（图 2.8），即将达到 2020 年基本实现气象业务现代化的目标值。气象科技创新和人才队伍建设取得实效，有力支撑国家级气象业务现代化发展。

人才资源保障度是反映国家级业务科研单位的人才队伍整体素质和结构的重要指标，2017 年得分 7.22 分，较 2016 年提高 0.01 分，指标完成度 90.3%（图 2.8）。其中，反映学历、专业、职称的人才总体素质指标得分 3.02 分，较 2016 年提高 0.07 分，指标完成度 94.3%；高层次人才队伍建设水平（A12）指标得分 4.21 分，较 2016 年下降 0.05 分，指标完成度 87.6%（图 2.8）。总体来看，人才资源保障度指标得分依然保持在较高水平，特别是“国家人才工程/双百计划人数与正研比例”进步最为显著，为气象科技创新能力提升提供了支撑。

气象科技贡献率是反映气象科技进步的综合指标，通过测算气象科技基础水平和气象科技研发应用水平，表征气象科技对业务的支撑程度。2017 年得分 8.00 分，较 2016 年提高 1.18 分，指标完成度已达 100%（图 2.8）。其中，科技成果达 51 项，较 2016 年增加 2 项；SCI/EI 论文 319 篇，较 2016 年增加 27 篇；科技奖励省部级一等奖 9 项、二等奖 5 项；国家标准 41 项，行标 14 项；发明专利 25 项，实用新型专利 10 项；软件著作权 76 项。成果数量较 2016 年均有明显增长。

气象标准化水平是气象业务成熟度和科学管理水平的重要体现，用气象标准完备率和气象标准应用率两项指标表征。2017 年国家级业务科研单位气象标准化保持较高水平，指标得分 3.64 分，指标完成度 91.0%。其中，2017 年发布的气象国家标准增加量大，使得气象标准完备率指标得分 2.00，完成度 100%；因新标准从发布到投入使用需要一段过渡时间，间接造成气象标准应用率指标较上年稍有降低，得分 1.64，指标完成度 81.9%。

（二）省级气象现代化总体水平达到 2020 年基本实现气象现代化目标

中国气象局全面推进气象现代化以来，得到了各省（区、市）党委政府的大力支持，各省级气象部门积极贯彻落实，全国省级气象现代化得到快速发展，尤其是 2017 年全国省级气象现代化进展全面提速。根据综合评估，2017 年全国省级气象现代化水平达到 94.6 分，较 2014 年提高 15.4 分，较 2016 年提高 5.7 分，较 2020 年目标（达到 90 分）完成度达到 100%（图 2.9，表 2.3），全国省级气象现代化总体水平已达到原定 2020 年的目标水平。其中防灾减灾和气象服务完成度均达到 99%以上，气象社会评价完成度达到 98.3%，气象预报预警、装备技术完成度达到 94%以上，气象

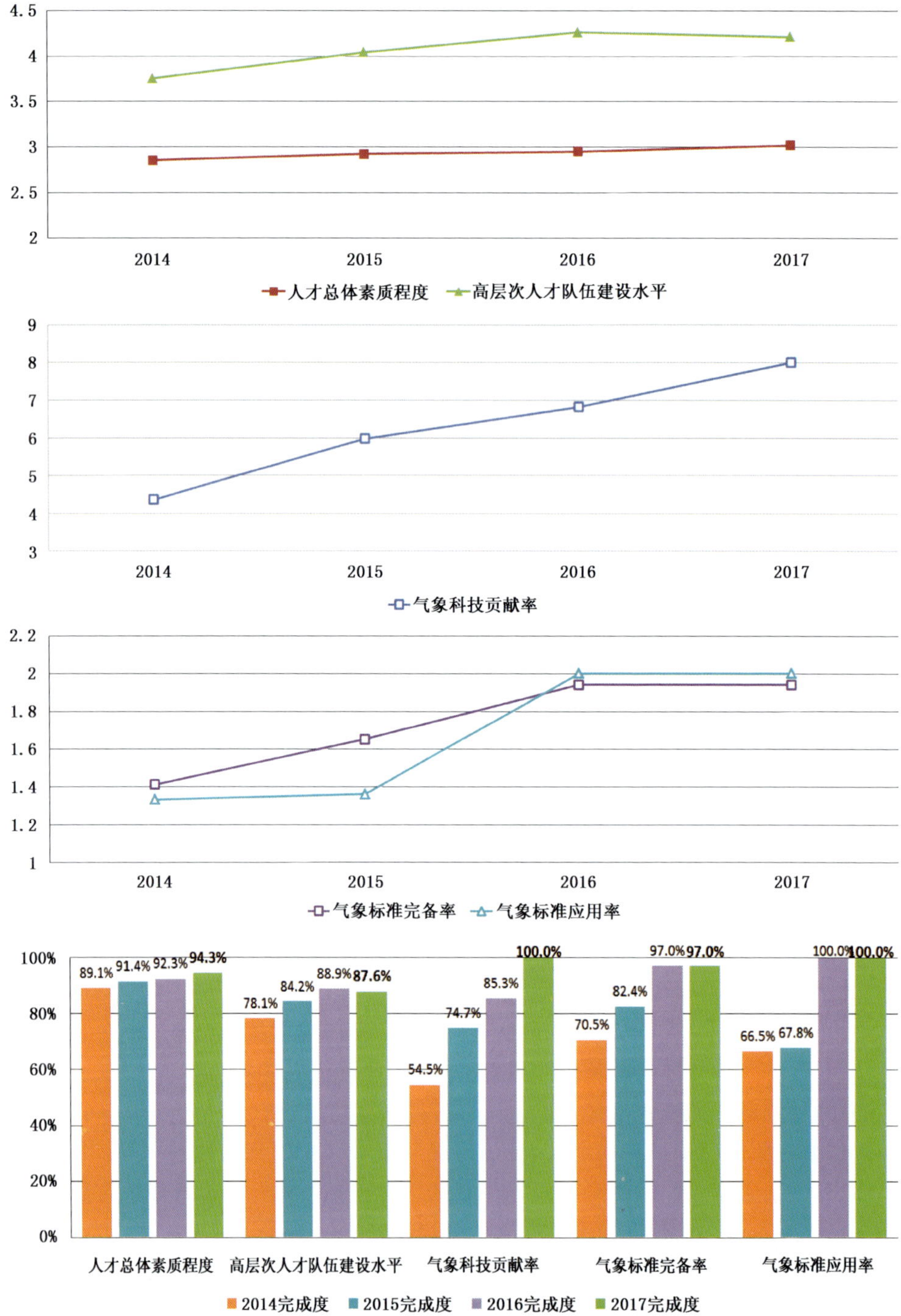

图 2.8　基础支撑条件相关指标得分与完成度对比

保障支撑能力完成度达到88.6%。全国省级气象现代化各项指标评估结果优秀，突出表现在气象防灾减灾能力、公共气象服务能力以及社会评价方面。气象现代化很好地支撑了经济社会发展，保障了人民福祉安康，并得到了公众的普遍肯定。

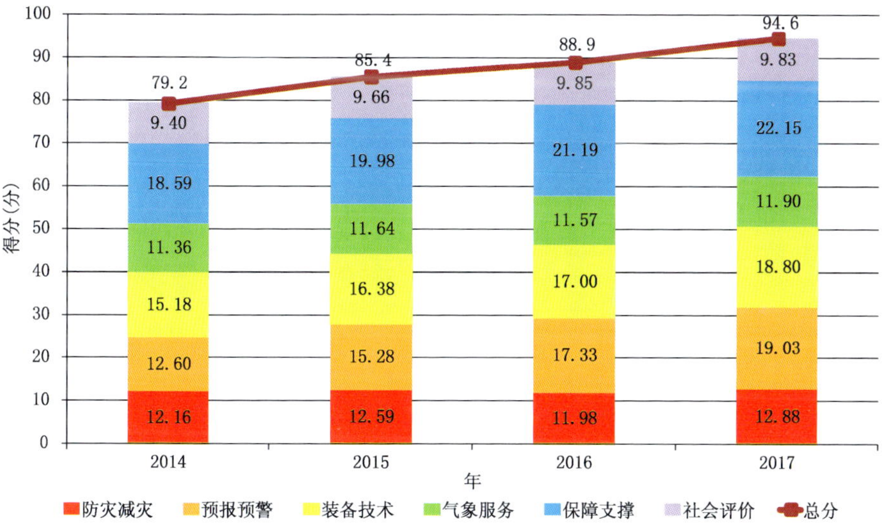

图2.9　2014—2017年省级气象现代化总分和一级指标得分(全国平均情况)

表2.3　2017年全国省级气象现代化评估一级指标得分和完成度(全国平均情况)

一级指标	单位	防灾减灾	预报预警	装备技术	气象服务	保障支撑	社会评价	总分
满分	分	13	20	20	12	25	10	100
得分	分	12.88	19.03	18.80	11.90	22.15	9.83	94.6
完成度	%	99.1	95.2	94.0	99.2	88.6	98.3	

1.2017年气象现代化区域差距进一步缩小

2017年，我国东、中、西部地区整体均达到了2020年基本实现气象现代化的阶段目标，平均得分为96.1分、94.1分和94.2分(图2.10)，呈现区域协调发展趋势。2017年，西部地区的发展势头和速度继2016年后再次超过东、中部地区，西部地区气象现代化水平年度提高7.2分(图2.11)，气象预报预警、装备技术完成度增幅均高于东、中部地区。近些年来，在国家"西部大开发"战略实施和国家级气象核心业务技术支撑下，西部地区通过不懈努力，气象观测、预报等业务能力取得了快速发展，明显缩小了和东部地区的差距(图2.12)。从区域综合评分比较来看，3个区域之间的差别在2分以内，且各省份之间气象现代化水平得分的离散度(用标准差来表征)也在逐年减小(图2.13)，体现了全国省级气象现代化区域差别在逐年缩小，省级气象现代化区域协调发展取得明显成效。

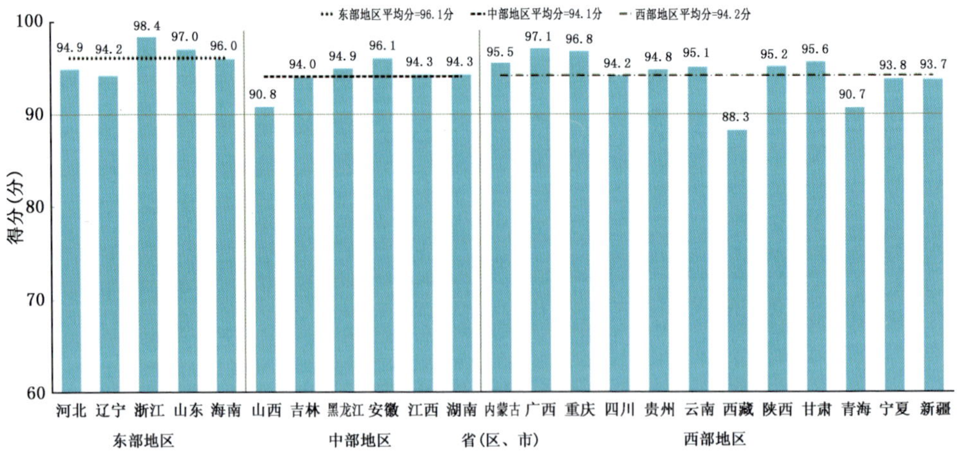

图 2.10　2017 年各省(区、市)气象现代化评估得分

(上海、广东、北京、江苏 4 个试点省(市)已在 2015 年率先基本实现气象现代化，福建、天津、河南、湖北 4 个省(市)在 2016 年基本实现气象现代化。因此 2017 年评估不包括这 8 个省(市)，下同)

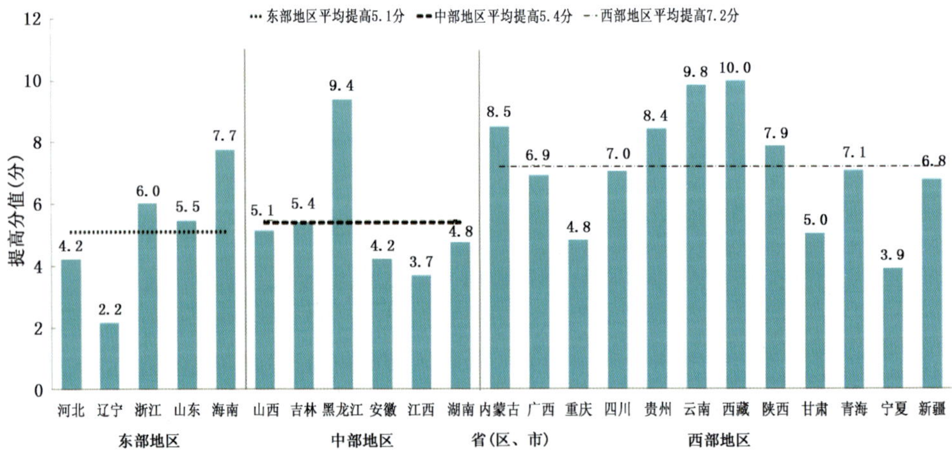

图 2.11　2017 年各省(区、市)气象现代化得分较 2016 年提高分

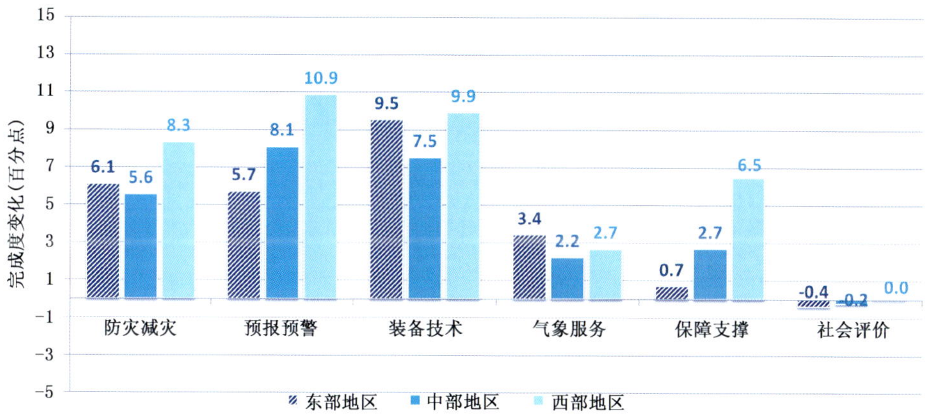

图 2.12　2017 年省级气象现代化评估一级指标完成度较 2016 年变化的分区域对比

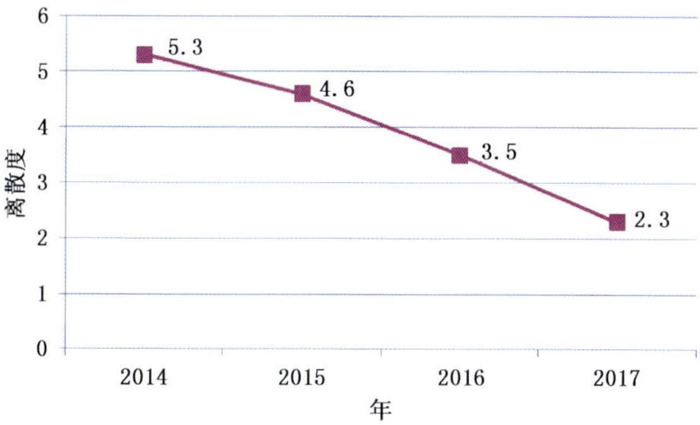

图 2.13　2014—2017 年省级气象现代化得分离散度

2. 2017 年省级气象现代化三项指标进步明显

2017 年，全国省级气象现代化评估提升最明显的是防灾减灾、装备技术和预报预测，三项指标完成度分别较 2016 年提升了 7.0%、9.0%、8.6%。其中，全国平均数据质量控制覆盖率达到 84.1%，较 2016 年提高 13.7%；强对流天气预警提前量达到 34.1 分钟，较 2016 年提高 6.1 分钟；暴雨预警准确率达到 84.2%，较 2016 年提高 3.2%。2017 年，中国气象局对气象信息化基础工作和气象业务能力建设的部署卓有成效。全国综合气象信息数据共享平台(CIMISS)在全国业务化，国—省级数据环境首次实现统一，提升了全国气象信息化能力；气象预报技术研发取得明显进展，GRAPES 全球和区域数值天气预报模式的业务应用、全国 5 千米智能网格预报发布指导产品、气候业务核心平台建设等均为省级提升预报预测能力提供了核心业务技术基础。此外，气象防灾减灾能力、保障支撑能力、气象服务能力较 2016 年分别提升 7.0、3.8 和 2.7 个百分点，气象社会评价水平较 2016 年下降 0.2 个百分点(表 2.4)，在正常波动范围之内。

表 2.4　2017 年省级气象现代化评估一级指标得分和完成度比较(全国平均)

完成度	单位	防灾减灾	预报预警	装备技术	气象服务	保障支撑	社会评价
2017 年	%	99.1	95.2	94.0	99.2	88.6	98.3
2016 年	%	92.1	86.6	85.0	96.5	84.8	98.5
2015 年	%	96.8	76.3	81.6	97.0	79.9	96.6
2014 年	%	93.6	74.0	76.5	94.6	74.3	94.0
2017 年增长率	百分点	7.0	8.6	9.0	2.7	3.8	−0.2

气象防灾减灾能力指标评估各地气象部门应急联动机制的完善程度、基层气象防灾组织体系健全程度以及气象依法行政水平。2017 年气象防灾减灾指标全国平均得分 12.88 分,完成度达到 99.1%,较 2016 年提高 7.0 个百分点(表 2.4)。该项指标完成情况各省(区、市)差别很小,均达到 93%以上,其中有 12 个省(区、市)的气象防灾减灾能力完成度达到 100%(图 2.14)。该项指标评估结果体现了基层气象防灾减灾组织体系和气象依法行政的水平日趋完善,反映了近些年来气象防灾减灾机制建设取得显著成效。

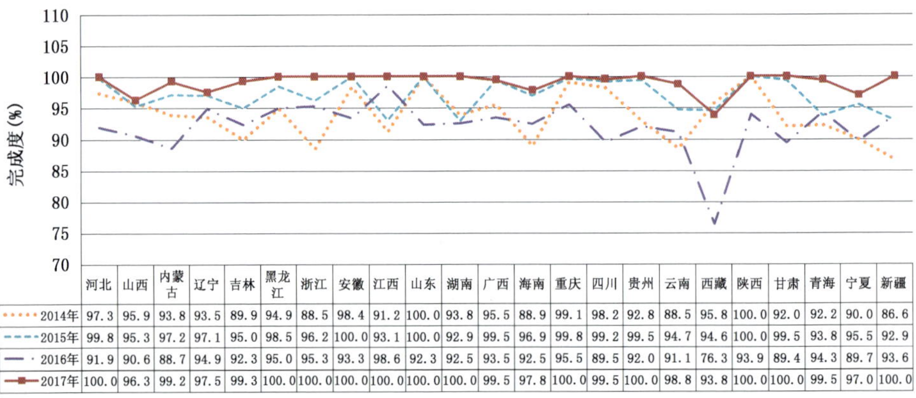

	河北	山西	内蒙古	辽宁	吉林	黑龙江	浙江	安徽	江西	山东	湖南	广西	海南	重庆	四川	贵州	云南	西藏	陕西	甘肃	青海	宁夏	新疆
2014年	97.3	95.9	93.8	93.5	89.9	94.9	88.5	98.4	91.2	100.0	93.8	95.5	88.9	99.1	98.2	92.8	88.5	95.8	100.0	92.0	92.2	90.0	86.6
2015年	99.8	95.3	97.2	97.1	95.0	98.5	96.2	100.0	93.1	100.0	92.9	99.5	96.9	99.8	99.2	99.5	94.7	94.6	100.0	99.5	93.8	95.5	92.9
2016年	91.9	90.6	88.7	94.9	92.3	95.0	95.3	93.3	98.6	92.3	92.5	93.5	92.5	95.5	89.5	92.0	91.1	76.3	93.9	89.4	94.3	89.7	93.6
2017年	100.0	96.3	99.2	97.5	99.3	100.0	100.0	100.0	100.0	100.0	100.0	99.5	97.8	100.0	99.5	100.0	98.8	93.8	100.0	100.0	99.5	97.0	100.0

图 2.14　2014—2017 年各省(区、市)防灾减灾指标完成度

气象预报预警能力指标通过评估气象预报准确率、灾害天气预警能力和预报产品精细度来综合评估气象预报预测业务水平和推进精细化格点预报的发展水平。2017 年气象预报预警指标全国平均得分 19.03 分,完成度达到 95.2%,较 2016 年提高 8.6 个百分点(表 2.4)。该项指标体现了全国 24 小时降水和气温预报能力、月降水和月气温预测能力、灾害性天气预警能力、精细化气象格点预报水平均取得良好进展,中国气象局以"信息化、集约化、标准化"的理念和方式部署推进气象业务现代化

取得了明显成效。同时也要看到，2017 年气象预报预警能力已经不存在明显的区域差别，各省（区、市）完成度均达到 90%以上，其中黑龙江、浙江和重庆 3 个省（市）完成度达到 100%（图 2.15）。

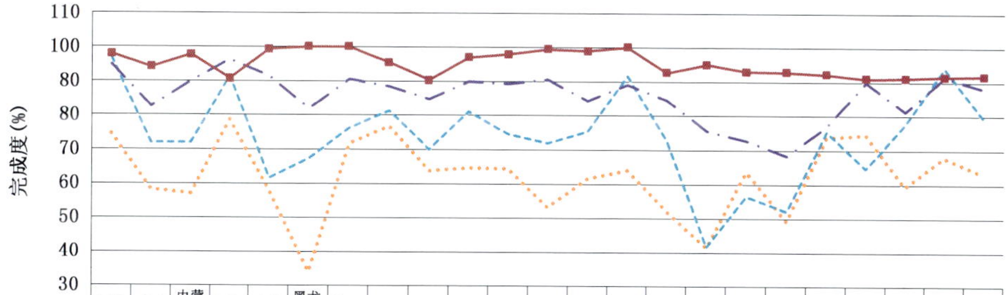

	河北	山西	内蒙古	辽宁	吉林	黑龙江	浙江	安徽	江西	山东	湖南	广西	海南	重庆	四川	贵州	云南	西藏	陕西	甘肃	青海	宁夏	新疆
2014年	74.35	58.25	56.95	78.55	57.7	33.8	71.5	76.75	63.65	64.45	64.4	53.05	61.4	63.85	51.9	41.3	63.55	49.1	73.6	74.5	59.3	67.9	62.95
2015年	96.85	71.75	71.65	91.5	61.45	67.25	76.15	81.25	69.95	81.05	74.4	71.75	75.2	91.6	72.6	41.6	56.25	51.95	75.2	64.5	77.45	93.9	79.15
2016年	94.7	82.4	89.85	96.15	91.2	81.9	90.55	88.45	84.7	89.95	89.2	90.45	84.35	89.1	84.5	75.4	72.65	68.15	76.8	89.8	81.3	91.2	87.95
2017年	97.8	94	97.65	90.65	99.3	100	100	95.35	90.25	96.95	97.8	99.4	98.85	100	92.55	95	92.9	92.8	92.2	90.9	91	91.5	91.7

图 2.15 2014—2017 各省（区、市）预报预警指标完成度

气象装备技术水平指标评估各地的综合气象观测能力、观测数据质量达标率以及气象信息化能力。2017 年气象装备技术指标全国平均得分 18.80 分，完成度达到 94.0%，较 2016 年提高 9.0 个百分点（表 2.4）。各省（区、市）装备技术指标完成度区域差别较小，均在 80%以上，其中 21 个省（区、市）达到 90%以上，内蒙古、浙江、山东、海南、贵州 5 个省（区）达到 97%及以上（图 2.16）。该项指标评估结果，反映了 2017 年强化全国气象部门综合气象观测能力、数据质量控制以及气象信息化能力建设，取得了很好的成效。

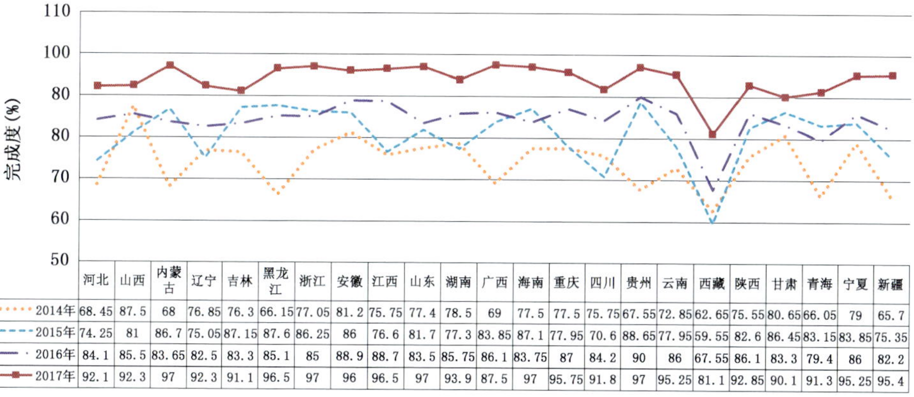

	河北	山西	内蒙古	辽宁	吉林	黑龙江	浙江	安徽	江西	山东	湖南	广西	海南	重庆	四川	贵州	云南	西藏	陕西	甘肃	青海	宁夏	新疆
2014年	68.45	87.5	68	76.85	76.3	66.15	77.05	81.2	75.75	77.4	78.5	69	77.5	77.5	75.75	67.55	72.85	62.65	75.55	80.65	66.05	79	65.7
2015年	74.25	81	86.7	75.05	87.15	87.6	86.25	86	76.6	81.7	77.3	83.85	87.1	77.95	70.6	88.65	77.95	59.55	82.6	86.45	83.15	83.85	75.35
2016年	84.1	85.5	83.65	82.5	83.3	85.1	85	88.9	88.7	83.5	85.75	86.1	83.75	87	84.2	90	86	67.55	86.1	83.3	79.4	86	82.2
2017年	92.1	92.3	97	92.3	91.1	96.5	97	96	96.5	97	93.9	87.5	97	95.75	91.8	97	95.25	81.1	92.85	90.1	91.3	95.25	95.4

图 2.16 2014—2017 年各省（区、市）装备技术指标完成度

公共气象服务效益指标评估各地的公共气象服务均等化程度、专业气象服务成熟度以及气象服务经济效益。2017 年气象服务指标全国平均得分 11.90 分，完成度达到 99.2%，较 2016 年提高 2.7 个百分点(表 2.4)。各省(区、市)气象服务指标完成度差别很小，均达到 93%以上，其中 16 个省(区、市)达到 100%(图 2.17)。该项指标评估结果反映了 2017 年省级公共气象服务能力成绩突出，体现了各级气象部门认真履行监测预报预警信息发布及应急联动响应职责，及时为各级党委政府提供决策气象服务，为公众和各行各业提供气象灾害预报预警服务，为经济社会发展提供了有力保障。

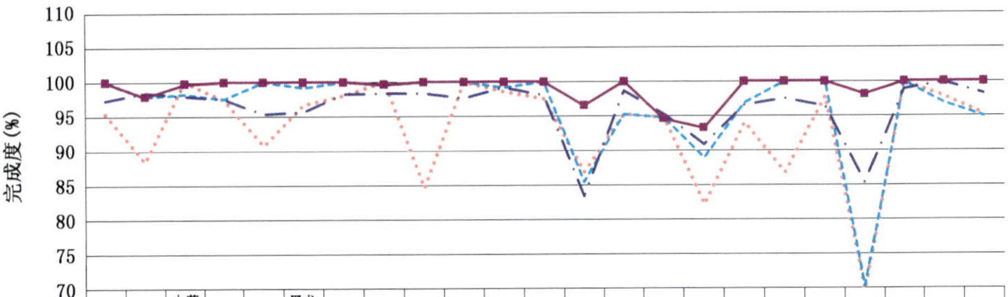

	河北	山西	内蒙古	辽宁	吉林	黑龙江	浙江	安徽	江西	山东	湖南	广西	海南	重庆	四川	贵州	云南	西藏	陕西	甘肃	青海	宁夏	新疆
2014年	95.42	88.42	100.0	97.42	90.75	96.75	98.08	100.0	84.58	100.0	98.58	97.58	86.83	95.25	94.83	82.08	94.08	86.75	97.83	69.75	100.0	97.83	95.25
2015年	100.0	97.92	98.25	97.58	100.0	99.17	100.0	99.67	100.0	100.0	99.25	100.0	85.42	95.25	94.83	88.92	96.92	100.0	100.0	70.25	100.0	96.92	95.00
2016年	97.35	98.48	97.94	97.54	95.38	95.75	98.31	98.36	98.37	97.63	99.18	98.05	83.36	98.65	95.26	90.88	96.63	97.56	95.44	85.37	98.95	99.92	98.32
2017年	100.0	97.92	99.75	100.0	100.0	100.0	100.0	99.67	100.0	100.0	100.0	100.0	96.58	100.0	94.58	93.25	100.0	100.0	100.0	98.17	100.0	100.0	100.0

图 2.17　2014—2017 年各省(区、市)气象服务指标完成度

气象保障支撑能力指标通过评估各地气象科技、人才、基础设施以及财政保障水平，判断各地气象事业可持续发展水平和协调发展水平。2017 年气象保障支撑指标全国平均得分 22.15 分，完成度达到 88.6%，较 2016 年提高 3.8 个百分点(表 2.4)。保障支撑指标呈现较为明显的区域差别，有 11 个省(区、市)完成度达到 90%以上，9 个省(区)在 80%到 90%之间，3 个省(区)未达到 80%(图 2.18)。结合图 2.12 可以看到，2017 全国气象事业保障支撑能力有一定提升，但可持续发展和协调发展水平仍存在明显的区域差别，东部地区普遍保障支撑能力较高，而中、西部地区较低，特别是中部地区相对更低。

气象服务社会评价指标通过对城乡居民抽样调查，评估公众对气象服务的满意程度和气象知识普及程度。2017 年气象社会评价指标全国平均得分 9.83 分，完成度达到 98.3%，较 2016 年下降 0.2%(表 2.4)，在正常的波动范围之内。各省(区、市)社会评价指标完成度差别很小，均为 96%以上，其中内蒙古、辽宁、湖南 3 个省(区)完成度达到 100%(图 2.19)。该项指标评估结果反映了气象事业社会评价稳步发展，各地气象工作得到了公众的普遍认可，气象科学普及也取得了很好成效。

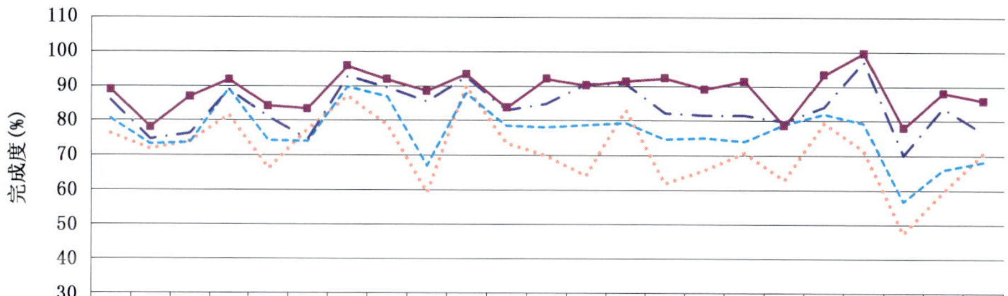

	河北	山西	内蒙古	辽宁	吉林	黑龙江	浙江	安徽	江西	山东	湖南	广西	海南	重庆	四川	贵州	云南	西藏	陕西	甘肃	青海	宁夏	新疆
2014年	76.28	71.68	74.04	81.56	66.28	77.56	87.2	78.8	59.12	90.04	73.32	69.92	64.16	83.08	61.84	65.84	70.8	63	79.28	71.52	47.44	59.4	70.64
2015年	80.52	73.28	73.52	89.28	74.24	74	89.8	86.96	67.08	88.08	78.48	78.04	78.8	79.4	74.64	75.08	74.08	78.92	82.12	79.36	56.76	66	68.16
2016年	85.96	74.68	76.2	89.12	81	74.56	92.92	89.72	85.56	92.76	83	85	90.68	90.76	82.32	81.72	81.68	79.72	84.12	97.24	70.16	83.84	76.76
2017年	88.96	78.12	86.88	91.84	84.24	83.48	95.92	91.96	88.6	93.48	83.72	92.2	90.32	91.48	92.4	89.2	91.48	78.6	96.36	99.72	78	88.12	85.88

图 2.18　2014—2017 年各省(区、市)保障支撑指标完成度

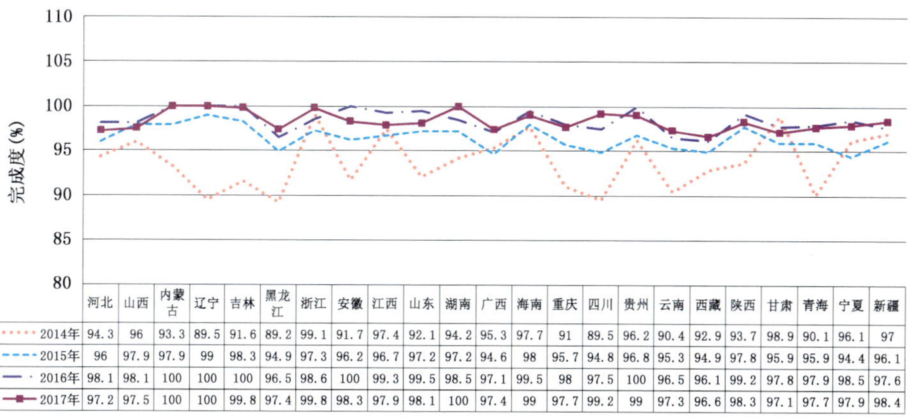

	河北	山西	内蒙古	辽宁	吉林	黑龙江	浙江	安徽	江西	山东	湖南	广西	海南	重庆	四川	贵州	云南	西藏	陕西	甘肃	青海	宁夏	新疆
2014年	94.3	96	93.3	89.5	91.6	89.2	99.1	91.7	97.4	92.1	94.2	95.3	97.7	91	89.5	96.2	90.4	92.9	93.7	98.9	90.1	96.1	97
2015年	96	97.9	97.9	99	98.3	94.9	97.3	96.2	96.7	97.2	97.2	94.6	98	95.7	94.8	96.8	95.3	94.9	97.8	95.9	95.9	94.4	96.1
2016年	98.1	98.1	100	100	100	96.5	98.6	100	99.3	99.5	98.5	97.1	99.5	98	97.5	100	96.5	96.1	99.2	97.8	97.9	98.5	97.6
2017年	97.2	97.5	100	100	99.8	97.4	99.8	98.3	97.9	98.1	100	97.4	99	97.7	99.2	99	97.3	96.6	98.3	97.1	97.7	97.9	98.4

图 2.19　2014—2017 年各省(区、市)社会评价指标完成度

3. 2017 年多个省(市)实现智能网格气象预报，现代气象预报业务建设取得成效

在中国气象局统一部署下，全国智能网格预报服务“一张网”建设取得明显进展，各省(市)可为公众提供未来 10 天空间分辨率达 5 千米的精细化定量化天气预报，是气象现代化建设的一项重要成果。智能网格预报，是利用云计算、“互联网＋”等现代信息技术手段改造传统预报业务流程，使流程更加扁平高效、业务布局更加集约合理、业务技术更加客观智能，使气象预报从以往的城市站点天气预报、逐 6 小时乡镇精细化天气预报，转变为滚动制作、实时同步、协同一致的网格预报。2017 年 7 月，北京、天津、上海、广东、福建、陕西、海南等多个省(市)率先正式发布智能网格预报，主要气象服务产品均由智能网格预报“一张网”生成。其中，北京可以提供 0～10 天之内空间分辨率达 1 千米的智能网格预报，在全国气象部门中精细化程度最高，最小

时间分辨率为 1 小时。天津市 3 天内预报时空分辨率可达到 1 小时、1 千米，4 天至 10 天预报时空分辨率可达 3 小时、5 千米。上海为满足特大城市各行各业的服务需求，最快可实现逐 6 分钟发布未来 0～2 小时的 1 千米精细化天气预报。

三、评价与展望

我国气象现代化取得了显著进步，得到党和国家、社会公众的一致肯定，国际社会也给予高度评价。但在不同专业技术领域和不同省份，气象现代化依然存在发展不平衡不充分问题。主要表现在以下几个方面：一是气象核心技术水平和业务能力仍有明显薄弱环节，如全球数值天气预报模式分辨率、区域数值天气预报模式分辨率和降水预报准确率、全球气候系统数值模式分辨率和准确率、大气再分析全球产品分辨率、陆面再分析亚洲产品分辨率、高性能计算机峰值运算能力等指标，连续三年评估都在同一水平，从指标上看还没有取得明显进步；有些指标完成度还不够高，如区域数值天气预报模式分辨率和降水准确率、全球气候系统数值模式准确率、陆面再分析亚洲产品分辨率、高性能计算机峰值运算能力、寒潮大风 24 小时预报准确率等指标。二是东、中、西部气象事业发展还不够平衡，评估结果显示，中部地区主要在气象保障支撑能力上存在一定短板，该项指标已经连续两年在全国处于较低水平，且主要是在气象科技贡献率和人才资源保障度上存在不足，特别是气象科技产出、气象科技投入、高层次人才队伍建设水平还不够高。西部地区在气象预报预警能力和气象保障支撑能力上存在一定短板，特别是高层次人才队伍建设上和东部地区存在一定差距。三是智慧气象发展处在起步阶段，个性化、专业化、精准化服务产品供给有待加强，气象服务供给侧结构性改革亟需推进，参与全球气象服务和应对全球气候变化力度不够，气象治理体系和治理能力还有不少薄弱环节。

气象现代化是一个动态的发展过程，在国家发展新需求、世界科学技术发展新形势下，气象现代化需要通过持续的创新和建设，不断适应新的发展形势。党的十九大以来，我国已经开启了建设现代化气象强国新征程，为气象现代化发展指明方向，进一步开阔了发展思路，开拓了新的发展空间。

围绕建设现代化气象强国，未来我国气象核心技术水平和业务能力必然要有新的突破，特别是涉及全球数值天气预报模式分辨率、区域数值天气预报模式分辨率和降水预报准确率、全球气候系统数值模式分辨率和准确率、大气再分析全球产品分辨率、陆面再分析亚洲产品分辨率等领域，要以达到世界先进水平为目标，坚持自主创新解决气象核心和关键技术问题，切实提高全球预报、全球服务能力。

未来智慧气象需要有崭新发展。由于互联网、大数据、人工智能、云计算和气象的深度融合，我国气象信息智能化水平将达到新高，气象数据信息在各部门、各行业共享还将进一步扩大，气象信息的应用将更快捷、更方便、更有效，人民群众气象获得感将进一步增强，对气象现代化发展的评价将会提升。

未来我国气象现代化总体发展将更协调。党的十九大以来，在“四个全面”战略布局、“五位一体”总体布局指导下，气象部门坚持公共气象发展方向，大力推进气象业务现代化、气象服务社会化和气象工作法治化，实现了全面推进气象现代化，必将促进气象业务、气象服务、气象创新和气象管理现代化更加协调发展。通过更新发展理念、转变发展方式，区域和层级气象现代化总体发展也将日趋协调，气象现代化发展效益将进一步提高。

在建设现代化气象强国战略指导下，我国未来必将建成以信息化为基础，以创新驱动为引领，以人才发展为优先支撑，以深化改革为发展动力，以智慧气象为发展目标，适应需求、结构完善、功能先进、保障有力的气象现代化体系。

减灾篇

第三章 气象灾害防御

2017年,全国气象部门针对频发的台风、暴雨等灾害性极端天气以及山体滑坡、泥石流、森林火灾等重大灾害,积极开展气象灾害防御工作,不断强化气象灾害监测预报预警服务,紧密与各级政府、各有关部门应急联动,做到了重大灾害天气过程不漏报、重大灾害天气服务无失误,最大程度地减少了人民生命财产损失,经受住了严峻的气象灾害考验。全年气象灾害防御各项工作取得显著成效,得到了各级党委政府和社会各界的高度评价。

一、2017年气象灾害防御概述

2017年,全国自然灾害以洪涝、台风、干旱灾害为主,暴雨、干旱、台风、强对流、低温冷害等灾害性天气频繁发生,并引发气象灾害。在汛期,全国共出现36次暴雨过程,且暴雨落区重叠度高、极端性强,导致多地发生严重洪涝及次生地质灾害。全年有8个台风登陆我国,且台风生成和登陆时间比较集中、登陆地点重叠度高,影响重大。大风、冰雹、龙卷风等局地强对流天气发生频繁,多地遭受损失,全国有1601县(市)次出现冰雹或龙卷风天气,尤其北方风雹灾害突出,多地遭受损失。华北、东北、长江中下游平原等粮食主产区出现中至重度干旱,导致农作物生长发育和产量受到影响。此外,全国范围内低温冷冻、雪灾以及由气象条件引发的崩塌、滑坡、泥石流和森林火灾、污染天气等次生、衍生灾害也不同程度发生。面对频发重发的气象灾害,在各级党委政府的坚强领导下,全国气象部门与各部门积极联动,社会广泛参与、积极应对,气象防灾减灾救灾工作取得了显著效益,有效保障了广大人民群众的生命财产安全。

(一)气象防灾减灾救灾体系已经形成

建立完善的气象防灾减灾救灾体系,是气象工作的重中之重,是国家综合防灾减灾救灾不可替代的重要力量,是国家公共安全体系的重要组成部分。党中央、国务院将气象防灾减灾救灾工作,作为促进党和国家事业发展、人民幸福安康、社会和谐稳定、国家长治久安的一件大事来重点推动。在地方各级党委、政府的统一领导下,在全国气象部门的共同努力下,2017年气象防灾减灾救灾工作再上新台阶,具有新时代特色的气象防灾减灾救灾体系建设全面推进,全社会抵御气象灾害的能力进一步提升。

2017 年,我国气象防灾减灾救灾体制机制更加完善,党委和政府在气象防灾减灾救灾中的主导作用进一步强化,社会公众在气象防灾减灾救灾中的参与作用更加彰显。截至 2017 年底,我国已经形成了由 20 多个部门组成的国家气象灾害预警服务部际联络员制度,实现了气象灾害防御联防联动,基本建立了县和乡级气象灾害防御机构,气象灾害防御基本实现防御规划到县、组织机构到乡、应急预案到村,预警信息到户、灾害防御责任到人,气象防灾减灾救灾组织和应急体系已经形成。

(二)气象灾害监测预报预警能力持续提升

不断提升气象灾害监测预警能力、提高预警信息发布的覆盖面和时效性,是气象防灾减灾救灾工作的关键环节。经过努力,我国气象灾害监测预警能力明显提升,气象预警信息发布的覆盖面扩大,灾害性天气预报预测预警能力增强,气象灾害应急服务水平持续提高。2017 年,全国省级以上气象部门支撑省级政府共启动 18 次应急响应和 2 次特别工作状态,中央气象台发布暴雨、高温、台风等灾害天气预警 721 期次,发布突发事件预警信息 213824 条,气象灾害预警发布时效由 10 分钟缩短到 5～8 分钟。

气象灾害风险预警业务体系不断完善,传统的灾害性天气预报正在向基于影响的气象风险预警延伸,气象灾害防御逐步实现从减轻灾害损失向降低灾害风险转变。2017 年,继续开展了全国重点区域主要气象灾害风险普查和风险区划,建立了基于精细化预报和致灾临界阈值的气象风险预警服务业务,完成全国所有区县气象灾害风险普查,以及全国三分之二以上中小河流洪水、山洪风险区划的制作和应用。建成国家突发事件信息预警发布系统,汇集多个部门 76 类预警信息,集成广播、电视、网站、手机短信、微博、微信、电子显示屏等多种信息发布手段,实现了突发事件预警信息分级、分类、分区域、分受众的精准发布,以及快速有效的反馈信息收集与分析评估,实现 85.8%的预警信息覆盖率,较 2016 年提高 0.8%。

(三)气象灾害防御社会效益显著

2017 年,全国各级党委政府、政府各部门和全国气象部门,坚持以习近平新时代中国特色社会主义思想为指导,遵循“两个坚持”“三个转变”重要指示精神[①],牢记以人民为中心的思想,全面贯彻落实中央各项决策部署,积极防御和有效应对频发多发的各类气象灾害,重大气象灾害预报服务保障成效显著,为经济社会持续健康发展提供了有力的气象保障服务,最大限度地减轻了人民群众的生命财产损失。

---

① 2016 年 7 月 28 日,习近平总书记在河北唐山考察时,提出了综合防灾减灾救灾“两个坚持”“三个转变”的重要论述,即“坚持以防为主、防抗救相结合,坚持常态减灾和非常态救灾相统一,努力实现从注重灾后救助向注重灾前预防转变,从应对单一灾种向综合减灾转变,从减少灾害损失向减轻灾害风险转变。”

1. 气象灾害造成直接经济损失占比持续下降

2017 年,各类自然灾害共造成全国 1.4 亿人次受灾,直接经济损失 3018.7 亿元(图 3.1),比近 5 年平均损失低 23.4%,包括气象因素导致的暴雨洪涝、滑坡、泥石流、干旱、低温冻害等造成的损失,其中地质灾害造成的直接经济损失为 2850 亿元,因旱灾造成直接经济损失 375 亿元,因低温冷冻和雪灾造成直接经济损失 19 亿元。各项气象灾害直接经济损失总额比 2016 年少 2014.2 亿元,减少 50%以上。其中,洪涝和地质灾害直接经济损失减少 1224.5 亿元,台风直接经济损失为 346.2 亿元,远低于 2016 年的 766.4 亿元。这些数据表明,2017 年气象年景较好,整体上属于灾害偏轻年份。

从气象灾害经济损失多年趋势上看,我国气象灾害造成的直接经济损失占 GDP 的比例也在持续下降(2008 年除外),2017 年降至 0.38%,为 2000 年以来最低值,仅为近 20 年平均值的 19.3%(图 3.1),这一趋势表明因气象灾害造成的直接经济损失影响逐年降低。

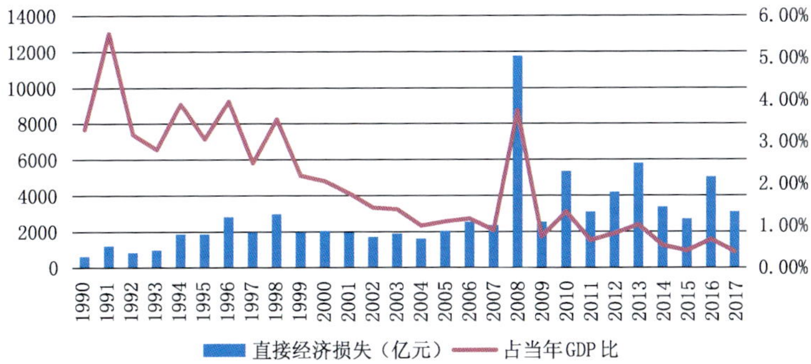

图 3.1 1990—2017 年全国气象灾害直接经济损失及占当年 GDP 比例情况
(数据来源:中国民政统计年鉴,中国气象灾害年鉴,中国气候公报)

2017 年,全国 31 个省(区、市)的近 2400 个县(市、区)不同程度受到自然灾害影响,受灾县市数量占全国县级行政区总数 80%以上。其中,气象灾害造成直接经济损失达超过 300 亿元以上的有 3 个省份,分别为湖南 588 亿元、吉林 393 亿元、广东 316 亿元;气象灾害直接经济损失低于 10 亿元以下的有 5 个省份,分别是北京、上海、天津、江苏、海南(图 3.2)。

2. 农业气象防灾减灾效益明显

2017 年,全国主要气象灾害造成农作物受灾面积 1848 万公顷,比 2016 年减少 774 万公顷,比 2014 年减少 1123 公顷。影响我国农业的气象灾害主要是暴雨洪涝、干旱、低温三类。为提升农村气象灾害防御水平,自 2010 年以来,国家持续推进农业气象服务体系和农村气象灾害防御体系建设,推动气象灾害预警信息进村入户,通过多种途径及时方便地为广大农户提供气象防灾减灾救灾信息等措施,我国农业防灾

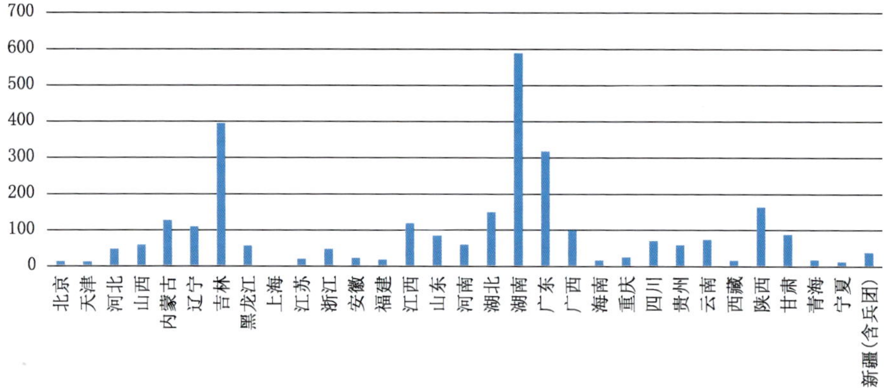

图 3.2　2017 年全国各省(区、市)气象灾害造成的直接经济损失情况(单位:亿元)
(数据来源:中国气象局决策服务共享平台)

减灾措施越来越完善,农作物良种改造、农业结构调整取得了明显效果。数据显示,2007 年以来,我国农作物受灾面积基本上呈逐年降低趋势,一些年份会出现一定波动,但波动幅度不大,仍然保持持续减少趋势(图 3.3)。这说明我国农业气象防灾减灾救灾能力建设取得了明显成效,也说明我国农业防灾减灾措施越来越完善,农作物良种改造、农业结构调整取得了效果,有力地降低了气象灾害的影响。

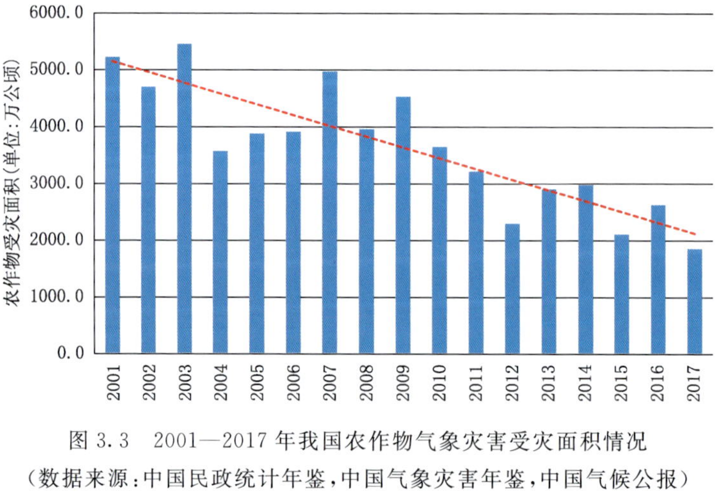

图 3.3　2001—2017 年我国农作物气象灾害受灾面积情况
(数据来源:中国民政统计年鉴,中国气象灾害年鉴,中国气候公报)

2017 年,气象灾害造成农作物受灾面积超过 100 万公顷的省份有 5 个,分别为内蒙古 391.73 万公顷、黑龙江 155.05 万公顷、湖北 143.71 万公顷、河南 124.7 万公顷、湖南 121.77 万公顷;农作物受灾面积低于 10 万公顷的有 7 个省(区、市),即北京、天津、上海、江苏、福建、海南、西藏(图 3.4)。

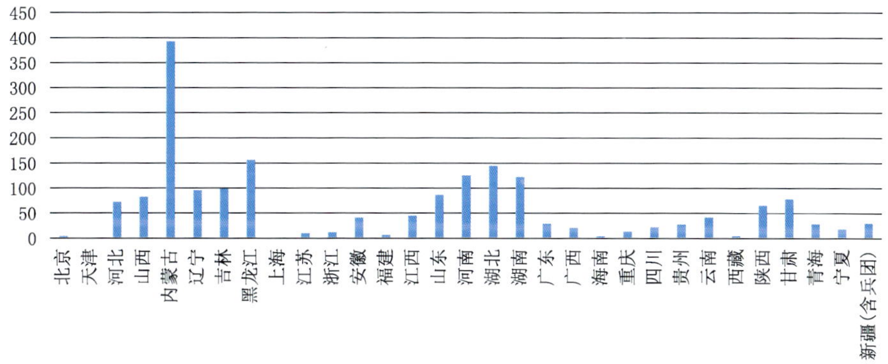

图 3.4　2017 年全国各省(区、市)农作物气象灾害受灾面积分布(单位:万公顷)
(数据来源:中国气象局决策服务共享平台:http://10.10.34.51/dzsp2/disasterreport.list)

3. 因气象灾害死亡人口继续减少

2017 年,全国气象灾害造成的死亡(失踪)人数为 913 人,为 2004 年以来死亡人口第 3 低年份(图 3.5)。从成因上分析,2017 年气象灾害造成的人口死亡(失踪),主要是因为由暴雨洪涝及滑坡、泥石流等次生衍生灾害,由此造成的死亡失踪人口占 7 成以上。同时,2017 年全国由于台风造成的死亡人口为 44 人,较 2016 年的 198 人大幅度降低,为 2001 年以来死亡人口平均值的 22%(图 3.6)。

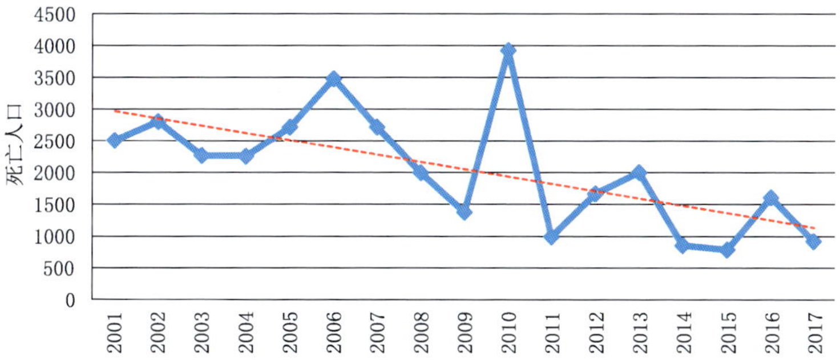

图 3.5　2001—2017 年全国气象灾害造成的死亡人口情况(单位:人)
(数据来源:中国民政统计年鉴,中国气象灾害年鉴,中国气候公报)

从各省气象灾害死亡(失踪)人口分布上看,2017 年气象灾害造成人口死亡(失踪)在 80 人以上的有 4 个省(区),即四川 143 人、湖南 95 人、云南 90 人、广西 82 人;没有发生人口死亡的有 5 个省(区、市),分别是浙江、海南、宁夏、上海、天津(图 3.7)。

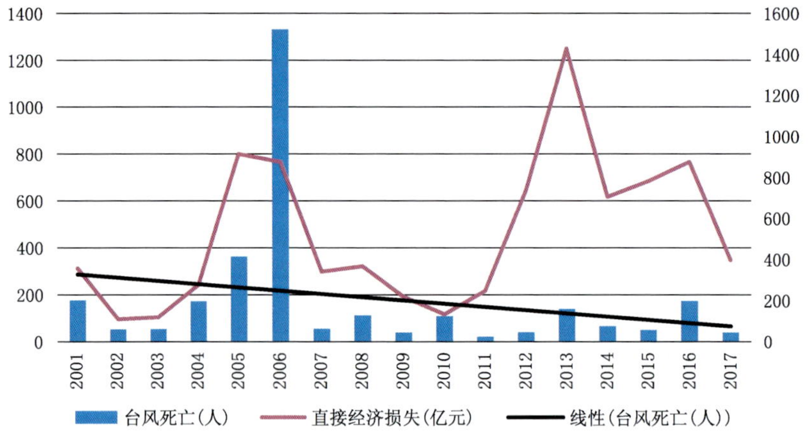

图 3.6　2001—2017 年全国因台风造成的直接经济损失、死亡人口情况(单位:人)
(数据来源:中国气象局决策服务共享平台:http://10.10.34.51/dzsp2/disasterreport.list)

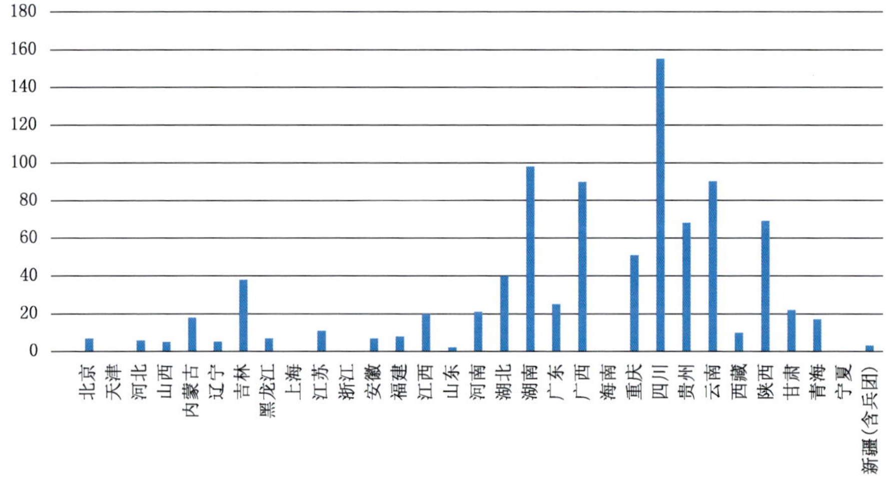

图 3.7　2017 年全国各省(区、市)因气象灾害死亡人口分布(单位:人)
(数据来源:中国气象局决策服务共享平台:http://10.10.34.51/dzsp2/disasterreport.list)

此外,针对气象次生和衍生灾害,气象部门联合水利、自然资源、应急管理等部门探索开发了地质灾害定量化预报系统和地质灾害气象风险预报模型,完善地质灾害风险预警业务,全年成功避让地质灾害 1016 起,避免伤亡人数 39869 人(图 3.8)。在应对四川茂县"6·24"山体高位垮塌、九寨沟地震、内蒙古森林火灾等防灾减灾救灾服务中,发挥了重要作用。

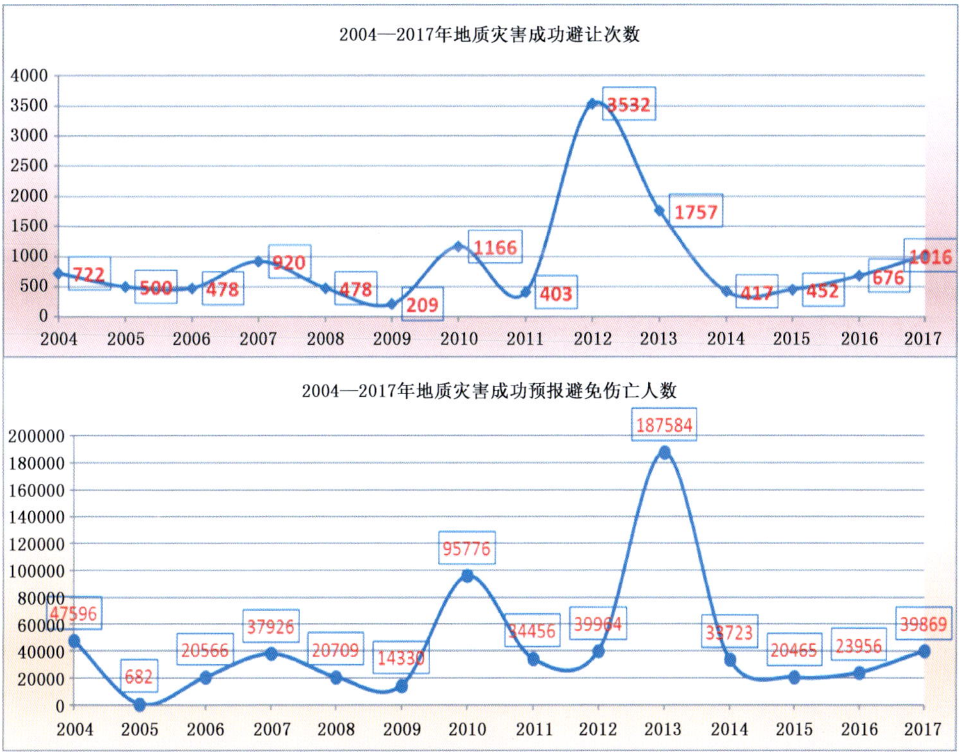

图 3.8　2004—2017 年全国避让地质灾害情况分布(数据来源:中国气象局)

二、2017 年气象灾害防御工作进展

2017 年,全国气象系统认真落实综合防灾减灾救灾工作的新要求,在气象灾害监测预报预警体系、气象灾害预警信息发布体系、气象灾害风险防范体系、气象灾害组织责任体系建设方面取得了重大进展,气象服务保障经济社会持续发展的能力显著提升。

(一)气象灾害监测预报预警体系建设

1. 立体化气象灾害监测网逐步得到完善

2017 年,全国"海一陆一空一天"四位一体的气象灾害监测网络建设取得新成绩。2016 年底,先后成功发射风云四号 A 星和全球二氧化碳监测卫星,在 2017 年正式投入运行,首次实现了静止轨道高光谱大气垂直观测和全球二氧化碳监测,填补了我国多项观测空白;2017 年 11 月 15 日,风云三号 D 气象卫星成功发射,实现了极轨气象卫星业务组网观测,提升了综合气象观测能力,也为进一步提高灾害性天气预报准确率增添了"利器"。同时,我国进一步提高和发展了卫星监测、高性能无人机观测、探空观测、地面探空、海岛气象站、船舶自动站、海洋气象浮标站、海洋探测基地、港口监测、GNSS/MET 站、海上气象灾害应急艇等多种气象灾害观测手段，形成网络式、多方联合的“海一陆一空一天”四位一体的全过程观测系统，气象灾害监测“盲区”越来越少，全球气象灾害监测覆盖面日益扩大。

2. 灾害性气象预报预警能力不断增强

2017 年，全国天气预报、暴雨预警、气候趋势预测准确率，以及强对流预警时间提前量、台风路径预报水平有新的提高。国家气象部门建立了智能网格气象预报全国“一张网”，空间分辨率更加精细，达到 5 千米，预报预测更加精准；组建了京津冀环境气象预报预警中心，研发了京津冀 3 千米分辨率 72 小时预报时效的环境气象数值预报模式，开展 24 小时雾霾预报预警和 72 小时空气污染气象条件预报；建立了风云气象卫星全天候遥感监测雾霾空间分发生发展过程业务，秸秆焚烧遥感监测成为环保部门执法检查的依据。同时，部门间气象预报产品加强了共享，海洋、航空等预报业务建设持续推进。在此基础上，2017 年，中央气象台共发布暴雨、台风、强对流、高温等各类灾害性天气预警 721 次，各省(区、市)气象局共发布各类气象灾害红色预警 5099 次、橙色预警 42647 次，全年气象灾害预警发布时效由 10 分钟缩短到 5～8 分钟，预警覆盖率达 85.8%(较 2016 年提高 0.8%)，预警信息正确率达 99.69%，气象预警信息对气象灾害防御的效益明显增强。

3. 气象灾害预报预警应急服务作用明显

针对灾害性天气，气象部门积极配合有关部门，不断完善和发挥气象灾害预报预警在灾害应急中的先导作用，气象灾害应急响应制度和应急体系更加完善。形成了由应急管理、民政、国土、环境、交通、农业、气象等多个部门共同组成的国家气象灾害预警服务部际联络员制度，实现了气象灾害防御应对的联防联动，有效提高了气象灾害预报预警、信息发布、风险管理、应急处置能力。2017 年 9 月 21 日，中国气象局与中国海上搜救中心以海上搜救为主题，在天津共同主办了第十一届气象灾害预警服务部际联络员会议，围绕气象灾害防御联动联防开展了交流与研讨。

2017 年，全国有 2723 个县(市)出台了气象灾害应急准备制度管理办法，2712 个县(市)出台实施了气象灾害应急专项预案，5.75 万个重点单位或村屯通过了气象灾害应急准备评估。在广东、上海、北京等地，以预警为先导的全社会应急联动机制已建立；在边远地区、少数民族地区，气象部门结合当地实际，因地制宜积极推动并分类解决预警信息“最后一公里”问题；在贵州，全省 9 个市(州)和 80 个县(市、区)政府印发了本地“三个叫应”气象防灾机制，明确要求发生灾害性天气事件时，当地气象部门以电话通知的方式，将预警信息点对点及时有效传递到县、乡、村三级行政负责人和相关部门，确保气象灾害预警有效快捷传递，为减少人员伤亡争取了时间。2017 年全年，全国省级以上气象部门支撑省级政府共启动 18 次应急响应和 2 次特别工作状态，应急天数达 111 天，有效应对了汉江流域持续强降雨、吉林永吉和陕西榆林大暴雨、“天鸽”“纳沙”“海棠”等强台风以及北方极端高温等严重气象灾害，及时、主动做好四川茂县山体滑坡、九寨沟地震、内蒙古森林火灾等救灾气象服务。

（二）气象灾害预警信息发布体系建设

1. 国家突发事件预警信息基本实现全网发布

由气象部门牵头建立的国家突发事件预警信息发布平台系统，建设成效显著。该平台系统集成了广播、电视、网站、手机短信、微博、微信、电子显示屏等多种信息发布手段，目前已经汇集多个部门76种预警信息。依托这个平台，可以实现国家、省、地三级预警信息发布机构与应急管理部门、突发事件应急处置部门之间的平台互联互通、信息实时共享，实现突发事件预警信息分级、分类、分区域、分受众精准发布，以及快速有效的反馈信息收集与分析评估。

2017年，通过国家突发事件预警信息发布平台，全年共发布突发事件预警信息21万余条，教育、公安、国土、住建、交通、水利、农业、卫计委、安监、林业、旅游、地震、海洋、应急管理等部门通过国家预警发布系统发布预警信息4934条（图3.9），基本实现了多灾种预警信息的统一发布。此外，进一步健全了全国突发预警信息发布会商机制，完善技术标准和规范性文件30余项，有效提升了突发事件预警信息发布的规范化水平。

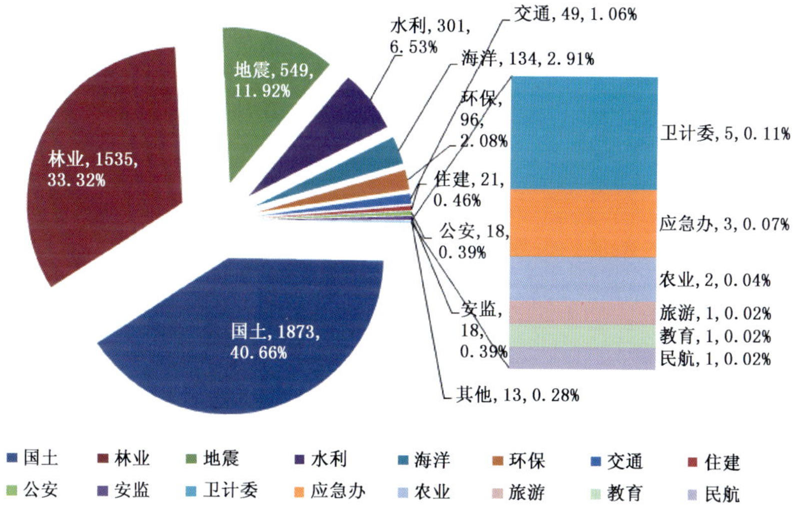

图3.9 2017年1—11月国家突发事件预警信息发布平台发布非气象部门灾害预警信息情况（数据来源：中国气象局）

2. 气象防灾减灾救灾决策服务精准水平提高

在各部门的大力支持下，气象部门推动决策服务、预警发布等工作从零散化、纸质化向集约化现代化发展，开发了决策气象服务业务系统和气象信息决策支撑平台——“中国气象”和 12379 手机 APP。该平台融合了各类气象数据和预警、国土、水利等数据,实现在国务院总值班室部署运行,并在气象灾害应急联络员成员单位中大力推广应用。

随着气象灾害决策服务智能化水平的不断提升,决策气象服务产品也更加精准有效。统计数据显示,2010—2017 年,全国气象部门向中央政府、部门和地方各级政府提供决策气象服务产品总量达到 430.73 万期(次),呈稳定增长态势(图 3.10)。2017 年,全国决策气象服务产品总量达到 66.43 万期(次),比 2016 年增加 2.57 万期(次)。

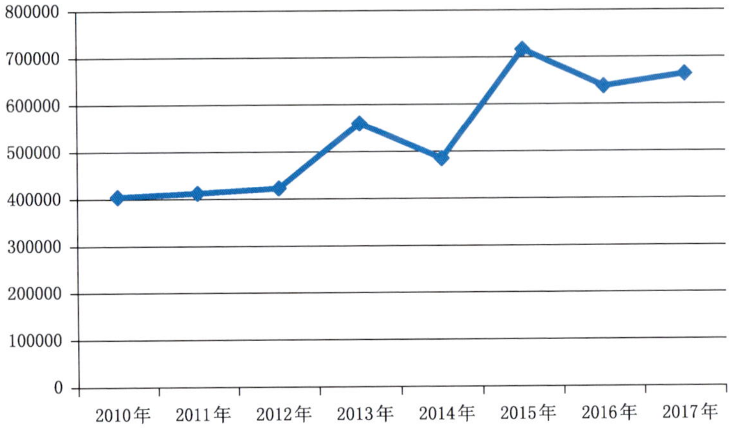

图 3.10　2010—2017 年全国决策气象服务产品数量
(数据来源:气象统计年鉴)

2017 年,中国气象局针对重大灾害性天气和泥石流、滑坡、地震、火灾等灾害服务,向党中央、国务院及有关部门报送《中国气象局值班信息》469 期、《重大气象信息专报》78 期、《气象灾害预警服务快报》121 期,专项服务材料 122 期。联合水利部发布山洪预警 123 期,联合国土资源部发布地质灾害气象预警 128 期。中国气象局相关决策服务材料受到党中央国务院领导同志批示 30 余次,收到国务院办公厅等部门、地方党委政府感谢信 18 封。

2017 年,各省(区、市)气象局向省级政府提供的决策服务信息达 41429 期,比 2016 年增长 9355 期,增幅达 29.17%;向地(市)级政府提供的决策服务信息达 130012 期,比去年增长 11990 期,增幅达 10.16%;向县级政府提供的决策服务信息达 492469 期,比去年增长 5524 期,增幅达 1.13%。从近 8 年的数据看,总体上,向省级、地(市)级政府提供的决策气象服务产品基本保持稳定,但向县级政府提供决策气象服务产品却呈现增长,2017 年的数量达到了 2010 年的 1.9 倍(图 3.11)。

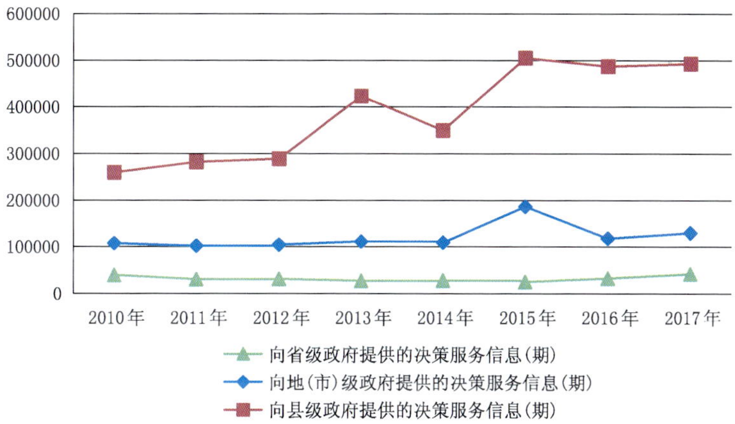

图 3.11　2010—2017 年向省级、地(市)级、县级政府提供的决策气象服务数量(单位:期)
(数据来源:《气象统计年鉴》2010—2017;向省级、地(市)级、县级政府的提供决策服务信息包括重要气象信息服务和其他气象信息服务)

3. 气象灾害预警信息传播渠道进一步拓宽

为了让广大社会公众更加方便快捷地接收到气象灾害预警信息,气象部门积极与相关部门、机构加强沟通合作,发展了卫星移动通讯、北斗卫星、海洋广播电台等多样化预警信息发布手段。中国气象局与新华社等 10 余家中央媒体及客户端建立预警信息推送及共享机制,与交通、旅游、地图、消防、生活服务等各行业强化了合作,初步实现气象灾害和突发事件预警信息的全网、全民发布;制定了《国家预警信息发布业务运行报告制度》,健全了国家、省两级预警发布会商机制,完善气象灾害预警信息传播技术标准、管理标准和规范性文件共 30 余项,有效提升了预警信息发布规范化水平。

到 2017 年底,我国已初步实现气象灾害和突发事件预警信息的全网、全民发布。全国省级开通气象灾害预警信息绿色通道的电视频道数已达到 242 个,占应开通数的 99%,其中 27 个省份实现了 100%开通;全国省级开通绿色通道的广播电台数达 874 个,占应开通数的 98%(图 3.12),有 27 个省份实现了 100%开通;此外,2017 年全国有 10 个省、63 个市、523 个县已经实现与应急广播的系统对接,共有 21638 套应急广播终端对接完成后可以发布预警信息。

4. 全国智慧信息员平台建成投入应用

为加强对全国气象信息员的管理,2017 年中国气象局建立了全国智慧信息员平台,该平台充分利用"阿里钉钉"APP 免费、快速、必达、互动等优势,与国家突发事件预警信息发布系统对接,面向气象信息员自动发布本地预警,具备预警信息分享、消息到达提醒、灾情信息现场上报、多方会商通话等功能。截至 2017 年底,全国共有 78 万气象信息员在全国智慧信息员平台上完成注册,全年气象信息员平台登录 30

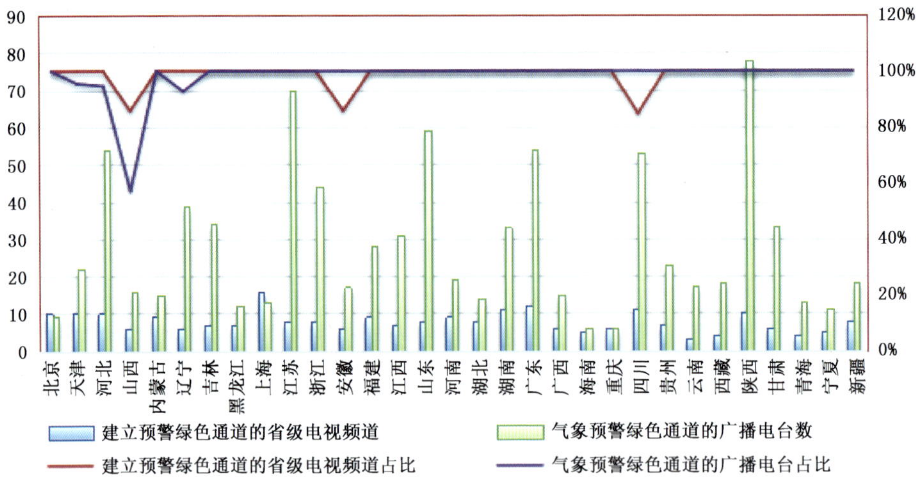

图 3.12　全国各省(区、市)电视、广播电台份开通气象灾害预警信息绿色通道情况
(数据来源:中国气象局,截至 2017 年底)

万人次,平台常年在线人数 12 万,全年灾情上报 9000 余条,分发预警 1.4 万次,累计反馈灾情信息 7200 多条。

全国智慧信息员平台的建立,实现了对基层信息员活跃度的有效监控,在功能上实现了预警信息免费收发、信息留痕记录、灾情实时上报、人员活跃管理,从而有效地解决了信息收发难、人员管理难、运行支撑难的问题,初步建立了预警信息在基层的快速传播和灾情向上反馈渠道,实现了基层气象信息员的动态、实时、可核实管理,是气象信息员管理方式的重大转变。

(三)气象灾害风险防范体系建设

1. 气象灾害风险预警实现业务化和标准化

近年来中国气象局大力推进气象灾害风险管理工作。当前,我国气象灾害管理工作的重点已经由应急防御、灾后救助和恢复为主向灾前风险防范转变,更加强调变被动防灾为主动应对,使防灾减灾工作由减轻灾害损失向降低灾害风险转变。

2017 年,气象部门进一步强化了暴雨、台风、干旱等重大灾害的风险识别和评估功能,优化了气象灾害风险预警业务布局,加强了气象灾害风险预警业务管理。印发了《基层中小河流、山洪、地质灾害气象风险预警业务标准化建设指南》,推进基层气象灾害风险预警业务实现标准化、规范化,在全国 897 个区县开展气象风险预警业务标准化建设,初步建立了基层气象灾害风险预警业务平台、业务系统、业务流程、运行机制和业务制度。

2. 基于大数据的气象灾害风险管理系统更加完善

2017 年，气象部门在基于大数据的气象灾害风险管理系统的建立和完善上取得了进一步突破(图 3.13)。截至 2017 年底，全国气象部门坚持以用为本、应用倒逼、效益优先的原则，完成了全国所有区县的气象灾害风险普查——累计完成 35.6 万条中小河流、59 万条山洪沟、6.5 万个泥石流点、28 万个滑坡隐患点普查数据整理入库；同时，完成了全国 2/3 以上中小河流洪水、山洪风险区划图谱的编制和应用。在此基础上，气象部门建立了统一标准、全国实时共享的气象灾害风险数据库，累计访问超过 62 万次。通过该气象灾害风险管理系统，实现了对基层重点中小河流、山洪和地质灾害基础信息收集全覆盖，重要隐患点监测预警全覆盖，预警信息防灾减灾责任人全覆盖，促进了基层气象防灾减灾救灾关口前移，对提升科学抵御气象灾害能力，有效减轻气象灾害影响具有重要意义。

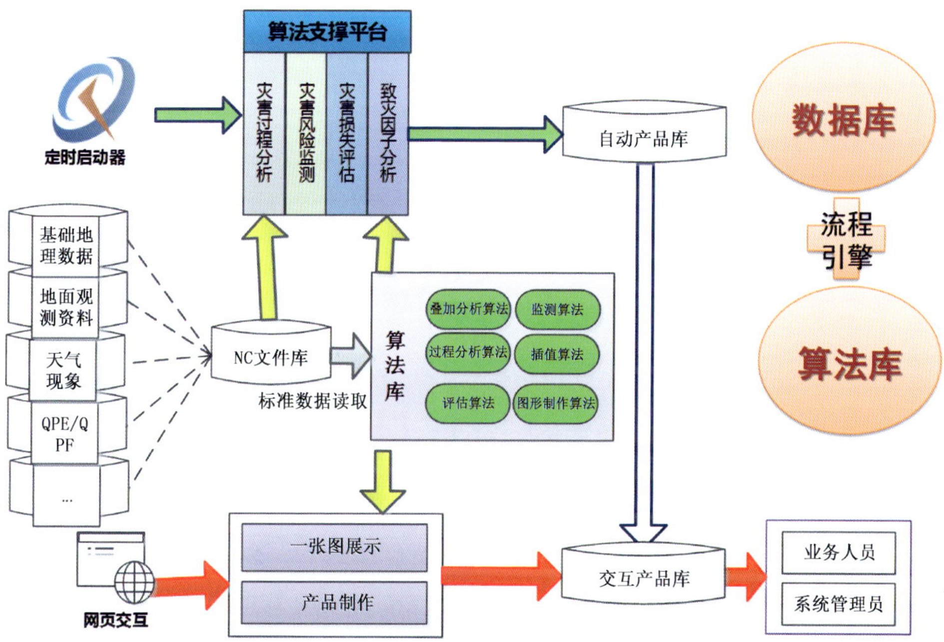

图 3.13　基于大数据的气象灾害风险管理系统

3. 公众气象灾害风险防范意识和应急处置能力持续强化

提升公众气象防灾减灾救灾科普素养，是增强气象灾害社会防御能力的重要途径，也是强化气象灾害风险防范的重要内容。2017 年，中国气象局联合相关部委和地方党委宣传部建立了气象灾害防御舆论引导机制，加强对雾和霾、龙卷风等问题的科学引导；联合中组部在全国党员远程教育平台上开辟《气象万千》科普节目，累计开设 161 期；两位专家被推荐为中国互联网联合辟谣平台专家委员会气象领域专家学者；成功举办首届气象科技活动周，获全国科技周优秀组织奖和多个科普类国家级奖项;中国气象局围绕汛期重要天气和社会关注热点,及时发布权威气象信息,回应社会关切,先后组织各类新闻发布、通气会、集中采访活动30次,《人民日报》刊发相关报道107篇,新华社、《经济日报》、《光明日报》等中央主流媒体刊发相关报道1714篇。此外,成功举办中组部委托的地方党政领导"防灾减灾与安全生产气象保障专题研究班"和系列气象部门应急管理培训班,提高了地方党政领导气象防灾减灾救灾科学素养、应急管理和处置能力。

(四)气象灾害防御组织体系建设

1. 气象防灾减灾救灾组织进一步健全

气象防灾减灾救灾组织和应急体系日趋完善,气象防灾减灾救灾机制不断完善。全国已初步实现县、乡气象灾害防御机构全覆盖,气象灾害防御基本实现防御规划到县、组织机构到乡、应急预案到村,预警信息到户、灾害防御责任到人。截至2017年,全国有2090县(市)制定了气象灾害防御规划,占应制定县(市)的95%,21个省份实现了100%(图3.14)。有2.8万个乡镇将气象灾害防御纳入政府综合防灾减灾体系,15.47万个村和屯制定了气象灾害应急行动计划,5.73万个重点单位或村屯通过了气象灾害应急准备评估。

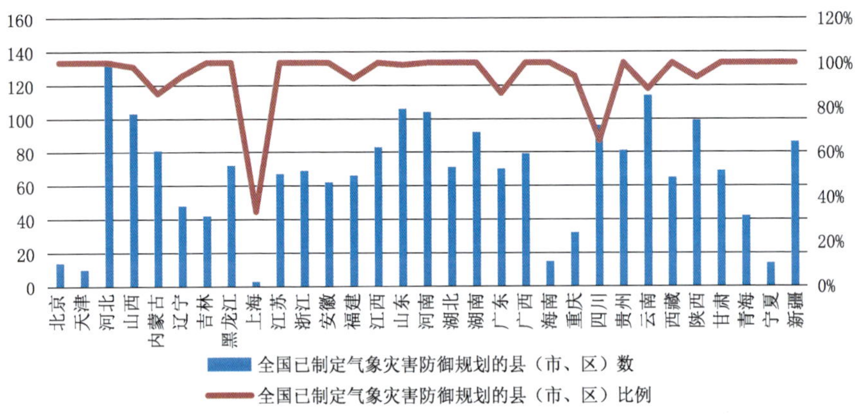

图3.14　全国制定气象灾害防御规划的县(市、区)情况

(数据来源:中国气象局)

在气象灾害预警信息发布机构建设方面,省市县三级突发事件预警信息发布中心机构广泛建立,截至2017年底,全国21个省级、183个地(市)级、683个县级政府成立了本级突发事件预警信息发布中心机构,分别占本级气象局数量的67%、46%、29%(表3.1)。其中,在2017年全国新批复成立省级机构2个、地市级机构97个、县级机构198个,分别较2016年增长10%、112%和42%。该类机构的不断完善,实现了国家、省、地三级预警信息发布机构与应急管理部门、突发事件应急处置部门之间的平台互联互通、信息实时共享及快速发布。

表 3.1　全国省市县三级突发事件预警信息发布中心机构和编制情况

级别	气象局数量	发布中心机构数量	发布中心机构数占总数百分比(%)	人员编制数
省级	31	21	67.74	155
地市级	396	183	46.21	695
县级	2304	683	29.64	2442
合计	2731	887		3292

数据来源:中国气象局。

2017 年,中国气象局狠抓顶层设计,组织开展主动适应国家综合防灾减灾救灾体制机制改革专项设计,对接国家战略要求,出台《关于加强气象防灾减灾救灾工作的意见》,推进防灾减灾政策环境和体制机制战略研究;印发了《关于进一步加强2017 年汛期气象服务工作的通知》《2017 年中国气象局决策气象服务周年方案》,进一步规范了业务流程,明确了考核机制;推动将气象灾害防御全面融入农村社会综合治理体系。气象部门通过组织召开全国汛期气象服务动员会和再动员会、汛期气象服务领导小组会议、汛期气象服务情况分析总结会等,及时传达落实党中央国务院对防灾减灾工作的指示和要求,对相关工作进行安排部署,强化了对气象防灾减灾救灾工作的组织领导和责任落实。

2. 气象防灾减灾救灾部门合作联动机制形成

在加强气象防灾减灾救灾部门联动方面,气象与其他部门间的合作领域不断拓展。截至 2017 年底,中国气象局与 20 多个部门联合建立了国家气象灾害预警服务部际联络员制度,全国 31 个省级气象级部门普遍与政府各有关部门建立了有效的气象灾害信息共享机制。据统计,全国各省级实现气象灾害信息双向共享部门达到508 个,部门双向共享实现率达到 93%(图 3.15),其中有 22 个省级单位实现了气象灾害信息 100%双向共享。

2017 年,中国气象局着力建立气象防灾减灾工作协调机制,与农业部、水利部、武警部队、国资委、国土部、林业局和工信部等部门合作,推动建立多部门联合调研、联合会商、联合演练、联合预警、联合发布机制,共同提升综合防灾减灾能力。中国气象局与水利部继续完善了联合会商机制,在汛期关键时期选派专家参与各级防汛抗旱指挥部门的值班值守;与武警部队交通指挥部签订军民融合发展合作协议,深化双方在交通设施应急救援、气象灾害应急救援等方面的合作;与国资委联合发文,加强了中央企业预警责任人在各地气象部门备案,完善应急联动和长效机制,强化面向中央企业的突发事件预警信息服务工作;与国土部门合作推动山地丘陵区地质灾害气象预警预报工作全覆盖,推进青川地质灾害气象预警试验基地建设;与国家人防部门合作,在浙江、四川开展人防与预警对接试点工作,推进了各省市人防警报信息纳入国家预警发布系统。

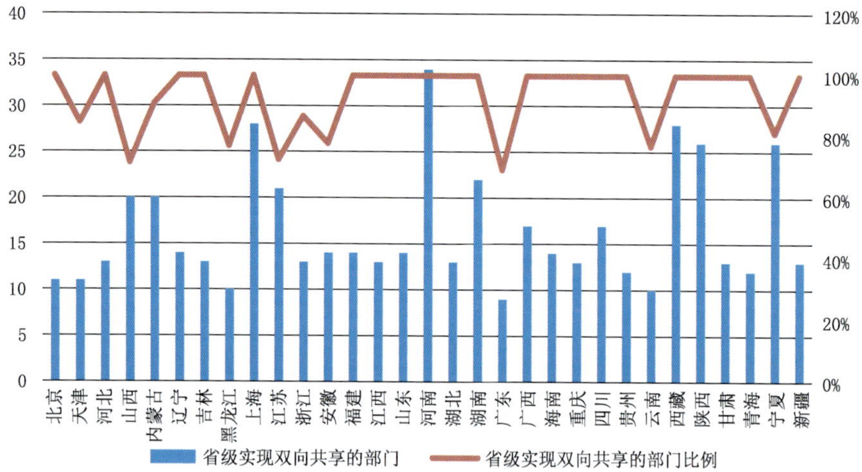

图 3.15　全国各省份实现部门间气象灾害信息双向共享情况

(数据来源:中国气象局)

3. 气象防灾减灾救灾体系继续向基层延伸

气象灾害防御社会参与范围不断拓展,基层气象防灾减灾救灾队伍建设不断巩固和加强,农村气象防灾减灾救灾建设水平不断提高,气象灾害防御能力稳步提升,协助乡村振兴战略的有效实施和精准扶贫的顺利开展。气象信息服务站、气象信息员、城乡社区成为基层气象防灾减灾救灾的中坚力量。截至 2017 年底,全国已拥有 7.8 万个气象信息服务站,41.6 万套农村高音喇叭,15.1 万块乡村气象电子电视屏。气象信息员村屯覆盖率达 99.7%(图 3.16),农村经济信息网覆盖 31 个省的 270 多个市(区)和 1300 多个县。各地制定了基层气象灾害防御队伍的分类管理制度,全国累计建设 1159 个标准化气象灾害防御乡镇。

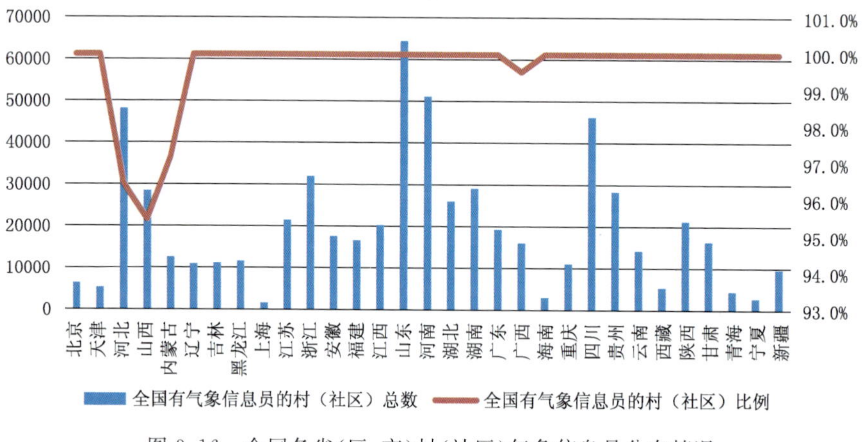

图 3.16　全国各省(区、市)村(社区)气象信息员分布情况

(数据来源:中国气象局)

2017年,进一步深化了基层防灾减预警服务机制,积极创新开展综合减灾示范社区建设。广东佛山、江苏盐城等地开展了龙卷风等突发性强致灾天气预警服务试点和应急演练,对基层应对突发强致灾天气预警服务的业务流程进行了有益探索;江西、广西、湖南、湖北、浙江、河南等省制定了具有地方特色的基层预警业务启动标准和接收策略,实现了突发灾害性天气监测预报预警、信息发布、应急响应流程化,健全了覆盖到乡镇和村屯的气象灾害防御工作责任体系。

4. 气象灾害防御制度日趋完善

2017年底,中国气象局印发了关于《加强气象防灾减灾救灾工作的意见》(气发〔2017〕89号),对新时代气象防灾减灾体系框架进行了系统构建,深入贯彻落实党中央、国务院关于防灾减灾救灾工作系列重要要求,以及《中共中央 国务院关于推进防灾减灾救灾体制机制改革的意见》等重要文件精神,指导全国各级气象部门做好新时代气象防灾减灾救灾工作,推动实施气象防灾减灾救灾各项行动。

2017年,中国气象局继续推动气象防灾减灾救灾各项业务规范化、标准化,印发规范、业务流程和方案等共27份,规范预警发布业务通报、基层突发灾害性天气预警服务、气象水文数据统计、决策气象服务、灾情上报数据质量考核、预警信息服务对象备案、台风防灾减灾效益评估等工作,先后制定了《基层突发灾害性天气预警服务基本标准规范》《与水利部水文局统一气象数据统计标准和信息共享工作方案》《2017年中国气象局决策气象服务周年方案》《中国气象局两办专项保障气象服务业务规范》《全国预警发布业务通报电视电话会商规范》等一系列业务标准规范。这些文件的出台,推动和完善了防灾减灾气象保障和决策服务工作业务流程。

在中国气象局指导下,2017年全国有16个省份在统一标准规范与接口情况下建成了省级突发预警信息发布平台,31个省级业务实况对接进入国家级业务平台,10个省份的大喇叭实时在线信息接入全国预警业务监控平台。

三、评价与展望

在全球气候变化背景下,面对严峻的气象灾害防御形势和任务,我国气象防灾减灾救灾各项工作取得了重大进展,成绩显著。但对标党的十九大和防灾减灾救灾体制机制改革要求,目前,气象防灾减灾救灾工作还存在以下问题:

一是气象防灾减灾救灾能力尚不能适应新时代发展需求,灾害监测预报准确率仍待提高,预警信息发布时效性仍待加强,气象灾害风险防范能力仍待进一步提升。二是灾害信息共享和防灾减灾资源统筹不足。气象灾害综合防范应对的社会管理,协同防灾减灾救灾的格局尚未形成,特别是行业分割、城乡分割、区域分割、地方分割、灾种分割,仍制约着气象防灾减灾救灾工作发挥效益。三是基层抵御气象灾害的能力仍然比较薄弱。城乡基层以及重点区域气象灾害防御水平不高、体系不健全仍然是气象防灾减灾救灾的明显短板;公众对于安全保障的需求度不断提升,但公众气象灾害风险和防范意识依然淡薄，社会力量和市场机制作用尚未得到充分发挥，仍然是气象防灾减灾救灾的薄弱环节。

展望未来，我国气象防灾抗灾救灾将发生新的变化，灾前预防、减轻灾害风险、综合减灾，将成为各级党委政府加强防灾抗灾救灾工作的方向，改变长期过去形成的注重灾后救助、减少灾害损失、应对单一灾种的重救轻防和重非常态救灾做法，将形成以防为主、防抗救相结合，常态减灾和非常态救灾相统一的机制。这对气象工作提出了新的更高要求，气象灾害监测、风险预警、风险预估、应急响应、减灾科普等都将以预防优先、综合减灾、重视减轻气象灾害风险的新要求，完善气象灾害风险管理业务，加快推进气象灾害防御体系建设。

展望未来，我国提出了新时代气象防灾减灾救灾工作的目标，到2020年，需要建成新一代国家突发事件预警信息发布平台，预警信息公众覆盖率达95%以上，形成完善的气象防灾减灾救灾组织体系和制度体系，城市、乡村、海洋和重点区域气象防灾减灾救灾能力实现均衡发展，重大气象灾害造成的损失和人员伤亡进一步降低。到2035年，气象防灾减灾救灾能力、全球气象灾害治理的中国贡献力和影响力达到世界领先水平，与基本实现社会主义现代化的要求相适应。

新时代气象防灾减灾救灾工作机制需要更加完善，必须进一步完善长效工作机制，加快形成各级气象防灾减灾救灾事权与财政保障统一机制，形成有效的部门运行联动和资源共享机制，完善各类企业、社会组织和基层组织广泛参与的社会参与机制。

第四章　人工影响天气

人工影响天气是现代气象业务的基本组成部分，是公共气象服务的重要领域。目前，我国已经初步建立了以国家级为龙头、省级为核心、市县为基础的现代人工影响天气业务体系，形成了完整的人工影响天气业务流程和业务能力，人工影响天气科技水平和服务能力明显提升，在服务农业生产、缓解水资源紧缺、防灾减灾、生态文明建设以及重大活动气象保障中发挥着重要作用，成为提高防灾减灾能力、应对气候变化能力、开发利用气候资源能力的重要手段。

一、人工影响天气发展概述

人工影响天气，是指为避免或者减轻气象灾害，合理利用气候资源，在适当条件下通过科技手段对局部大气的物理、化学过程进行人工影响，实现增雨(雪)、防雹、消雨、消雾、防霜等活动过程。人工影响天气业务，是基于气象综合观测、预报预测和信息网络等基本业务系统，围绕人工增雨、防雹等目的，开展的作业条件监测预报、作业决策指挥、效果评估、装备保障和安全管理等工作。从作业目的角度来看，人工影响天气包括人工增雨(雪)、人工防雹、人工消云减雨、人工消雾、人工防霜和人工抑制雷电等类别。

(一)人工影响天气发展历程

1956 年 1 月，毛泽东主席召开最高国务会议讨论并通过《1956—1967 年全国农业发展纲要》，计划将人工降雨试验列入"气象科学研究 12 年远景规划"重点项目，毛泽东主席指示："人工造雨是非常重要的，希望气象工作者多努力。"同年 10 月，毛泽东主席主持制定《1956—1967 年全国气象事业发展纲要》。中央气象局随后确定开展云与降水物理过程和人工控制水分状态的试验研究，1957 年选派留学生赴苏联学习云物理和人工影响天气。

1958 年 1 月起，我国开始积极准备开展云雾物理及人工影响天气工作，从苏联学成归国的专家学者陆续参加工作，中央气象局组织中国科学院大气物理研究所、北京大学、空军司令部等单位专家讨论建立云雾降水物理观测实验工作，国家科委确定钱学森等科学家组成云雾物理专业小组，有关人工影响天气的科学论文相继公开发表。这些前期工作，为我国踏上现代人工影响天气征程奠定了坚实基础。纵观我国现代人工影响天气的发展历程，大致可以分为四个阶段。

1. 顺势起步阶段(1958—1980 年)

我国人工影响天气工作开始于 1958 年在吉林等地的人工增雨抗旱作业。继吉林省首次进行了飞机人工增雨作业后，河北、湖北、安徽、甘肃、江苏、江西、辽宁、陕西、内蒙古等地先后开展了人工影响天气试验和作业。同年 12 月 2 日在北京召开了第一次全国人工降雨工作会议。1960 年 5 月国务院召开办公会议讨论人工降雨问题，时任副总理李先念指示科委、中央气象局抓好这项工作。

这一期间，各地人工影响天气外场作业规模不断扩大，结合作业，对云降水微物理结构、冷云催化剂制备方法、播撒装置、暖云催化剂核化机理等开展研究。

2. 艰难探索阶段(1981—1987 年)

改革开放之后，我国人工影响天气工作得到了及时调整。1978 年 2 月，召开了全国人工影响天气科学技术会议，制定了《1978—1985 年人工影响天气的科研规划》，提出了加强人工影响天气科学研究，大规模作业要慎重的调整意见。并于当年在中国气象科学研究院成立了人工影响天气研究所，以促进相关科学研究的开展。

1980 年，中央气象局对人工影响天气工作提出了“加强科学研究，调整、整顿面上工作”的意见，对全国人工影响天气工作进行了调整、改革、整顿、提高，加强了人工影响天气的科学试验，慎重调整人工影响天气大规模作业，科研和技术开发不断得到加强，相继取得了一大批重要的科技成果，保障了我国人工影响天气工作的持续健康协调发展。期间，国家级“北方层状云人工降水试验计划”获国家科技进步二等奖。1987 年，人工影响天气作业在扑灭大兴安岭森林大火中发挥重要作用，各地规模化作业全面恢复。

3. 快速发展阶段(1988—2011 年)

1987 年，人工增雨为扑灭大兴安岭森林火灾做出重要贡献，引起后续反响，国家气象局组织各地深入讨论了恢复人工影响天气作业问题。1988 年 7 月，召开了全国云物理和人工影响天气科学讨论会，总结了 30 年来人工影响天气工作取得的进展和在防灾减灾中的重大效益，强调了进一步推动人工影响天气工作发展的必要性。1989 年 3 月，在全国人工影响天气工作会议上，提出了要积极开展人工影响天气工作，抓好有关服务、科研、人才培养、安全作业、科学管理，为防灾减灾做出更大贡献。1991 年，中国气象局相关职能司成立了人工影响天气处，加强了全国人工影响天气工作的业务管理。我国人工影响天气工作快速发展，成为防灾减灾的重要手段。各级党委政府在人力、物力、财力上给予了大力支持，各地根据不同需求，人工增雨(雪)作业在水库增水、生态环境改善、扑灭林火等方面发挥重要作用，一些地区还开展了保障大型社会活动的人工消雨和防雹作业试验，以及对机场、高速公路、城市的人工消雾试验，人工影响天气工作在开发空中水资源、改善生态环境和西部大开发等方面取得了积极成效。

1994 年国务院批准建立人工影响天气协调会议制度。1995 年经国务院批准，中国气象局以“全国人工影响天气协调会议”名义召开了全国人工影响天气工作会议。1999 年 10 月国家颁布了《中华人民共和国气象法》，明确要求“县级以上人民政府应当加强对人工影响天气工作的领导，并根据实际情况，有组织、有计划地开展人工影响天气工作”，明确“国务院气象主管机构应当加强对全国人工影响天气工作的管理和指导。地方各级气象主管机构应当制定人工影响天气作业方案，并在本级人民政府的领导和协调下，管理、指导和组织实施人工影响天气作业”。

2002 年 3 月，国务院颁布了《人工影响天气管理条例》，并自同年 5 月 1 日起施行。《中华人民共和国气象法》和《人工影响天气管理条例》的实施，大大推进了全国人工影响天气工作。2004 年 2 月经国务院批准，以“全国人工影响天气协调会议”名义召开了第二次全国人工影响天气工作会议，确定了新时期人工影响天气工作的指导思想和重点工作。2005 年 4 月，《国务院办公厅关于加强人工影响天气工作的通知》印发各地和各部门，进一步推进了人工影响天气工作的健康协调发展。2007 年底，在中国气象科学研究院人工影响天气研究所基础上，组建了中国气象局人工影响天气中心，承担人工影响天气业务服务工作。

2008 年，国家和地方各级人工影响天气业务现代化建设顺利推进，完成了北京奥运会人工影响天气保障任务，在奥运史上首次成功实施人工消减雨作业。11 月，国务院领导提出“要积极探索人工影响天气工作新机制”的新要求。为落实国务院领导指示精神，中央财政自 2009 年起加强对人工影响天气工作的支持力度，设立了人工影响天气专项经费，并计划不断加大支持力度。同年 11 月，中国气象局与国家发展和改革委员会联合印发《人工影响天气发展规划（2008—2012 年）》，为人工影响天气工作的可持续科学发展奠定基础，并相应启动国家人工影响天气工程立项申报工作。2009 年，《全国新增 1000 亿斤粮食生产能力规划（2009—2020 年）》，在农业气象防灾减灾中明确提出，加强人工增雨和防雹能力建设，完善人工增雨防雹体系，提高人工影响天气作业及保障能力，并相应在农业气象保障体系建设中将人工增雨防雹工程作为三个工程项目之一予以纳入。

4. 科学发展阶段（2012 年党的十八大以来）

2012 年 8 月，国务院办公厅印发《国务院办公厅关于进一步加强人工影响天气工作的意见》，标志着人工影响天气工作由地方为主上升为中央和地方协调发展的高度，从快速增长转变为高质量发展。中国气象局下发了《全国人工影响天气业务发展指导意见》，在国家级进一步加强了中国气象局人工影响天气中心建设。国家发展改革委和中国气象局联合制定并实施《人工影响天气发展规划（2014—2020 年）》，将全国划分为六大区域，加强统筹协调，中央和地方共同建设发展人工影响天气。2014 年中国气象局制订了《全国人工影响天气业务发展指导意见》，并于 2015 年下发《人工影响天气业务现代化建设三年行动计划》，围绕人工影响天气业务现代化能力的提升，从业务任务、关键技术和业务系统等三个方面进行了部署。2017 年西北区域人工影响天气工程启动建设,中部等其他 4 个区域也做好了工程项目设计准备工作。

(二)人工影响天气发展成就

1. 形成了比较完善的人工影响天气业务体系

建立了符合业务特点的实时业务流程。根据人工影响天气的业务特点,以催化作业为核心,建立了作业过程预报和作业计划制定(24～72 小时)、作业条件潜力预报与作业预案制定(3～24 小时)、作业条件监测预警与作业方案设计(0～3 小时)、跟踪指挥与作业实施(0～3 小时)、作业效果检验(作业后)等五个环节相互衔接,完整覆盖作业全过程的实时业务,构建了人工影响天气“横向到边”的完整业务流程。

形成了集约化的人工影响天气业务系统。截至 2016 年底,具备五段实时业务功能的现代人工影响天气业务系统初步形成,东北人工影响天气工程建设的综合业务系统已经在东北三省一区安装部署并投入试运行,北京、重庆、四川、云南、甘肃等省份已部署安装了自建的业务系统,宁夏、山东、山西、河北、陕西等省份引进了基于云降水精细处理分析系统(CPAS)的业务系统并投入运行,国家—省—市—县—作业点逐级指导的“纵向到底”现代人工影响天气业务系统已初步形成。23 个省(区、市)引入云降水精细处理分析系统(CPAS)开展了本地化应用,7 个省(区、市)自主研发运行了人工影响天气指挥业务系统。省级人工影响天气业务系统与 CIMISS 的对接比例为 67%。

形成了比较健全的人工影响天气管理规范。以国务院颁发的《人工影响天气管理条例》为依据,建立了人工影响天气综合安全监管机制,作业装备弹药列入民爆物品管理系统。实施人工影响天气作业装备使用许可审批、作业火箭弹架技术通用化、基层作业队伍管理试点等工作。形成了由《人工影响天气用燃烧剂和致冷剂的存储技术条件》《37mm 高炮人工影响天气作业点安全射界图绘制规范》等近 20 项国家标准和行业标准构成的人工影响天气标准体系。制定印发《人工影响天气作业信息格式规范(试行)》《东北区域国家高性能增雨飞机试运行管理暂行规定》《人工影响天气作业点安全等级评定办法(试行)》等管理规定,有力地保障了人工影响天气业务的规范实施。

2. 取得了一批人工影响天气科技成果

在人工影响天气数值模式方面,中国气象局人工影响天气中心研发运行了基于全球/区域同化预报系统(GRAPES)和天气研究与预报模式系统(WRF)等动力框架的人工影响天气数值模式预报系统,发布水平分辨率为 25 千米的全国预报产品和 3 千米的区域精细化预报产品。省级人工影响天气业务单位利用模式预报产品制作作业条件潜力预报产品,并加强了模式预报云和降水产品的检验工作。

在作业概念模型和指标体系方面,建立了人工增雨多尺度概念模型和指标体系。省级开展了人工影响天气作业天气分型研究,利用卫星、雷达、飞机、地面等多种监测资料对不同云型的增雨条件进行了识别,利用数值模式对不同云系的结构、可播条件进行了分析，对作业概念模型和指标进行了研究。通过典型个例验证，初步建立了低槽冷锋类层状云增雨概念模型和指标体系。

在资料融合分析与作业条件及效果监测识别方面，开展了遥感观测和飞机直接探测相结合的云场分析，初步给出不同相态的云粒子谱特征；初步给出有、无过冷水时的卫星反演云参量取值分布和雷达降水回波结构特征。开展基于卫星、探空和地面观测的云底高度算法研究，并与地基云高仪和激光雷达、云雷达等云底实测资料对比检验，提出并优化云底高度算法，研发云底高度反演产品。省级利用国家人工影响天气中心下发的监测指导产品，开展了本地化释用研究。

在云水资源评估技术方面，优化了基于再分析资料和云雷达、降水等观测的云水资源监测评估方案（CWR-MEM）；编写了《云水资源评估技术指南（2016 版）》。组织外场观测试验，利用飞机、地基云雷达、激光雷达等探测手段，开展云降水长时序加密观测，获取云结构精细监测数据，用于云场诊断等关键技术检验。

3. 取得了重大经济社会效益

人工影响天气已经成为各级政府防灾减灾和改善生态环境的重要手段，不仅在云水资源开发利用、农业抗旱、防雹减灾、保障粮食安全等方面效益显著，而且在流域和水库蓄水、森林草原灭火、生态环境保护、重大活动保障服务等方面发挥着越来越重要的作用，取得了重大的经济、社会和生态效益。

（1）人工影响天气作业取得重大经济效益

根据统计，2002—2011 年的 10 年间，我国组织地面人工增雨防雹作业共 55.88 万次，飞机作业 7303 架次，累计增加降水 4897 亿米^3，减少雹灾损失约 660 亿元，估算平均投入产出比约 1∶30。

2007—2016 年的 10 年间，我国飞机人工增雨作业的数量、防雹作业保护面积和增雨作业保护面积都呈上升趋势。其中，飞机人工增雨作业的数量由 2007 年的 676 架次增长至 2016 年的 980 架次（图 4.1），增幅达 44.97%；防雹作业保护面积由 2007 年的 47 万千米^2 增长至 2016 年的 59 万千米^2（图 4.2），增幅达 25.54%；增雨作业保护面积由 2007 年的 370 万千米^2 增长至 2016 年的 439 万千米^2（图 4.3），增幅达 18.65%。

其中，2015 年全年开展飞机作业 1006 架次，地面作业 5.14 万次，增加降水约 502 亿吨，防雹减损约 136 亿元。2016 年全年共开展飞机人工增雨（雪）作业 980 架次，作业时间 2757 小时；开展地面增雨防雹作业 4.4 万次，发射人工增雨炮弹 110 万发、火箭弹 13 万枚；增雨日标区面积约 439 万千米^2，增加降水约 409 亿米^3，防雹作业保护面积约 59 万千米^2，累计效益约 356 亿元。

图 4.1　2006—2016 年我国飞机人工增雨作业数量(单位:架次)
(数据来源:气象统计年鉴,2006—2016 年)

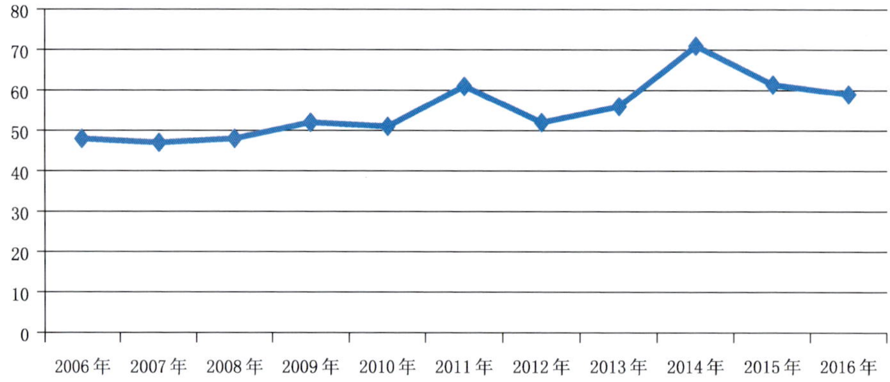

图 4.2　2006—2016 年我国防雹作业保护面积(单位:万千米^2)
(数据来源:气象统计年鉴,2006—2016 年)

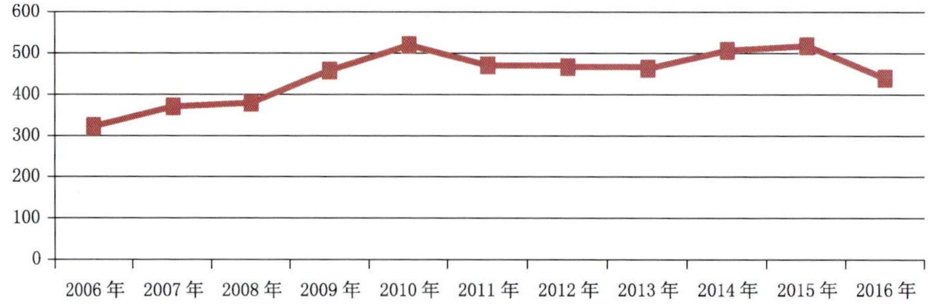

图 4.3　2006—2016 年我国人工增雨作业目标区面积(单位:万千米^2)
(数据来源:气象统计年鉴,2006—2016 年)

(2)人工影响天气为生态修复做出重要贡献

在重点生态保护、水资源严重短缺、江河湖库上游等区域积极开发空中云水资源，有效增加了生态用水资源，促进湖泊湿地面积扩大，草地生物量和覆盖度增加，生态系统涵养水分功能逐步恢复。青海在三江源、青海湖等地加强人工增雨作业，2006—2016年，三江源地区人工增雨共增加降水量551.73亿米^3。在人工和自然降水的共同作用下，扎陵湖和鄂陵湖面积分别增大25.89千米^{2}和50.34千米^2，增幅分别为5.12%和8.62%，生态系统涵养水分功能逐步恢复。黄河上游的唐乃亥和长江源区的直门达水文站来水量分别增加20.0%、36.2%。草地总面积增加了1093.30千米^2。甘肃加大祁连山人工增雨雪作业力度，在补偿生态用水的共同作用下，石羊河流域蔡旗断面过水量达到2.5亿米^3，提前实现流域治理指标。内蒙古、黑龙江、吉林等地常态化实施降低森林火险等级增雨作业。京津冀及周边地区、重庆、湖北、四川等地积极开展人工增雨净化空气作业试验。

(3)人工影响天气对重大活动的保障效果显著

从20世纪末开始，随着人工消减云雨、人工防雹、人工消雾等技术逐步在我国举行的重大国际、国内社会活动中陆续得到试验性应用，人工影响天气的服务内容、服务方式和领域不断扩展。

2000年以来，我国人工影响天气重大活动保障进入了一个新的发展阶段，服务效益更加显著。在2005年南京举办的第十届全运会，2007年内蒙古自治区成立60周年大庆活动和上海世博会期间，气象部门先后组织实施了人工消(减)雨作业服务。2008年奥运会、2009年第十一届运动会、2010年在广州亚运会的人工消减云雨服务都取得了良好效果。

近年来，气象部门联合相关力量，圆满完成了中国人民抗日战争暨世界反法西斯战争胜利70周年纪念活动、北京张家口2022年冬奥会申办、G20杭州峰会等重大活动的人工影响天气保障服务①，效果显著。

二、2017年人工影响天气进展

(一)2017年全国降水资源分析

1. 年降水资源总量状况

2017年，全国年降水资源量为60851.0亿米^3，比常年偏多1213.9亿米^3，比2016年偏少8036.9亿米^3。从年降水资源丰枯评定指标来看，2017年属于正常年份。

2. 年水资源分布状况

2017年，北京、山西、湖北、广西、重庆、陕西、青海、宁夏属于丰水年份，吉林、福

① 资料来源：国家人工影响天气协调会议办公室。

建属于枯水年份;其余大部分省(区、市)均属正常年份(图 4.4)。

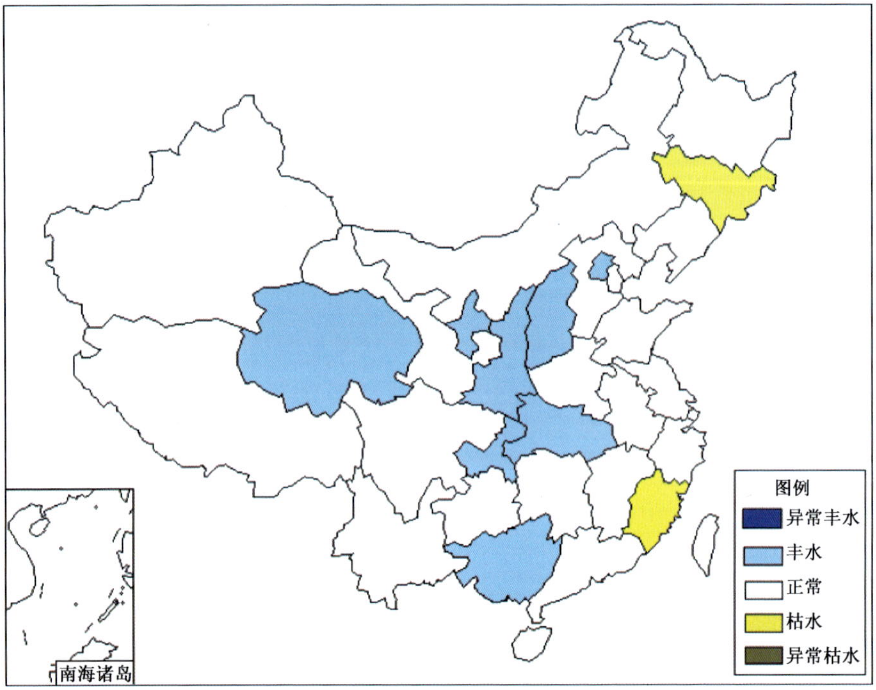

图 4.4 2017 年全国年水资源总量评估等级图

3. 流域水资源状况

2017 年,辽河、西南诸河、东南诸河、松花江、海河流域地表水资源量较常年偏少;黄河、长江、珠江、西北内陆河和淮河流域较常年偏多。

辽河流域地表水资源量 326 亿米^3,较常年偏少 16.0%;西南诸河流域 4623 亿米^3,偏少 11.1%;东南诸河流域 1624 亿米^3,偏少 8.0%;松花江流域 978 亿米^3,偏少 4.5%;海河流域 112 亿米^3,偏少 1.7%。黄河流域地表水资源量 533 亿米^3,较常年偏多 10.8%;长江流域 10927 亿米^3,偏多 5.1%;珠江流域 4702 亿米^3,偏多 4.5%;西北内陆河流域 330 亿米^3,偏多 4.2%;淮河流域 832 亿米^3,偏多 3.7%。

(二)2017 年人工影响天气作业情况

2017 年,人工影响天气在服务国家生态文明建设、综合防灾减灾、森林扑火、东北华北抗旱和保障国家重要活动等方面发挥了重要作用,取得了显著经济社会效益。

2017 年,全国开展飞机人工增雨作业 1077 架次,比 2016 年多 97 架次,飞行时长 3073 小时,比 2016 年多 316 小时,其中河北、辽宁、吉林、云南、青海、新疆等地作业超过了 50 架次,山西、内蒙古等地超过了 140 架次(图 4.5)。

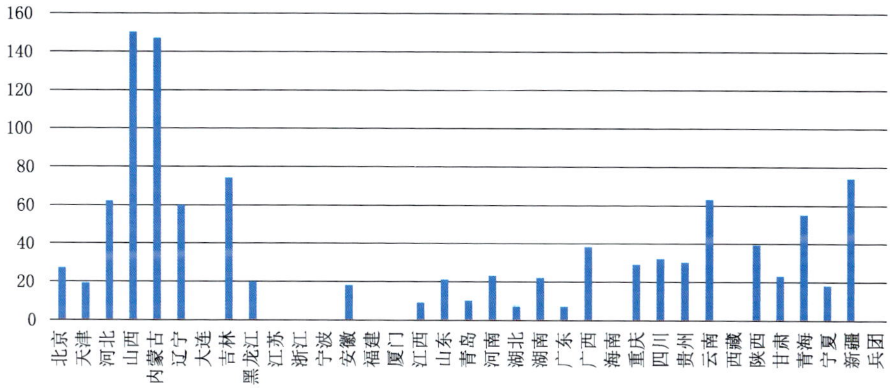

图 4.5 2017 年各省(区、市)飞机人工增雨作业情况(单位:架次)

2017 年,火箭和高炮开展地面增雨和防雹作业 4.37 万次,比 2016 年少 300 次,作业最多的内蒙古达到 1441 次,其次山东达到 1370 次(图 4.6,图 4.7)。

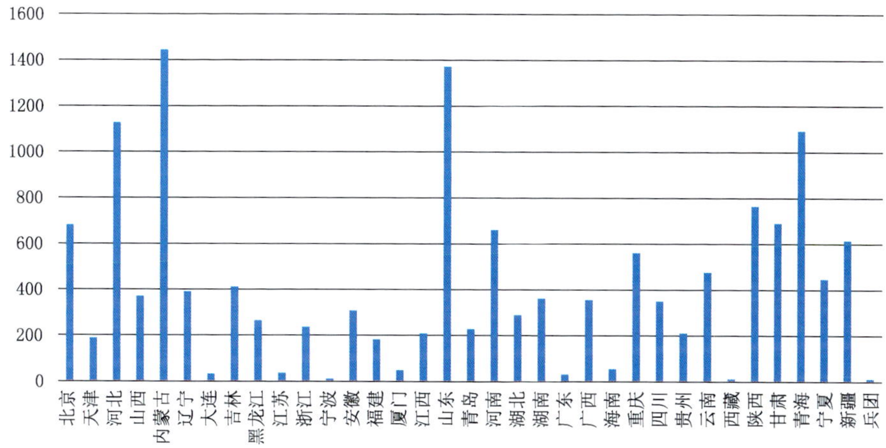

图 4.6 2017 年各省(区、市)地面增雨作业情况(单位:次)

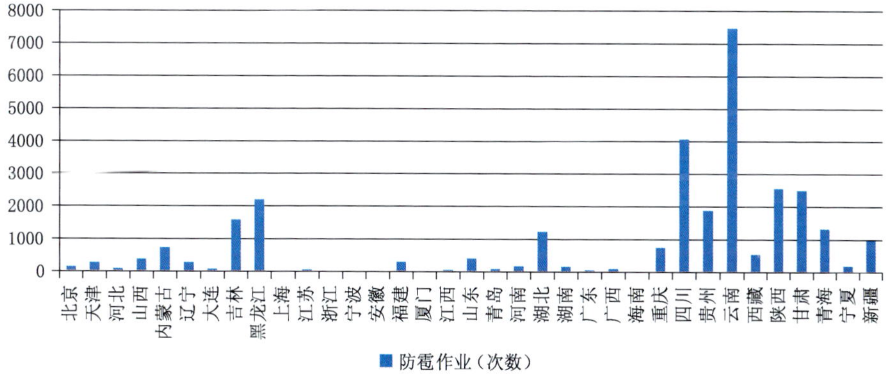

图 4.7 2017 年各省(区、市)防雹作业情况(单位:次)

2017年，全国人工影响天气增雨目标区面积约491.3万千米^2，增加降水约483亿米^3，与2016年相比目标区面积增加52.3万千米^2，主要在内蒙古、山西、江西等地，多增加降水74亿米^3。2017年是发生雹灾较轻的年份，防雹保护46万千米^2，比2016年减少了近10万千米^2，主要由于山西、内蒙古、辽宁、山东、湖北等地雹灾发生相对减少(图4.8)。

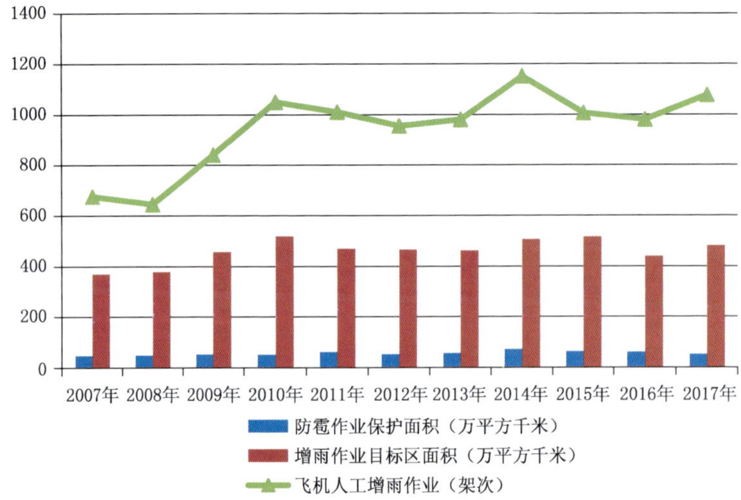

图4.8　2007—2017年人工影响天气作业量变化情况

(三)人工影响天气现代化建设

2017年，在长春召开了全国人工影响天气业务现代化工作推进会，会议总结了自2015年6月人工影响天气业务现代化三年行动计划实施以来的进展和成效，主要体现在以下方面。

一是建立了具有人影特色的实时业务流程。通过现代化建设，专家评估后认可，首次建立了五段式的人影实时业务流程，包括作业过程预报和作业计划制定、作业潜力预报和作业预案制定、作业条件监测预警和作业方案制定、跟踪作业指挥和作业实施以及作业效果评估。

二是初步形成了集约化的现代业务系统。国家级人影中心充分发挥牵头作用，建成并运行了国家级实时监控作业指挥系统和视频会商平台，研发运行了以CPAS(云降水精细化分析系统)为基础的综合业务系统，业务指导和作业指挥能力显著提升。依托东北区域人工影响天气工程，建立了区域、省、市、县的综合业务系统，并且在区域内的省份得到推广应用。大部分省(区、市)也都建立了依托五段业务的本省(区、市)人工影响天气综合业务系统。福建省建立了全业务流程的、省市县综合一体化的人工影响天气业务系统，信息化和作业科学化水平都得到明显提升。纵向到底的现代人工影响天气业务系统初步形成。

三是人工影响天气业务的科技水平逐步提高。按照人影业务现代化行动计划的部署安排，提出四项关键技术研发的重点任务，包括数值预报模式、监测分析、作业效果评估、云水资源评估等。国家级人工影响天气业务科技能力建设紧紧围绕着业务需求，狠抓科研开发，在数值模式建设、监测分析与预报、作业效果评估等方面形成了国家级的核心技术和对全国人影业务的指导能力。国家级发挥牵头作用，加大人影全局性关键技术研发，带动了全国业务水平的提高；省级发挥核心作用，突出本地特色，强化雷达资料应用等实用技术。

四是人影安全管理的现代化水平和规范化水平明显提升。开展了人影作业装备弹药安全的全程监控应用示范项目建设，为物联网技术在全国人影弹药安全管理中的应用提供了成功的示范。物联网技术在人影弹药装备监控中的应用成为人影安全管理现代化的显著标志。

2017年，新一代云降水预报系统正式投入业务运行，水平分辨率达到3千米。该系统以中尺度天气数值模式为动力框架，耦合自主研发的云降水显式方案（CAMS云分辨方案），可一天两次发布云宏观场、云微观场、云垂直剖面和降水场等4大类预报产品，预报时效为48小时。

2017年，西北区域人工影响天气中心挂牌成立，启动了西北区域人工影响天气工程建设。完成了中部区域人工影响天气工程可研编制，根据《全国人工影响天气发展规划（2014—2020年）》，中部区域包括河南、山东、安徽、江苏、湖北等5省，面积75万千米^2。华北、西南和东南区域人工影响天气工程可研报告通过技术审查。

东北区域人工影响天气工程

东北区域人工影响天气工程（以下简称东北人影工程）是我国第一个人工影响天气区域能力建设工程，是中央和地方人工影响天气事业协调发展的新实践，为区域人工影响天气能力建设提供了成功示范。2017年是东北人影工程收官之年。重点推进了空中增雨飞机的建设、长春区域飞机作业保障基地与新装备考核试验基地在建项目的收尾工作，继续推动“东北区域人工影响天气综合业务系统”（作业指挥业务系统）的试运行，全面启动技术培训及验收工作。

东北人影工程经过四年多的建设，形成了空地一体化的人工影响天气监测、指挥、作业业务体系和协调联动的运行管理机制，东北区域人工影响天气现代业务体系基本形成。通过工程建设，东北区域飞机作业能力增加5倍多，一次作业的覆盖范围增加近8倍，形成了“高低搭配、冷暖兼具、探测＋指挥＋作业集成化”的飞机联合作业能力；启用的“新舟60”增雨飞机是国内首款具有民航适航许可的大中型增雨飞机，并集云微观探测、催化作业、实时通信与综合显示集成功能于一体，具有国际先进水平；建成“区域—省—市县—作业站点”一体化科学指挥平台，形成以作业为核心的人工影响天气业务与产品规程，实现区域空地一体化、全过程追踪的实时作业指挥模式；地面作业的现代化水平明显提高，建成了布局合理、种类齐全的人工影响天气观测与实验系统。东北区域人工影响天气业务体系覆盖125万千米^2，提升了该区域人工影响天气作业能力、指挥能力和技术研发应用水平。

人工影响天气科研取得新进展。2017年国家重点研发计划“云水资源评估研究和利用示范”等项目在云水资源评估诊断、模拟预报、开发技术、空地水资源耦合利用模型，以及华北典型区域污染天气黑炭气溶胶垂直分布等方面取得重要进展，获得科技部年度评估优良。建立混合云、积状云概念模型和作业条件监测识别指标，完成效果检验软件开发。研发中尺度催化模式，完善飞机、地面催化扩散影响区计算方法。扩展双偏振雷达、风廓线等新型探测数据在人工影响天气作业中的应用，开展风云四号多光谱高分辨资料应用研究。探索新的催化技术和方法，促进科研成果业务转化应用。

人工影响天气科研项目成果荣获省级科技奖。由陕西省人工影响天气办主持完成的气象关键技术集成与应用项目《人工影响天气作业安全体系新技术集成与应用系统开发》，获得陕西省政府授予的省科学技术奖三等奖。四川省人工影响天气办主持完成的课题《西南地区空中云水资源评估和开发利用研究》，荣获2016年度四川省科技进步奖三等奖。

人工影响天气作业装备持续改善。2017年全国人工影响天气作业可用高炮6183门，较2016年减少1767门，可用火箭8311架，较2016年增加361架(图4.9)。从图4.9可知，2009年开始，火箭配置呈明显增加趋势，高炮门数略有减少，但高炮更新有加快。

从各省份人工影响天气作业装备配置(图4.10，图4.11)分析，2017年，可用高炮数量最多的是黑龙江省达679门，火箭最多的是云南达910架，新疆生产建设兵团配置的火箭也超过700架。

(四)人工影响天气的财政投入持续增长

2009年以来，全国人工影响天气经费投入保持了逐年增长(图4.12)。2013年达到19.27亿元。2017年达到最高，中央和地方投入达到19.4亿元，中央财政人工影响天气专项投入资金4亿元，支持28个省(区、市)和新疆生产建设兵团人工影响天气作业和跨区域联合作业，带动地方投入15.4亿元(图4.13)。其中中央专项投入资金总额较上年翻一番，地方投入基本持平。

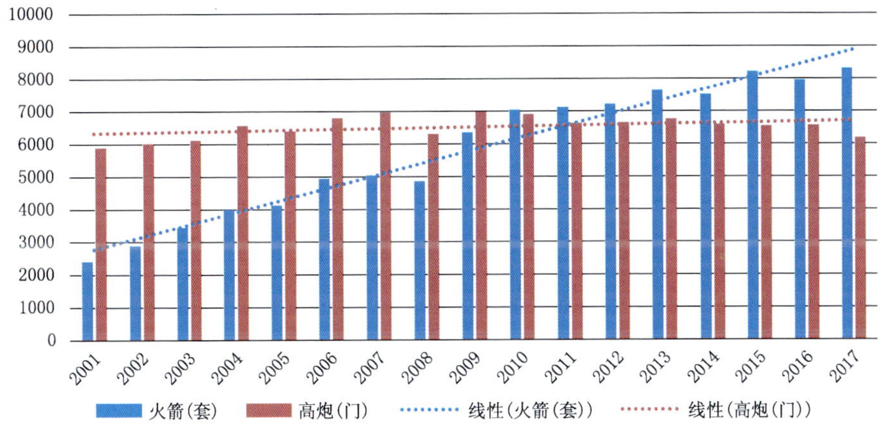

图 4.9　2001—2017 年我国人工影响天气作业可用火箭、高炮数量

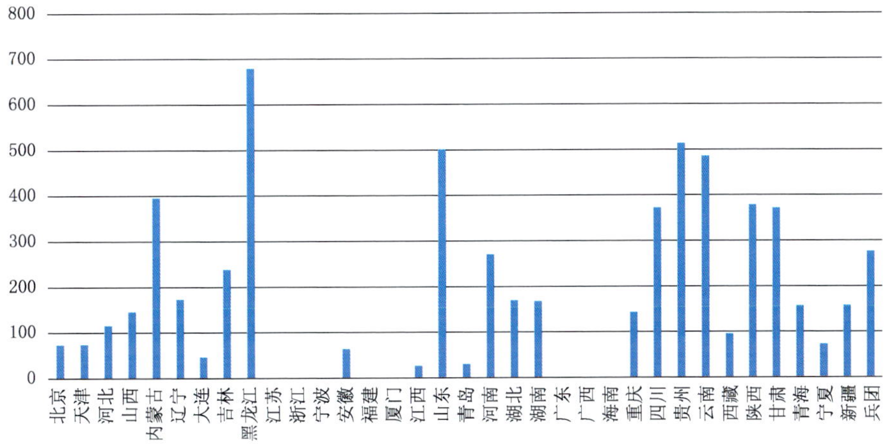

图 4.10　2017 年人工影响天气作业可用高炮数量(单位:门)

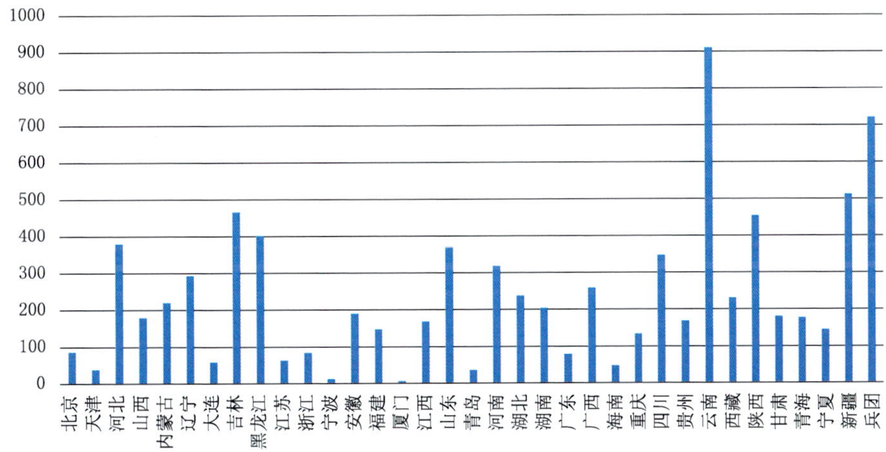

图 4.11　2017 年人工影响天气作业可用火箭架数量(单位:架)

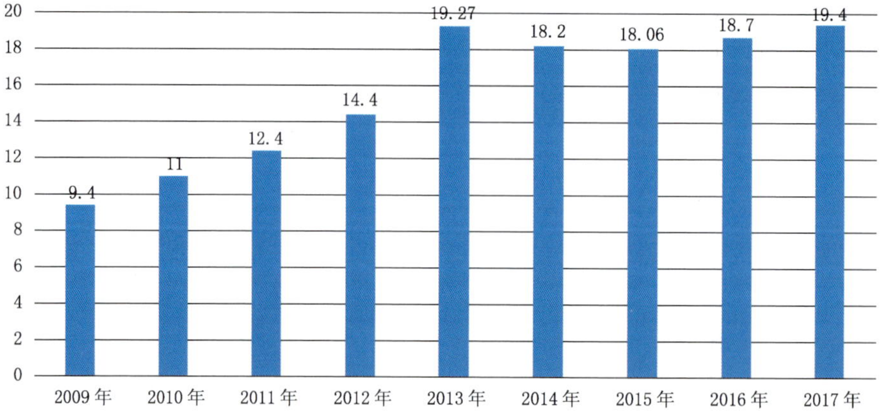

图 4.12　2009—2017 年我国人工影响天气投入经费总额(单位:亿元)

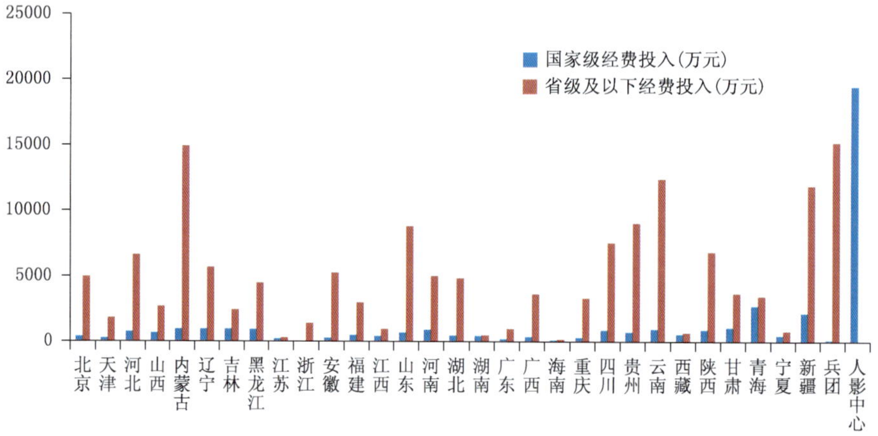

图 4.13　2017 年人工影响天气经费投入情况

2017 年,地方投入最多的内蒙古达近 1.5 亿元,其次为云南达 1.2 亿元,新疆生产生产建设兵团则超过 1.5 亿元。

三、评价与展望

我国人工影响天气事业取得了举世瞩目的成就,取得了重大经济社会效益。但是,在新的形势下,国家对生态文明建设、防灾减灾、气候安全、粮食安全和绿色发展提出了一系列新要求,人工影响天气事业发展还任重道远,人工影响天气工作还存在一些薄弱环节。

一是人工影响天气业务体系各部分发展不均衡,如人工影响天气作业效果检验业务进展偏慢,仍有部分省份未开展每次过程的雷达直观对比检验和基于地面雨量的统计检验业务;相对于作业条件预报,作业临近预警和作业方案设计工作开展的也不理想。二是全国不同省份之间发展水平差距较大，有的省份已经基本建立比较完备的业务体系；有些省份业务体系不完整，业务流程不清晰，业务指导不够，为作业而作业的现象还经常发生。三是人工影响天气业务融入整体气象业务不够，各省份人工影响天气业务系统，特别是市、县级业务系统的规范化和集约化程度不高。四是科技支撑问题仍有待提升，人工影响天气作业装备及信息化监控能力的自动化、标准化和高性能建设尚未铺开，人工影响天气作业装备"小、低、散"现象和弹药的安全隐患还不同程度存在。未来人工影响天气事业发展，应当针对以上存在问题，从以下诸方面着力。

加快人工影响天气业务体系建设。按照《全国人工影响天气业务发展指导意见》和《人工影响天气业务现代化三年行动计划》的要求，加快"横向到边、纵向到底"的人工影响天气现代业务体系建设，补齐短板，强化基层。加强人工影响天气作业条件的实时监测与临近预警，提高作业方案设计的科学性；加快建立作业效果检验评估业务；强化市县对地面人工影响天气作业的实时指挥与作业监控；加快人工影响天气业务系统与气象基本业务系统的融合与对接，提高集约化水平。

加大人工影响天气科技创新。通过国家级组织大型观测实验和引导省级长期开展针对地方典型云系的野外试验，认识云宏微观特征和演变规律，掌握其增雨潜力和催化技术，建立和完善人工影响天气作业指标与概念模型；持续改进效果检验技术与应用能力，继续坚持开展随机化作业效果检验研究，鼓励省级开展固定区域的作业区与对比区试验，提高效果检验的科学化程度；应用大数据、物联网等现代技术，发展人工影响天气作业智能识别指挥和弹药装备全程监控技术，向智慧人工影响天气目标努力；鼓励人工影响天气新技术、新方法探索研究，大力支持人工影响天气核心科技研究和业务转化应用。

加强人工影响天气专业人才培养。加强国家、省、市县各级骨干人才队伍培养，加快建立面向现代人工影响天气业务的培训课程体系和师资队伍，形成监测预报指挥和安全管理的系列班型，分级实施人工影响天气业务、管理人员上岗培训和轮训；积极争取国家和地方科研项目，鼓励支持科技人员出成果、出效益。

完善人工影响天气业务管理体制与运行机制。加快国家人工影响天气中心和区域人工影响天气中心能力建设，发挥好国家级的龙头作用和区域中心的统筹协调作用，发挥东北区域人工影响天气工程建设的引领和示范作用，加快西北区域人工影响天气工程建设步伐，积极推动中部人工影响天气工程的立项工作，尽早谋划华北、西南和东南区域人工影响天气工程立项前期工作；加强对南北方人工影响天气机构建设的分类指导，建立管理和业务分工明确、协作高效的工作模式；加快推广"政府主导、部门监管、责任落实"的新型安全管理体制机制，加强军地相关部门合作，实现人工影响天气弹药存储运输和装备检修专业化。

趋利篇

第五章　生产生活气象服务

为各行各业生产和人民群众生活提供气象服务是气象工作的重要任务。2017年，全国气象行业围绕人民对美好生活的需要，围绕重点行业和领域的生产需要，大力发展智慧气象，优化气象服务供给。全国公众气象服务满意度持续提高，气象工作在服务“三农”、保障城市安全和保障重点行业生产等方面做出了重要贡献，气象服务国家经济社会取得突出效益。

一、2017年生产生活气象服务概述

2017年，全国气象行业着力于改善气象服务有效供给，深化气象服务体制机制改革，取得了显著成效。气象服务体制改革不断深入，公众气象服务水平持续提高，气象服务业持续发展；国家气象主管机构对气象服务业发展的思路更加开放，生活气象服务更加便捷更加贴近民生，面向国民经济重点行业和特定领域的生产气象服务持续推进，气象服务行业自律不断完善。

（一）互联网＋气象服务取得突破性进展

公众气象服务始终是气象工作重点。2017年，全国公众气象服务有新的发展，气象部门不仅提高了传统公众气象服务品制作水平，而且开发了衣、食、住、行、娱、购气象服务产品；特别是互联网＋气象服务发展迅速。2017年全国天气类APP取得突破性发展，用户规模达5.0亿用户，有86.4%公众通过手机APP获取气象信息；气象部门微博/微信数量达到77952个，中国气象官微、中国天气网、中央气象台、停课铃、知天气、e天气等公众影响力不断提高，气象服务获得社会好评。新媒体和传统媒体气象服务覆盖率进一步提高，全国公众气象服务满意度达到89.1分，为近年新高。

（二）气象服务业发展稳中有进

2017年，全国气象服务满意度持续增长，智慧化气象服务水平进一步提高，气象服务覆盖面进一步拓展，特别是新媒体传播气象服务快速增长；农业气象服务更加适应现代农业发展需求，城市气象服务更加贴近民生，交通气象服务更为精细智能，海洋气象服务融入海洋开发利用程度高，水文地质气象服务效益持续提升，旅游气象服

务内涵更加丰富，气象服务业整体发展呈现持续向好态势[①]。

中国气象服务协会的相关调查显示，2017 年气象服务业总体平稳较快发展，部分指标继续呈现较好发展态势。其中，气象服务企业[②]客户需求稳步增长，销售价格稳中有升，产品价格上扬，经营效益状况提升加快，表明行业的效益状况进一步改善。

从近三年气象服务企业景气指数来看(图 5.1)，随着气象服务体制改革的实施，新兴社会气象企业不断加入，气象服务业发展出现一个小高峰，指数在 2016 年呈现小幅上涨；由于气象服务体制改革的不断推进和落地，气象服务业社会化程度不断加深，2017 年指数有小幅回落，恢复到平稳态势。

2017 年，气象服务企业景气指数[③]稳步提升，由一季度的 44.8%持续上升至四季度的 73.9%(图 5.1)。新订单(业务需求量)和经营效益状况都出现明显上升。56.1%的调查企业普遍认为人力成本是投入价格上升的主要因素，48.3%的调查企业认为生产经营存在数据资料不足、人才资源匮乏等问题。仅有不足 10%的企业新出口订单增加，气象服务业国际化程度较低，气象服务覆盖范围有限，市场拓展能力有待加强，海外市场有待进一步拓展。

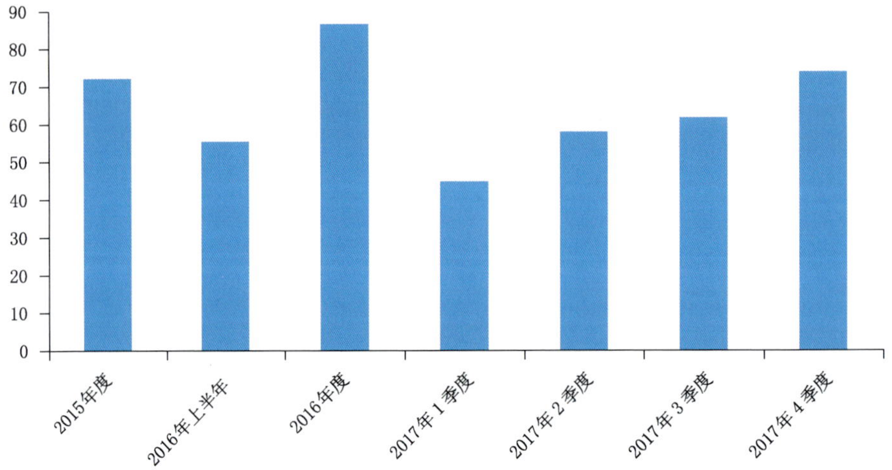

图 5.1　2015—2017 年中国气象服务企业景气度(单位：%)
(数据来源：中国气象服务协会)

---

① 资料来源：中国气象局应急减灾与公共服务司。

② 气象服务企业指从事气象相关业务和经营、具有独立法人地位、以营利为目的的社会经济组织。

③ 气象服务企业景气指数是由中国气象服务协会定期向代表性气象服务企业采购经理发送调查问卷收集数据计算所得，涉及业务总量、新订单(业务需求)、出口、在手订单、存货、投入品价格、销售价格、从业人员、供应商配送时间、业务活动预期等十个方面。

（三）气象服务行业自律和市场监管机制逐步建立

气象服务市场监管机制逐步建立。2017年，中国气象局着手建立气象服务市场管理制度和标准体系，积极推动建立气象预报传播监管体系。组织完成气象服务企业备案管理子系统的建设及在全国的推广和应用，制定气象信息服务企业备案工作规范和业务流程，在全国开展气象信息服务企业的备案管理工作。截至2017年12月，共完成备案企业456家。基本完成由9项办法、14项标准构成的气象服务市场管理和标准体系建设，发布11项行业标准，印发3项规范性文件。全国31个省（区、市）气象局明确了市场管理职责具体承担单位，气象服务市场监管职能在全国得到了基本落实。

气象服务行业自律和管理稳步推进。2017年，作为行业自律组织，中国气象服务协会继续发挥积极作用。新成立了气候可行性论证委员会和金融保险委员会，进一步增强了气象服务企业在科技创新中的主体作用。开展"中国天然氧吧"创建活动和国家气象公园试点建设，授予贵州梵净山等19个地区为中国天然氧吧称号。成立"中国商务信用推进联盟"，制定《中国气象服务协会信用等级评价管理办法（试行）》，开展气象信息服务、气候可行性论证、防雷企业信用评价业务。

二、2017年生产生活气象服务主要进展

2017年，全国气象服务总体呈现整合和更加智慧的发展特征，气象信息的及时性、针对性、准确性显著提升，服务的覆盖面更广，服务传播渠道的多元化特征更加突出。

（一）生活气象服务更加智慧

1. 气象服务满意度达历史新高

2017年，全国公众气象服务满意度为89.1分，为历年最高值（图5.2，表5.1）。其中，城市公众气象服务满意度为88.5分，比上年提高1.8分；农村公众气象服务满意度为89.9分，比上年提高1.0分。城乡差距缩小为1.4分，是2010年以来的最小值。公众对天气预报的准确性、气象信息实用性、气象信息发布的及时性和气象信息接收的便捷性评价分别为80.0分、92.5分、89.5分和94.6分，较2016年均有提高[①]。

2017年，全国公众气象服务满意度省际间差距明显缩小，最大差值为7.2分（图5.2），差距较2016年收窄7.1分。25个省（区、市）公众气象服务满意度较2016年有不同程度的提升，6个省份满意度略有下降。2010年至2017年，全国、城市、农村公众气象服务满意度基本上呈稳定上升趋势（图5.3）。

在公众气象服务经济效益方面，2017年，公众气象服务经济效益综合评估值达到654.2亿元。有63.1%的公众愿意接受有偿气象服务，从2013年以来呈现上升趋势。

① 数据来源：中国气象局公共气象服务中心，中国气象服务协会。

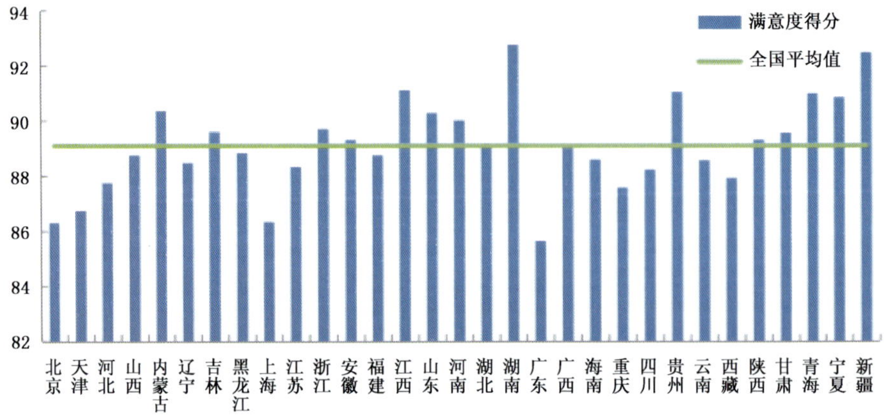

图 5.2　2017 年各省(区、市)公众气象服务满意度(单位:分)
(数据来源:中国气象局公共气象服务中心,中国气象服务协会)

表 5.1　2010—2017 年公众气象服务满意度评估结果

年份	全国满意度(分)	城市公众满意度(分)	农村公众满意度(分)
2010	83.5	82.3	84.6
2011	85.7	83.9	87.3
2012	86.2	84.5	87.8
2013	86.3	84.7	88.2
2014	85.8	84.8	87.0
2015	87.3	86.3	88.4
2016	87.7	86.7	88.9
2017	89.1	88.5	89.9
平均	86.1	84.7	87.4

数据来源:中国气象局公共气象服务中心。

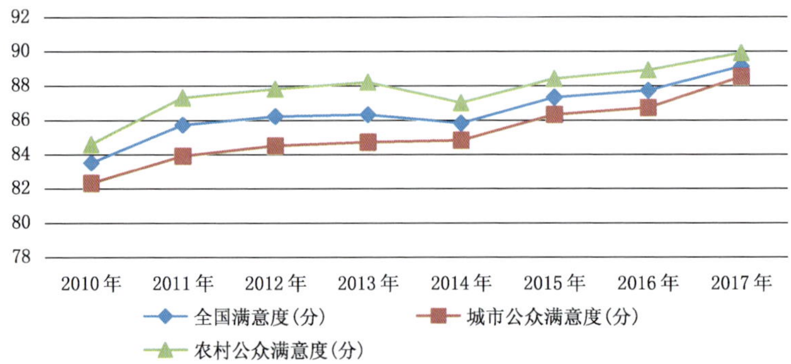

图 5.3　2010—2017 年全国、城市、农村公众气象服务满意度
(数据来源:中国气象局公共气象服务中心)

2. 生活气象服务更加贴心

为人民生活提供更加贴心、更加便捷、更加多样化的气象服务，始终是气象工作的一项重要内容[①]。2017 年，气象部门发展了衣、食、住、行、娱、购气象服务，内涵更丰富；拓展了微信、微博、手机 APP 等多媒体手段，服务更迅速；扩大了中国气象局官微、中国天气网、中央气象台、停课铃、知天气、e 天气等品牌影响力，服务更主动。

2017 年，气象部门通过 27 个国家级广播电视媒体平台制作广播影视节目 52939 档，比 2016 年略有增加；节目时长约 2152 小时，比 2016 年增加约 70 个小时。中国气象频道制作播出新闻、预报、专题、专栏各类节目共计 10894 档，总计节目时长 72972 分钟，服务 4.4 亿人口，数字付费频道排名第一。中国天气网累计发布资讯 9300 条，专题 116 期；全年浏览量累计超过 80 亿，日均页面浏览量达 2300 万页。全国各级气象部门共有 128 家气象服务网站，每天向公众及时提供 6 类，百余种气象服务信息。中国天气通手机装机用户达 1.5 亿，向中国市场约 50%的智能手机用户提供数据；装机用户数量比 2016 年增加 0.5 亿，增幅达 50%。省级及以下气象部门微博微信粉丝数达 6260.9 万，与 2016 年基本持平。

2017 年，气象部门完成了格点实况资料和精细化预报产品在服务中的应用，组织建立 5 千米分辨率的全国精细化服务数据一张网。完成雷达分钟降水预报技术的研发和应用，开展分钟级动态降水预报服务[②]。组织广东、上海、北京开展智慧气象服务试点，利用移动互联网，基于位置，探索开展灾害天气实时导航、精细化预报、健康气象、滑雪气象服务等分众化、定制式的气象服务，试验开展基于用户习惯，主动推送的智慧气象服务。推进智慧农业气象服务客户端在基层的更广泛应用，各客户端注册的新型农业经营主体达 31.9 万。中国气象局与新华社等 10 余家中央媒体及手机客户端建立预警信息推送及共享机制，气象与交通、旅游、地图、消防、生活服务等各类行业强化合作，初步实现突发事件预警信息的全网、全民发布。

3. 气象科学知识普及率稳步提高

近年来，气象科学知识普及率持续提高，2017 年达到 76.44%，比 2015 年提高了 6 个百分点，各省（区、市）气象科学知识普及率见图 5.4。截至 2017 年底，全国共有气象科普教育基地 282 个，中国科协授牌“全国科普教育基地”53 个。

2017 年，中国北极阁气象博物馆、广州市花都区气象天文科普馆、贵州省黔东南州气象台成为教育部授予的第一批“全国中小学生研学实践教育基地”。中国气象局成功举办首届气象科技周活动。联合人民网打造“绿镜头 发现中国”系列品牌活动。联合国家信息中心、中国民促会绿色出行基金共同组织 2017 年“应对气候变化 · 记

---

① 这部分着重总结气象部门开展的面向公众的气象服务，而气象部门以外气象服务机构的相关内容归在新媒体气象服务部分。

② 资料来源：中国气象局应急减灾与公共服务司。

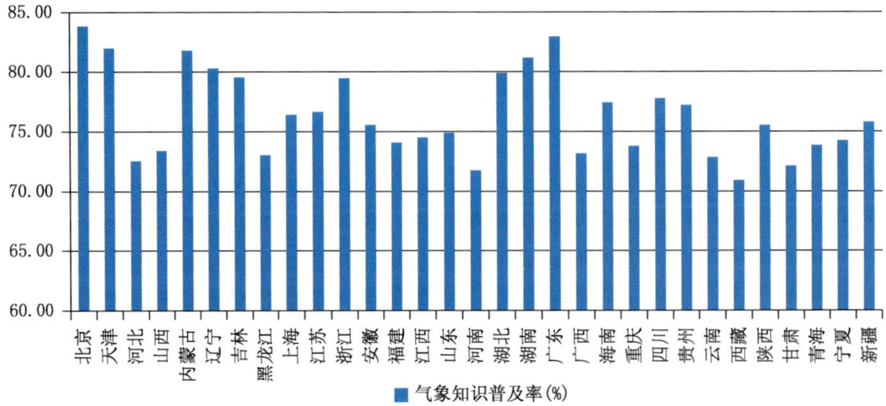

图 5.4 2017 年各省(区、市)气象知识普及率(单位:%)
(数据来源:中国气象局现代化办公室)

录中国——走进福建”考察活动。“我给台风起名字”活动入选 2017 年度微博热点事件榜,成为唯一入选科普类话题。

2017 年,气象部门组织开展了一系列气象科普活动。组织“3·23”气象开放日、防灾减灾日活动,参加香港航天科普展、东盟博览会公共气象服务展览等,承办“应对气候变化·记录中国——走进福建”;启动“小小减灾官全国科普大赛”“气象主播进校园—少儿气象科普宣传”系列活动。打造一系列气象宣传科普特色产品。围绕国家战略,编辑《风云丝路:“一带一路”沿线国家气候概况》《“一带一路”全媒体气象服务需求》《“一带一路”海外国家气候漫谈》,面向青少年儿童推出《警警历险记》系列漫画丛书,面向央企制作《央企气象灾害预警手册》系列科普丛书。

4. 新媒体与传统媒体气象服务融合成长

传统媒体主要是指报纸、广播、电视等信息传播载体,包括气象科技书籍、杂志、科教电影、光碟、录像带、录音带,有线广播和气象专用电台等。新媒体一般是指在网络信息处理技术基础上产生的媒体形态,包括网络媒体和其他数字媒体形式,如微信、微博、手机客户端(APP)等,其与传统媒体在传播时效、信息来源、传播方式、传播内容等方面都有不同。新媒体传播是近年来信息传播发展的方向和趋势。

从相关数据和资料来看,2017 年,我国传统媒体气象服务总体发展放缓或持稳,新媒体气象服务继续稳定发展,其中,天气类应用用户规模持续增加,气象官方微博微信服务持续发展。

(1)天气类 APP 用户规模持续增加,市场基本稳定

从 2009 年起,中国天气类 APP 经过了萌芽期,探索期,高速发展期,目前已步入成熟期。手机 APP 已经成为公众用户最常用的获取天气资讯的渠道(图 5.5),用户数量稳步增长,市场格局基本稳定。

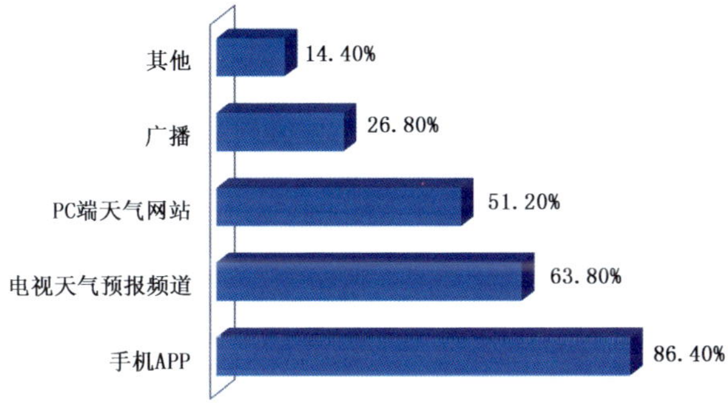

图 5.5 2017 上半年度用户获取天气资讯常用渠道分布
(2017 年上半年中国天气 APP 产品市场研究报告.
比达网.发布时间:2017-07-13-13:48:11)

2017 年,我国天气类 APP 用户规模持续稳步增长。据比达咨询(BDR)数据中心监测数据显示,虽然 2017 年的用户增长速度较 2016 年同期有所下降,但仍保持正向增长(图 5.6)。截至 2017 年第三季度,天气类 APP 用户规模同比增长 2.1%,达 5.0 亿用户。用户增速有所下降的主要原因是其他领域互联网平台的同质化,随着竞争加剧,各平台推出的产品特色已不明显,功能相似,当更多的平台加入天气预报功能后,让专职做天气预报的 APP 变得有些"鸡肋",从而影响了用户的增长。

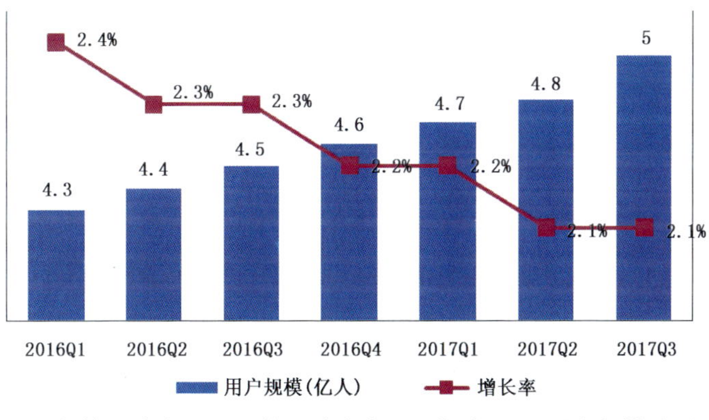

图 5.6 2016 年第一季度—2017 第三季度中国天气类 APP 用户规模及环比增长率
(2017 年上半年中国天气 APP 产品市场研究报告 . 比达网 . 发布时间:2017-07-13-13:48:11)

天气类应用的市场格局基本稳定。Analysys 易观发布的针对 61 个天气类应用的监测报告显示,2017 年,中国天气应用呈现出品牌格局集中的趋势,排名前五名的墨迹天气、天气通、最美天气、中国天气通和 2345 天气王共占据 92%的市场份额(图 5.7)。2017 年中国天气应用前五名的人均使用情况如下:墨迹天气在人均单日启动次数和使用时长处于领先地位,特别是在人均单日使用时长方面,单日使用时长为

4.05 分钟,体现出更强的用户黏性。最美天气以 3.24 分钟位列第二名,2345 天气王以 2.95 分钟位列第三名。

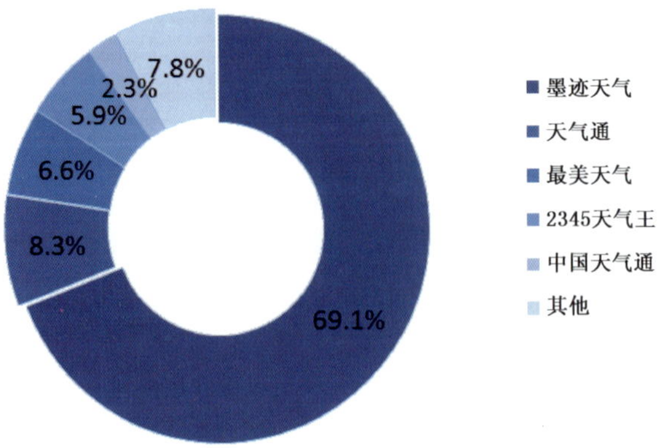

图 5.7　2017 年中国天气应用市场活跃用户占比情况

(数据来源:易观千帆 . 2017 年中国天气应用市场——天气类应用年终盘点分析 . 2018-03-23. //www. analysys. cn)

天气类 APP 聚焦于如何提供气象增值服务。天气类 APP 作为工具类产品,主要收入以广告为主,如墨迹天气 90%以上的利润来自于广告收入①。但天气类 APP 主要面向个人用户,付费意愿低,功能结构较单一,从而导致产品增值比较困难。2017 年,天气类 APP 基于这一发展特点和基本稳定的市场格局,开始聚焦于改变过于单一的变现模式,探索如何深入用户生活的日常,提供各种气象增值服务。如某些应用商主张用科技改变大众生活,对于天气类 APP 的使用不再局限于"温度""气象"这些指标,还会更多关注"湿度""空气质量""雾霾指数"等方面;有些应用开始发布智能硬件天气产品,进行跨界尝试;还有应用通过大道至简的设计和智能简洁的服务带给用户更多"小而美"的体验。总之,天气类应用厂商通过各种手段增强用户黏性,提升用户活跃度。如墨迹天气结合时事热点,通过微博等社交媒体与用户互动。又如天气通和某电商合作,提供互动用户合作电商的产品。再如 360 天气通过吐槽天气弹幕功能加强互动性等。

(2)气象官方微博和微信稳定发展

统计数据显示,2017 年,气象部门微博/微信数量达到 77952 个。根据人民网舆情数据中心发布的气象系统双微排行榜显示,2017 年,排名前十位的分别为深圳天气,中国天气,中国气象局,气象北京,中国气象科普网,广州天气,江淮气象,江苏气象,龙江气象。

① 数据来源:2017 年上半年中国天气 APP 产品市场研究报告 . 比达网 . 发布时间:2017-07-13-13:48:11.

在气象微博发展方面，根据《2017 年报年度人民日报．政务指数——微博影响力报告》发布的榜单，2017 年的全国“气象十大微博”是：深圳天气，气象北京，中国气象局，广州天气，龙江气象，江苏气象，中国天气，江淮气象，中央气象台，广东天气。该报告认为，近年来，气象类微博的策划运营能力持续提高，在内容、形式和技术上多重创新，宣传载体从单一的图文视频拓展到全媒体、融媒体、浸媒体，打破了以往政府信息公开工作的沉闷套路，实现了有声有影有形、入耳入脑入心。如“@中央气象台”开展“我给台风起名字”活动，引发了全民的热情参与，网友纷纷贡献自己的脑洞，热情为台风命名。党的十九大期间，“@中国气象局”与系统内各层级官微、其他行业官微、媒体、企业进行全方位、立体化的联动，全行业共襄盛举，在政务微博舞台上造就了异彩纷呈的“十九大”报道盛况。

(3)传统媒体气象服务发展总体持稳

近年来，随着新媒体的发展，广播、电视、电话和短信等传统媒体气象服务传播量总体持稳或弱下降趋势。数据显示，提供气象服务的广播频道和电视频道数量总体保持稳定，气象服务电话拨打数量和短信气象服务的用户数持续下降。

提供气象服务的广播频道数量近年来基本保持稳定。2017 年提供广播气象服务的频道数量为 1756 个，与 2016 年的 1735 个比略有增加(图 5.8)。但从广播气象服务收听率分析，根据 2001 年在武汉市进行的一次社会调查结果，被调查的 1580 人中，当时有 46％的人通过广播获取气象预报，而根据 2017 年上半年调查统计，只有 26.8％公众通过电台获取气象预报服务。

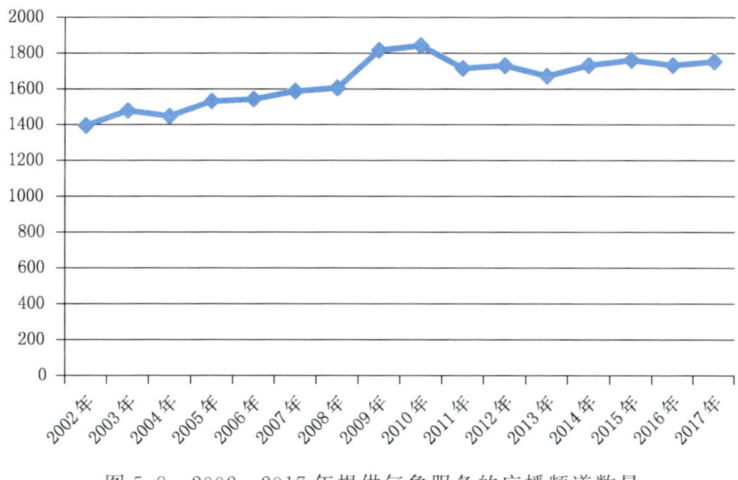

图 5.8　2002—2017 年提供气象服务的广播频道数量
(数据来源：气象统计年鉴，2002—2017 年)

提供气象服务的电视频道数量近年来也基本稳定。2017 年传播气象服务内容的电视频道数量为 3982 个，比 2016 年的 3565 个增加 417 个(图 5.9)。但是，气象预报的电视收视率从 2009 年起呈逐年下降趋势，如浙江卫视天气节目 2009 年年平均收视率为 3.19%，2012 年则降至 1.61%，其市场份额也由 11.88%降至 5.5%，近年来还在持续下降，全国其他省份电视气象服务收视情况也基本如此。根据 2001 年在武汉市进行的一次社会调查结果，被调查的 1580 人中，当时通过电视获取气象预报的占 94%，但根据 2016 年宁波市社会调查统计，市民接收电视气象信息传播的只占 33%。县市电视天气节目有的已经交由地方电视台制作，有的交由地市气象影视中心制作，县市气象台基本退出制作，其原因主要是新媒体发展的影响。

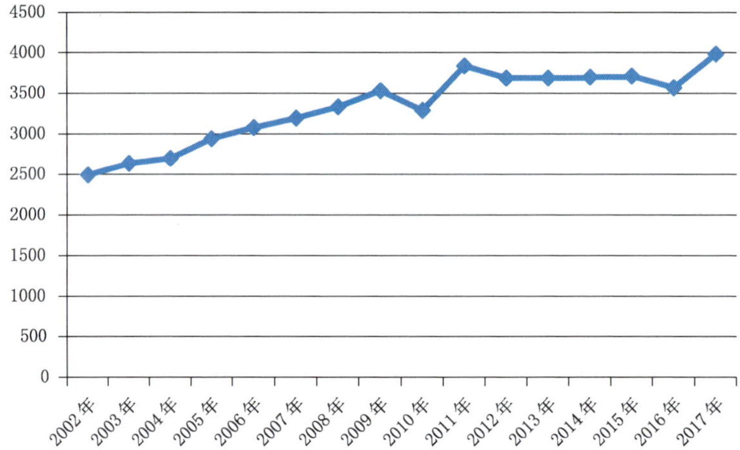

图 5.9　2002—2017 年提供气象服务的电视频道数量
(数据来源：气象统计年鉴，2004—2017 年)

气象服务电话拨打数量近年来持续下降(图 5.10)。2017 年气象服务电话拨打数量为 5.2 亿次，比 2016 年下降了 2.8 亿次，降幅达 35%。但各地区发展不平衡，数量最多的山东达到 9900 多万次，江苏、湖北均在 4500 万次以上(图 5.11)；有 5 个省(市、区)较 2016 年略有增长；下降最多的省份，2017 年下降量达 6000 多万次。从历史上看，2008 年全国电话气象服务拨打次数达到峰值，2009 年后逐年下降。根据 2001 年在武汉市进行的一次社会调查结果，被调查的 1580 人中，通过拨打电话获取气象预报的占 16%，但根据 2016 年宁波市社会调查统计，市民受众拨打电话获取气象预报的只占 8%。从全国电话气象服务情况来看，2017 年全国气象电话拨打次数也只有 2008 年的五分之一，电话气象服务的下降可见一斑。

短信气象服务的定制户数近年来持续下降(图 5.12)。2017 年为 11254 万户，比 2016 年下降 3.7%。从分地区情况分析(图 5.13)，也存在明显不平衡的问题，用户最多的浙江省达 2320 万，占全国总用户量的 20.6%；其次，广东达到 1428 万，河北达到 1027 万，三省总量占全国用户量的 42.4%。从三省情况看，传统短信用户仍然

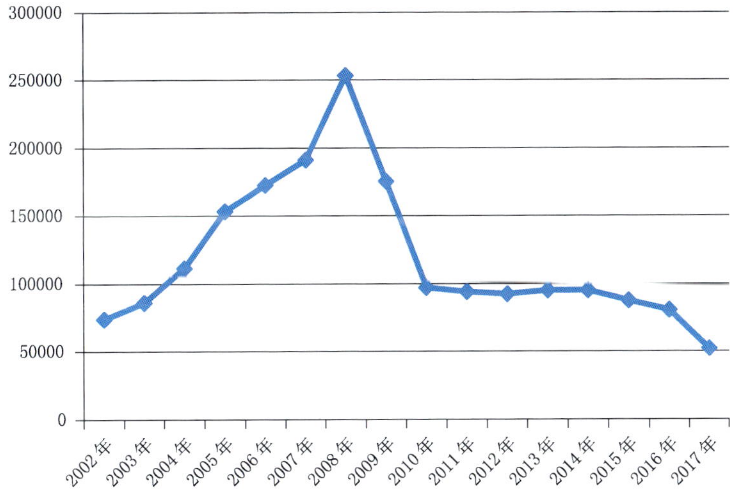

图 5.10　2002—2017 年气象服务电话的拨打数量(单位:万次)
(数据来源:气象统计年鉴,2004—2017 年)

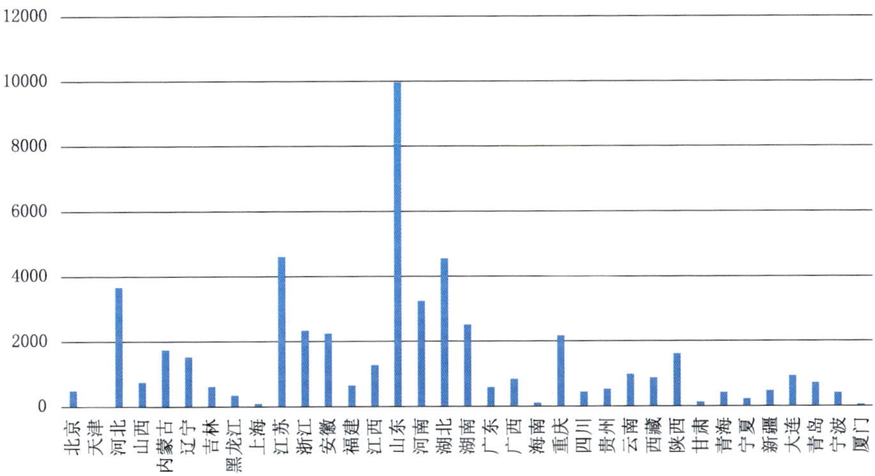

图 5.11　2017 年各省(区、市)气象服务电话的拨打数量(单位:万次)
(数据来源:气象统计年鉴,2017 年)

保持平稳和略有增长的空间。2017 年,全国有 11 个省(区、市)较 2016 年有增长,其中年增加 100 万户以上的省(市)有浙江、重庆、四川、甘肃。

5. 气象服务传播主体呈多元化趋势

总体来讲,近年来,我国气象信息服务的产品更加丰富,传播形式更加多样,服务的主体更加多元。相关研究认为,未来,我国气象信息传播将呈现如下特点。

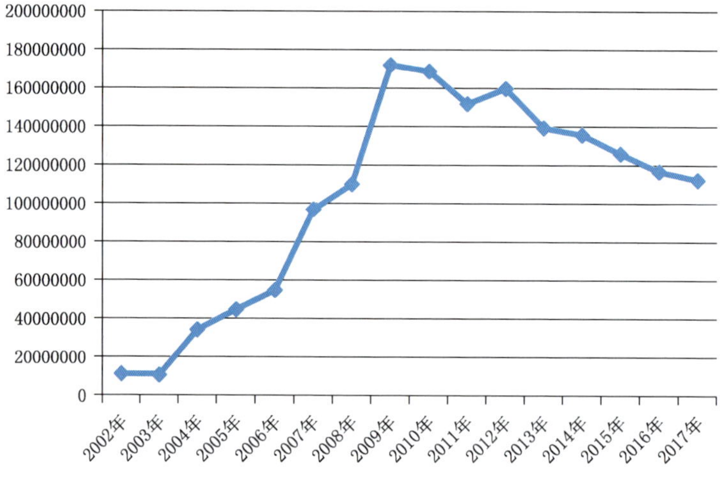

图 5.12　2002—2017 年短信气象服务的定制户数
(数据来源:气象统计年鉴,2002—2017 年)

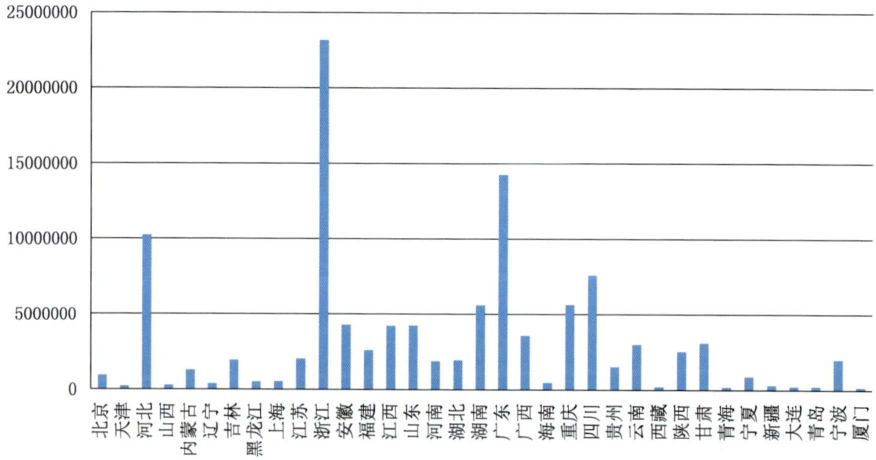

图 5.13　2017 年各省(区、市)短信气象服务的定制户数
(数据来源:气象统计年鉴,2017 年)

(1)发布主体与传播主体逐渐分离。20 世纪 80 年代以前,各类传播媒体都还不发达,天气预报主要通过宣传媒介和公共信息发布系统向公众发布,如广播、报刊、电话等;80 年代以后,传播媒体不断丰富,气象服务领域不断拓展,气象服务成为各级气象部门工作重点;90 年代到 21 世纪初,气象信息发布与传播渠道进一步拓展,气象信息公众覆盖率显著提高。这期间,气象部门肩负着发布与传播的双重职责。新媒体的出现使气象预报的传播渠道和传播方式发生了较大变化,发布与传播合一的

方式被打破。特别是在手机 APP 参与公共气象信息传播服务以后，发布主体与传播主体相分离的趋势更加明显。

(2)气象信息附加价值将被深度挖掘。气象与各行各业、人们生产生活关系密切，大到国事活动、城市治理、体育赛事、公司经营，小到个人衣食住行都跟天气有关。在信息经济时代，气象服务将不仅仅是一个气象信息传播问题，更重要的是为每一个细分领域、每一个客户提供更精准、更具特色、更有针对性的服务。移动互联网、大数据、云计算、物联网、人工智能等新技术的发展，为多层次、个性化气象服务发展提供了可能，气象信息的科技内涵会更加丰富，附加价值也会更高。

(3)气象部门外的气象服务企业发展势头良好。近年来，气象服务企业发展较快，无论是服务形式、服务产品，还是便捷性和及时性均达到前所未有的水平。这一方面得益于国家对小微企业发展的扶持，企业成为技术创新的主体，中小微企业参与气象服务业大有可为；另一方面气象服务企业创新意识强、注重增强用户黏性、提高用户体验、追求产品的精益求精，同时企业化运作的机制确保了其有更多的灵活性，这些都将推动气象服务企业的发展，促进气象服务市场的繁荣。

(4)以用户需求为导向的精细化服务是根本。社会发展、技术进步，人们对气象服务的需求不断提高。目前气象信息服务层次还较低，提供产品多是单纯的气象信息，尽管通过近年来的发展，服务内容明显扩展，推出类似穿衣指数、感冒指数、运动指数等与人们生活贴合度更高的产品，也开始融入多行业中，开展针对性服务，但是依然达不到规模效应。要达到气象服务精细化的目标，一方面需要核心技术的突破，提高预报准确率和精细化水平；另一方面需要海量的社会数据、行业数据、地理信息数据等做支撑，建立精准预报模型。

(5)多学科融合发展。气象在农业、交通、水文、海洋、能源、卫生、环保等多个领域的应用需要与多学科、多产业融合发展。应用气象的发展、多技术在气象行业的应用、人才多样化等都将是未来气象服务的发展趋势。

(6)全球一体化发展。现代科技的迅速发展，正在不断缩小地球的时空距离，天气预报更是无国界。在气象服务领域，美国、欧洲的私人天气企业，在全球一体化理念的实践过程中发挥着先跑作用。例如，TWC 基本上与世界上的每个国家都有业务往来，其开发的应用程序支持多达 40 种语言；欧洲气象服务公司 MeteoGroup 开发的天气应用程序 WeatherPro 可以提供世界各地两百多万个地区的天气预报信息；日本气象公司 Weathernews 目前已开始向欧洲扩展业务；目前，中国气象局已经把全球气象观测、全球天气预报和全球气象服务作为实现气象强国的重大战略。墨迹天气在国内市场的增长空间趋于饱和，其未来的发展定位也是全球市场。全球一体化发展趋势对气象服务提出更高要求，也给国内气象服务机构带来更大挑战。

(二)面向行业和特定领域生产的气象服务更加精细

面向行业和特定领域的气象服务是我国气象服务的重要组成部分，主要包括面向农业、环境、交通、海洋、旅游、能源等行业，以及面向城市、农村、新疆生产建设兵团、黑龙江农垦、黑龙江森工等特定区域的气象服务。2017 年，面向行业和特定领域的气象服务精细化水平和融合发展能力不断提升。

1. 气象为农服务[①]

2017 年，气象部门初步构建了智慧农业气象大数据、开放式全国农业气象业务系统和智慧农业气象服务手机客户端，联合农业部创建了 10 个全国特色农业气象服务中心，12 个省累计成立 44 个农业气象分中心，基本形成国—省—市—县四级农业气象业务和延伸到乡的多级服务格局。农业气象服务深入到特色农业生产、村域经济发展、农业保险、农产品气候品质评估等新领域。全球重点产粮区长势监测和产量动态预报由季尺度提升到月尺度，玉米等大宗作物天气指数设计模块进入业务系统。国内外作物长势监测及产量预报产品分别拓展到 18 种和 14 种，全球重点产粮区长势监测和产量动态预报由季尺度提升到月尺度。2017 年，国内粮食总产预报准确率达 99.4%。农业气象服务更加适应现代农业发展需求。

2. 美丽乡村建设气象服务

2017 年，气象部门推动了美丽乡村气象服务标准化建设，健全了农村气象灾害监测预报网、突发预警信息发布网和防灾减灾应急联动网、责任传导网、群测群防网，打造农村气象防灾减灾体系升级版。发展面向精准农业的定位、定时、定量气象服务，推进物联网和遥感技术在精准农业气象服务中的应用，优化监测手段、产品内容及服务方式，逐步实现农业生产和经营全过程的跟踪服务，建成现代农业气象服务体系。创新气象为农社会化服务机制，深入推进气象为农服务社会化体系建设。发展农业气象大数据，促进智慧气象为农服务与农业生产、经营、管理深度融合，推动气象信息进村入户，实现气象信息向农户和新型农业经营主体的精准推送。围绕生态旅游、健康旅游的服务需求，研制旅游生态气象要素的监测预警指标体系，开展不同类型旅游景区紫外辐射、空气质量、雷电等要素的监测预警服务，提升生态旅游气象服务能力。

3. 气象助力精准扶贫

气象部门认真贯彻落实习近平关于扶贫开发的重要论述精神，结合脱贫所需和气象所能，以高度的政治责任、社会责任助力精准脱贫，致力防灾减灾，倾力服务“三农”，气象助力精准扶贫工作取得了明显成效。

贫困地区气象“避害”作用更加凸显。中国气象局与国务院扶贫办联合发文，将驻村扶贫工作队全部纳入基层气象信息员队伍，夯实气象助力精准脱贫的基础。832 个国家级贫困县自动气象观测站乡镇覆盖率达 91.0%，气象信息服务站覆盖 90%的乡镇，气象协理员覆盖 98.2%的乡镇，气象信息员覆盖 99.5%的行政村，农村气象灾

---

① 资料来源：中国气象局应急减灾与公共服务司。

害防御工作更加有序高效。

贫困地区气象“趋利”作用更加有效。气象部门为贫困地区近14万新型农业经营主体提供了“直通式”气象服务；与原农业部联合创建的10个特色农业气象服务中心直接服务于贫困地区苹果、枸杞、烟叶、茶叶、设施农业等具有较高经济价值的特色农业产业发展。组织完成832个贫困县的气候资源和气象灾害普查和评价，形成报告及气候背景数据手册报送国务院领导及相关部门。完成全国13万个建档立卡贫困村的精细化太阳能资源评估并用于国务院扶贫办指导“光伏扶贫”项目实施。开展“中国天然氧吧”、国家气候标志等创建工作，助力贫困地区经济和旅游产业发展。

对贫困地区的投入力度稳中有升。2016—2017年，中央财政“三农”服务专项投入中央资金3.85亿元，实现专项在832个国家级贫困县的全覆盖。中央财政人工影响天气补助资金在22个省(区)安排下达3.06亿元，占资金总量的76.9%。山洪地质灾害防治气象保障工程投入16.8亿元，支持22个省(区、市)开展山洪地质灾害气象保障能力建设。

气象助力精准脱贫效益逐步提升。据国家统计局调查结果显示，2015—2017年，国家级贫困县所在省(区、市)的农村公众气象服务平均满意度由88.7分提高到90.2分，普遍高于全国农村公众气象服务满意度评价。

4. 民用航空气象服务①

民用航空气象业务运行平稳。截至2017年底，我国境内民用航空(颁证)机场229个，比上年增加11个；全年完成飞机起降1024.9万架次，比上年增长10.9%；全年旅客吞吐量超过11亿人次，比上年增长12.9%。面对中国民航业的快速发展，民航各级气象台(中心)积极工作，为空中交通管制、航空公司和机场运行等航空气象用户提供了航班起降和国内、国际航线飞行的气象保障。2017年全年共发布例行天气报告495816份、特殊天气报告9557份、9小时机场预报132534份、24小时机场预报60930份、重要天气预告图25011份、高空风温预告图233164份、机场警报6793份、区域预警829份、终端区预警3802份。

2017年，因天气原因启动大面积航班延误应急响应机制(MDRS)635次。机场预报准确率为92.94%、气象装备运行正常率为99.87%，与前两年相比，预报准确率稳步提升，观测错情率、气象装备运行正常率基本持平。民航各级气象单位坚守安全底线，排查安全隐患，治理安全风险，全年没有发生因气象原因导致的不安全事件，基本上杜绝了飞行气象情报迟发、漏发现象。在各种重大保障活动中及时发布各类气象信息，辅助民航运行决策，圆满完成了春运、两会、博鳌论坛、国际沙漠论坛、“金砖”厦门会晤、“一带一路”高峰论坛、“十九大”保障、C919成功首飞及四川九寨抗震救灾等重大活动和事件的飞行气象保障任务，获得了各级领导的表扬以及机场、航空公司

① 资料来源：中国民航空管局。

等用户的肯定。

民用航空气象服务能力显著提升。2017 年,民航各级气象单位分别与中国气象局、各级地方气象局实现了信息共享;民航气象探测能力基本覆盖繁忙终端区和重要机场,全国运输机场实现自动气象观测数据实时共享;民航气象行业大力推进数值预报技术应用,重点开展区域数值预报与强对流短临数值预报建设,精准预报能力有效提升;民航气象部门与管制部门、航空公司、机场协同合作,通过重要天气复盘机制,对重要天气进行分析讲解,提高气象服务水平;依托服务网站、APP 应用,拓展气象服务渠道;推广天气雷达与管制雷达信息融合,开展量化天气对空域流量影响相关研究,提高气象信息综合应用能力;开展低空气象服务研究,试点开展通航气象服务业务。

民用航空气象设施现代化水平不断提高。2017 年,民航气象建设项目共 90 余个,投资金额超过 15 亿元,建设或更新多普勒天气雷达 9 部、自动气象观测系统 34 套、风廓线雷达 10 部、卫星资料接收系统 18 套。截至 2017 年底,民航机场共配备多普勒天气雷达 60 部,自动气象观测系统 232 套,风廓线雷达 29 部,卫星资料接收系统 233 套。为满足民航气象运行需求,民航气象中心工程正式破土动工。与国家气象中心、香港天文台联合建设的亚洲危险天气咨询中心建设完成,该中心已具备危险天气监视、危险天气预报、咨询产品制作、咨询产品发布和产品检验评估等方面的能力,2018 年 1 月 1 日开始投入试运行。

5. 兵团气象服务①

根据 2017 年天气气候特点,新疆生产建设兵团组织各师(市)气象台制作各种农业气象预报服务产品,为兵团各级领导和农牧职工提供气象服务,为兵团各师(市)春耕春播、田管、秋收秋种等提供有力的气象服务技术支撑。特别是针对 2017 年大风、高温、低温多雨、寒潮等灾害性天气,组织师(市)气象台早期跟踪,提前 98 小时发布重要天气警报,为农牧团场做好防灾减灾、抗灾自救发挥重要作用。针对重要农业时节、作物品种开展特色服务,制作提供南北疆棉花适播期(林果花期)、春夏季水旱趋势预测、夏秋季热量条件分析等系列气象服务信息,为师(市)领导、各级农业部门提供专项气象服务。

2017 年,兵团组织各师(市)气象台编辑《气象信息简报》2540 余期,通过电视、广播、报纸、网络、电子邮件、微信、即时通信工具等多种形式发布天气信息。其中兵团本级编发重大灾害性天气预测和实况信息简报及传真 40 余期,为农业生产、农业防灾减灾做出了积极贡献。

2017 年,兵团组织各师(市)气象台积极开展城镇气象服务,扎实做好防灾减灾、保险理赔气象服务。2017 年兵团各垦区大风、高温、霜冻等灾害天气频发,给农业生

---

① 资料来源:新疆生产建设兵团气象局。

产造成一定的经济损失。第六师气象局组织专人向保险公司出具上百份详尽的气象证明，确保了受灾群众及时获得保险赔偿，帮助尽快恢复生产生活，保障了民生、保障了稳定。同时多次为师（市）举办重大活动提供了气象预报服务。比如“郁金香节”“葡萄节”“荷花节”，高考、国庆等重大活动，组织专业技术力量对天气演变进行了系统分析，及时发布气象预报信息，并进行了跟踪服务，方便市民商家合理安排活动，确保了大型活动顺利完成。

参与大气污染治理，为改善环境主动发挥作用。兵团气象部门积极配合环保部门，参与《重污染天气应急预案》《大气污染防治工作方案》的制定工作，参与重污染天气应急会商，配合相关部门认真处理空气污染群众投诉案件。为应对冬季雾霾天气，分析入冬以来雾霾加剧的成因，通过媒体解答公众的疑问；联合环保部门制作和发布空气质量预报，为改善环境质量提供气象服务和保障。

兵团常年开展人工增雨雪作业和防雹减灾作业，为兵团经济及社会发展、农业生产防灾减灾发挥应有作用。2017 年，共有 10 个师 88 个农牧团场开展了人工影响天气作业，参加人影作业人员 2531 人，投入作业高炮 278 门、火箭架 720 具，碘化银地面烟炉 20 套。人影作业最早于 4 月 10 日进点，最晚于 10 月 16 日撤点，全年雷达监测到强对流天气 442 点次，雷达开机 29126 小时，指挥防雹作业 1666 点次，增雨作业 10 次，累计作业炮弹 15.4 万余发，火箭弹 2.2 万余枚。全年供应炮弹 10.66 万发，火箭弹 1.2 万余枚。为农业防灾减灾发挥了积极作用。

6. 农垦气象服务①

黑龙江垦区辖区土地总面积 5.54 万千米^2，现有耕地 4363 万亩、林地 1384 万亩、草地 509 万亩、水面 388 万亩，是国家级生态示范区。下辖 9 个管理局、113 个农牧场，986 家国有及国有控股企业。目前，垦区已经具备 200 亿千克的粮食综合生产能力和 200 亿千克的商品粮保障能力。

(1)垦区气象现代化建设进展。垦区地域辽阔，区域内国家气象站点稀少，农业生产与农业气象服务关系密切。为准确掌握当地的气象信息，服务于垦区经济建设，在垦区建设初期，气象建设就列入了农场发展建设的整体规划。20 世纪 50 年代初，垦区建设了历史上第一批气象站。到 2017 年有气象台站 94 个，其中分局气象台 6 个、农场气象站 86 个，形成了体系比较完备，独具农垦特色的专业气象队伍。历经 60 余年的发展，垦区已建成较完善的气象体系，成为现代化农业发展的重要支撑，发挥了不可替代的作用。

目前，垦区拥有 C 波段新一代天气雷达 2 部、X 波段多普勒天气雷达 10 部。建成风云三号遥感卫星接收系统一套，气象极轨卫星云图接收系统 6 套，新型静止卫星云图接收系统 10 套，实现了对大、中、小不同天气尺度天气系统的有效监测。建成自

① 资料来源：黑龙江农垦总局气象管理站。

动气象站 91 个,土壤自动监测站点 103 个,自动雨量监测站 460 个,基本实现地面探测自动化。人工影响天气作业体系健全,拥有性能先进的运－12 飞机一架,作业高炮 297 门,火箭发射器 243 部,辐射垦区 85 个农场的 3000 余万亩耕地,形成了比较完备的气象灾害防御网。

(2)垦区气象服务工作概况。目前,垦区以建成适应现代化大农业发展需求,保障国家粮食安全,提高垦区农业综合效益为目标,以农业生产服务为重点,开展测报、预报、农气、人工影响天气等主要气象业务和服务工作。

测报方面,按国家地面气象观测规范的要求,开展对云、能、天、压、温、湿等项目的三次定时观测,定期编制气象报表并经上级业务部门审核,测报业务错情率在 0.5‰～1‰,达到或接近国家测报质量标准。积累并四次系统整编出版了建站 50 余年的完整气候资料,填补和加密了三江平原和松嫩平原的气候资料,成为垦区乃至黑龙江省气候资源的开发利用的重要依据。

预报方面,根据农业生产需要,为分局、农场发布各类短时、短期、中期、长期天气预报,为农作物种植和品种布局提供年景分析,为各项农事活动提供长、中、短期天气预报,发布各类突发性、灾害性短时预报。短时和短期天气预报准确率达到 85%以上,中长期天气趋势预报准确率达到 75%～80%,短期气候预测和农业年景分析达到趋势基本准确,成为有效指导农业生产、防灾减灾不可缺少的重要信息。

农业气象业务方面,根据农场不同作物分布进行物候、墒情的定期观测。紧密配合农业科研部门开展各类农业课题研究和科技攻关,进行气候区划等,为合理利用气候资源、农业趋利避害提供气象资料。完成了垦区《主要作物的气候区划》《三江平原地区降水分布及预报》《三江平原旱涝分析》《垦区五大作物最大气候生产潜力》《气象服务垦区现代化大农业研究》等重大课题研究,为有效指导和服务于农业生产,提供了可靠的依据。

人工影响天气方面,垦区气象灾害种类多、发生概率高,在农业灾害中占 90%以上,农作物年均受灾面积占垦区耕地面积的 50%～60%。从 20 世纪 70 年代开始开展人工防雹增雨工作,近年来防雹增雨规模不断扩大,效果明显提高。气象台站承担着天气监测、战机确定、作业指挥等综合服务,有效地保证了作业质量和投入的效益。每年作业期的 4 月到 10 月,组织实施人工增雨防雹作业平均 1000 次,发射炮弹 30000 余发,火箭 500 余枚,投入资金 600 多万元,防控面积 3000 万亩,增雨 3.6 亿千米^3,减损增效 4 亿元左右,为粮食生产减灾,保障国家粮食安全做出了重要贡献。

(3)2017 年垦区气象业务服务进展。基础设施建设有序推进。2017 年,新建云山等 5 个农场气象站业务用房,改造宝泉岭等 18 个气象台站业务用房,实施二九〇等 16 个农场气象站地面观测场建设,绥棱农场气象站购置新型自动站设备及配套设施建设,红兴隆等 10 个气象台站购置新型静止气象卫星云图接收系统及配套设施建设，完成牡丹江管理局、九三管理局气象台高清视频会商分中心建设及所属22个农场气象站高清视频会商终端建设。通过项目建设，垦区气象台站的环境和基础设施得到了极大改善和加强，为气象服务能力的提升奠定了基础。

信息共享工作取得重大突破。2017年，加大力度组织协调各气象台站自动站数据上传工作，实行数据传输的质量监控，各站数据上传率稳步提升提高，平均上传率达到95%以上。

预测预报手段进一步加强。继续推广应用数值集成预报方法，逐步提升台站客观预报能力。管理局气象台通过可视化会商系统实现了与省、市气象台的预报会商，针对灾害性天气的气象服务，更加及时可靠。

气象服务能力进一步提高。2017年，垦区各级气象台站以服务垦区农业生产为中心，各项工作有序开展，取得了明显的社会经济效益。一是及时、准确地分析和发布了各生产季节的长、中、短期天气预报，为农业生产提供了及时可靠的气象信息。二是积极应对突发性天气，针对极端天气频发的状况，各级气象台站坚持24小时值班制度，及时发布准确的预警、预报。三是管理局气象台充分发挥天气雷达、气象卫星等现代化气象装备的作用，并通过气象视频会商系统第一时间获取省气象台的预报意见，为农场气象站提供了更加可靠的指导预报。四是认真开展防雹作业，实现农业趋利避害。气象台站严密监视强对流天气，组织开展防雹作业，用科学的手段提高作业指挥精度，增强作业效果，农业防灾、减灾效果显著。

7. 黑龙江森工气象服务

黑龙江省森工系统是我国最大的国有林区，施业区总面积约11万千米^2，森林总蓄积逾6亿米^3。黑龙江省森林工业总局下设伊春、牡丹江、松花江、合江4个林业管理局，40个林业局、15个大型木材加工厂以及林机修造、建筑施工、林业科学院、林业设计院、森林调查规划院、牡丹江林校等县团级以上企事业单位125个，职工90多万人。森工系统共有森林物候气象站45处，气象哨114处，气象工作人员424人。实行总局气象站，管理局气象站，林业局气象站三级管理。

2017年，黑龙江省森工总局加强气象灾害的监测，完善森林物候气象观测网，实现了林区常规天气预报、灾害性天气警报的联网，全森工系统错情率由2000年的24‰下降到现在的1.5‰。各森林物候气象站定时发布24小时短期预报、旬报及中、长期天气预报；发布播种、造林、采种、抚育等营林生产预报；发布火险、霜冻、日灼、干旱、洪涝等灾害性天气预报；发布农业、商业、多种经营等服务性预报。为农业生产、营林生产提供每年的最佳造林期、采种期等特色产品。开展对干旱、洪涝、低温、大风、冰雹、霜冻等农、林业气象灾害的评估和预警。建立森林病虫害预警系统，开展林木病虫害气象预报等。

8. 环境、交通、旅游、能源等气象服务

2017 年，全国环境气象产品精细化、预见期和规范化水平显著提高①。雾霾预报从逐 6 小时精细化至逐 3 小时。模式预报时效从 3 天延至 5 天(京津冀区域延至 16 天)；能见度和 $PM_{2.5}$ 延至 10 天。

交通气象服务更为精细智能。2017 年，中国气象局印发了《交通气象服务示范建设行动方案(2018—2020 年)》，主动开展高速公路、高速铁路、内河航运、通用航空及交通安全应急保障等重要领域的智慧交通气象服务建设。提供全国公路交通逐 3 小时间隔、水平分辨率 5 千米的精细化服务产品。开展交通气象灾害风险预警试点建设，首次向交通管理部门提供交通气象灾害风险预警服务。江苏上线交通气象智能客户端；湖北融合沿江各省实时监测预报预警等多源产品，开展基于天气通航等级的航运安全保障智能化气象服务；江西基于列车行驶位置，动态向列车和巡线员“靶向”发送分钟级交通预警产品。

海洋气象服务融入海洋开发利用全过程。2017 年，全国海洋气象业务开展了风、有效波高、天气状况、能见度、阵风等多要素、高时空分辨率的精细化预报服务业务。开展北印度洋和北太平洋 8 级以上大风预报业务试验，实现海洋气象传真图业务重建。组织气象相关的部门、科研机构和大学自主研发船舶导航算法，开展中国至巴基斯坦、南非等多条航线气象导航服务，打破了国外气象行业在远洋导航领域的垄断地位。浙江开发船舶气象安全导航系统 APP，实现基于用户位置定位的实时导航。河北成立 3 个海洋预警中心，为近海渔业、海上应急救援等提供气象服务。宁波研发港口全息化气象预警与决策系统，实现气象与海洋水文、船舶、港口调度、港口管制信息深度融合。

旅游气象服务内涵更加丰富。2017 年，全国气象部门强化了旅游气象服务产品的研发，主动拓展领域，开展日出、日落、云海、雪景、雾凇、植物花期和彩叶观赏期等特色景观气象服务，发布蓝天预报及滑雪场、高尔夫球场、钓鱼等运动和休闲旅游服务产品。扩大旅游气象服务覆盖面，全国 31 省(区、市)将旅游气象服务纳入基本公共服务，全国景区气象服务从 4A 级扩大至 3A 级以上景区。丰富旅游气象服务内涵，试点开展旅游气象灾害风险预警服务，基于公众需求，提供旅游线路推荐、出行安全、衣物穿戴等旅游个性化提示。

水文地质气象服务效益持续提升。到 2017 年建成了重点江河流域定量化洪水预报模型系统，开展重点江河、中小河流洪水和山洪气象定量化预报试验。初步建立基于机理的区域地质灾害定量化预报系统，完善地质灾害风险预警业务，每天提供全国地质灾害发生概率、危险度和风险预报预警产品，全年成功避让地质灾害 1016 起，避免伤亡人数 39869 人。

能源气象服务助力资源开发利用。2017 年，全国气象部门开展 164 个风电场和

① 资料来源：中国气象局应急减灾与公共服务司。

太阳能电站的选址评估，为 887 个风电场和太阳能电站提供预报服务。开展全国风能太阳能资源监测，发布《中国风能太阳能资源年景公报》。建立全国 1 千米分辨率的风能资源精细化评估数据库和 10 千米分辨率的太阳能资源精细化评估数据库。保障国家光伏“领跑者”基地发展计划，评估申报基地太阳能可利用条件。

（三）重大活动气象服务主动有效

2017 年，气象部门主动做好“一带一路”国际合作高峰论坛、厦门金砖会晤、第十三届全运会和建军 90 周年阅兵等重大活动的气象服务保障。积极筹备 2022 年冬奥会气象服务，与冬奥组委签署气象服务协议，组织成立冬奥气象中心，受到国家减灾委、国家森林防火指挥部、冬奥组委等部门以及各省（区、市）党委政府的肯定。

第一届“一带一路”国际合作高峰论坛气象保障

2017 年 5 月 14 日至 15 日，第一届“一带一路”国际合作高峰论坛在北京成功举办。这是 2017 年中国重要的主场外交活动，有 32 位外国元首、政府首脑、重要国际组织领导人出席了高峰论坛，来自 130 多个国家约 1500 名各界贵宾作为正式代表出席论坛。气象保障任务重、要求高、压力大，是一项重要政治任务。

气象部门高度重视论坛的气象服务保障。5 月 12—15 日，中国气象局启动京津冀地面加密观测、京冀蒙高空加密观测、京津冀晋组网天气雷达应急加密观测以及 FY-2F 卫星区域加密观测，打造集卫星、雷达、自动站、人工加密观测等三位立体精密监测网络。北京市气象局制定印发高峰论坛气象服务工作方案、空气质量监测预报预警分方案等，并逐步细化月、周、日倒排期工作表，细化市各区气象部门属地服务方案。

论坛活动期间，气象部门滚动提供长、中、短期以及临近逐小时精细预报，发布雁栖岛、国家会议中心、人民大会堂、国家大剧院、故宫等 5 个活动地点的定点气象服务专报 206 期，英文专报 36 期，短信服务 4387 人次。

针对论坛期间空气质量保障工作，气象部门联合环保部门实施了《高峰论坛空气质量保障监测及预报预警工作方案》（京环发〔2017〕8 号），进一步强化与环保部门的监测、预报预警会商联动机制。4 月 10 日开始，针对雾、霾趋势变化加强会商研判分析，发布环境气象快报 11 期，北京市气象局与环保局联合发布空气质量专报 9 期。北京市气象局明确指出论坛期间（5 月 4—5 日），不会发生严重沙尘和雾霾天气，为论坛活动成功举办提供了决策依据。

厦门金砖会晤气象保障服务

2017 年 9 月 3 日至 5 日,金砖国家领导人第九次会晤(简称金砖会晤)在福建厦门举行。这是党的十九大召开前夕最重要的“主场外交”,对气象部门更是一场“大考”。中国气象局高度重视,精心组织、周密部署;气象部门上下联动,凝心聚力,提供精细化气象决策服务,助力金砖会晤顺利举行。

气象部门在厦门环岛路沿线等重要区域新建了 27 套区域自动站,岛内区域自动站平均密度达到 2 千米,重点区域达到 1 千米,据此监测网,可加工成网格化的温度、降水、辐射等气象要素监测图;在配置应急移动气象探测系统的基础上,新购置一部移动风廓线雷达,并配备海上气象移动观测系统。厦门周边 500 千米范围内的探空站、天气雷达站资料实现实时共享,所有数据 6 分钟内可传输至业务平台;福建省内区域自动气象站、激光雷达、闪电定位仪等资料仅需 2 分钟便可传输至业务平台。高密度、多要素的气象监测网络,大大提高了重点区域天气观测的针对性,为提供更加精细化、智慧型的服务产品奠定了坚实基础。

气象部门专门打造了气象业务保障机构——金砖会晤气象台,每天提供多时间尺度的气象服务材料,包括未来三天精细化预报、未来 6 小时精细化预报、重要场所未来 24 小时逐小时预报等服务产品,全力以赴做好气象保障服务工作。8 月起,金砖会晤气象保障服务进入关键阶段。截至 9 月 5 日,金砖会晤气象台共制作发布气象服务专报 333 期。

为了提高预报服务的精准性,气象部门强化了对预报预警关键技术的研发,金砖会晤气象台建立了精细化格点天气预报业务系统,针对气象保障需求重点开展精细化短临预警、数值预报产品释用、多普勒雷达三维风场反演等关键技术研发。为了提高气象保障的及时性和便捷性,气象部门专门将气象保障系统接入金砖会晤应急保障总指挥部应急平台,台风路径图、气象卫星云图在应急指挥大屏上实时滚动显示,为应急指挥提供决策参考。“金砖会晤气象 APP”可以实时调取天气实况及预报、卫星云图、台风路径图、雷达回波图等信息,有力支撑了现场随时为指挥部提供应急服务的需求。

8 月 31 日,根据预报,台风“玛娃”正向广东中部沿海靠近,台风及其外围系统影响厦门的时间,正是外国来宾莅临之时,尤其是 9 月 3 日,搭载嘉宾的航班陆续抵达厦门,究竟需不需要启动备降机场方案?面对“确保客人如期到达,会议如期举行”的要求,以精细化气象服务为航班抵达提供决策依据成为一项重要工作。9 月 1 日上午,“玛娃”向西北方向移动;17 时,预测"玛娃"的登陆地点由"广东东部一带沿海"调整为"广东汕尾到福建漳浦一带",天气变化形势比较严峻。9 月 2 日晨,结合逐小时预报,气象部门预判,厦门机场 9 月 2 日风雨不强,天气适合飞机降落,3 日 19 时至 23 时有中雨量级降水过程。机场人员根据最新天气预报结论,及时调整航班计划,并启动雨中降落预案,确保了参会嘉宾乘坐的飞机安全、准时着陆。

建军 90 周年阅兵气象保障服务

2017 年 7 月 30 日,庆祝中国人民解放军建军 90 周年阅兵在内蒙古朱日和联合训练基地隆重举行。天气变化是影响阅兵的重要因素,降雨、雷电、大风、雾、霾、高温等天气都会对阅兵活动产生严重影响,而致灾性很强的雷击等灾害性天气还可能引发人员伤亡和电子设施损坏。气象部门根据庆祝建军 90 周年阅兵气象保障工作的总体安排,成立了阅兵人工影响天气保障指挥部。

气象保障服务从 7 月 11 日开始一直持续到 7 月 30 日。针对保障工作重点关注的天气形势,气象部门组织开展加密会商,重点针对 24 小时内有无阵雨、有无强对流天气及天气过程可能出现时段、云量分布等进行分析,预报内容包括逐 12 小时天气预报、逐 6 小时预报、逐 3 小时预报、关键时间点天气预报及天气实况等,并及时发送给各级指挥机构及相关决策者。人工影响天气也是服务的重要组成部分,主要任务就是结合当地天气特点,在保障区周围布设三道防线,通过人工影响天气作业,减弱可能出现的不利天气对阅兵活动的影响。

7 月 29 日 20 时,离阅兵活动开始只剩下 13 个小时左右。气象部门预报保障区北部出现天气过程,保障组立即组织再会商,并得出重点关注时段内保护区北部偏西地区有局地云系覆盖,伴有局地对流性降水的结论。指挥部根据会商意见确定作业区,人工影响天气指挥部针对作业区为飞机设计飞行航线和作业计划。7 月 30 日凌晨,人影作业飞机从不同方向和航线起飞实施作业,达到了预期的作业效果。期间气象部门共进行了一次演练和两次实战作业,累计飞行作业 12 架次,有效保证了庆祝建军 90 周年阅兵活动成功举行。

第十三届全国运动会气象服务保障

中华人民共和国第十三届运动会于2017年8月27日至9月8日在天津举行。27日晚举行开幕式,在12天的比赛时间里,有来自全国各省区市、港澳台地区和行业体协的约8500名运动员参加20多个大项的比赛。对这次大型体育赛事的气象服务保障,包括户外活动保障、场馆赛事气象条件服务、海上比赛项目保障等任务,其中开闭幕式的气象保障尤为关键。

7月28日起,气象部门进入全运会气象服务"临战"工作状态。8月17日起,实行全运会气象服务领导小组每日例会制度,统筹协调全运会气象服务工作。8月26日起,进入"特别"工作状态。应急管理组、预报服务组、人影作业组等10个气象保障服务小组和市、区两级16个赛事现场服务小组组成的气象服务保障团队,全面开展相关赛事、圣火采集、火炬传递、开幕式彩排演练、开闭幕式等的气象保障服务。

全运会开闭幕式、有关赛事活动对气象条件有特殊要求。演出时段10毫米以内的降水可以做到对节目不做调整,但需要对演员保暖、换装等作出特别安排。对较大降雨,则可考虑适当调整节目或推迟演出等措施。为了应对开幕式时段可能出现的降雨天气,气象部门按照人工消减雨工作方案,顺利完成京津冀人工消减雨联合地面作业实战演练。在8月25日上午的专题天气会商中,气象部门一致认为8月27日仍有降雨,但天气形势向降雨强度偏轻方向调整,仍可维持小雨天气的预报意见。根据人影专家组建议及时调整了人工消减雨地面作业布局,并适时开展飞机作业,为保障开幕式提供了科学的气象服务策略。全运会期间,几十个比赛项目分布在全市四十余个场馆,各项目对气象服务的需求亦不相同。气象部门除进行每小时一次加密会商、每五分钟一次的加密观测、每五分钟更新一次天气实况信息外,提供了更加精准的场馆、赛事气象预报信息,预报信息精准到场馆,室外赛事精细到逐小时,室内赛事精细至逐3小时,风速、能见度、降水量等要素也精准到赛事所要求的计量单位,为圆满完成全运会各赛事活动的气象保障任务提供了强有力支撑。

提升赛事专业预报服务能力是做好保障的必然要求。气象部门通过分析气象条件对比赛项目的影响,分别对气象条件敏感的水上、陆地及室内项目进行气象风险评估,进而根据天气情况和服务需求开展专业专项服务。皮划艇、赛艇项目对风向风力要求甚高,气象部门从5月22日预赛开始就驻守海河沿岸,为外籍专家提供现场实况分析及要素预报,为赛事调整提供依据。针对沙滩排球对气温、沙温要求,开展沙温预报研究并开展服务。帆船帆板比赛受风力限制较大，气象部门自8月28日始驻守现场，随时提供风力风向、浪高、潮位等预报信息。对马拉松、游泳比赛，气象部门将移动气象保障车开至现场，并建立水温预报方程为游泳比赛提供水温预报。

气象部门通过改造流程、设定好服务模板等方式自动生成预报产品，大大提高了工作效率。建成了全运会气象服务专业保障网，为决策服务提供“秒级”监测、预报、预警等综合气象信息发挥了重要作用。并面向公众开发了全运会气象服务网，在“天津天气”官方APP上开发了全运会模块，公众通过“天津天气”微信也可获悉基于位置的精细化气象信息，“智慧气象”在全运会气象服务保障中得到了全面体现。

三、评价与展望

经过多年的发展，我国已经成为全球气象服务体系最全、保障领域最广、服务效益最为显著的国家之一。气象服务对经济、社会、生态文明建设贡献力年均增长超过10%。[①]

但我国气象服务发展总体上还存在以下问题：一是个性化、专业化服务产品供给不足，气象服务供给侧结构性改革亟待推进，参与全球气象服务的力度不够。二是科技支撑和创新能力不强，气象服务技术研发、产品开发不足，难以适应气象服务多元化、精细化和专业化的发展要求，气象服务手段不适应信息技术及新媒体的快速发展和广泛应用的新趋势。三是气象服务集约化、规模化发展还需要进一步升级。四是发挥政府和市场在气象服务业发展中的作用的政策有待完善。五是思想观念束缚和体制机制障碍依然存在，对社会资源和力量的运用有待提高等。

党的十九大提出建设现代化经济体系，深化供给侧结构性改革，充分发挥市场在资源配置中的决定性作用等要求。保障现代化经济体系建设，需要推动气象服务供给侧结构性改革，实现气象服务转型升级和提质增效。

未来，推动气象服务发展，需要继续坚持公共气象发展方向，强化公益属性，更好发挥政府主导作用、气象事业单位主体作用和市场在资源配置中的作用，不断建立健全有利于激发气象事业单位发展活力和气象服务业发展动力的体制机制，鼓励社会力量依法参与气象服务，充分挖掘气象监测预报信息潜力，扩大气象服务有效供给和中高端供给，加强气象服务的规范管理，促进气象服务业依法有序健康发展。重点加

① 资料来源：刘雅鸣．以习近平新时代中国特色社会主义思想为指导　奋力谱写建设社会主义现代化国家新征程的气象篇章//2018年全国气象局长会议工作报告。

快构建开放多元有序的新型气象服务体系，以气象服务供给侧结构性改革为主线，推进气象服务质量变革、效率变革、动力变革，不断增强气象服务的创新力和竞争力。加快新技术应用，促进气象服务技术创新，加快实施“互联网气象＋”战略和气象大数据战略，建设全国统一的气象大数据平台，推动气象大数据高效应用。基于新一代信息技术，研发以位置服务、移动式交互、智能定向信息发布为显著特征的气象信息传播手段，发展全媒体融合的气象服务，充分利用社会资源推动技术创新，引进新技术服务和产品。以用户为中心，促进气象服务模式创新，建立良好的用户伙伴关系，创新用户参与机制，以用户需求为导向，研发分众化的气象服务产品，提供面向不同用户、不同应用场景和不同时段的气象服务。

第六章　应对气候变化

气候变化问题是21世纪人类生存发展面临的重大挑战，积极应对气候变化，推进绿色低碳发展已成为全球共识和大势所趋。中国政府高度重视应对气候变化工作，在参与国际气候变化重大事件、适应和减缓气候变化、加强气候变化科技支撑能力建设等方面采取强有力的政策举措，坚持减缓与适应并重原则，积极应对气候变化，有效控制温室气体排放，不断增强适应气候变化能力，2017年推动应对气候变化各项工作成效显现，中国已成为全球气候治理的重要贡献者和引领者。

一、2017年应对气候变化概述

2017年是全球气候治理格局出现重要转折的一年，也是中国作为全球气候变化引领者具有里程碑意义的一年。波恩会议的成功召开为落实《巴黎协定》规定的各项任务和推动《巴黎协定》实施细则谈判奠定了良好基础。全球气候治理呈现出新的特征。中国坚持适应与减缓并举发展战略，大力倡导绿色、低碳、气候适应型发展理念，在减排、清洁能源、植树和城市适应性建设、气候治理等方面采取了切实有效行动，彰显出一个负责任大国的形象。气象部门在应对气候变化工作中扎实稳步推进，基础业务建设进一步得到强化，适应气候变化技术研究取得明显进展，国家应对气候变化科技支撑能力明显增强。

（一）全球气候治理格局出现新的特征

2017年，美国宣布退出《巴黎协定》，全球气候治理领导力进一步更迭与分化，全球气候治理时代呈现新的复杂特征。中国积极倡导全球治理，习近平主席发表的《共同构建人类命运共同体》首次写入联合国决议。中国从气候大历史观和生态价值观出发，从国家核心利益、“五位一体”总体布局出发，提出了重大的国家战略。中国积极推进生态文明建设，促进绿色、低碳、气候适应型和可持续发展，积极引导应对气候变化国际合作，对于《巴黎协定》“破纪录”的达成、签署和生效起到了决定性的作用，已逐渐成为全球气候治理的重要参与者、贡献者、引领者。波恩气候变化大会顺利召开，并通过了一系列积极成果，为《巴黎协定》实施细则谈判如期完成奠定了良好基础。

(二)坚持适应与减缓并重应对气候变化

2017年,中国大力推进生态文明建设,促进绿色、低碳、气候适应型和可持续发展,坚持适应与减缓并重应对气候变化。2017年,中国围绕适应气候变化战略,在农业、水资源、林业、海岸带及相关海域、城市、气象、防灾减灾以及加强适应能力建设等领域取得积极进展。在华北、西北和西南11个省(区、市)建设11个高标准节水农业示范区,将28个城市作为气候适应型城市建设试点,开展全国所有区县气象灾害风险普查,共有2175个县开展气象灾害风险预警服务。与此同时,我国在调整产业结构、优化能源结构、节约能源提高能效、控制温室气体排放、增加碳汇等方面取得了一系列积极成果,2017年,我国万元国内生产总值二氧化碳排放下降5.1%,单位GDP能耗下降3.7%,全年完成造林面积736.2万公顷,碳交易额有新突破。

(三)应对气候变化科技支撑取得新进展

2017年,中国应对气候变化关键科学技术研发成效突显。全球气候系统模式模拟性能跻身国际前列,发展了第二代气候系统模式中等分辨率、高分辨率模式,第二代短期气候预测模式(BCC)区域气候集合预测系统研发得到了快速推进,东亚区域性气候的模拟能力得到明显增强,中国区域平均温度、极端温度变化的检测归因工作取得重要进展。完成了1951—2012年亚洲区域极端温度的变化特征、中国西部地区平均温度长期变化特征、2016年1月我国东部区域的超级寒潮事件等检测归因研究,首次全面系统评估了全球近地面气温和降水在不同温升时(1.5℃和2℃)的响应特征。2017年,灾害基础数据库建设出现许多新突破。完成了2015—2016年全国2000多站逐日气温、降水、大风、冰雹、冰冻、沙尘、降雪等资料的整理更新工作,重点针对暴雨、干旱、高温、低温和台风五类主要气象灾害,从灾害致灾因子危险性、承灾体暴露度和脆弱性三个方面综合分析、标识其风险,并以图谱的形式展示到县域尺度,灾害基础数据更实、风险普查数据更全、风险区划图谱更细。

(四)应对气候变化决策服务能力进一步增强

2017年,中国应对气候变化决策服务能力进一步增强。通过加强部门间协调和沟通,组织完成了IPCC新一轮评估报告专家提名工作,为我国深入参与IPCC第六次评估报告编写打下基础。积极参与政府间气候变化专门委员会主席团会议。2017年,气候影响评估和可行性论证工作得到全面发展。由中国气象局牵头,先后完成了气候与农业、气候与水资源、气候与能源、气候与植被、气候与交通、气候与大气环境、气候与人体健康等领域的气候影响评估工作,开展气候变化与经济系统交互作用机理、减缓和适应气候变化的社会经济学等方面的研究,为党中央、国务院和各级政府、社会各界提供了高质量的科技和政策支持。2017年,中国气象局联合中国社会科学院城市发展与环境研究所完成《2017年度气候变化绿皮书》编写和出版,中国气象局先后发布了《中国气候公报》《温室气体公报》《“一带一路”气候格局与气象灾害科学分析》《雄安新区气候适宜性评估及对策建议》《粤港澳大湾区气候风险评估报告》《青海省气候变化与生态环境评估》等报告，发挥了应对气候变化重要科技支撑作用。

二、2017年应对气候变化主要进展

（一）应对气候变化重大事项

1. 人类命运共同体写入联合国决议

2017年1月18日，习近平主席在日内瓦出席"共商共筑人类命运共同体"高级别会议，并发表题为《共同构建人类命运共同体》的主旨演讲，深刻、全面、系统地阐述了人类命运共同体理念。2月10日，联合国社会发展委员会第55届会议协商一致通过"非洲发展新伙伴关系的社会层面"决议，呼吁国际社会本着合作共赢和构建人类命运共同体的精神，加强对非洲经济社会发展的支持。同时，决议欢迎并敦促各方进一步促进非洲区域经济合作进程，推进"丝绸之路经济带和二十一世纪海上丝绸之路"等倡议。这是联合国决议首次写入"构建人类命运共同体"理念，体现了广大会员国的普遍认同，也彰显了中国对全球治理的巨大贡献。随着国际社会日益关注气候变化，气候变化问题已由科学问题转化为环境、科技、经济、政治和外交等多学科领域交叉的综合性重大战略问题，涉及到国际安全问题，引起了国际社会和各国政府的高度重视。人类命运共同体思想必将成为全球应对气候变化的重要指南，展现了各国合作应对气候变化推进绿色发展的共识。

2. 波恩气候变化大会体现合作共赢

2017年11月6—17日，联合国气候变化大会在德国波恩召开。本次大会是在全球气候行动迫在眉睫和全球气候谈判进入关键时期的背景下召开的，主要任务是落实《巴黎协定》规定的各项任务，为2018年完成《巴黎协定》实施细则的谈判奠定基础[①]。

本次大会主席国是受气候变化影响严重的太平洋岛国斐济，大会是首次由小岛屿发展中国家担任主席国，观察员们希望通过与其他发展中国家合作，特别是在损失与损害机制的相关议题上有所作为。经过各方艰苦谈判，会议通过了一系列积极成果，为《巴黎协定》实施细则谈判如期完成奠定了良好基础。

本次大会通过了名为"斐济实施动力"的一系列成果，就《巴黎协定》实施涉及的各方面问题形成了平衡的谈判案文，进一步明确了2018年促进性对话的组织方式，通过了加速2020年前气候行动的一系列安排。波恩气候变化大会期间，来自国家、城市、地区、商界以及民间社会的各方参与者，为推动实现《巴黎协定》的目标，做出一系列新的承诺。

---

① 资料来源：《气候变化动态》，中国气象局气象干部培训学院。

3. 全球应对气候变化格局呈现新变化

2017 年,美国宣布退出《巴黎协定》是全球应对气候变化行动中的重大事件。6 月,美国总统特朗普宣布退出《巴黎协定》,10 月宣布废除《清洁电力计划》,这一举措使世界感到震惊,也为国际气候治理增加了新变数。

根据欧盟的统计数据,美国是全球第二大碳排放国。2015 年,美国碳排放量达 51 亿吨,超过所有欧盟国家年排放量的总和,约占全球碳排放量的 15%。美国年人均碳排放量高达 17.4 吨,是中国的 2.4 倍,欧盟的 2.5 倍以及印度的 8.7 倍。据《自然气候变化》发表调研结果显示,若美国退出《巴黎协定》,将可能影响到其他国家遏制温室气体排放的计划。美国在气候问题上的不作为,或导致《巴黎协定》所制定的目标难以被达成。有分析认为,美国宣布退出《巴黎协定》可能造成如下影响:首先,美国碳金融发展形势并不乐观,退出之举,无疑将从发挥环境和市场要素上继续拉大美国与欧盟等碳金融发达市场的差距;其次,退出之举不利于激发美国企业开发更加高能效和环境友好的产品,无论对于美国产品的国际竞争力还是本国的环境保护都无益处;再次,从长远来看,退出之举有损美国未来的全球金融和科技中心的地位,并影响美国的国际信誉和形象。由于美国退出《巴黎气候协定》,全球应对气候变化格局呈现新的变化,美国面临着被赶超和失去这个时代最重要经济机会之一的风险。

4. 全球气候治理彰显中国主张

2017 年,全球气候治理呈现出新的特征,随着国际"去全球化"和"贸易保护主义"抬头,诸多气候政策面临存续风险,特朗普政府拒绝履行向发展中国家提供气候资金支持的义务,进一步挫伤了全球低碳投资者的信心。缺少美国的全球气候治理 3.0 时代将呈现出新的复杂形势,并不可避免地造成减排、资金和领导力缺口的持续扩大,也不排除后续会出现消极的跟随者,如七国集团(G7)、二十国集团(G20)、主要经济体论坛(MEF),整体进程将可能进入一个低潮周期,从而发生领导力的进一步更迭或分化。

与之相反,作为最大的发展中国家,中国对全球治理有着更为清晰的方案和主张,随着大力推进生态文明建设,促进绿色、低碳、气候适应型和可持续发展,中国逐渐从全球治理体系边缘走进了中心,对于《巴黎协定》"破纪录"的达成、签署和生效起到了决定性的作用。过去五年来,中国高度重视应对气候变化工作,把推进绿色低碳发展作为生态文明建设的重要内容,作为加快转变经济发展方式、调整经济结构的重大机遇,坚持统筹国内国际两个大局,积极采取强有力的政策行动,有效控制温室气体排放,增强适应气候变化能力,推动应对气候变化各项工作取得了重大进展,彰显了中国以实际行动应对全球气候变化的决心,逐渐成为全球生态文明建设的重要参与者、贡献者、引领者。积极参与《联合国气候变化框架公约》谈判进程,坚定维护公约的原则和框架,坚持公平、共同但有区别的责任和各自能力原则,遵循缔约方主导、公开透明、广泛参与和协商一致的多边谈判规则,不断加强公约的全面、有效和持续实施，本着对中华民族福祉和人类长远发展高度负责的态度，中国采取有力度的行动，为保护全球气候环境做出积极贡献。

2017 年，联合国气候变化大会在波恩顺利召开，来自不同国家、城市、地区、商界以及民间社会的各方参与者，为推动实现《巴黎协定》目标，做出了一系列新的承诺。同时，国际气候治理面临新的复杂特征。美国推行了一系列“去气候化”政策以及退出《巴黎协定》，使得诸多气候政策面临存续风险，但从全局来看，这些负面影响仍然是有限且可控的。中国政府提出了全面推进“五位一体”总体布局，提出了创新、协调、绿色、开放、共享的新发展理念，成为全球生态文明建设的重要参与者、贡献者和引领者，并将应对气候变化放在构建人类命运共同体的高度阐述，在国际气候治理中展现了非凡的领导力。因此，未来我们需要深入研究应对气候变化的重大科学、技术和战略性问题，形成“中国版”应对气候变化的系统性战略和制度，为我国参与全球气候治理及国际气候谈判、提高低碳产业的国际影响力奠定基础。

5. 中国气候指数发布

2017 年 3 月，国家气候中心联合财新智库发布了中国气候指数，指数基于 1961 年至 2016 年全国 2288 个气象观测站逐日平均气温、最高和最低气温、降水量、降雪量和最大风速等海量历史气候资料研发，结合了社会经济数据和实际灾害损失，采用科学的方法对单一或综合气候灾害风险进行定量评价。

指数分为年度和月度指数，包括雨涝、干旱、台风、高温、低温冰冻五类指数，以及在此基础上合成的中国气候风险指数。指数显示，1981—2016 年，中国气候风险指数平均值为 4.19（风险等级从低至高分为 0 到 10）。对比 1999 年前后的平均值就可明显看出，风险指数从 3.69 上升为 4.69，气候风险呈增加趋势。指数不仅用于量化评价气候，还可应用于农业生产、能源消费、大宗商品、生活消费、医疗健康、旅游观光、体育休闲、交通运输、保险金融等诸多领域。如对比冬季低温冰冻指数和食品类 CPI 增长的关系，两者同步性很高，如果在 CPI 预测模型中加入低温冰冻指数，能够提高其预测准确率。

（二）适应气候变化主要进展

2017 年以来，中国不断强化适应气候变化领域的顶层设计，提升重点领域适应气候变化能力，加强适应气候变化基础能力建设，减轻气候变化对中国经济建设和社会发展的不利影响。

1. 农业领域

2017 年，农业部统筹谋划、全面推动化肥使用量零增长行动，2017 年中央财政安排资金 10 亿元，在果菜茶种植优势突出、有机肥资源有保障、有机肥施用技术模式成熟、产业发展有一定基础的 100 个重点县（市、区）开展有机肥替代化肥示范。增加农田土壤碳储量，重点支持秸秆还田，绿肥种植、增施有机肥、地力培肥土壤改良等综合配套技术。提高草地有机碳储量，2017 年安排上百亿元，在 13 个主要草原牧区加大禁牧休牧力度，推进草原重大建设工程，增加草原吸收和固定二氧化碳能力，保护草原生态环境，在东北地区推进秸秆综合利用工作。

2. 水资源领域

2017 年，水利部印发《水生态文明城市建设评价导则》，编制完成《河湖水系连通工程技术指南》，指导地方开展河湖水系连通工程建设。联合国家发展改革委等部门，完成“十二五”最严格水资源管理制度考核，对 31 个省(区、市)的考核工作实现全覆盖。编制完成《节水型社会建设“十三五”规划》，明确“十三五”节水型社会建设的总体思路、区域布局、重点任务和重点领域，提出全国用水总量控制在 6700 亿米^3，农田灌溉水有效利用系数提高到 0.55 以上的目标。重点开展农业高效节水、工业节水、城镇节水、非常规水源利用等重点领域。“全球气候变化下水旱灾害机理与防治及堤坝险情处置”等重大科技研发取得新成效。

3. 林业和生态系统

2017 年，国家林业局推进实施《林业适应气候变化行动方案》，出台了《应对气候变化林业行动计划》《林业应对气候变化行动要点》《林业适应气候变化行动方案》等，进一步加强林业适应气候变化工作。着力抓好退化林修复，林分结构明显优化，全国森林蓄积量达 151.37 亿米^3，每公顷森林蓄积量达 89.79 米^3，储碳能力明显提升。林业管理的自然保护区 2301 处，面积达 18.8 亿亩①，有效保护了我国野生动植物资源和典型生态系统，防止了生态系统和森林资源退化。已启动的广东、湖北等 7 省市碳交易试点将森林碳汇交易列入其中，正在履行项目备案和交易程序的林业碳汇项目近 100 个，为应对气候变化、拓展发展空间、建设生态文明做出了重要贡献。

农业部积极贯彻落实《耕地草原河湖休养生息规划(2016—2030 年)》《“十三五”草原保护建设利用规划》《推进草原保护制度建设工作方案》，开展全国草原生态环境专项整治，进一步落实草原禁牧和草畜平衡制度。“十二五”期间，全国新增耕地 2500 多万亩，累计建成高标准农田 4.03 亿亩，增加农田土壤碳储量，禁牧面积 12 亿亩，草畜平衡面积 26 亿亩，增加了草原吸收和固定二氧化碳能力，开展畜禽粪污资源化利用和秸秆综合利用，在减少农业活动温室气体排放等方面取得积极进展。

4. 海岸带及相关海域

国家海洋局加强建设项目用海和区域用海规划审查，严格限制建设项目用海对重点海湾、重要滨海湿地等生态红线区以及自然岸线等重要海洋生态空间资源的占用。截至 2017 年 7 月，共建立各级、各类海洋保护区约 260 处，总面积逾 12 万千米^2，约占中国管辖海域总面积的 4.13%。积极贯彻落实《关于加强滨海湿地管理与保护工作的指导意见》，国家海洋局与财政部共同实施“蓝色”海湾整治修复行动，支持大连等 18 个城市开展滨海湿地修复等工作。辽宁、浙江、福建、广东和广西等地实

① 1 亩=1/15 公顷，下同。

施10个“生态岛礁”工程，有效改善海岛防灾减灾基础设施，提高海岛地区应对气候变化的能力。

5. 城市领域

2017年，各地根据《城市适应气候变化行动方案》，开展了积极探索，对统筹协调城市适应气候变化相关工作，推动城市适应气候变化能力不断提升具有重要意义。2017年2月，国家发展改革委、住房城乡建设部印发《气候适应型城市建设试点工作的通知》，呼和浩特、大连等28个城市被列为试点，试点城市将以全面提升城市适应气候变化能力为核心，坚持因地制宜、科学适应，吸收借鉴国内外先进经验，完善政策体系，创新管理体制，将适应气候变化理念纳入城市规划建设管理全过程，到2020年，试点地区适应气候变化基础设施得到加强，适应能力显著提高，公众意识显著增强，打造一批具有国际先进水平的典型范例城市，形成一系列可复制、可推广的试点经验。

气候适应型城市建设试点工作

28个试点城市为内蒙古自治区呼和浩特市，辽宁省大连市、朝阳市，浙江省丽水市，安徽省合肥市、淮北市，江西省九江市，山东省济南市，河南省安阳市，湖北省武汉市、十堰市，湖南省常德市、岳阳市，广西壮族自治区百色市，海南省海口市，重庆市璧山区、潼南区，四川省广元市，贵州省六盘水市、毕节市(赫章县)，陕西省商洛市、西咸新区，甘肃省白银市、庆阳市(西峰区)，青海省西宁市(湟中县)，新疆维吾尔自治区库尔勒市、阿克苏市(拜城县)，新疆生产建设兵团石河子市。

建设气候适应型城市，提出了强化城市适应理念、提高监测预警能力、开展重点适应行动、创建政策试验基地、打造国际合作平台等五项主要任务。试点地区将加强气候变化和气象灾害监测预警平台建设和基础信息收集、信息化建设和大数据应用、城市公众预警防护系统建设；针对极端天气气候事件，修改完善城市基础设施设计和建设标准；积极应对热岛效应和城市内涝，增强城市绿地、森林、湖泊、湿地等生态系统在涵养水源、调节气温、保持水土等方面的功能；保留并逐步修复城市河网水系，加强海绵城市建设，构建科学合理的城市防洪排涝体系；加强气候灾害管理，提升城市应急保障服务能力；健全政府、企业、社区和居民等多元主体参与的适应气候变化管理体系。

6. 气象领域

2017年，中国气象局结合国家重大战略部署，出台了落实“十三五”气候变化工作指导意见，印发了气候变化年度重点工作计划等重要文件。这些文件的出台对气象部门积极开展气候模式升级应用及评估、气候变化检测归因、数据集研发、极地气候研究、灾害基础数据库建设、气候应用平台和气候服务综合能力建设、气候影响评估和可行性论证服务、全国所有区县气象灾害风险普查等方面的工作有显著促进作用,应对气候变化相关工作取得了更大进展。完成了全国所有区县气象灾害风险普查和数据整理入库,实现了全国灾害风险普查、阈值、区划,以及社会人口经济、灾情、GIS 数据等信息的融合应用[①]。

7. 防灾减灾领域

2017 年,民政部探索创建社会力量参与救灾工作机制,推动落实《关于支持引导社会力量参与救灾工作的指导意见》,开展社会力量数据库和信息平台建设,已有 20 家全国性社会组织和 633 家地方性社会组织基本信息登录入库,连续举办 6 期社会力量参与救灾专题培训班,培训社会组织和民政部门工作人员 440 余人。截至 2017 年 7 月,国家减灾委、民政部共启动救灾应急响应 29 次,向灾区紧急调拨 5.4 万顶救灾帐篷、18.5 万床棉被、2.1 万件棉大衣、3 万个睡袋、6.6 万张折叠床等生活类中央救灾物资,帮助地方妥善安置紧急转移群众 1193 万人次。

2017 年,我国着力提高农业、水资源、林业、海洋、城市、气象、防灾减灾等重点领域适应气候变化能力,取得积极进展。各领域对于推动适应气候变化做了大量的工作。与此同时,从全局来看,适应气候变化既是战略性问题,又是操作性问题,既需要各领域具体实施,又需要加强顶层设计,统筹安排。未来需进一步加强对适应气候变化的统筹规划,加快法律法规的出台,将适应气候变化纳入各层面和各地区的规划体系,将科学评估纳入适应气候变化政策体系,搭建信息交流平台,促进信息交流经验分享,共同为实现适应战略目标做出贡献。

(三)减缓气候变化主要进展

2017 年,中国政府持续采取更有力度的减缓行动,积极应对气候变化,并承担与中国发展阶段应负责任和实际能力相符的国际义务,为减缓气候变化做出了积极的贡献。

1. 减少碳排放

2017 年,全国万元国内生产总值二氧化碳排放下降 5.1%。从可获取的近几年数据来看,单位 GDP 碳排放持续下降,下降幅度基本保持稳中有升。

2017 年 12 月,国家发展改革委办公厅发布《关于做好 2016 年、2017 年度碳排放报告与核查及排放监测计划制定工作的通知》,指出根据《"十三五"控制温室气体排放工作方案》和《碳排放权交易管理暂行办法》的有关要求,扎实做好全国碳排放权交易市场建设相关工作,完善配额分配方法,夯实数据基础,确保数据质量,范围涵盖石化、化工、建材、钢铁、有色、造纸、电力、航空等重点排放行业,以及 2013—2017 年任

---

① 资料来源:中国天气网,2018 年 5 月 11 日。

一年温室气体排放量达 2.6 万吨二氧化碳当量(综合能源消费量约 1 万吨标准煤)及以上的企业或者其他经济组织。

2. 提高能效与发展清洁能源

近年来中国单位国内生产总值(GDP)能耗不断下降,2013—2017 年,单位 GDP 能耗分别下降 3.8%、4.8%、5.5%、5.0%和 3.7%,节能成效显著(图 6.1)。

与此同时,2013—2017 年清洁能源消费量占能源消费总量的比重逐年上升,分别是 15.5%、17.0%、18.0%、19.5%、20.8%,发展清洁能源政策落实良好,能源消费结构不断优化(图 6.2)。

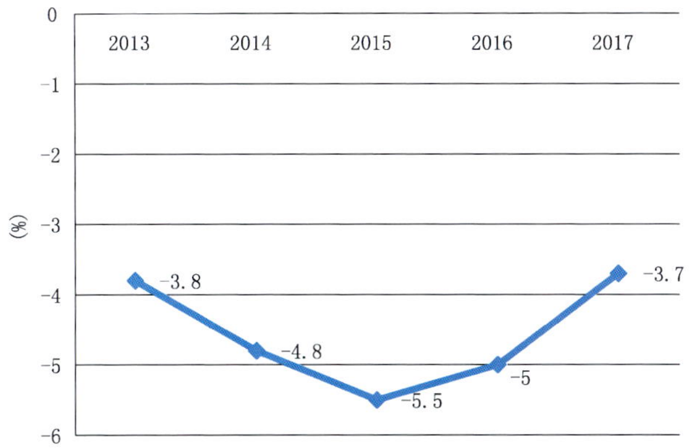

图 6.1　2013—2017 年万元国内生产总值能耗降低率①
(数据来源:2017 年国民经济和社会发展统计公报)

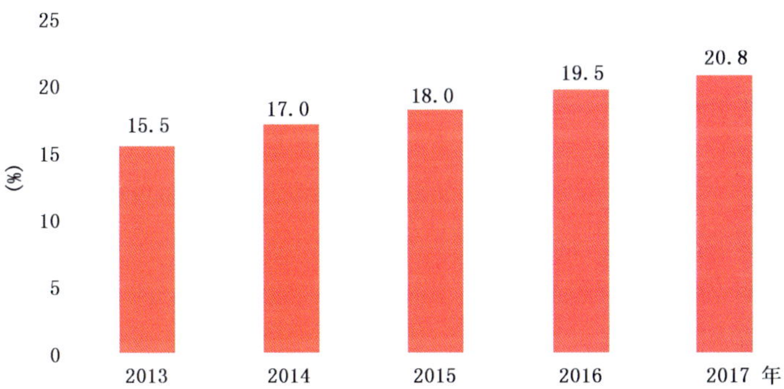

图 6.2　2013—2017 年清洁能源消费量占能源消费总量的比重
(数据来源:2017 年国民经济和社会发展统计公报)

①万元国内生产总值能耗降低率=[(本年能源消费总量/本年国内生产总值)/(上年能源消费总量/上年国内生产总值)—1]×100%。

3. 增加森林碳汇

2017 年,全年完成造林面积 736.2 万公顷(图 6.3),其中人工造林面积 390 万公顷,占全部造林面积的 53.0%。森林抚育面积 830 万公顷。截至 2017 年底,自然保护区达到 2750 个,其中国家级自然保护区 463 个。新增水土流失治理面积 5.6 万千米^2。退耕还林工程新增退耕还林还草任务 82 万公顷,完成造林 91.2 万公顷,累计下达新一轮退耕还林还草任务 282.7 万公顷,工程实施范围扩大到 21 个省(区、市)和新疆生产建设兵团。国务院批准核减云南等 18 个省(区)246.7 万公顷陡坡耕地基本农田用于退耕还林还草。京津风沙源治理工程完成造林 18.5 万公顷、工程固沙 0.7 万公顷。重点推广了“两行一带”“草方格固沙”“封造结合”等治理模式,成效显著。三北及长江流域等重点防护林体系工程完成造林 99.1 万公顷。

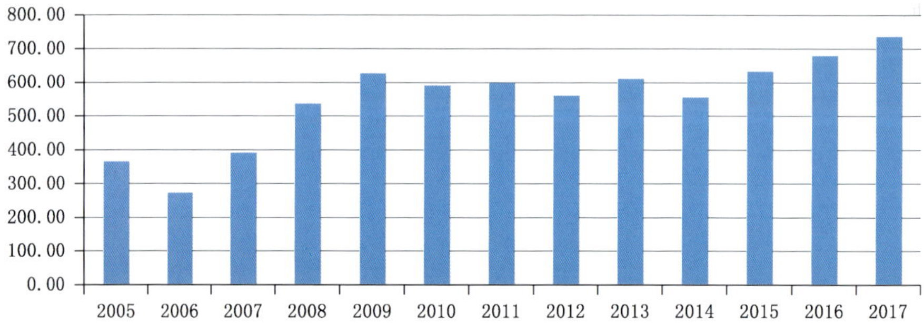

图 6.3　2005—2017 年全国造林面积(单位:万公顷)

(资料来源:《2017 年中国国土绿化状况公报》)

各地启动实施一大批地方性造林绿化工程。北京市启动新一轮百万亩平原造林工程。山西省实施吕梁山生态脆弱区综合治理、环京津冀生态屏障建设、通道沿线荒山绿化和重要水源地治理等四大重点工程。内蒙古自治区完成重点区域绿化面积 12.6 万公顷,打造各级各类绿化精品工程 76 个。湖北省开展绿满荆楚行动,完成造林 16.9 万公顷。广东省持续开展生态景观林带、森林进城围城等林业重点生态工程,新建生态景观林带 693.7 千米,新建森林公园 165 个、湿地公园 34 个。甘肃省实施定西渭河源区生态保护与综合治理工程。新疆实施伊犁河谷百万亩生态经济林建设和生态修复工程等。

4. 全国碳排放交易市场

2017 年 12 月,国家发改委印发了《全国碳排放权交易市场建设方案(发电行业)》,标志着我国碳排放交易体系完成了总体设计,正式启动全国碳排放交易体系,建设全国碳排放权交易市场。该举措是利用市场机制控制和减少温室气体排放、推动绿色低碳发展的一项重大创新实践。碳市场建设是一项重大的制度创新,也是一项复杂的系统工程,全国碳排放权交易市场建设方案是国家发改委积极落实党中央国务院的决策部署，会同相关部门和地方，在认真总结国外碳市场和国内试点经验，并广泛征求各方面意见的基础上起草完成的。方案明确了我国碳市场建设的指导思想和主要原则，明确了将碳市场作为控制温室气体排放政策工具的工作定位，明确了碳市场建设要遵循稳中求进的工作要求，以发电行业为突破口，率先启动全国碳排放交易体系，分阶段稳步推行碳市场建设。

在启动全国统一的碳市场之前，我国自 2011 年 10 月份开始，已在北京、天津、上海、广东、深圳、湖北、重庆七个试点地区进行了为期几年的碳交易，试验了不同的交易机制、配额分配机制、MRV 机制等，总交易额已有新突破。

目前，中国有 7 家碳排放权交易所，分别是北京环境交易所、天津碳排放权交易所、上海环境能源交易所、深圳碳排放权交易所、广州碳排放权交易所、湖北碳排放权交易所、重庆碳排放权交易所等。

2017 年，我国积极转变发展方式，加快推进能源生产和消费革命，促进绿色低碳发展，努力实现我国《巴黎协定》下的国家自主贡献目标。与此同时，在可持续发展框架下应对气候变化，既要保障经济持续增长，又要减缓碳的排放，实现发展与降碳双赢目标，其核心是要实现创新驱动发展战略，转变传统发展模式，促进经济发展方式向绿色低碳转型，积极推进能源革命，建立和形成清洁低碳、安全高效的能源供应体系和消费体系，加强低碳发展的制度和政策体系建设。

（四）应对气候变化科技进展

气象部门在应对气候变化工作中，继续发挥着提供应对气候变化决策科技支撑的重要作用，支撑力不断提升，贡献力不断增强。2017 年，中国气象局统筹协调全局应对气候变化工作、进一步完善了工作机制，结合国家重大战略部署，出台了落实“十三五”气候变化工作指导意见，印发了 2017 年度气候变化重点工作计划等重要文件。

2017 年，气候变化科技研发项目保持稳定增长，中国气象局气候变化专项项目数达 47 项。应对气候变化气象科技工作取得积极进展，在气候模式升级应用及评估、气候变化检测归因、数据集研发、极地气候研究、灾害基础数据库建设等方面关键技术均取得明显突破，相关研究成果参与国际顶尖学术交流或在国际顶尖刊物上发表[①]，气候综合观测和应对气候变化应用技术进一步提高和完善。

1. 关键科学技术研发成效显现

2017 年，我国第二代短期气候预测模式（BCC）关键技术研究取得系列突破。气象科技人员通过不断提升模式垂直层和水平分辨率、改进物理过程，发展了第二代气候系统模式（BCC）中等分辨率（BCC-CSM2-MR）、高分辨率（BCC-CSM2-HR）模式，模式快速推进了对平流层过程以及平流层和对流层的相互作用、BCC 区域气候集合

① 资料来源：国家气候中心。

预测系统的研发,东亚区域性气候的模拟能力得到明显增强。

2017 年,中国及亚洲地区近千年地面气温和降水格点数据集反向融合取得重大突破。创新研发了典型地区历史气候信息同化技术,制定以树木年轮和历史文献为主的历史气候代用资料的质量评估标准,建立的历史气候代用资料及其空间分布特征等数据极大弥补了历史气候数据的缺失,结合现有气候模式对历史气候模拟结果(含所有已知外部自然强迫,如太阳活动、火山活动和大气温室气体等),对典型区域过去千年气候要素进行了反向融合。历史气候格点数据集、气候区划及典型区域平均序列、历史气候变化特征和规律等研制成果对了解我国不同区域温度、降水等气候变量的历史气候变化背景均具有重要的参考价值。

2017 年,东亚区域极端温度变化的检测归因技术的研发及应用方面成果丰硕。这些成果充分夯实了应对气候变化业务、服务工作的基础,也为我国应对未来可能面临的气候变化风险提供了科技支持。开展 1951—2012 年亚洲区域极端温度的变化特征、中国西部地区平均温度长期变化特征、2016 年 1 月我国东部区域的超级寒潮事件等检测归因的研究及首次全面系统评估了全球近地面气温和降水在不同温升时(1.5℃和 2℃)的响应特征,为国家应对气候变化制定重大政策提供科学依据。

2017 年,我国气候变化影响多种评估模型研发取得明显成效。一是建立了气候变化情景下多种综合影响评估核心模型。通过建立中国 SSP1—SSP5①、中国及各省经济预测模型,预测了 SSP1—SSP5 情景下 2020—2100 年中国及各省 GDP;通过建立中国 SSP1—SSP5 情景、中国及各省人口预测模型,预测了 SSP1—SSP5 情景下 2010—2100 年中国、各省人口;通过建立干旱、极端降水、极端温度事件强度一面积一时间关联评估模型,对 1.5℃和 2℃温升情景下全球近地面气温和降水的响应进行特征评估,这些综合研究成果有效支持了“一带一路”气象决策服务。二是多模式气候变化模拟持续推进。通过使用区域气候模式(RegCM4)对中国及东亚地区进行了长时间(100 年以上)、高分辨率(25 千米)的气候变化模拟,形成了一套多模式集合的 4 种排放情景的气候变化模拟结果,对未来极端事件变化进行了预估分析,得到了 RCP4.5 和 RCP8.5 情景下②中国区域未来各极端事件指标的变化范围。三是气候承载力评估工作呈系统性专业化稳步推进态势。探索构建了气候变化背景下农业和典型城市气候承载力评估框架和指标体系,首次评估了不同气候变化情景下全国草地和森林分布格局、生产力和生态系统服务价值;基于中国范围气候生产潜力分析和

---

① IPCC 为了更好地反映经济社会发展与气候的关系,建立了新的发展情景框架——共享社会经济路径(SSP)。IPCC 确定了 5 条典型路径,即可持续发展(SSP1)、中等发展(SSP2)、局部发展或不一致发展(SSP3)、不均衡发展(SSP4)及常规发展(SSP5)5 种情景。

② 为了对未来气候作出评估,IPCC 第五份评估报告采用了四个温室气体浓度情景,按低至高不同代表路径浓度(RCP)排列分别为 RCP2.6、RCP4.5、RCP6.0 和 RCP8.5,其中后面的数字表示到 2100 年辐射强迫水平从 2.6W/m^2 到 8.5W/m^2。

我国人口的空间分布，评估了气候资源对我国社会经济系统的基本承载情况。四是极地气候、生态与农业气象研究侧取得新进展。分析提出了南极涛动两种形态特征及其与大气环流的耦合关系；比较了多种三维冰盖模式(Stokes)对海洋性冰盖的模拟能力，为冰盖—海洋—大气模式耦合提供了阶段性依据；量化了气候变化对中国草地生态系统固碳速率的影响；在小麦物候和产量对气候变化的可能响应、气候变化对玉米产量影响的不确定性影响评估方面也有了实质性新进展。

2. 灾害基础数据库建设基本完成①

2017 年，全球气象灾害基础数据库体系建设已具雏形。我国灾害基础数据库建设着眼全球视野，一是全面系统地对全国灾害数据库进行了整理、更新、升级。对 2015—2016 年全国 2000 多站逐日气温、降水、大风、冰雹、冰冻、沙尘、降雪等数据资料进行整理更新；建立了 1961—2017 年全国范围内的区域性干旱、暴雨、高温、沙尘过程历史序列；续补上报了 2015—2016 年全国历史灾情共 10946 条记录；干旱、暴雨洪涝、台风、龙卷风、高温热浪、雪灾、低温冻害等 21 种气象灾害 1983—2016 年县级灾情数据库、1949—2017 年国家级重大气象灾害数据库、31 个省份的 1949—2000 年省级重大气象灾害数据库的建设工作全面完成。二是完成了全球灾害数据库框架编制工作，并整理近五年的全球灾害数据及相关数据共 1800 余条。

2017 年，灾害风险数据库支撑实时业务能力明显提升。我国气象科技人员对灾害风险数据库应用平台进行了优化和功能提升，有力支撑了气象防灾减灾救灾、应对气候变化实时业务工作的开展，具体体现在：一是灾害风险数据库全国暴雨洪涝灾害风险普查和致灾阈值数据库、城市内涝风险普查数据库及数据采集系统的设计更加科学合理，数据采集、上报效率更高；二是对 2012—2016 年风险普查数据进行全面梳理，并应用系统采集上报入库，暴雨洪涝灾害风险普查数据更加全面；三是灾害预警点较去年新增 4.0 万个，阈值总数较上年新增约 129%，灾害风险数据采集源更加广泛、灾害风险阈值数据更加精细和丰富；四是构建完成了基于高分卫星数据的全国 16 米和 2.5 米遥感影像底图，丰富了重大气象灾害研究和服务背景数据集，灾害档案数据更加全面。

2017 年，气象灾害风险区划图谱精细到县域尺度。重点针对暴雨、干旱、高温、低温和台风五类主要气象灾害，从灾害致灾因子危险性、承灾体暴露度和脆弱性三个方面进行综合分析、标识其风险，并以图谱的形式展示到县域尺度。基于 1961—2016 年全国 2000 多站月、季、年暴雨、干旱、高温、低温和台风灾害的致灾因子、以及其对冬小麦和水稻不同生育期主要区划指标的统计分析基础，研编完成了全国精细化气象灾害危险性区划和风险区划图。形成了专业性和权威性的《中国气候与灾害影响评估报告》。

---

① 数据来源，国家气候中心。

3. 气候应用综合服务能力明显提升

2017年,气候应用综合服务能力不断提升。一是气候业务试验平台(TEST-BED)业务转化试验项目正式启动,气候应用服务工作不断深入推进。建立了干旱、高温、雨涝、低温冰冻、台风等5个灾种1961年以来的年、月灾害指数历史系列,研制了玉米、水稻、小麦等作物粮食产量期望气候指数,构建了南涝北旱指数序列,绘制了全国、分省的年、月历年指数变化图和典型年月干旱空间分布图,研发了省级及单站月、年尺度的干旱、雨涝、台风、低温灾害指数,以及我国甘蔗、油菜、棉花等作物主产区的年、月尺度作物产量期望指数,实现了相关气候应用业务实时运行及相关气候产品实时发布。二是利用超级计算机,基于多源海量观测数据和中尺度数值模式,打造了自主知识产权、高时空分辨率、长年代、多要素、精细网格的国内首套气候资源——风能精细化大数据,为气候资源开发利用提供强力科学支撑,保障生态文明建设支撑能力大力提高。在为最近五年我国气候生态环境变化评估、太湖水体水质评估、西藏亚东近10年积雪覆盖和地表温度变化、南水北调对密云水库水体面积作用、南水北调区域未来30年极端降水变化的专题应用服务中发挥了重要作用。三是气候应用服务社会经济效益取得显著效果。创新开展与农林水利、电力新能源、城市建设、金融保险等部门的合作,实现了气候业务的行业融合和成果共享;提出了评定"国家气候标志"的办法,助力美丽中国建设,与地方政府共同推进气候资源的开发利用;联合财新智库首发了服务于实体经济生产活动的中国气候风险指数;初步实现中国气候资源数字化,建立3千米风能资源大数据。

4. 气候影响评估和可行性论证全面发展

2017年,气候影响评估和可行性论证工作得到全面发展。一是系统开展了气候与农业、气候与水资源、气候与能源、气候与植被、气候与交通、气候与大气环境、气候与人体健康等领域的气候影响评估工作(图6.4)。研制了中国和各省人口、经济预测模型,开展了不同发展路径下未来中国及各省的人口和经济发展预估,评估了不同温升下干旱、强降水、极端高温等极端事件变化和社会经济影响风险。探索并初步构建了气候变化背景下农业和典型城市气候承载力评估指标体系,评估了不同气候变化情景下全国草地和森林分布格局、生产力和生态系统服务价值,评估了气候资源对社会经济系统的基本承载能力。

二是对气候可行性论证服务进行规范化、标准化,保障了气候可行性论证工作健康、可持续发展。2017年制定印发《气候可行性论证监管体系建设实施方案》,开展《气候可行性论证管理办法》修订,健全气候可行性论证技术和管理标准体系,完成气候可行性论证报告编制、资料收集、机场工程选址等3项标准的编制和技术审查工作。2012年到2017年间,全国已完成了3117项气候可行性论证项目。2017年共完成了415项城市规划、国家重点建设工程、重大区域性经济开发项目气候可行性论证项目(图6.5)。其中,完成了北京城市副中心、石家庄、杭州、广州、乌鲁木齐等37个

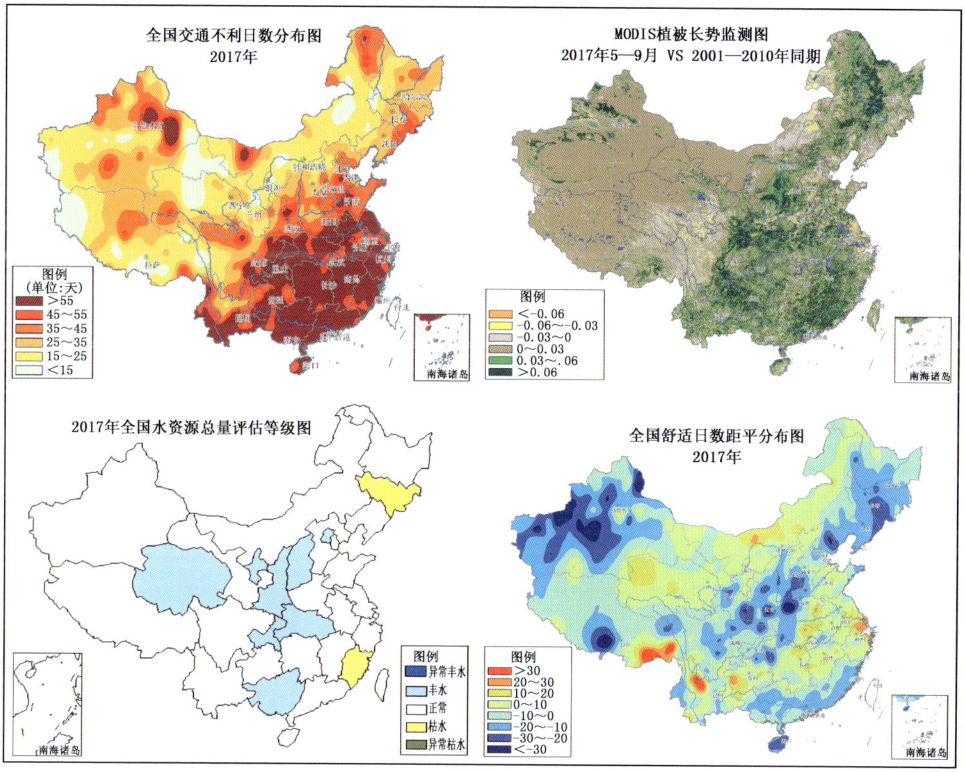

图 6.4 气候影响评估(交通、植被、水资源、人体健康)

(资料来源:国家气候中心)

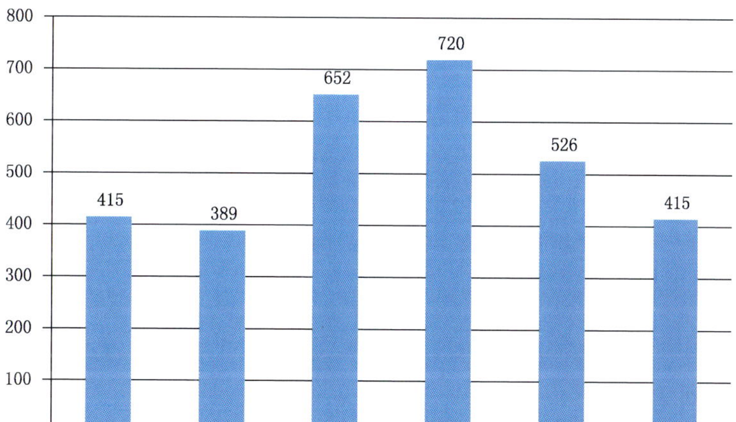

图 6.5 2012—2017 年历年气候可行性论证情况(单位:个)

(数据来源:中国气象局预报与网络司)

城市的城市总体规划、通风廊道设计、海绵城市、城市热岛效应、气候适应性城市和重大行业发展规划的气候可行性论证;为 56 项新机场选址、城市轨道交通、大型桥梁、水利交通和港口建设等交通工程和为 27 个大型输变电、火热电、垃圾焚埋、核电等城市重点电力工程建设提供了气候可行性论证专项服务。浙江、湖北、新疆、广东、河北、江西是完成气候可行性论证服务较多的省份(图 6.6)。三是以气候影响农业的分析和评估为基础,我国农业气候区划和农业气象灾害风险区划进一步得到精细和完善。2017 年完成省、市、县三级地区精细化农业气候区划 3564 个,完成省、市、县三级地区气象灾害风险区划数量 5297 个(图 6.7)。

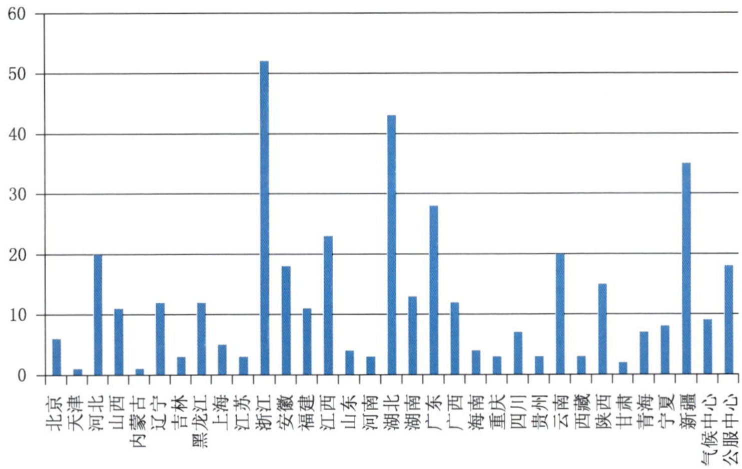

图 6.6　2017 年全国气候可行性论证情况(单位:个)

(数据来源:中国气象局预报与网络司)

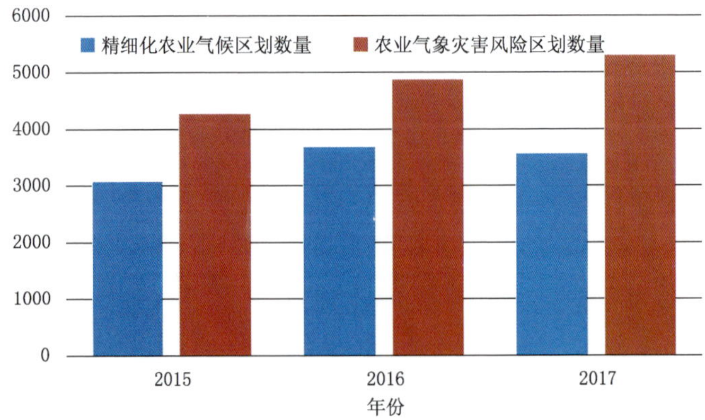

图 6.7　2015—2017 年我国省、市、县三级精细化农业气候区划和农业气象灾害风险区划数量(单位:个)

(数据来源:中国气象局应急减灾与公共服务司)

2017年，工程类的气候可行性论证服务在两大领域有一定突破。一是在太阳能、风能等新能源利用与评估工程气象服务方面突破较大。开展全国风能太阳能资源监测，发布了《中国风能太阳能资源年景公报2017》，为政府部门、社会行业提供工程专业气象服务基础信息；为全国164个风电场、太阳能电站开展选址评估服务工作；改进风能太阳能专业气象预报系统，为全国887个风电场、太阳能电站提供专业气象预报服务。二是气象部门与住建部门合作开展城市防涝工程气象服务取得新进展。2017年，增加了天津、合肥等13个城市暴雨内涝防治试点，组织21个城市暴雨内涝试点与当地住建部门联合开展内涝联合预警试点示范建设，并对中国气象局和住建部签署合作协议以来取得的成效进行了阶段评估；为83个城市排水防涝设计开展了暴雨强度公式编制或者暴雨雨型设计，通过部门合作和信息共享，优化城市暴雨内涝模型，修订致灾临界（面）雨量阈值等级划分，融合建立暴雨内涝监测、会商、预报、预警和信息发布流程，有效提升了城市暴雨内涝监测预报预警与信息发布能力。

5. 省级气候变化影响适应与科技支撑能力增强①

2017年，全国省级气候变化影响适应与科技支撑能力明显提升，适应影响的针对性明显增强，显示了气象部门在地方应对气候变化科技支撑服务中的作为（表6.1）。目前，全国31个省（区、市）气象部门组建了省级气候变化工作团队或工作组，实现了气象部门应对气候变化工作省级建设的全覆盖，省级气候变化规律研究、支撑地方生态文明建设服务、城市规划服务、气候安全服务、气候资源应用服务、生态农业服务能力总体大幅提升，气候变化影响评估、气候可行性论证工作的社会服务成效得到较好体现，为地方经济发展和应对气候变化决策提供科技支撑的力度加大、范围更广、成效更显著。其中，北京、上海、宁夏、海南、浙江等17个省（区、市）气象局积极参与地方应对气候变化规划实施工作；江西、湖北、青海、福建、甘肃、内蒙古等15个省（区、市）气象局主动出台保障工作方案服务当地生态文明建设；北京、黑龙江、山西、甘肃、浙江、安徽、江西等省市积极开展农产品气候品质认证工作；全国各省级气象部门已将人工增雨作为改善生态环境、防火治霾、进行气候治理、适应气候变化的重要手段之一，取得较好成效。省级气候变化科技支撑能力不断提升。北京开展“通风廊道”建设服务、雄安新区规划研究取得实质性效果；上海着力提升城市适应气候变化能力，在全国率先启动《华东区域气候变化第二次评估报告》；宁夏、山西、安徽、吉林、海南、广东等地积极为风电、太阳能电站等重大工程或城市规划开展气候可行性论证工作，其中宁夏、广东深圳分别首次在全国开展光热发电项目、“云轨”工程的气候可行性论证。浙江、福建分别主动融入“美丽浙江”、“清新福建”建设工作，社会效果反映良好。河北建立了62个贫困县精细化的太阳能资源数据集和构建了京津冀气候变化预估数据集、吉林省建成“长白山天气与气候变化吉林省重点实验室”为省级开

① 数据来源，2017年度各省（区、市）气象局工作总结。

展适应气候变化影响工作提供了实践经验。河南大气污染防治攻坚、湖北南水北调中线水资源调度、甘肃干旱风险管理等专项气候可行性论证服务也都取得了较好的服务效果。

表 6.1　各省(区、市)应对气候变化主要举措

应对气候变化举措	范围
省级气候变化工作团队或工作组	31 省(区、市)(全部)
参与地方应对气候变化规划实施工作	北京、上海、宁夏、海南、浙江等 17 个省(区、市)
主动出台服务当地生态文明建设保障工作方案	江西、湖北、青海、福建、甘肃、内蒙古等 15 个省(区、市)
积极开展农产品气候品质认证工作	北京、黑龙江、山西、甘肃、浙江、安徽、江西

6. 应对气候变化决策支撑和保障作用凸显

2017 年,中国气象局紧紧围绕国家应对气候变化内政外交战略部署和政策制定提供决策咨询服务。一是密切跟踪国内外气候变化科技领域最新研究和进展,牵头组织或参与完成了《2016 年全球表面平均温度再创历史新高,极端天气气候灾害趋多趋重》《关于美国退出巴黎协定的分析报告》等多篇气候变化相关问题的决策咨询报告,参加编写的《北京 2022 冬奥气象与雪质监测预报重大科技攻关刻不容缓》建议书得到国务院领导同志的批示。二是针对年内气候热点问题,上报相关决策服务材料 230 余份,《最近五年我国气候生态环境变化评估》报告得到中央领导同志的充分肯定。三是积极参与全国 15 个省生态红线划定中的气候风险核查工作,气象部门参与完成了划定严守生态保护红线工作总体方案的制定,为地方政府应对气候变化治理和制度建设发挥了积极作用。

2017 年,中国气象局积极组织开展气候变化与经济系统交互作用机理、减缓和适应气候变化的经济学等方面的研究,气候变化预估研究成果在服务国家战略、重大规划和重大工程、重大活动等气象科技支撑服务中均得到了有效应用。根据需要,为党中央、国务院、各级政府部门、社会各界提供了《"一带一路"气候格局与气象灾害科学分析》《"一带一路"地区未来气候变化预估》《雄安新区通风廊道未来气候变化趋势》《雄安新区气候适宜性评估及对策建议》《粤港澳大湾区未来气候变化预估分析》《粤港澳大湾区气候风险评估报告》《青海省气候变化与生态环境评估》《南水北调未来 30 年极端降水的变化》《青藏高原暖湿化的未来预估》《2022 年冬奥会赛场气候变化预估》等多份决策服务材料,应对气候变化气象贡献力进一步显现。

7. 气候国际合作取得成绩

2017 年,中国气象局充分发挥 IPCC 国内牵头组织部门的作用,组织完成了 IPCC 新一轮评估报告专家提名工作,建设性参与公约谈判工作。37 人当选 IPCC 工作组作者候选人,当选人数位居发展中国家首位,为我国深入参与 IPCC 第六次评估报告编写打下基础。完成"气候变化中的海洋和冰冻圈"及"气候变化与陆地"特别报告、排放因子数据库委员会专家提名，多渠道征集参与报告评审专家及申报气候变化与陆地志愿的作者专家。科学支撑气候变化公约谈判，圆满完成波恩气候变化大会相关议题谈判任务[①]。

2017 年，气象部门推进区域气象防灾减灾和应对气候变化国际合作进展明显。继《中亚气象防灾减灾及应对气候变化乌鲁木齐倡议》和《中国一东盟气象合作南宁倡议》之后，2017 年 5 月，刘雅鸣局长与世界气象组织秘书长塔拉斯在北京“一带一路”国际合作高峰论坛期间签署了《中国气象局与世界气象组织关于推进区域气象合作和共建“一带一路”的意向书》，建立了与世界气象组织针对“一带一路”的合作机制。此外，中国气象局还积极参加世界气象组织（WMO）及国际气象相关会议（EC，GCW，GCOS，WCRP，PRCC），提高了中国应对气候变化的国际影响力。在支撑国家气候变化专家委员会工作方面成效也十分明显，围绕《巴黎协定》落实及应对策略组织 9 次咨询研讨；积极推进中英气候变化风险评估；组织完成中印智库对话，协调国内碳市场建设考察调研等工作。

8. 应对气候变化科普与培训逐渐常态化、国际化

2017 年，我国在国际、国内应对气候变化科普与培训、合作与交流工作方面渐趋常态化、大众化。一是形成了常态化的政府宣传与科普机制。中国气象局联合有关单位完成了 2017 年度气候变化绿皮书《应对气候变化报告（2017）：坚定推动落实〈巴黎协定〉》的编写和出版，中国气象局发布了《中国气候公报》《温室气体公报》，组织编写完成了《气候变化绿皮书（2017）》。年内编辑出版《气候变化动态》42 期、《波恩回声》8 期，《中国气候变化监测公报（2016 年）》由科学出版社正式出版。二是积极开展公众应对气候变化有关科普宣传工作。圆满完成“3 · 23”开放日、“应对气候变化·记录中国——走进福建”、第三届全国气象科普作品观摩交流等科普活动。三是进一步加大了应对气候变化科普与培训的开放合作力度，扩大中国气象国际影响力。中国气象局积极扩大国际培训影响力，举办了全球气候服务框架、应对气候变化南南合作等 8 期国际培训。

综上，近年中国气候变化科技工作取得了许多进展，逐步制定和完善了相关政策，设置和实施了一大批气候变化科技项目，在若干重点领域取得了丰硕成果，气象科技基础支撑能力进一步得到提高，国家应对气候变化科技支撑能力明显增强。但是，从全局性来看，气象变化的科技项目战略性和规划性还不够，科技项目“小、散、碎”的特征仍然比较明显，需要加大统筹规划、协同发展，避免我国应对气候变化科技创新的“铺张”和“低能”；气象灾害数据库建设及气象灾害风险、危险性区划方面均面临数据的及时采集、入库、更新与有效应用上的巨大挑战，构建信息及时、数据精准、高效应用的气象灾害数据库应用系统仍任重道远。

---

① 资料来源：中国气象局科技与气候变化司。

省级气候变化影响适应与科技支撑能力也越来越受到各方面重视，省级应对气候变化应用能力明显提升，服务地方应对气候变化支撑力、气候资源开发能力、生态文明建设保障等方面效果越来越凸显，也彰显了气象部门在服务地方社会经济发展中气象“盐”的作用，提升了气象影响力。但在深度融合地方发展需求、专业保障应对气候变化支撑等仍面临多方面的挑战，省级应对气候变化工作还有很大发展空间，也面临进一步解决技术支撑、融合应用等能力提升的问题。

三、评价与展望

气候变化关乎人民福祉，作为负责任的发展中大国，中国把积极应对气候变化，推动绿色低碳发展，作为经济社会发展的重大战略，作为加快经济发展方式转变和经济结构调整的重大机遇，加快推进低碳转型，推动和引导建立公平合理、合作共赢的全球气候治理体系，彰显我国负责任大国形象，推动构建人类命运共同体。

从全国范围来看，应对气候变化工作还需要进一步加强顶层设计，科学规划，加快绿色发展与推进能源革命，推进低碳绿色可持续发展。应对气候变化科技创新还显不足，科学研究、技术研发与应用之间还不够协调，原始创新能力还不够强，气候变化领域的基础理论研究有待深化，自主开发的气候模式水平和预估能力还有很大提升空间。从当今发展阶段、世情国情的主要判断来看，积极应对气候变化是国家可持续发展的内生需求，也是我国积极参与全球气候治理和低碳战略合作的迫切需求。中国将面向国家需求和国际前沿，聚焦战略性和前瞻性重大科技问题，大力加强气候变化科技创新工作，全面提升应对气候变化科技实力，促进气候变化基础研究的深化，推动减缓和适应技术的创新与推广应用，降低气候变化的负面影响和风险，支撑我国可持续发展战略的实施；完善应对气候变化科技创新的国家管理体系和制度体系，形成基础研究、影响与风险评估、减缓与适应技术研发、可持续转型战略研究相结合的全链条应对气候变化科技发展新模式。

未来在气候变化科技支撑领域，中国将继续研发新的观测技术、数据同化和融合技术，建成和完善全球变化大数据平台，大幅提高中国在气候变化事实、机制、归因、模拟、预测等方面的研究水平，并进入国际先进行列；继续深化应对气候变化的基础研究，形成气候变化早期预警基础理论和方法体系；不断加快保障基础研究的数据与模式研发，增强地球系统模式的模拟能力；建立并完善气候变化影响评估技术体系，增强极端情景下资源—生态—环境综合承载能力、气候变化和极端气候事件对生态系统服务和生态安全影响的综合评估能力；建立并完善气候变化风险预估技术体系，不断提升应对气候变化决策咨询的科技支撑能力。

第七章　生态环境气象保障

天气气候作为影响生态系统最活跃、最直接的因子，对生态文明建设具有重要影响。尤其近百年来，全球气候变化对自然生态系统和人类经济社会系统带来了重大影响。我国也是易受气候变化不利影响的国家之一，重大气象灾害、极端气候事件对我国生态保护和建设带来巨大压力。保障生态文明建设是气象部门面临的重大发展机遇和严峻挑战①。

一、2017 年生态环境气象保障概述

生态文明建设关系人民福祉，特别是随着国家与人民群众对生态文明建设重视程度的提升，气象在城镇合理布局、灾害监测评估预警、空中云水资源开发利用、改善空气质量、积极应对气候变化、生态红线划定等生态文明建设、生态文明体制改革以及保障国家生态安全等方面的作用更加明显。2017 年，全国气象系统围绕加强生态文明建设气象保障顶层设计，大力推进生态气象保障业务和服务体系建设，进一步完善生态气象监测评估和服务能力，建立起环境气象监测预报预警体系，进一步提升了服务气候资源开发利用能力，气象服务生态文明建设工作取得新进展。

（一）生态气象监测取得积极进展

2017 年，中国气象局指导各级气象部门利用各类可行的技术手段增加生态观测要素，充分利用、挖掘分析气象卫星和其他遥感资料以及地面观测数据，增强观测基础支撑，加快提升生态气象观测能力②。推进天地一体化的生态遥感监测系统建设。风云三号 D 星成功发射并获取首幅图像，实现极轨气象卫星组网观测；风云卫星南极接收站建立并投入应用，大幅提高风云卫星获取全球观测数据时效。静止卫星实现升级换代，风云四号 A 星完成在轨测试，成像能力显著提升，空间分辨率最高达 500 米，在世界范围内首次实现静止轨道卫星大气垂直探测。

优化国家地面天气站布局，国家地面天气观测站达到 10596 个，监测密度缩小至 30 千米，全国乡镇覆盖率达 96.5%。198 部天气雷达投入运行，陆地（近地面 1 千

---

① 资料来源：中国气象局应急减灾与公共服务司。

② 资料来源：中国气象局办公室。

米)覆盖范围达220万千米^{2}[①]。目前已形成由9颗在轨运行的风云气象卫星和1颗碳卫星组成的生态遥感监测星座,其中极轨气象卫星上、下午星组网观测,静止气象卫星"多星在轨、统筹运行、互为备份、适时加密",对森林草原火灾、沙尘、雾霾、蓝藻水华、温室气体等监测能力显著增强。地基观测方面,已在全国建成了由农业气象观测站、酸雨监测站、沙尘暴监测站、大气成分监测站、大气本底站等共同组成的生态监测站网[②]。

建立形成了以气象卫星遥感为主,包括地面、高空、移动观测和多源卫星在内的立体化生态气象监测网络,可高频次实时监测我国和全球地表生态环境及其动态变化。联合林业、农业、水利、环保和海洋等部门,结合各地生态责任审计工作要求,发展大气环境、地表植被、土地利用、水体水质、城市发展等重要生态参数的协同反演技术,支持省级气象部门开展本地区特定生态系统重要生态参数的协同反演技术能力建设,依托特色生态与农业气象观测站(试验站)网进行真实性校验,形成覆盖全国及全球的生态遥感动态监测产品评估业务,逐旬、逐月定期发布卫星遥感监测数字产品和决策咨询报告。充分利用卫星遥感资料,开展了生态气象监测评估研究和服务。配合当地生态规划、生态治理工程,开展退耕还林(草)、重点流域生态治理的气象监测和评估,为当地政府科学决策提供依据。

(二)环境气象监测预报预警体系愈加完善

2017年,全国生态气象观测网已基本形成,在地市级以上城市以及京津冀、长三角、珠三角地区县级城市,建设以雾、霾监测为重点的环境气象监测站,满足空气质量预报和大气污染防治的需求。

2017年,开展了植被生态保护绩效考核气象条件贡献指标研究,为地方政府健全完善生态文明建设绩效考核评价指标体系提供参考依据,主动服务大气污染防治工作。组织推进了大气重污染成因与治理攻关项目,研究秋冬季大气重污染的物理过程机理。完善多尺度、多维度的大气环境预报服务业务,能见度和细颗粒物($PM_{2.5}$)浓度预报时效延长至10天,增加雾、霾月尺度预测,雾、霾天气过程预报准确率达80%以上。

2017年,由国家气象中心和中国气象科学研究院代表中国联合申报的世界气象组织(WMO)亚洲沙尘暴预报区域专业气象中心(RSMC-ASDF BEIJING),在WMO第69次执行理事会上获得认定,标志着我国正式成为亚洲沙尘暴区域中心,对于提升我国沙尘监测预报能力具有重要意义。

(三)气候资源开发利用服务能力持续提高

2017年,中国气象局风能太阳能资源中心、中国气象服务协会和北京玖天气象

---

① 资料来源:2017年中国公共气象服务白皮书。

② 资料来源:中国气象局办公室。

科技有限公司联合发布2017年《中国风能太阳能资源年景公报》，详细分析2017年全国10米高度平均风速、年平均风功率密度、陆地表面年平均水平面总辐射量和年最佳斜面总辐射量。围绕改善国家能源结构的总体需求，提升太阳能资源开发利用潜力的精细化评估水平。加强风电场、太阳能电站的选址评估、预报服务。开展极端天气气候事件和气候变化对新能源供给和需求的影响评估，为国家和地方新能源发展规划提供科学依据。积极打造生态文明建设气象服务品牌。开展第二届“中国天然氧吧”创建活动，贵州省梵净山等19个地区被列为2017年度“中国天然氧吧”创建地区，河北围场县(塞罕坝)被列为“中国天然氧吧”创建示范点。启动国家气象公园的试点建设。建立了“国家气候标志”评价标准，开展了全国气候资源普查。建立“凉爽城市”评价指标体系基本框架，推动气象服务纳入旅游景区质量等级评定标准。完成了415项重大规划和重点工程项目气候可行性论证，服务37个城市的城市总体规划、城市通风廊道、海绵城市、气候适应性城市和重大行业发展规划设计。开展雄安新区气候安全评估和通风廊道构建气象专题研究。加强针对城乡规划、重大区域性经济开发、区域农(牧)业结构调整等方面的气候可行性论证服务。

二、2017年生态环境气象保障进展

2017年，气象部门为服务国家生态文明建设，划定并严守生态保护红线，积极配合各地生态规划、生态保护与建设工程，开展退耕还林(草)、重点流域生态治理，开展了生态气象监测和评估，为各级政府开展生态文明建设提供了科学决策依据。

(一)生态环境气象保障顶层设计加强

2017年，生态文明建设气象保障顶层设计不断加强。开展生态文明建设气象保障服务专项设计研究，印发了《“十三五”生态文明建设气象保障规划》《关于加强生态文明建设气象保障服务工作的意见》，为全国气象部门更好地履行维护国家生态安全和气候安全领域的职责进行规划设计。联合中央组织部、环境保护部、国家行政学院举办了省部级领导干部生态文明建设与低碳发展专题研讨班。牵头参与政府间气候变化专门委员会新一轮评估，为国家应对气候变化内政外交提供基础支撑①。党的十八大以来，气象部门积极参与实施《关于划定并严守生态保护红线的若干意见》《全国生态保护与建设规划(2013—2020年)》《关于印发生态保护与建设示范区实施意见的通知》《“十三五”生态环境保护规划》，组织省级气象部门积极参与生态红线划定工作，推动各级气象部门融入生态文明建设部署，参与完成15省(市)的生态保护红线审定。编制专项方案落实维护国家生态安全重点任务，明确建立天气、气候对生态

① 资料来源：中国气象局关于印发2018年全国气象局长会议文件的通知(气发〔2018〕1号)，2018年1月22日。

环境质量影响评价指标体系[①]。

(二)生态系统保护气象服务能力逐步提升

1. 生态气象观测能力不断提升

到2017年,气象部门已经建成376个酸雨观测站、29个沙尘暴观测站、28个大气成分观测站、1个全球大气本底站和6个区域大气本底站、259个大气负离子观测站、300个颗粒物质量浓度观测站(表7.1),风云系列气象卫星可遥感监测雾、霾天气的空间分布及其发生发展过程。

生态气象观测网络不断健全。目前已形成由2425个地面气象观测站、100个国家级太阳辐射观测站,以及大量常规气象要素观测站构成的基本气象观测网。依托全国风能资源详查和评价工作建设了包含300多座测风塔的风能资源专业观测网,提高了生态气象灾害的监测能力。

生态气象观测序列初步形成。现有653个农业气象观测站,2075个自动土壤水分观测站、70个农业气象试验站,部分承担了森林、草地、农田、湿地、荒漠、水体等典型生态系统的生态观测任务。已建立的12个全国生态气象试验站,以及省级生态气象观测站,为生态文明建设气象保障提供重要的数据支撑。

遥感数据在生态业务中被广泛应用。建立以卫星遥感为基础,地面监测为补充的生态环境监测网络,实现对全国陆地和海洋全方位、多层次、长序列的生态环境监测。利用气象卫星遥感资料,对全国植被生产力、覆盖度、叶面积指数等方面进行了监测估算。部分省份针对辖区内生态脆弱区、敏感区和重大生态保护问题,充分利用卫星遥感资料,开展了海洋赤潮、石漠化、太湖蓝藻等灾害监测。2017年9月,风云四号卫星正式交付使用,提升了对植被覆盖度、长势等的监测能力。

表7.1 气象部门大气污染相关观测站点情况

年份	PM_{10}观测站	$PM_{2.5}$观测站	PM_1观测站	酸雨观测站	主要大气污染物观测站	沙尘暴观测站	臭氧观测站	紫外线观察站	大气成分站	全球大气本底站	区域大气本底监测站
2002				123		61	3	86			
2003				220		85	10	100		1	3
2004				277		94	9	121		1	3
2005				299		85	14	178	21	1	5
2006				513		86	18	178	73	1	6
2007				327			4	174	29	1	6

① 资料来源:中国气象局应急减灾与公共服务司。

续表

年份	PM_{10}观测站	$PM_{2.5}$观测站	PM_1观测站	酸雨观测站	主要大气污染物观测站	沙尘暴观测站	臭氧观测站	紫外线观察站	大气成分站	全球大气本底站	区域大气本底监测站
2008				330			20	203	35	1	6
2009				337			17	150	35	1	6
2010				342		29	22	164	28	1	6
2011				342		29			28	1	6
2012				365		29	36	157	28	1	6
2013				365		29	41	157	28	1	6
2014				365		29	48	168	28	1	6
2015	272	264	156	365	50	29	71	158	28	1	6
2016	45	264	156	376	50	29	53	164	28	1	6
2017	45	264	156	376	50	29	68	155	28	1	6

数据来源:《气象统计年鉴》,2003—2017 年,全国气象观测站点(设施)数量统计表,统计截至日期:2017 年 12 月 31 日。

2. 生态安全气象服务积极推进

2017 年,气象部门开展了气候和气候变化对生态环境质量影响评价。确定了气候对植被生态质量的影响评价指标。对 2000—2017 年植被生态质量(植被净初级生产力(NPP)、覆盖度、生态质量指数)和对应时段的年平均气温、≥0℃积温、降水量、日照时数进行了分析,确定常年气候条件决定的植被生态质量指标,以及开展气候变化对植被生态质量变化的影响评价指标。分析 2000 年以来年降水量、年平均气温、年日照时数的变化趋势和表示植被生态变化的生态质量指数、NPP、覆盖度的变化趋势。开展气候和气候变化对重点水体生态质量影响评价。基于卫星遥感监测技术,建立了洞庭湖和鄱阳湖水体面积与水位关系定量分析模型,初步开展气候和气候变化对重点水体生态质量影响评价工作。以静稳指数及其分指数为基础,筛选、评估不同区域影响大气质量的关键气象因子,分析气候变化对大气质量的影响,基本确定了气候和气候变化影响大气质量的评估方法。

开展了气象灾害对生态环境的影响评估。2017 年,初步完成单站霾天气和区域霾过程对生态环境影响程度综合评价指标研发。开展干旱对生态影响监测预警评估,研发区域性干旱过程监测、评估技术,编制《区域性干旱过程监测业务规范》,组织开展了《气候可行性论证管理办法》(中国气象局令第 18 号)修订。研发干旱对农业影响定量评估模型和农作物生育期气候适宜性定量评估模型。基于卫星遥感数据,初步建立了月尺度、主要植被生长季、年尺度的全国植被长势监测评估业务。探索建立地方生态文明建设绩效考核评价气象条件贡献率指标。广西、贵州两省(区)气象部门围绕植被生态保护开展地方生态文明建设目标评价考核气象条件贡献率指标研究。

加强了生态服务型人工影响天气工作。2017 年,组织开展了人工消减雨(雪)研究试验,人工影响天气保障生态环境建设的示范试验。组织在青海三江源、甘肃祁连山等重点生态区开展人工影响天气作业。针对内蒙古呼伦贝尔地区春季多场森林草原火灾,及时启动应急人工影响天气保障服务,制定科学周密的飞机、火箭立体交叉人工增雨雪扑火作业方案。其中 5 月 5 日飞机增雨雪作业超 7 小时,在地面火箭作业的配合下,火场区域降水量达 59.5 毫米,积雪深度约 21 厘米,对火场的全面扑灭及后期清理起到重要作用,得到国务院联合工作组和内蒙古自治区党委政府的高度肯定①。

3. 生态气象监测评估取得积极进展

2017 年,中国气象局编制了《2017 年全国生态气象公报》,开展了全国植被生态质量,全国主要及典型生态系统(林田湖草、荒漠、湿地),重点生态建设和保护地区气候影响评估。反映全国生态气象条件及灾害特点,评估气候变化和气象灾害对生态质量影响,为我国生态文明建设以及经济、社会、环境的可持续发展提供气象依据。

2017 年全国大部地区水热条件有利于植被生长和生态质量提高。全国有 60.2%的地区降水量较常年偏多(图 7.1),水分条件相对较好,其中新疆西南部、西藏西部、青海西北部、陕西北部、湖北西北部、广西西部较常年同期偏多 3 成至 1 倍。夏季降水量为 1998 年之后最多。2017 年植被主要生长季,全国有 91.9%的地区≥0℃积温较常年同期偏多,热量条件利于植被生长。其中长江以北大部地区积温较常年偏多 100～300℃ · 日,内蒙古中部、黄淮中东部偏多 300～400℃ · 日(图 7.2)。2017 年全国热量较 2016 年有所下降,但从多年变化特征来看,2017 年热量相对充足,特别是春季北方气温回升迅速,大部土壤解冻提前,牧草返青和树木发芽展叶接近常年同期或偏早;秋季北方大部气温偏高,青藏高原偏高 1～3℃,牧草黄枯和树木落叶偏晚。

2017 年,全国总体光、温、水条件匹配较好,气象条件总体利于植物生长。与常年相比,2017 年全国植被生态质量处于正常偏好等级②的面积比例达 83.0%(图 7.3),较 2016 年增加 1 个百分点。其中,2017 年全国 NPP 和覆盖度比 2016 年略微

---

① 资料来源:中国气象局应急减灾与公共服务司。

② 植被生态质量等级:以植被生态质量指数的距平百分率表示(＜－10%,生态质量很差;－10%～－3%,生态质量较差;－3%～3%,生态质量正常;3%～10%,生态质量较好;＞10%,生态质量很好)。

植被生态质量指数:以植被净初级生产力(NPP)和覆盖度的综合指数来表示,其值越大,表明植被生态质量越好。本指数来源于《GB/T 34814—2017　草地气象监测评价方法》。

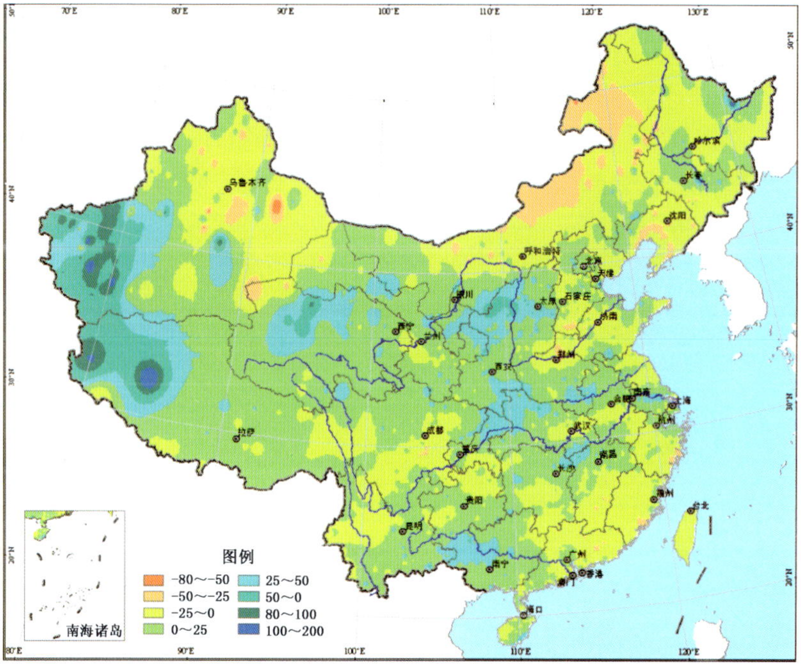

图 7.1　2017 年全国年降水距平百分率(%)(国家气象中心)

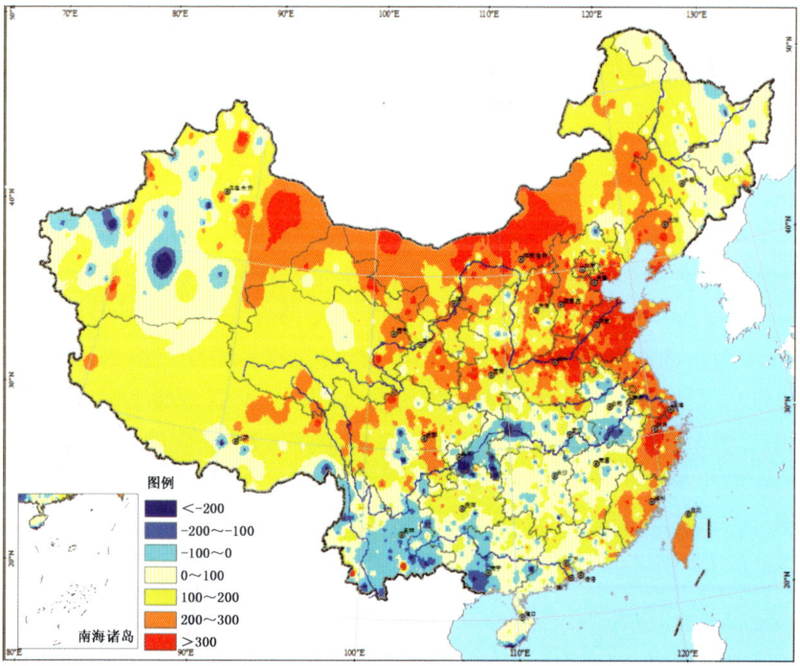

图 7.2　2017 年全国主要生长季≥0℃积温距平百分率(国家气象中心)

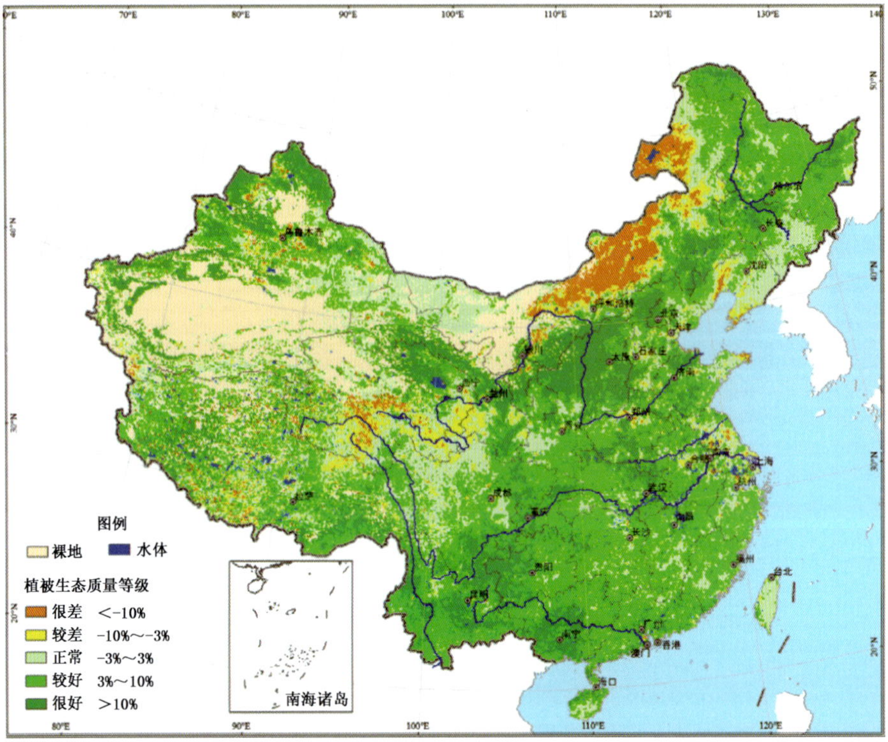

图 7.3　2017 年全国陆地植被生态质量等级分布图(国家气象中心)

增加,较 2000 年分别增加 70.6 克碳/米^2 和 5.0%。全国大部林区和农区气象条件较好,森林生态质量略高,粮食喜获丰收。2017 年福建植被生态质量跃居全国第一,广西第二。但 2017 年我国区域性气象灾害影响仍为严重,特别是内蒙古、东北地区西部高温干旱影响植被正常生长,植被生态质量偏差。

2000—2017 年,全国平均气温呈上升、降水呈增加趋势,有力地促进了国家生态工程建设和保护地区的生态恢复。2000 年以来全国有 90.7%的区域植被生态质量呈改善趋势,植被固碳释氧能力明显增强,植被覆盖持续增加。根据植被生态气象模型计算得到的气候植被覆盖度增加幅度为每 10 年 1.9%,气象条件贡献率[①]平均达 84.0%以上,贵州和广西达 92.0%以上。山西、陕西、重庆、安徽、广西位于全国植被生态质量改善前 5 名。

对重点生态建设和保护地区的气象监测结果表明,2000—2017 年三江源地区、北京密云水库、河北雄安新区、呼伦湖区域、额济纳绿洲、贵州和广西石漠化区、柴达

① 植被覆盖度的气象条件贡献率:以气象条件驱动下的植被覆盖度变化趋势率占实际植被覆盖度变化趋势率的百分比表示,其值越大,表示气象条件贡献越大。

木盆地、扎龙湿地都出现了植被恢复、水体面积扩大等生态质量改善趋势，生态保护建设成效显著。可见，极端天气气候事件、重大气象灾害、气候暖干化仍是影响全国生态建设和保护的不利因素，生态文明建设应继续做好应对气候变化和防灾减灾工作①。

2000—2017年，全国有90.7%的区域植被生态质量呈改善趋势（图7.4），特别是人口密集和工农业相对发展较快的中东部大部地区出现持续改善，植被净初级生产力和植被覆盖度平均每年分别增加2.5～12.0克碳/米^{2}和0.3%～0.9%（图7.5，图7.6），人居“绿色”生态环境改善明显。但是四川南部、云南北部、西藏中部和东南部等地受降水减少、干旱频繁发生的影响，植被生态质量呈下降趋势。

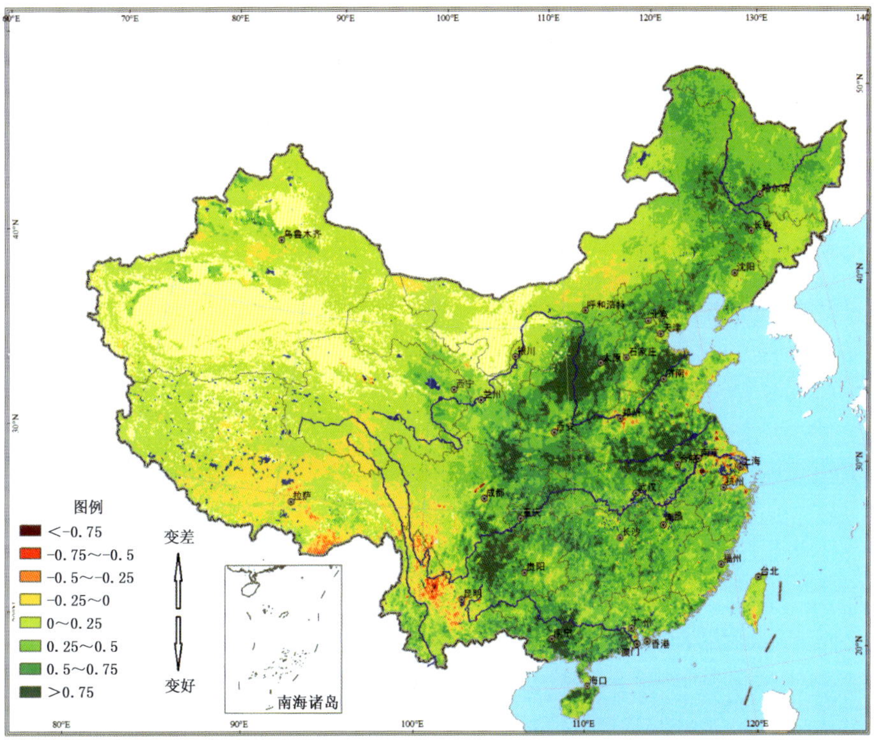

图7.4　2000—2017年全国植生态质量指数变化趋势率②（国家气象中心）

2000—2017年，全国植被生态质量总体呈持续改善趋势（图7.7）。其中，全国植被净初级生产力、覆盖度平均每年分别增加3.5克碳/米^{2}和0.3%。2017年全国植被生态质量指数又创新高。

①资料来源：中国气象局，2017年全国生态气象公报。

②变化趋势率：某一关注对象（降水、气温等气候要素，或植被NPP、覆盖度等）在一段时间内的变化速度（“正”表示增加、提高，“负”表示减少、下降；“绝对值”表示变化的快慢和程度）。

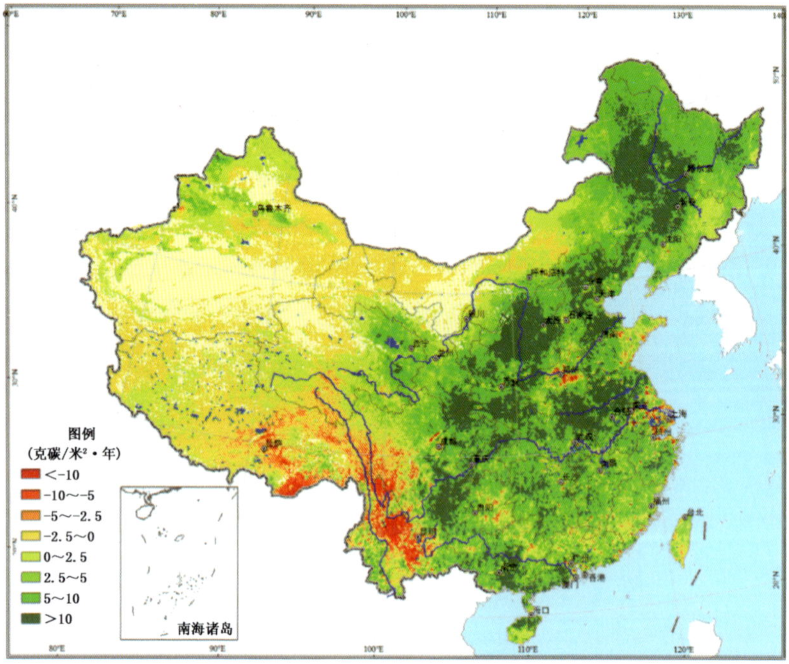

图 7.5　2000—2017 年全国植被净初级生产力变化趋势率(国家气象中心)

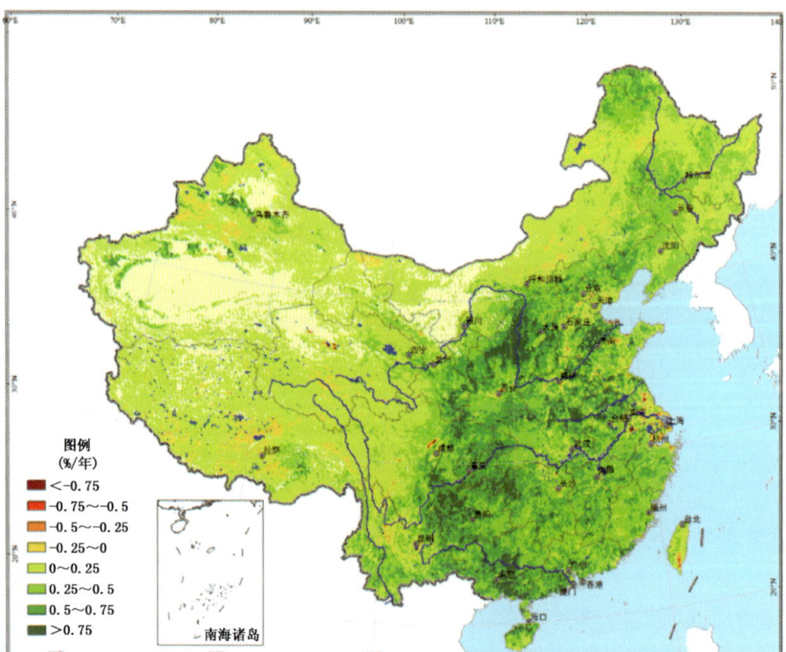

图 7.6　2000—2017 年植被覆盖度变化趋势率(国家气象中心)

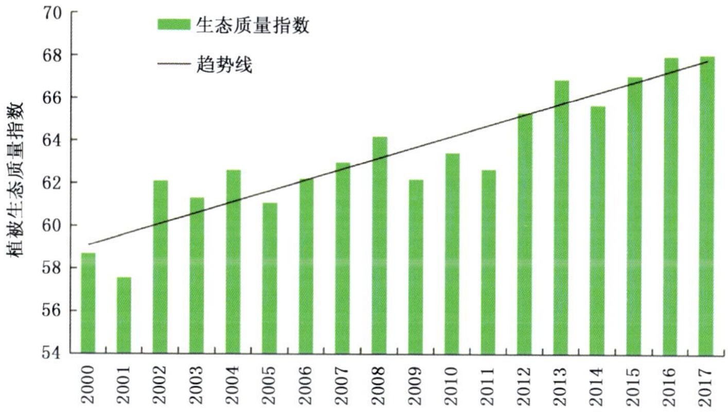

图 7.7　2000—2017 年全国植被生态质量指数变化(国家气象中心)

4. 生态环境保护大数据共享升级

2017 年,我国首颗碳卫星完成在轨测试工作,实现全球二氧化碳监测与数据共享。组织建立了京津冀、珠三角、长三角三大城市群气象和大气成分观测共享数据库和资料同化系统。目前正在与环境保护部开展生态环境保护领域数据资源共享交换工作,将为重污染天气诊断分析、环境气象模式同化和评估、重污染天气科学研究等提供数据支撑。继续加强气象与水利、民航、林业、住建、交通、旅游、测绘等部门数据共享和应用。中国气象局与长江水利委员会签署战略合作协议,建立了信息共享和全方位开展长江流域水文、气象预报技术合作机制,实现了气象水文雨量资料“一张图”应用。气象部门积极参与地方开展的城镇规划、城市通风廊道或城市排水防涝设计服务,新增天津、合肥等 13 个城市暴雨内涝防治试点,在暴雨内涝信息共享、内涝风险预警联合会商、信息联合发布等方面取得进展①。

(三)大气环境治理气象服务能力进一步增强

1. 环境气象预报预警体系基本形成

我国自主研发建立了全国范围 15 千米分辨率 72 小时预报时效的中国雾—霾数值预报系统(CUACE)环境气象数值预报模式,京津冀、长三角和珠三角地区模式分辨率达 3～9 千米。国家级、区域中心和各省市区全面开展了 24 小时雾—霾预报预警和 72 小时预报空气污染气象条件预报。针对重污染天气过程、重大社会活动气象保障、突发环境气象事件应急响应,国家级和省级气象部门开展了环境气象决策和评估服务。环境气象预报预警工作为区域联防联控及有关应急措施提供了重要的支撑和决策参考,取得了较好服务效果。

① 资料来源:中国气象局办公室,中国气象局预报与网络司。

2017年,为落实环保部等部门印发的《京津冀及周边地区2017—2018年秋冬季大气污染综合治理攻坚行动方案》,中国气象局制定印发《京津冀及周边地区2017—2018年秋冬季大气污染防治气象保障工作方案》,强化做好京津冀及周边地区大气污染防治气象保障工作。建立了京津冀雾一霾中期数值模拟预报系统,提升了重污染天气中长期气候预测能力、重污染天气气象条件潜势及过程预报的服务能力。开展大气污染相关研究,其中《我国雾一霾成因及其治理的思考》研究成果荣获2017年度"中国百篇最具影响国内学术论文"。气象与环保部门建立了空气质量联合会商机制,开展了环境空气质量预测预报业务化会商,并在大气污染防治、生态保护红线划定与严守等方面深化了部门合作。

2. 大气污染防治气象保障水平有新提高

2017年,气象部门继续提升环境气象预报水平。推进环境气象预报精细化发展,加强卫星雷达立体监测产品分析与应用,提高环境气象预报精细化水平。组织优化和改进中国雾一霾数值预报系统,全国环境气象模式预报时效由3天延长至5天,京津冀区域环境气象模式预报时效延长至16天;能见度和$PM_{2.5}$浓度预报时效延长至10天;雾和霾预报由逐6小时精细化到逐3小时,对雾、霾的预报准确率达70%以上,重度雾、霾天气的能见度预报精度显著提升,为实现雾、霾灾害早期预警防范和大气污染区域联控以及污染物动态减排提供了科学决策依据。及时开展环境气象评估服务,组织编制2017年《大气环境气象公报》[①]。

2017年,全国23个省(区、市)气象与环保部门联合发布重污染天气预警,262个地市级以上城市联合开展空气质量预报,全面推进大气污染防治气象服务,在打赢蓝天保卫战中发挥了联动作用。组织推进大气重污染成因与治理攻关项目,研究秋冬季大气重污染的物理过程机理。开展了全国主要生态系统质量评价。持续推进大气污染气象条件评估能力建设。推进环境气象指数预报系统业务化运行的进程,分析评估大气污染物的传输、扩散和沉降等过程对污染物浓度变化的贡献,提高气象条件评估科学性和定量化水平。完善大气环境气象条件评估指标,对区域及城市重污染(霾)天气过程的面积、强度、分布、持续时间等因子进行客观定量化评估。继续对全国省会城市及计划单列市空气质量预报评分(表7.2)。制定以雾霾过程评估和预评估为主的环境气象评估规范,建立污染过程综合评价指标[②]。

3. 能见度、霾与沙尘评估持续跟进

2017年大气污染扩散气象条件与2013年和2016年相当,总体好于2014年和2015年。2017年冬季(1月、2月、11月、12月)大气污染扩散气象条件好于2013年和2016年。2017年冬季冷空气过程次数偏多,小风日数少,风速略偏大,有利于大

① 资料来源:中国气象局应急减灾与公共服务司。

② 资料来源:中国气象局办公室。

表 7.2　2017 年 1—12 月全国省会城市及计划单列市空气质量预报评分表①

序号	城市	首要污染物预报准确率	AQI 等级预报准确率	首要污染物预报技巧评分	AQI 预报技巧评分	AQI 预报值评分	综合预报评分
				（相对于国家级指导产品）			
1	广州	78.83	67.22	27.3	18.33	95.89	73.41
2	厦门	69.09	74.85	18.79	16.97	97.94	73.3
3	上海	80.49	65.55	29.27	17.38	95.73	73.18
4	银川	87.16	73.09	14.98	16.21	92.45	72.91
5	西宁	70.03	69.4	27.76	15.14	92.16	71.52
6	贵阳	69.23	72.36	12.25	10.26	97.26	71.27
7	乌鲁木齐	80.62	59.38	27.19	25	86.06	70.94
8	南宁	71.04	68.96	12.54	11.34	96.72	70.93
9	宁波	70.85	64.58	21.94	14.42	93.61	70.85
10	长沙	77.93	62.85	17.88	14.53	92.23	70.68
11	重庆	74.93	61.16	22.59	12.95	94.38	70.68
12	青岛	83.83	56.41	16.54	3.7	89.77	70.45
13	福州	63.33	66.67	13.61	12.5	96.28	70.3
14	南京	75.08	60.25	20.82	13.56	91.83	69.9
15	天津	82.74	60.91	13.68	13.68	90.16	69.83
16	北京	74.02	55.31	21.23	18.16	90.5	69.44
17	海口	74.29	74.29	1.71	0.29	95.83	69.34
18	武汉	70.86	62.27	5.52	17.18	91.1	69.14
19	兰州	85.89	64.86	6.91	4.2	92.31	69.11
20	杭州	70.98	64.37	4.02	12.36	93.3	69.02
21	合肥	77.65	58.38	12.85	11.73	91.4	68.78
22	石家庄	82.02	55.42	5.99	18.27	86.16	68.55
23	拉萨	66.56	72.76	−0.31	1.24	96.47	68.55
24	昆明	62.46	69.1	1.33	0.66	96.48	67.77
25	呼和浩特	72.44	54.83	11.36	13.07	89.2	67.67
26	南昌	58.01	58.01	2.24	8.65	94.29	67.46
27	济南	84.33	52.47	8.15	9.88	86.3	66.92
28	太原	83.79	53.52	16.51	8.56	86.15	66.82
29	长春	70.98	54.02	15.8	4.02	89.39	66.12
30	沈阳	58.57	45.71	7.14	3.14	85.23	62.04
31	西安	66.46	47.31	2.77	5.39	79.76	61.51
32	大连	52.57	48.57	−3.14	−1.43	89.63	61.2
33	郑州	68.11	42.11	2.79	1.55	79.57	59.99
34	哈尔滨	64.39	42.11	6.06	1.13	79.89	59.65
35	成都	59.77	43.06	−1.13	0.28	82.49	59.63

① 资料来源：中国气象局应急减灾与公共服务司减灾司。

气污染物扩散，全国平均相对湿度降低，不利于二次污染物形成。京津冀地区 2017 年 11—12 月大气污染扩散气象条件较常年明显偏好，静稳天气明显减少，有利于大气环境改善。但 2017 年主要臭氧污染季(5—9 月)平均最高气温和累积日照时数均高于 2013—2016 年同期，有利于光化学反应和臭氧浓度增加。

从长期变化趋势来看，2000—2017 年，我国大气环境整体呈现前期转差后期向好趋势，但形势仍较严峻。沙尘天气减少减弱；大部分地区霾日数由上升转为下降，但冬季持续性、大范围霾天气过程时有发生。西部地区 PM_{10} 及 $PM_{2.5}$ 背景浓度低于中东部地区，但东部地区背景浓度下降趋势更明显。2008 年以来整层二氧化硫(SO_2)总量呈现下降趋势，2013 年 1 月对流层二氧化氮(NO_2)总量达历史最高，此后明显下降，酸雨污染状况持续改善。计算结果表明，大气污染防治行动计划实施以来，大气环境持续改善，减排效果显著。排除气象条件影响，2014—2017 年减排措施使得全国平均 $PM_{2.5}$ 浓度较 2013 年分别降低 23.8%、38.5%、40.2%和 45.3%。

(1)能见度

地面水平能见度受气溶胶浓度和相对湿度影响大。2017 年，由于我国东部地区气溶胶浓度和相对湿度高于西部地区，降水也多于西部地区，平均能见度呈现西高东低特征(图 7.8)。10 千米以下能见度主要分布在华北南部、黄淮、江淮、江汉、江南、华南西部以及西南地区东部等地，其中湖南北部、重庆局地低于 5 千米，东北地区和新疆南疆盆地的能见度多为 10～20 千米，其余地区能见度多大于 20 千米。

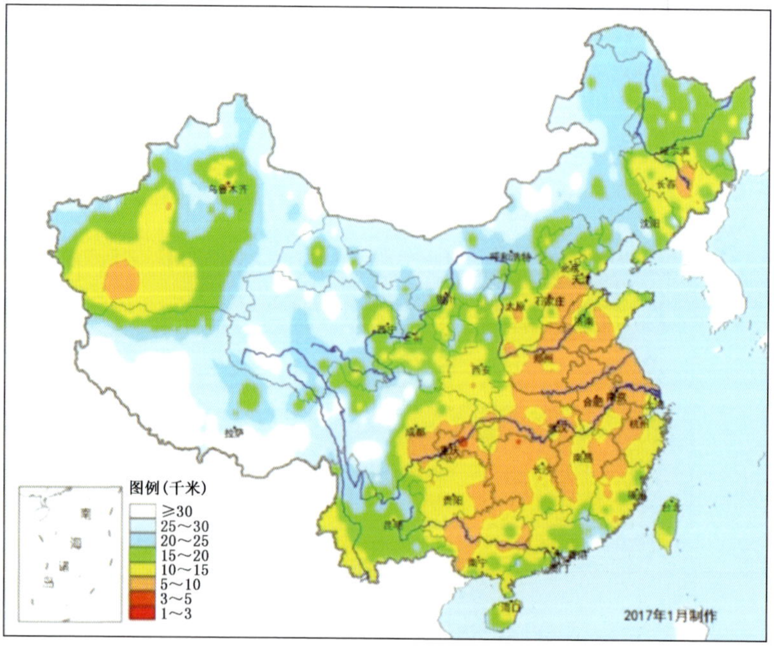

图 7.8　2017 年全国平均能见度(国家气象中心)

全国08时月均值时序变化图显示(图7.9),冬季能见度(15.0千米)明显低于夏季(18.3千米),且2013年开始,能见度季节变化更加显著。2017年全国平均能见度(16.0千米)较2016年(14.7千米)升高8.8%,其中11月和12月分别升高19.4%和22.8%。

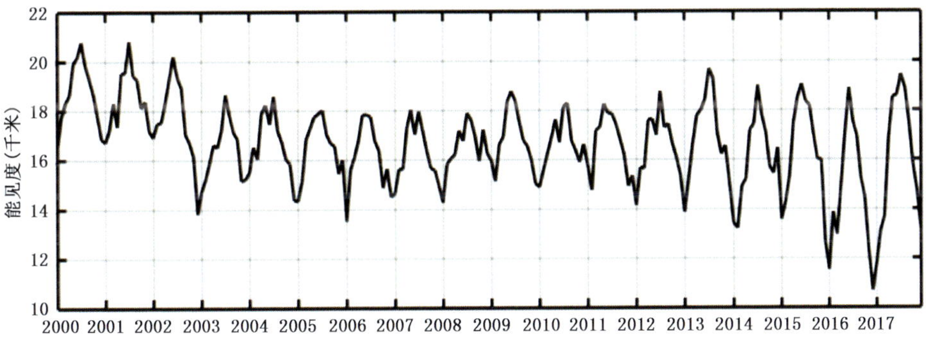

图7.9　2000年以来全国逐月平均能见度(国家气象中心)

(2)霾天气过程

全国大气环境继续改善,2017年全国共发生6次大范围霾天气过程,比2016年少5次。其中11—12月发生1次(比2016年同期少5次);全国平均霾日数27.5天,比2016年减少10.5天,比2013年减少19.4天。中国环境监测总站数据显示PM_{10}、$PM_{2.5}$浓度继续降低,2017年全国PM_{10}、$PM_{2.5}$平均浓度分别比2016年降低5.1%、6.5%,但地面臭氧浓度呈上升趋势。二氧化氮(NO_2)、二氧化硫(SO_2)柱总量继续下降,全国大部地区酸雨减弱减少。2000—2017年,全国霾天气过程次数呈现先上升后下降的趋势,2013年达到峰值(15次),此后次数下降,2017年下降最为明显(图7.10)。

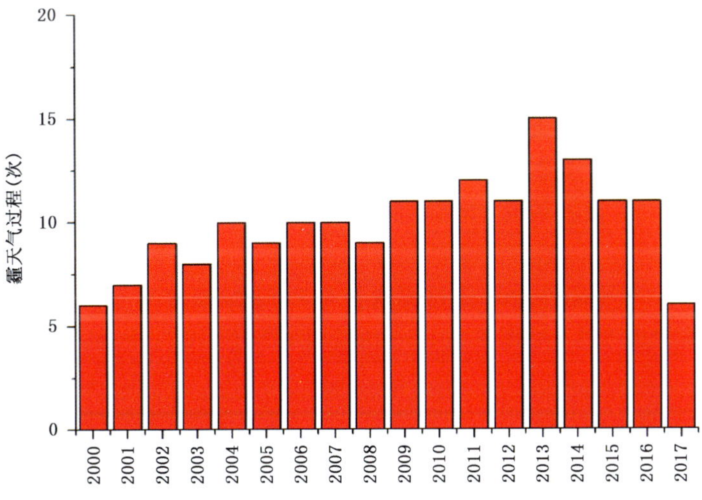

图7.10　2000—2017年全国霾天气过程次数(国家气象中心)

从全国平均霾日逐年变化趋势看(图 7.11),2000—2006 年呈上升趋势,2007 年之后逐步下降,尤其是在 2015 年之后下降明显。京津冀自 2013 年开始,霾日数逐年下降,2017 年下降最多(比 2016 下降 18.1 天);长三角也下降明显;珠三角霾日数低于全国平均,2013—2017 年霾日数呈缓慢下降趋势。这说明,近几年来,我国大力治理霾天气取得阶段性成就。

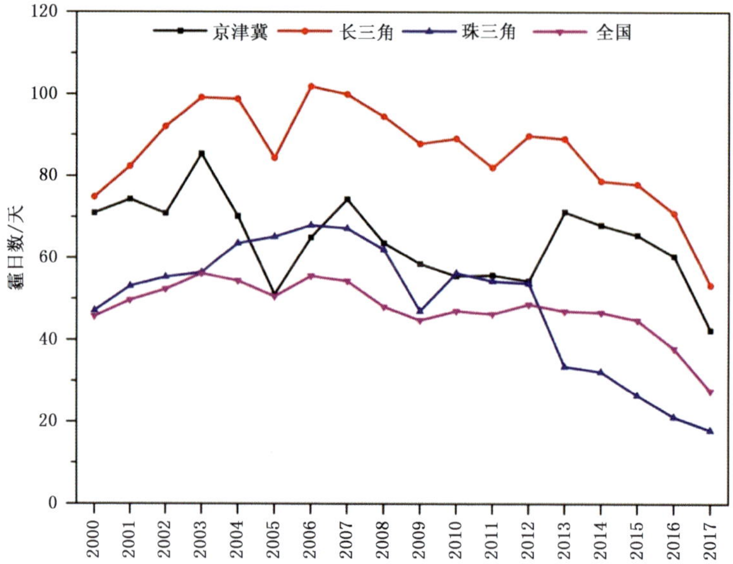

图 7.11　2000—2017 年全国及部分重点区域霾日变化趋势(国家气象中心)

(3)沙尘天气过程

2017 年我国共出现了 9 次沙尘天气过程(图 7.12),其中扬沙天气过程 8 次、沙尘暴天气过程 1 次,无强沙尘暴天气过程,均少于常年平均①。影响范围最大的过程是 5 月 3—7 日的沙尘暴天气过程,沙尘天气影响了西北、华北、黄淮、江淮、江汉以及东北地区西部等地,沙尘影响面积达 235 万千米^2,沙尘强度大,导致多地空气质量指数数值爆表,其中内蒙古局地 PM_{10} 峰值浓度超过 2000 微克/米^3,北京局地超过 1000 微克/米^{3}②。

2000—2017 年平均沙尘天气过程次数(13.6 次)较常年平均(1981—2010 年平均 14.9 次)偏少 1.3 次,尤其在 2011—2017 年平均仅 10.3 次,明显偏少(图 7.12)。

① 中国气象局,2017 年大气环境公报。

② 中国气象局,2017 年中国气候公报。

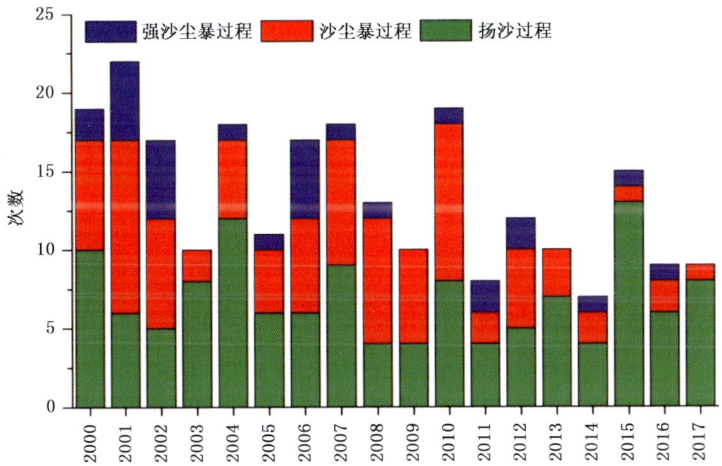

图 7.12　2000—2017 年沙尘天气过程(国家气象中心)

(四)绿色发展的气象保障作用得到加强

1. 开展国家重点生态功能区气象保障服务

2017 年,开展生态功能区气象监测评价指标体系建设,研发生态功能区气象保障技术与模型,根据所在功能区的发展方向和服务需求,围绕生态服务功能增强和生态环境质量改善,开展有区域特色的气象保障服务。水源涵养型生态功能区,着重开展降水量、蒸发量等与水资源关系密切的气象要素监测评价,提供天然林草保护、水土流失生态气象监测预报,开展退耕还林、围栏封育和湿地森林草原等生态系统维护重建效益评估等服务。水土保持型生态功能区,开展水土流失和荒漠化控制,稳定草原面积,恢复草原植被气象监测评价,重点加强土地覆盖、降水强度、生态承载能力监测,提供节水灌溉、雨水集蓄利用、旱作节水农业等精细化气象预报服务。防风固沙型生态功能区,开展天然林面积扩大、森林覆盖率提高、森林蓄积量增加等气象监测评价。生物多样性维护型生态功能区,开展野生动植物物种恢复和增加的气象监测评价,重点加强生物群落结构、优势种群和重要物种栖息地气象条件监测预报。将江西省列为国家生态文明试验区气象保障服务试点省。

2017 年,配合各地生态规划、生态保护与建设工程,开展退耕还林(草)、重点流域生态治理的气象监测和评估,为政府科学决策提供依据。对 2017 年以及 2000 年以来全国植被生态质量、重点水体和重点区域生态保护效果进行气象监测评价。对 2017 年气象条件及 2000 年以来气候变化对全国生态以及三江源、呼伦湖区域、广西石漠化和太湖蓝藻水华治理的影响进行了定量化评估。主要结论为:三江源地区 2000 年以来气候暖湿化,生态保护效果明显;呼伦湖区域 2000 年以来生态好转,但波动幅度较大;广西石漠化区 2000 年以来植被生态逐渐变好,2017 年最好;太湖蓝藻水华近 10 年发生少,但适宜气候条件仍会促使发生。推动全国森林火险气象预报业务一体化。研发未来 168 小时时效逐 24 小时空间分辨率 10×10 千米森林火险气象预报产品。

开展太湖蓝藻水华卫星遥感监测评估和气象条件影响分析。编制蓝藻水华聚集风险等级区划,启动高分卫星资料、风云四号卫星资料在蓝藻监测中的应用研究,提高太湖蓝藻监测预警能力。强化蓝藻监测预警和人工影响天气作业的业务融合,提升人工增雨防控湖泛能力。

气象服务保障太湖蓝藻生态治理

蓝藻是地球上出现最早、分布最广、适应性最强的光合自养生物,在地球上已经存在 30 亿年。富营养化水体在较高温度时,以蓝藻为主的藻类就会大量增殖,短时间内浮于水面或聚集于水体上层,形成一层藻密度较高、面积较大的蓝藻层。2007 年,太湖大规模爆发蓝藻水华,给周边地区人民生活带来了巨大影响。

近年来,气象部门利用气象卫星等多源卫星资料开展太湖、巢湖、滇池等大型重点湖泊蓝藻水华的研究及监测评估服务工作,为当地政府蓝藻水华打捞、治理和蓝藻爆发事件应急处理提供决策依据。

2017 年,中国气象局启动太湖蓝藻综合考察,将气象卫星、无人飞机和实地测量相结合,实现对太湖蓝藻的三维同步观测。目前,气象部门常年开展蓝藻水华发生、发展和消亡的全过程实时动态监测服务工作,并开展长时序重点湖泊蓝藻水华评估工作,评估因子包括频次、范围、面积、程度、空间分布等时空变化,每年定期向国家发展改革委和相关省(市)政府提供太湖蓝藻水华年度监测分析评估报告,为政府部门制定春季太湖蓝藻防治决策提供科学依据。

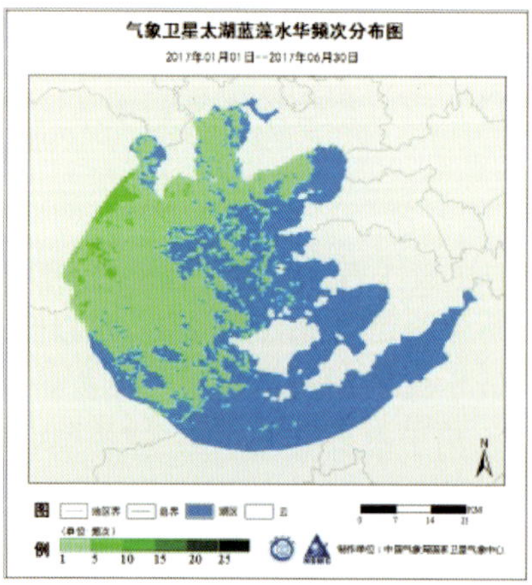

图 7.13　蓝藻水华频次分布图

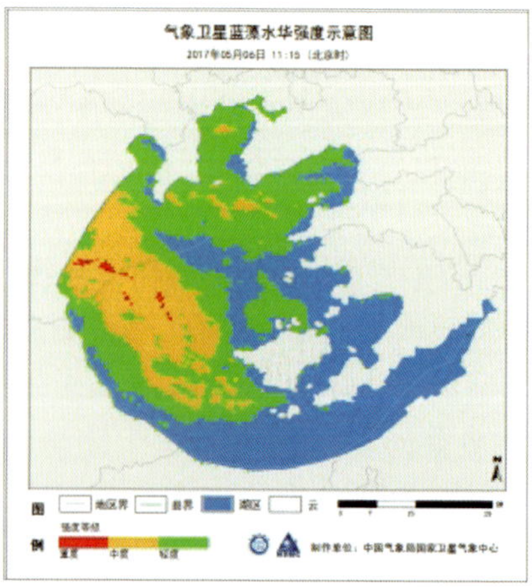

图 7.14　蓝藻水华强度示意图

上海市气象局和太湖防总联合制定《水利部太湖流域管理局与上海市气象局应急响应联动机制》，共同开发太湖流域气象水文信息共享平台，根据太湖流域片洪、涝、台、旱灾害特点和蓝藻成长规律，提前采取应急措施。

江苏省气象局加强取水口及全湖蓝藻水华的卫星监测预警，组建太湖蓝藻气象服务团队，开展湖面气象要素加密观测和72小时精细化天气预报，并适时通过人工增雨作业稀释蓝藻。鉴于此，“加强监控”“人工增雨”与“调水引流、拦截打捞”等应急措施被写入省政府应急方案。

浙江省气象部门与国家卫星气象中心、浙江大学等多个单位共同研发“南太湖蓝藻监测评估预警业务系统”，并多次组织野外观测试验，优化遥感蓝藻水华监测模型精度，规范蓝藻水华监测标准，定量分析气象条件与蓝藻水华之间的关系，提高蓝藻预警能力。以蓝藻专题气象服务网页为常态化气象服务手段，不定期发送蓝藻专题气象服务信息，开展太湖蓝藻生长发展的气象条件分析预测，为部署太湖蓝藻防治工作提供决策参考。

2. 提高绿色城镇化气象监测评价能力

开展全国大中城市暴雨、雷电、大风等主要气象灾害风险普查和区划，建立灾害影响预报模型，提前3小时发布城市内涝、雷电等气象灾害风险预警信息。强化城市气候适应和影响评估，2017年全国244个地级以上城市气象部门会同建设、市政等部门联合编制暴雨强度公式，32个大中城市开展城市热岛监测，启动通风廊道研究规划，研发气候变化对城市水资源、城市交通等影响评估模型。加强基层社区灾害风险管理，组织社区和气象灾害防御重点单位制定气象灾害应急预案或计划，在杭州、福州等城市开展气象防灾减灾应急标准化建设工作，联合民政部，建成1422个防灾减灾标准化社区①。

2017年，全国365个城市$PM_{2.5}$年均浓度是44.1微克/米^3，相较2016年的46.2微克/米^{3}下降4.5%，全国74个重点城市$PM_{2.5}$平均浓度为48微克/米^3，相对于2013年的72微克/米^{3}下降33.3%。京津冀、长三角、珠三角区域的$PM_{2.5}$平均浓度分别为64.6微克/米^3、44.7微克/米^3、34.8微克/米^3，相较2013年分别下降39.2%、33.3%、26.0%，超额完成《大气十条》规定的具体指标。北京市的$PM_{2.5}$平均浓度为57微克/米^3，相较2013年年均浓度下降36.0%，完成大气十条规定的60微克/米^{3}左右的指标（表7.3）。

① 资料来源：中国气象局办公室。

表 7.3　2017 年度主要城市 $PM_{2.5}$ 年浓度排名

排名	城市	2017 年 $PM_{2.5}$ 年平均浓度(微克/米^3)	2016 年 $PM_{2.5}$ 年平均浓度(微克/米^3)	2015 年 $PM_{2.5}$ 年平均浓度(微克/米^3)	$PM_{2.5}$ 浓度相对于 2016 年变化
1	石家庄	82.2	95.3	87.5	−13.7%
2	乌鲁木齐	75.5	77.3	67.1	−2.3%
3	西安	73.9	71.9	58.0	2.7%
4	郑州	72.0	78.7	95.7	−8.6%
5	济南	65.3	75.6	90.3	−13.7%
6	太原	64.9	63.9	59.7	1.6%
7	天津	63.8	70.5	71.4	−9.5%
8	哈尔滨	57.5	50.3	69.1	14.3%
9	北京	57.1	72.0	79.5	−20.8%
10	合肥	56.5	57.0	65.6	−0.9%
11	成都	54.4	60.7	60.9	−10.4%
12	长沙	53.1	53.3	60.2	−0.4%
13	武汉	53.0	56.9	69.5	−6.9%
14	沈阳	49.7	53.3	70.7	−6.7%
15	兰州	48.7	50.0	48.8	−2.7%
16	长春	46.5	45.1	64.1	0.9%
17	银川	46.0	49.2	47.8	−6.6%
18	重庆	44.4	53.0	54.5	−16。3%
19	杭州	43.9	47.0	54.7	−6.5%
20	呼和浩特	43.9	40.2	42.8	9.0%
21	南京	41.8	47.8	57.0	−12.6%
22	南昌	41.1	41.7	41.3	−1.5%
23	西宁	40.0	50.1	48.5	−20.1%
24	上海	39.3	45.5	54.2	−13.7%
25	南宁	35.6	36.2	40.8	−1.6%
26	广州	35.4	35.0	38.6	1.0%
27	贵阳	32.3	35.4	37.9	−8.7%
28	昆明	37.7	26.5	28.5	4.5%
29	福州	26.6	26.6	28.8	0.1%
30	海口	20.1	20.6	21.3	−2.1%
31	拉萨	19.5	27.6	24.9	−29.4%

数据来源:绿色和平 . 2017 年中国 365 个城市 $PM_{2.5}$ 浓度排名:《大气十条》目标完成,全国臭氧污染及非京津冀地区空气治理需加强[EB/OL]. http://www.greenpeace.org.cn/air-pollution-2017-city-ranking/

2017 年，全国 365 个城市中有 256 个城市的 $PM_{2.5}$ 年均浓度超出国家二级标准（35 微克/米³），占总数的 70.1%。其中，全国 128 个城市的 $PM_{2.5}$ 年均浓度同比不降反升，在反弹最严重的 10 座城市中，鸡西市以 52.5%的同比增幅位于反弹榜的第一名。反弹榜前十名中有四个城市位于黑龙江省，浓度增幅为 22.0%～52.5%。其余六个城市分别处于安徽省（池州市、淮南市）、新疆维吾尔自治区（伊犁哈萨克自治州、阿勒泰地区）、吉林省（吉林市）和广西壮族自治区（玉林市）。

（五）大气环境容量分析有序开展

1. 大气对污染物的通风扩散和降水清洗能力

2017 年，东北大部、华北北部及内蒙古、山东半岛东部、青海南部、西藏中部、四川西北部和南部、云南东部和西北部、海南等地的大气环境容量在 45 吨/（天 · 千米²）以上，大气对污染物的清除能力较强；新疆西部大气环境容量小于 25 吨/（天 · 千米²），大气对污染物的清除能力较弱；全国其余大部地区为 25～45 吨/（天 · 千米²），大气对污染物的清除能力一般（图 7.15）。

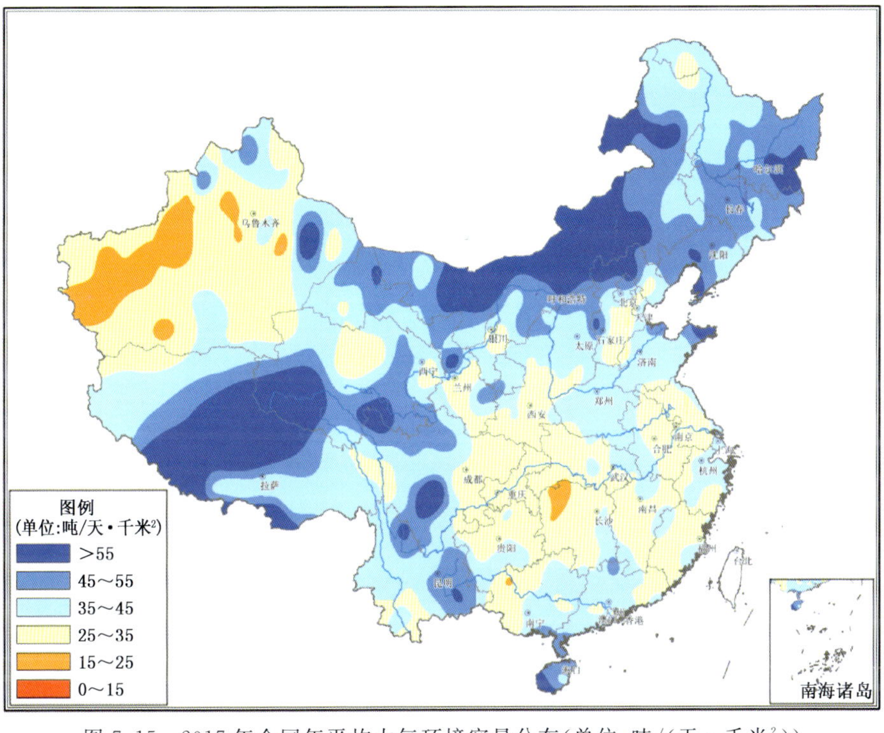

图 7.15 2017 年全国年平均大气环境容量分布（单位：吨/（天 · 千米²））
（国家气候中心）

2017 年冬半年（1—3 月和 10—12 月）平均大气环境容量，京津冀地区为 27.6 吨/（天 · 千米²），较常年同期偏低 15.6%，较近十年（2007—2016 年）同期偏低

3.5%(图 7.16);长三角地区为 33.9 吨/(天·千米²),较常年同期偏低 16.4%,较近十年同期偏低 0.8%;珠三角地区为 21.4 吨/(天·千米²),较常年同期偏低 29.3%,较近十年同期偏低 6.8%,较 2016 年偏低 24.4%。

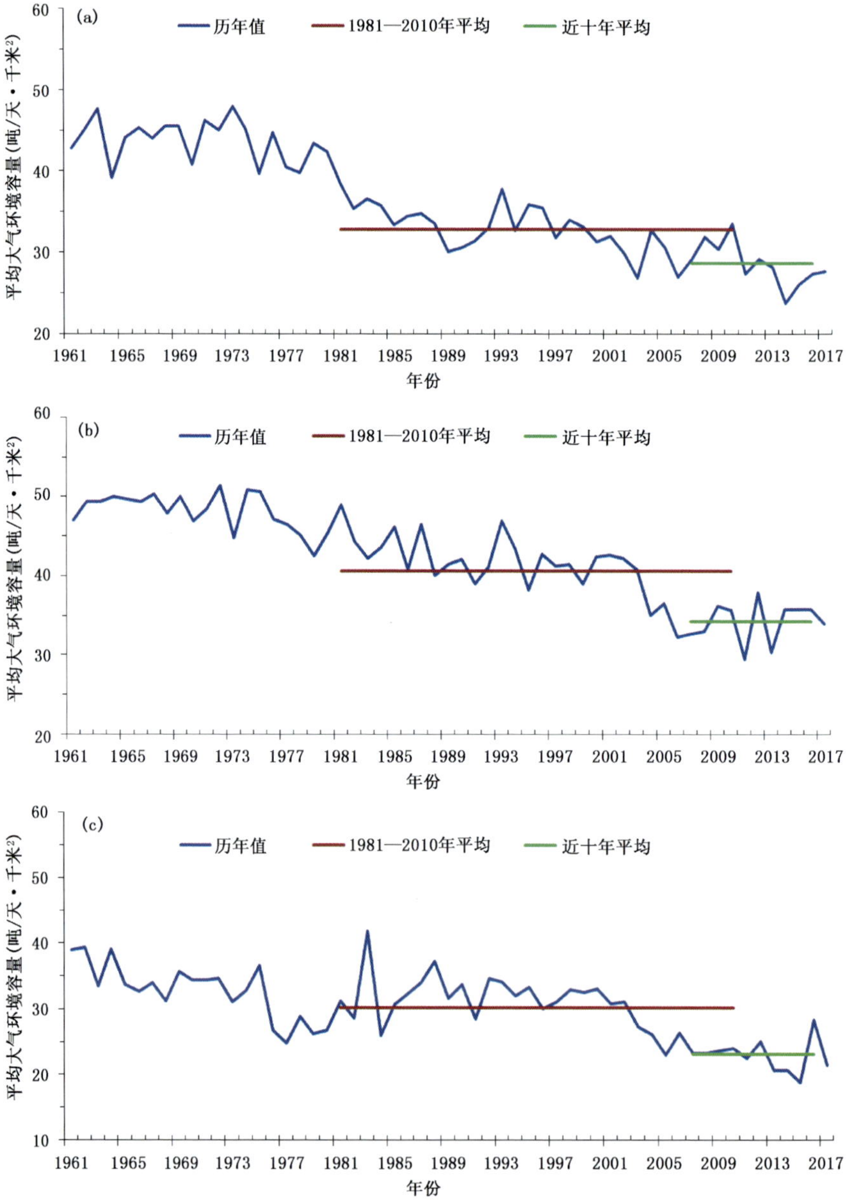

图 7.16　1961—2017 年京津冀(a)、长三角(b)和珠三角(c)地区冬半年平均大气环境容量历年变化(单位:吨/(天·千米²))(国家气候中心)

2. 部署超大城市综合气象观测试验

2017 年，气象部门在北京、辽宁、上海、广东、四川、深圳、陕西实施了超大城市综合气象观测试验①。

基本建立了以静稳天气指数、污染传输指数、大气环境容量为核心的大气污染扩散评价指标体系，通过污染扩散指标体系和数值模拟，分类开展气象条件和大气污染防治措施影响评估，定量化地分析气象条件和减排措施各自对空气质量改善贡献和影响，为科学考核评价减排效果提供基础。

三、2017 年气候资源开发利用主要进展

2017 年，气象部门为全国 164 个风电场、太阳能电站开展选址评估；改进风能太阳能预报系统，为全国 887 个风电场、太阳能电站提供预报服务。开展全国风能太阳能资源监测，完成《中国风能太阳能资源年景公报 2017》。保障国家光伏“领跑者”基地发展计划，开展光伏发电“领跑者”基地申报太阳能可利用条件评估。完成全国贫困县 10 千米分辨率太阳能资源综合评估和 1 千米分辨率精细化太阳能资源评估试点。落实国家光伏扶贫任务，开展全国 13 万个贫困村精细化太阳能资源评估②。

（一）太阳能资源开发利用气象服务稳步推进

1. 太阳能资源年辐射总量分布评估

2017 年，全国陆地表面平均的水平面总辐射年辐照量为 1488.5 千瓦 · 时/米^2，较多年（2007—2016 年）平均值偏少 4.06 千瓦 · 时/米^2，接近多年平均值，与 2016 年略有增加（图 7.17）。

2017 年，我国太阳能资源地区性差异较大，总体上呈现高原、少雨干燥地区大；平原、多雨高湿地区小的特点。我国东北西部、华北北部、西北和西南大部水平面总辐射年总量超过 1400 千瓦 · 时/米^2，其中新疆东部、西藏中西部、青海大部、甘肃西部、内蒙古西部水平面总辐射年辐照量超过 1750 千瓦 · 时/米^2，太阳能资源最丰富；新疆大部、内蒙古大部、甘肃中东部、宁夏、陕西山西河北北部、青海东部南部、西藏东部、四川西部、云南大部及海南等地水平面总辐射年辐照量 1400～1750 千瓦 · 时/米^2，太阳能资源很丰富；东北大部、华北南部、黄淮、江淮、江汉、江南及华南大部水平面总辐射年辐照量 1050～1400 千瓦 · 时/米^2，太阳能资源丰富，四川东部、重庆、贵州中东部、湖南及湖北西部地区水平面总辐射年辐照量不足 1050 千瓦 · 时/米^2，为太阳能资源一般区（图 7.18）。

从全国及各省水平面总辐射年辐照量距平分布看，总体表现出“东部偏高、西部偏低”的特征，距平百分率绝对值在 5％以内，大部分地区距平在－3％～3％之间（图

① 资料来源：中国气象局综合观测司。

② 资料来源：中国气象局预报与网络司。

7.19,图7.20)。

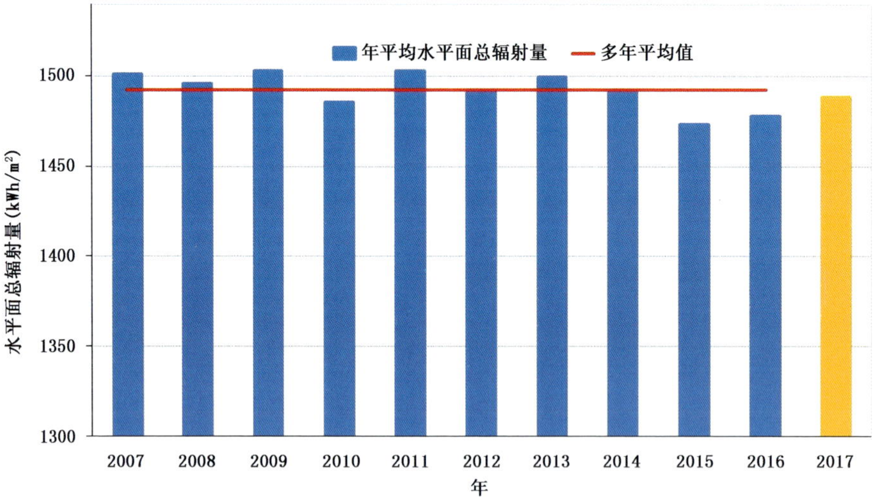

图7.17　全国陆地表面水平面总辐射年辐照量年际变化直方图

(中国气象局公共气象服务中心)

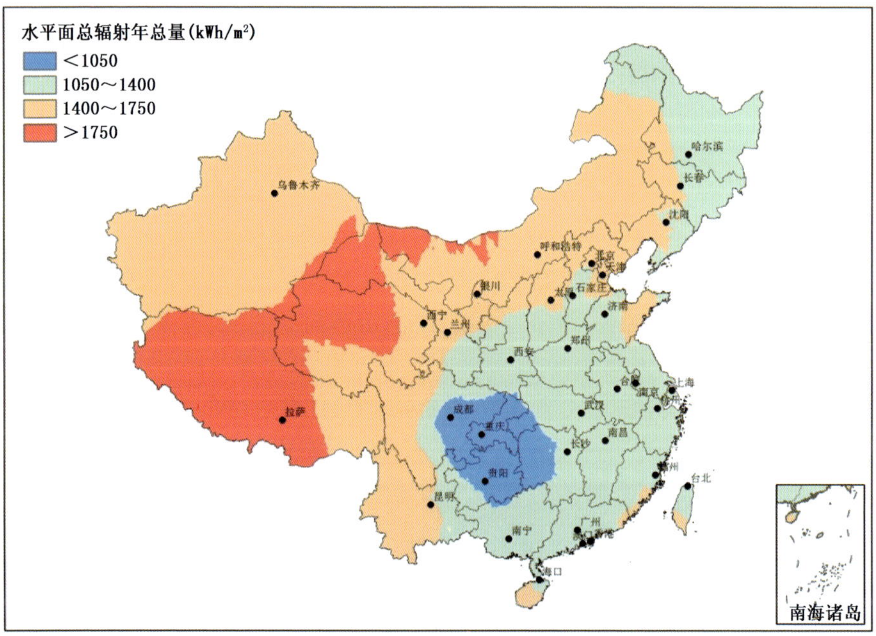

图7.18　2016年全国水平面总辐射年总量分布图

(中国气象局公共气象服务中心)

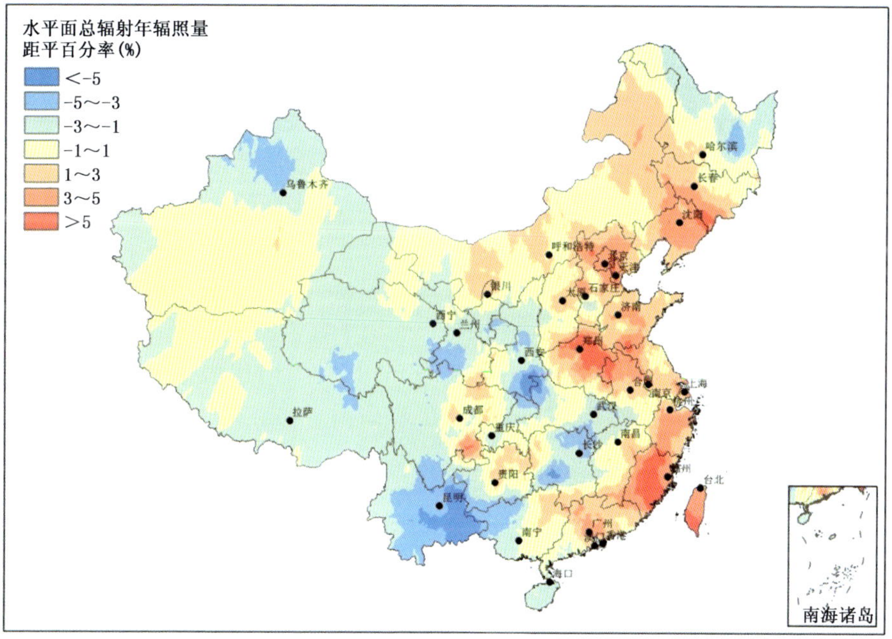

图 7.19　2017 年全国水平面总辐射年辐照量距平百分率分布图
（中国气象局公共气象服务中心）

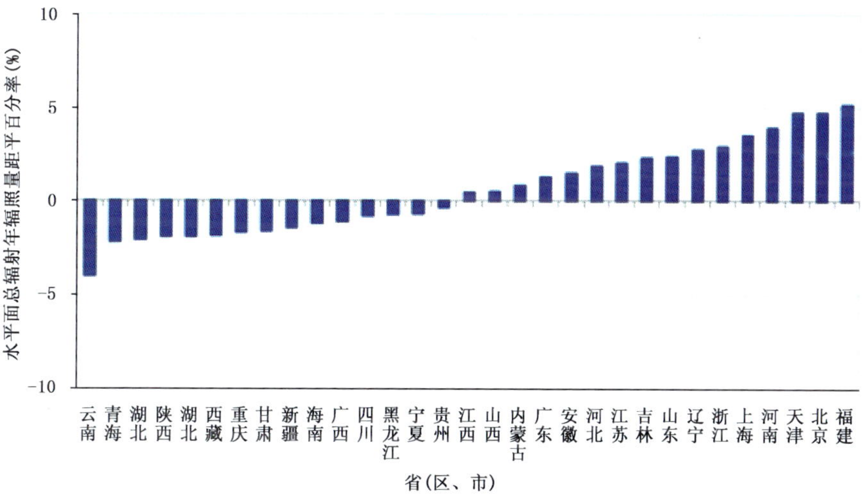

图 7.20　2017 年各省(市、区)水平面总辐射年辐照量距平百分率
（中国气象局公共气象服务中心）

2. 光伏发电增长明显

受上网电价调整等多重因素影响，2017 年光伏发电市场规模快速扩大，新增装机 5306 万千瓦(图 7.21)，居可再生能源之首。其中，光伏电站 3362 万千瓦，同比增加 11%；分布式光伏 1944 万千瓦，同比增长 3.7 倍。截至 2017 年底，我国光伏发电装机达到 1.3 亿千瓦，其中，光伏电站 10059 万千瓦，分布式光伏 2966 万千瓦。“十三五”以来，随着太阳电池技术进步的快速提高，太阳电池生产成本和光伏发电成本快速下降，在各项光伏政策的支持下，我国光伏发电市场继续保持快速发展。目前已经提前并超额完成了 1.05 亿千瓦“十三五规划目标”。按照发展趋势，预计到 2020 年底，中国光伏发电累计装机将有望达到 2.50 亿千瓦。从发电量来看，也创造了新高，2017 年我国光伏发电量达到 1182 亿千瓦·时以上，同比增长超过 70%，光伏发电量占全部发电量的比重由 2016 年的 1.1%提高到 1.8%。

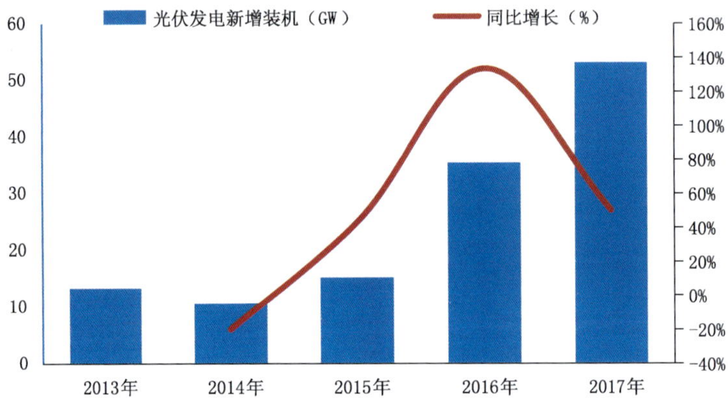

图 7.21　2013—2017 年光伏发电新增装机量情况(单位:GW,%)
(前瞻产业研究院)

从地区方面来看，2017 年光伏发电市场呈现装机增速东增西降、东中西部装机分布进一步均衡的新格局。光伏发电向中东部转移趋势明显。华东地区新增装机 1467 万千瓦，同比增加 1.7 倍，占全国的 27.7%。华中地区新增装机为 1064 万千瓦，同比增长 70%，占全国的 20%。西北地区新增装机 622 万千瓦，同比下降 36%。分布式光伏发电呈现爆发式增长，全年新增装机 1944 万千瓦，为 2016 年同期新增规模的 3.7 倍，增速同比增加 3 倍，占总新增装机的比重为 36.64%，较 2016 年提升 24.39 个百分点，并刷新创历史新高，这也标志着我国分布式光伏发电进入快速增长期。光伏发展继续提速，2017 年 1—12 月，全国分布式光伏新增装机量超过 1900 万千瓦，同比增长超过 360%，远超前五年分布式光伏总装机量。浙江、山东、安徽三省分布式光伏新增装机占全国的 45.7%。

3. 太阳能开发利用气象服务稳步推进

2017 年，进一步完善全国陆地太阳能资源开发潜力的宏观评估和重点开发区域的精细化评估，为国家、区域太阳能开发利用规划和宏观政策提供科学依据。建立并完善太阳能预报业务服务体系。太阳能预报业务服务产品实现全国陆地区域的全覆盖，并研发了不同时间尺度的预报产品，满足电网调度要求和光伏电站等发电企业的特殊定制化需求。

气象部门组织开展全国贫困县 10 千米分辨率太阳能资源综合评估和 1 千米分辨率精细化太阳能资源评估及 13 万个贫困村精细化太阳能资源评估。完成 832 个贫困县的气候资源和气象灾害普查和评价，成为地方政府制定光伏扶贫规划、开展试点工作的科学依据。进一步形成《全国贫困村太阳能资源评估数据》，报告及气候背景数据手册报送国务院领导及相关部门。完成全国 13 万个建档立卡贫困村的精细化太阳能资源评估并提交国务院扶贫办，国务院扶贫办致函中国气象局表示感谢。根据国家能源局光伏发电“领跑者”计划，完成 6 个涉及光伏扶贫的光伏基地精细化太阳能资源评估，河北省 62 个贫困县 1 千米分辨率的太阳能资源评估，形成精细化区划图谱。2017 年，为全国 126 个风电场、太阳能电站开展选址评估；改进风能太阳能预报系统，为全国 887 个风电场、太阳能电站提供预报服务。组织内蒙古、河南等省(区)气象部门为地方政府开展光伏扶贫提供服务①。根据评估计算，全国 129511 个贫困村中，74.5%(96477 个)的贫困村可开展光伏扶贫，其中 41.4%(53582 个)的贫困村具有较好的太阳能资源开发条件，20 年平均等效满负荷利用小时数超过 1100 小时；33.1%(42895 个)的贫困村具有一定的太阳能资源开发条件，20 年平均等效满负荷利用小时数为 900～1100 小时②(图 7.22)。

(二)风能资源开发利用气象服务逐步深入

1. 2017 年全国风能资源评估

2017 年，气象部门利用全国陆地 70 米高度层水平分辨率 1 千米×1 千米的风能资源数据，得到 2017 年全国陆地 70 米高度层的风能资源年景。

2017 年全国陆地 70 米高度层平均风速均值为 5.5 米/秒。大于 6.0 米/秒的地区主要分布在东北大部、华北北部、内蒙古大部、宁夏、陕西北部、甘肃大部、新疆东部和北部的部分地区、青藏高原大部、四川西部，以及云贵高原和广西等地的山区，其中内蒙古中部和东部、新疆北部和东部部分地区、甘肃西部、青藏高原大部等地年平均风速达到 7.0 米/秒，部分地区甚至达到 8.0 米/秒以上。东部沿海大部分地区、山东大部、华东、华南、华中及西南等部分山区的平均风速也可达到 5.0 米/秒以上③(图 7.23)。

① 资料来源：中国气象局预报与网络司。

② 资料来源：中国气象局风能太阳能资源中心。

③ 资料来源：中国气象局风能太阳能资源中心、中国气象服务协会。

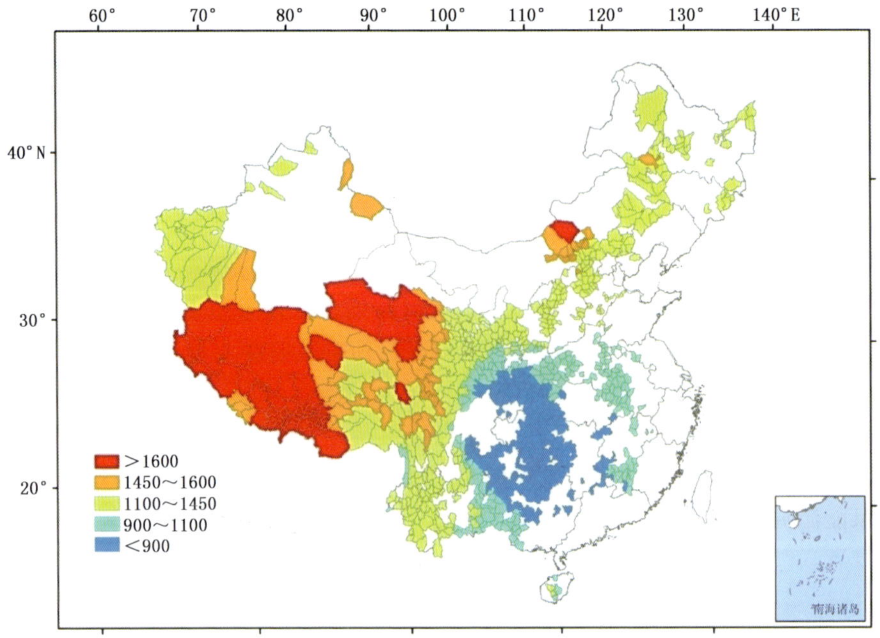

图 7.22　680 个连片特困地区县和 152 个片外扶贫开发重点县光伏发电年利用小时数
(中国气象局应急减灾与公共服务司)

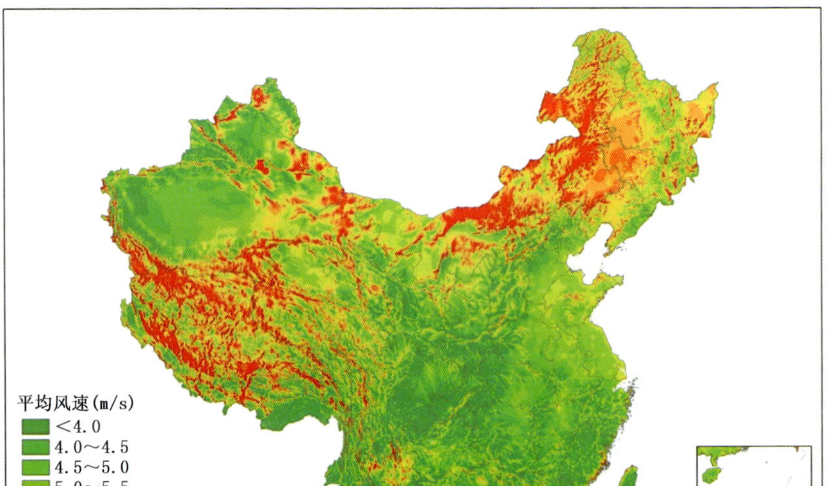

图 7.23　2017 年全国陆面 70 米高度年平均风速分布
(中国气象局公共气象服务中心)

2. 全国风电保持健康发展势头

根据中国风能协会数据，2017 年全国(除港、澳、台地区外)新增装机容量 1966 万千瓦，同比下降 15.9%；累计装机容量达到 1.88 亿千瓦，同比增长 11.7%，增速放缓(图 7.24)。

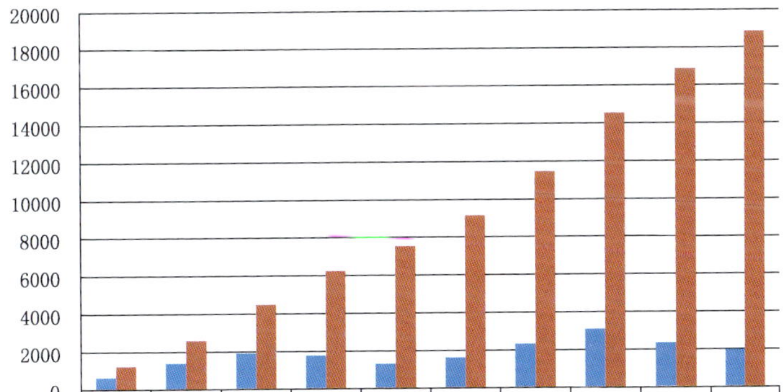

	2008	2009	2010	2011	2012	2013	2014	2015	2016	2017
新增装机	615	1380	1893	1763	1296	1609	2320	3075	2337	1966
累计装机	1200	2581	4473	6236	7532	9141	11461	14536	16873	18839

图 7.24　2008—2017 年中国新增和累计风电装机容量(单位：万千瓦)
(前瞻产业研究院)

2017 年，全国新增并网风电装机 1503 万千瓦，累计并网装机容量达到 1.64 亿千瓦，占全部发电装机容量的 9.2%。风电年发电量 3057 亿千瓦·时，占全部发电量的 4.8%，比重比 2016 年提高 0.7 个百分点。2017 年，全国风电平均利用小时数 1948 小时，同比增加 203 小时。全年弃风电量 419 亿千瓦·时，同比减少 78 亿千瓦时，弃风限电形势大幅好转。2017 年，全国风电平均利用小时数较高的地区是福建(2756 小时)、云南(2484 小时)、四川(2353 小时)和上海(2337 小时)

3. 风能资源开发利用气象服务深入推进

开展全国风能资源详查和评估工作。摸清全国陆地及近海的风能资源分布(表 7.4)，支持我国风电发展规划编制和实施，并在上千个风电场选址或风能资源评估中得到应用，极大地支撑和推动了我国风能资源的开发利用。

表 7.4　全国风能资源可开发量

风能资源指标(瓦/米^2)	陆地可开发量(亿千瓦)	陆地可开发面积(万千米^2)
300	28.9	101.4
200	50.0	158.7

资料来源：中国气象局应急减灾司与公共服务司。

2017 年，利用全国气象台站 2007—2017 年地面观测资料，统计分析 2017 年我国陆地 10 米高度的风速特征，得出 2017 年，全国地面 10 米高度年平均风速较近 10 年(2007—2016 年)均值偏大 0.63%，属正常稍偏大年景，但分布不均，地区差异性较大。多数省(市、区)年平均风速偏大，其中，黑龙江、吉林、重庆、北京、湖北、四川、上海偏大 5%以上。

2017 年，全国多数省(市、区)陆地 70 米高度年平均风速接近于常年均值，偏小的地区仅江苏省，偏小 2.4%；偏大的地区有广西、四川、湖北、重庆、吉林、黑龙江等 6 个省(市、区)，其中偏差最大的是黑龙江，偏大 4.0%。

2017 年与 2016 年相比，多数省(市、区)年平均风速和年平均风功率密度比较接近。年平均风速和年平均风功率密度明显减小的有青海省，分别减小超过 2.95%和 8.81%；年平均风速和年平均风功率密度明显增加的有北京、吉林、上海 3 省(市)，年平均风速距平百分率增加 2.9%～3.8%，年平均风功率密度距平百分率增加 8.5%～11.0%。

2017 年，全国风电气象服务取得积极进展，建立并完善风电预报业务服务体系，风电预报业务服务产品实现全国陆地区域的全覆盖，并研发了不同时间尺度的预报产品，满足电网调度要求和风电站等发电企业的特殊定制化需求。

2017 年，增加提供风力发电气象服务产品情况研制中尺度模式与流体力学软件融合技术，可提供 10 米量级分辨率的精细风工程参数，实现可高效业务化工程应用，解决了一直困扰行业领域的复杂风电场布机设计和微观选址优化、测风塔代表性等技术难题，大大减少了复杂地形风电工程测风塔数量，可用于分散式风电项目，可为工程节省大量前期观测时间和成本。为三峡新能源等企业集团提供风电场微观选址设计、复杂山地风电场风机个性化选型设计的校核优化工程服务。实践表明，气象服务可使年发电量提升 5%～10%，经济效益显著①。

四、评价与展望

当前，我国生态环境气象保障工作已经取得了一些积极进展。但也要看到生态气象观测布局优化不够、生态气象要素观测能力不足；生态数据信息共享机制尚未建立、数据应用能力不强；对气候系统、生态环境关键变量的变化规律、影响因素等还缺乏全面的了解，产品科技含量不够高；生态气象业务技术体系不完善、统筹协调推进不够；生态气象保障服务领域有限，部门职能发挥不够。气象保障主要集中在科技型和基础性工作上，分散在现有不同的既有业务环节，融入到不同牵头部门的工程项目之中，真正凝练到国家级重大气象保障工程项目较少，社会对气象保障生态文明建设工作的认知度不高，生态环境气象保障综合效益发挥还很不充分。

① 资料来源：中国气象局风能太阳能资源中心。

未来我国生态环境气象保障建设任务还比较艰巨，还需要进一步分析国家生态文明建设的需求，合理设置生态文明建设气象保障阶段性目标与重点，需要加快推进与生态文明和生态安全相适应的现代气象观测、预报、预警和气象服务综合体系建设，重点提高适应气候变化以及针对生态系统、大气环境治理等领域的生态文明建设气象服务能力。

未来我国生态环境气象保障业务发展，将对气象灾害多发区、地质灾害高易发区、气候变化敏感区、重点生态功能区、生态环境敏感和脆弱区的生态、环境和气候系统关键要素的实时动态综合监测；将逐步形成生态气象、应对气候变化、环境气象领域涵盖观测、监测、预报、预警、评估等重要业务服务环节的标准体系，需要生态系统、环境气象监测预测评估关键技术以及气候变化影响评估预评估关键技术取得新突破。未来将形成无缝隙的环境气象预报业务、霾预报预警业务和光化学烟雾预报预警业务，生态环境气象保障业务必将取得新的发展。

未来我国生态环境气象服务，需要加快开发涵盖典型生态系统与国家重点生态功能区生态适用气象服务产品，生态质量气象综合评价需要常态化，气象灾害生态影响评估需要定量化，还需要开发生态环境决策气象服务产品。人工影响天气将成为服务生态环境保护和修复的重要领域，作用会越来越重要。

能力篇

第八章 现代气象业务

现代气象业务主要由公共气象服务业务、气象预报预测业务、综合气象观测业务等部分构成。2017 年，气象部门坚持创新驱动、科学发展，突出以信息化建设为重点，持续推进现代气象业务体系建设，促进了气象业务水平全面提升。

一、2017 年现代气象业务概述

（一）综合观测能力不断提升

2017 年，我国综合观测能力不断提升。通过大力推进综合气象观测改革发展顶层设计和现代化建设，持续推进综合气象观测朝着综合化、信息化、智能化、社会化方向发展。统筹布局气象观测站网，构建"立体设计、一网多能"的国家综合气象观测网，逐步形成了地空天基手段互补、协同运行、交叉检验的一体化观测布局，形成"部门为主、行业协作、社会参与"的观测新格局。质量管理体系取得重要进展，业务稳定运行能力不断提升，综合观测产品和应用效益显著，智能观测取得新进展。成功发射了风云三号 D 气象卫星，实现极轨气象卫星业务组网观测；风云四号 A 星成功交付使用，我国静止气象卫星顺利升级换代。地面观测自动化改革试点进展顺利。优化国家地面天气站布局，捕捉中小尺度灾害性天气能力有效提升。启动了超大城市综合气象观测试验。推进新技术、新装备研发，提升了装备智能化水平。卫星、雷达等监测能力位居世界前列。中国 4 个站点被世界气象组织认定为百年气象观测站。观测为气象保障国家发展战略和气象业务发展提供了强有力的基础支撑。

（二）气象预报预测精度有所提高

2017 年，气象预报通过加强规范化管理和信息化建设，在天气预报、气候预测和空间天气上均取得明显进展，特别是全国智能网格预报"一张网"初步建立，空间分辨率精细到 5 千米。天气气候数值预测模式能力发展瞄准国际先进水平，取得明显进步。区域天气模式和全球气候模式与世界先进水平差距明显缩小，全球气候模式性能跻身国际前列。数值预报核心技术大力支撑气象预报预测业务能力发展，全国天气预报、暴雨预警、气候趋势预测准确率，以及强对流预警时间提前量、台风路径预报水平都有新提高。其中台风路径预报继续保持世界先进水平，台风强度预报水平创历史新高,恩索(El Niño/Southern Oscillation,ENSO)、热带季节内振荡(Madden-Julian Oscillation,MJO)预测技术跻身世界先进水平,卫星遥感在气象预报、生态环境中定量应用能力明显提升。

(三)卫星遥感应用服务能力不断增强

2017 年,气象卫星遥感应用服务能力不断增强。数据质量、卫星定量产品反演数度等关键指标获得明显提升。加强风云四号和风云三号气象卫星在数值预报、天气分析、气候和生态监测等方面的应用,推动风云系列卫星与多源卫星资料的融合应用,鼓励地方气象部门发展本地化特色遥感应用,加强卫星遥感应用技术培训,提升卫星遥感服务于气象灾害应急、重大活动气象保障、决策气象服务任务的能力,服务效益得以有效发挥。

(四)气象服务向智慧化发展

2017 年,全国气象部门持续推进气象服务能力现代化建设,尤其是预警信息发布业务建设取得重大进展。国家突发事件预警信息发布系统已汇集多个部门 76 类预警信息。已有 22 个省级、183 个地(市)级、683 个县级政府成立预警发布中心。气象信息决策支持平台在国务院应急办部署运行。建设融媒体气象服务平台,初步实现了多源信息的汇聚和共享。气象服务满意度保持快速增长,气象服务向智慧化发展,气象服务覆盖面进一步拓展。农业气象服务更加适应现代农业发展需求;海洋气象服务融入海洋开发利用全过程;交通气象服务更为精细智能。旅游气象服务内涵更加丰富。能源气象服务助力资源开发利用;拓展多领域提供专业气象服务。我国成为全球气象服务体系最全、保障领域最广、服务效益最为显著的国家之一。

(五)气象信息集约化程度进一步提高

2017 年,我国气象信息集约化程度进一步提高。积极推进国家和省两级业务系统集约整合,采用新一代信息技术,加快推进新技术与气象业务系统建设和业务应用的结合,初步建成气象云国家级中心,业务进入"云+端"新时代,大幅提升了基础设施的集约化程度。全国已有 450 个省级核心业务系统实现与全国综合气象信息共享平台(China Integrated Meteorological Information Service System,CIMISS)对接,接近全部应用系统的 80%。启动大数据云平台一期建设,基本完成软件框架搭建及核心模块开发,完成地面、高空、数值预报、雷达、卫星等数据接入,实现决策气象服务信息系统(Meteorological Service Information System,MESIS)、全国农业气象业务系统(China Agricultural Meteorological Operation System,CAgMSS)等示范应用。业务流程进一步优化,实现了国省数据同步消息全流程监控。持续推进与行业部门数据交换共享,中国科学院大气所、电工所等多家单位资料汇交工作取得重大进展。以气象信息化驱动气象现代化发展的能力显著增强。为提升我国气象信息化发展综合水平,进一步发挥信息化对气象业务的支撑作用,提高气象信息共享及应用水平,中国气象局组织编制了《气象信息化发展规划(2018—2022年)》,提出了2018—2022年全国气象信息化发展的指导思想、目标、任务、建设工程,是我国气象信息化发展的纲领性文件。

二、2017年现代气象业务进展

(一)综合气象观测业务

1.综合观测业务顶层设计

2017年,为实现更高水平气象现代化,贯彻落实好新的改革发展要求,中国气象局制定印发《综合气象观测业务发展规划(2016—2020年)》,提出到2020年建成布局科学、技术先进、功能完善、质量稳健、效益显著、管理高效的综合气象观测系统的目标要求(图8.1),部署构建新型观测业务体系、统筹布局气象观测站网、建立气象观测标准质量体系、发展智能气象观测能力、提高观测业务稳定运行能力、提升观测数据处理应用水平、加强科技创新和人才队伍建设等气象重点任务,推进综合气象观测业务朝着综合化、信息化、智能化、社会化的方向发展。

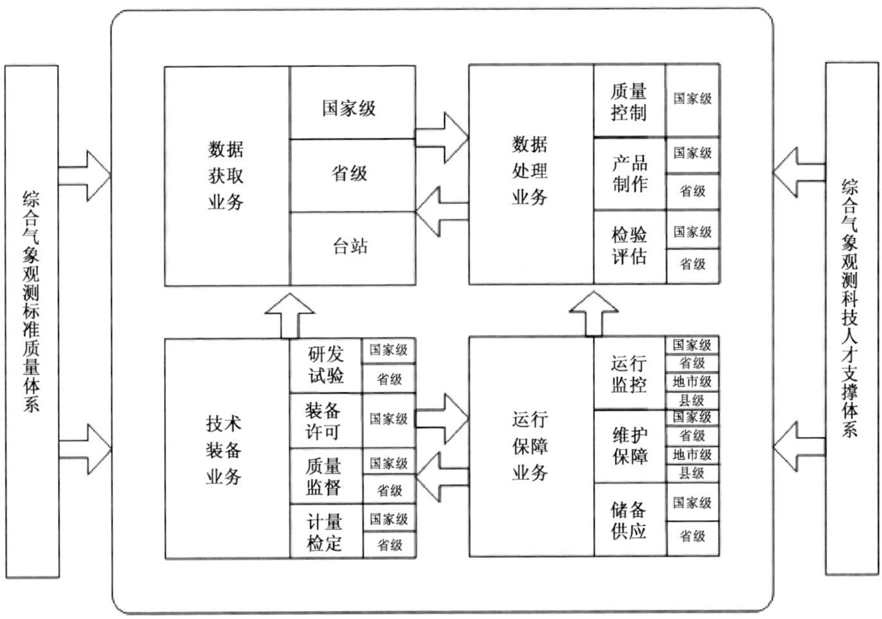

图8.1　综合气象观测业务总体架构图

《综合气象观测业务发展规划(2016—2020年)》统筹布局了气象观测站网,综合利用地空天基各种观测手段,加强国际合作共建共享,统筹国内各类气象观测资源,构建"立体设计、一网多能"的国家综合气象观测网(图8.2),逐步形成地空天基手段互补、协同运行、交叉检验的一体化观测布局，形成“部门为主、行业协作、社会参与”的观测新格局。

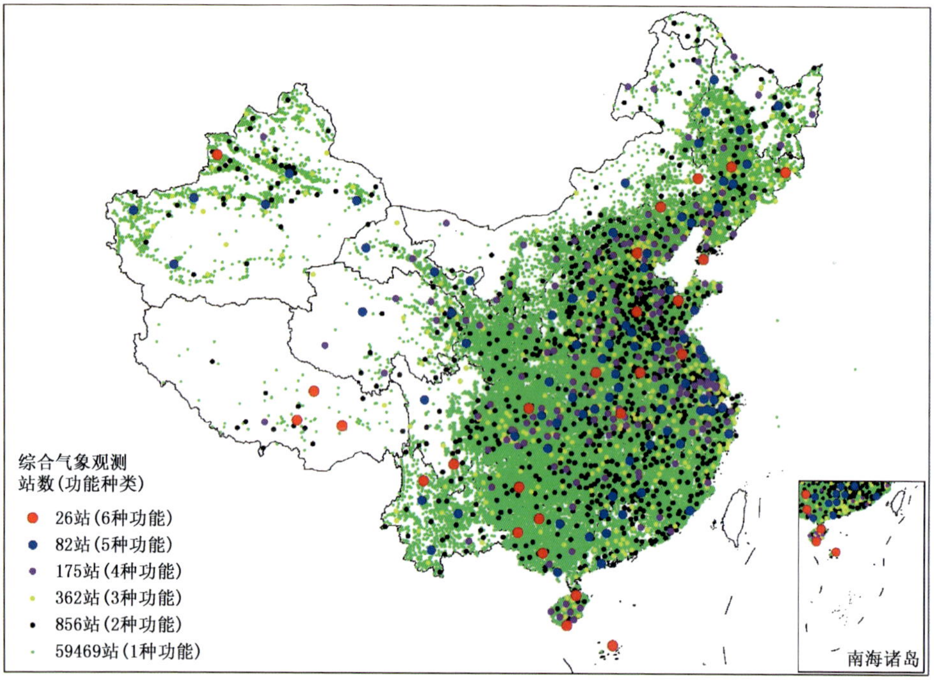

图 8.2　“一网多能”示意图
(数据来源:中国气象局综合观测司)

2017 年 5 月，国家发展改革委批复实施《气象雷达发展专项规划(2017—2020 年)》(以下简称《规划》)，提出了“健全完善现有气象雷达观测系统，构建可持续发展体系”的气象雷达发展目标；确立了“需求牵引、科学发展，开放合作、统筹集约，突出重点、效益优先”的基本原则，提出了“完善气象雷达观测体系、拓展气象雷达资料应用系统、完善气象雷达保障系统、建立和完善气象雷达培训系统、开展气象雷达新技术研究和新型气象雷达技术应用试验”五方面建设任务。其中主要建设内容包括：对已建的新一代天气雷达进行技术升级和双偏振技术改造，增补 37 部双偏振新一代天气雷达和 25 部 X 波段局地雷达；气象雷达新技术研究和新型气象雷达技术应用试验主要建设任务包括：增补 15 部风廓线雷达用于业务试验，开展机载天气雷达、毫米波云雷达、激光雷达等新型气象雷达技术应用与试验等。同时，批复要求《规划》实施要参照“既有实施建设模式，区分轻重缓急，有序推进前期审批和项目安排”，“处理好《规划》内项目与其他实施气象项目的关系，优化整合各类资源，避免重复建设”，强调要“加强与水利、民航、军队等方面的沟通协调，加快建立部门间共建共享共用协调机制”。

2017 年，印发了《卫星遥感综合应用体系建设的指导意见》，提出了到 2020 年，建成布局合理、分工明确、运转高效的国家、省、地市和县四级气象卫星遥感综合应用体系，建立功能完善、技术先进、规范标准的全国气象卫星遥感应用业务，气象卫星遥感数据产品供给能力大幅增强，气象卫星遥感综合应用水平接近同期国际先进水平。意见旨在通过增强完善卫星遥感基础业务能力，提升卫星遥感综合应用的效益，形成保障生态文明建设等国家战略的能力，在国民经济建设和国防建设相关领域得到广泛深入应用，在国际上形成以我为主的风云卫星国际应用协作格局。

2. 国家综合气象观测网

推动建立卫星遥感、地基定点观测构成的立体观测格局，按地面、高空和空间三个层次将观测站网进行分级分类，使得气象综合监测能力不断提高。

(1)地面观测

践行世界气象组织观测网滚动需求评估理念，推动国家地面天气观测站网布局和评估工作，为国际社会提供了中国范例。到 2017 年，国家级地面气象观测站 2425 个，其中包括国家基准气候站 212 个、国家基本气象站 633 个、国家一般气象站 1580 个(图 8.3)。通过综合遴选决策，从全国区域自动气象站以及林业、农垦、建设兵团等行业地面气象观测站中遴选出 8174 个国家地面天气站，与现有国家地面站共同构

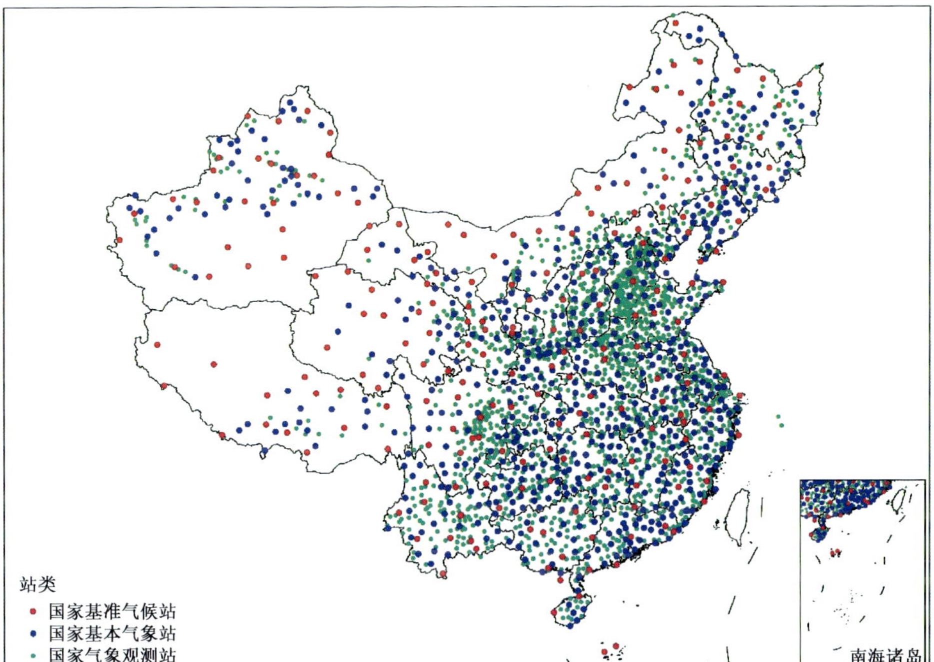

图 8.3　国家地面观测站布局图
(数据来源：中国气象局综合观测司)

成国家地面天气观测站网,监测密度从平均 71 千米缩进小至 30 千米。升级改造自动气象观测站 2948 个,在 9 个省(区、市)的 240 个国家地面气象观测站推广国家级自动气象站无人值守规范,调减西藏和新疆 7 个小球测风站和青海 3 个高海拔艰苦台站的部分人工观测业务,缓解长期困扰高原地区艰苦台站的重大问题。截至 2017 年底,全国共有区域自动气象站 57435 个,乡镇覆盖率达到 96%。其中 24 个省(区、市)达到 100%,26 个省(区、市)达到 95%以上。

截至 2017 年底,已形成由 490 个雷电观测站组成基本覆盖全国的雷电观测网络。全国有大气本底站 7 个(包括 1 个全球大气本底站和 6 个区域大气本底站)、沙尘暴观测站 29 个、大气成分观测站 28 个、酸雨观测站 376 个。全国有农业气象观测站 653 个,自动土壤水分观测站 2075 个。全国有石油平台自动气象站 35 个,海洋浮标观测站共 41 个。2017 年,推动了“百年气象站”认证工作。

中国气象局 3 个气象站被批准为“世界气象组织百年气象站”

在 2017 年 5 月 17 日召开的世界气象组织(WMO)执行理事会第 69 次届会上,中国气象局申报的呼和浩特、长春、营口等 3 个气象站被批准为世界气象组织百年气象站,本次入选的气象站共有 60 个。

百年气象站应满足运行时间百年以上、缺测不超过 10%(不含战争和灾害等影响)、没有造成观测气候特征变化的迁站等 9 个条件。

2017 年初,依据世界气象组织百年气象站认证机制,中国气象局组织全国符合条件的气象站积极申报。经过国内初审遴选,最终从全国报送的 6 个气象站中确定了呼和浩特、长春、营口等 3 个气象站,向世界气象组织申报百年气象站。其中,呼和浩特气象站成立于 1914 年,长春气象站成立于 1908 年,营口气象站成立于 1904 年。

在世界气象组织百年气象站认证机制建立之前,为表彰徐家汇观象台连续 140 年收集长序列气候资料,对世界气象组织全球系统和计划以及天气、气候、水文、环境等方面做出的突出贡献,徐家汇观象台(气象站)被世界气象组织认证为百年气象站。徐家汇观象台作为目前仍在业务运行的国家级气象站,推动了世界气象组织百年气象站认证机制的建立。

世界气象组织认为,保护包括百年气象站在内的长期观测站是政府责任,保护的是不可替代的气候遗产,是满足当代和子孙后代对长期高质量气候记录的需求。世界气象组织推动确认百年气象站活动,是在联合国气候变化框架公约下履行其责任,提升该类站点国际性价值的必要行为。为突出长期历史序列气象站作用,肯定会员在维持站点长期运行方面所做贡献,世界气象组织建立了百年气象站认证机制。

中国百年气象站

2017 年底，中国气象局发布《中国百年气象站认定办法》，并启动了首批中国百年气象站申报认定工作。我国境内由气象部门和其他行业管理和运行的气象站均可参与申报。获得“中国百年气象站”认定的台站，将被列入中国气象站重点保护名录并公布，得到地方人民政府保护承诺，确保能够长期开展气象观测、累积气候资料，对气候变化研究、生态文明建设、发挥气象数据的科学支撑作用等方面具有重要意义。

《中国百年气象站认定办法》参照《世界气象组织百年气象站认定机制》，并依据我国相关法律法规制定，对中国百年气象站的认定条件、申请流程、审查过程和认定结果发布等方面进行了明确规定。

中国百年气象站是指能够长期连续开展观测的气象站，分百年站、七十五年站和五十年站三类，需要在建立年限、累积中断观测时间上限、历史元数据、区域代表性、探测环境等九个方面满足相应的认定条件。中国百年气象站认定工作每两年开展一次，由中国气象局负责，气象站所在省（区、市）气象主管机构向中国气象局提出申请。通过认定的气象站将被列入中国气象站重点保护名录，并接受国务院气象主管机构的指导和监督。中国百年气象站认定工作对长期运行的气象台站的探测环境保护、历史人文传承等具有积极意义。

经审查，通过首批中国百年气象站“百年站认定”的有 10 个站，通过“七十五年站认定”的有 21 个，通过“五十年站认定”的有 402 个。

（2）高空观测

截至 2017 年底，全国气象部门共有 120 个 L 波段高空气象观测站，平均站间距基本满足世界气象组织（WMO）对全球交换探空站平均间距在 250 千米以内的布局要求。除了传统的探空手段外，发展了全球导航卫星系统气象观测（GNSS/MET）测量技术，2017 年底建成 GNSS/MET 观测站（含陆态网）950 个。2017 年，超大城市观测试验取得进展。联合北京等 7 个试点单位编写并印发了实施方案，组建了技术攻关团队，组织了 26 个企业近 90 台套大型设备参加试验，完成北京 7 个综合廓线站建设。开展了为期 50 天的北京地区夏季增强期观测试验，获取了连续准确的风、温、湿、水凝物、气溶胶等“五条廓线”观测数据，形成多项技术报告和观测标准规范。

2017 年，全国业务运行的数字化天气雷达有 198 部（图 8.4），比 2016 年多 8 部。另外，民航、农垦、兵团等行业气象部门也建有新一代天气雷达站，其中民航系统 60 部，黑龙江垦区 12 部。目前我国天气雷达近地面 1 千米的覆盖范围约 220 万千米^2，中东部地区单点雷达站间距一般在 150～200 千米，西部地区单点雷达站间距为 250

～300 千米。截至 2017 年底，我国共有 69 部风廓线雷达投入组网运行，相对集中在京津冀、长三角、珠三角等重点区域。

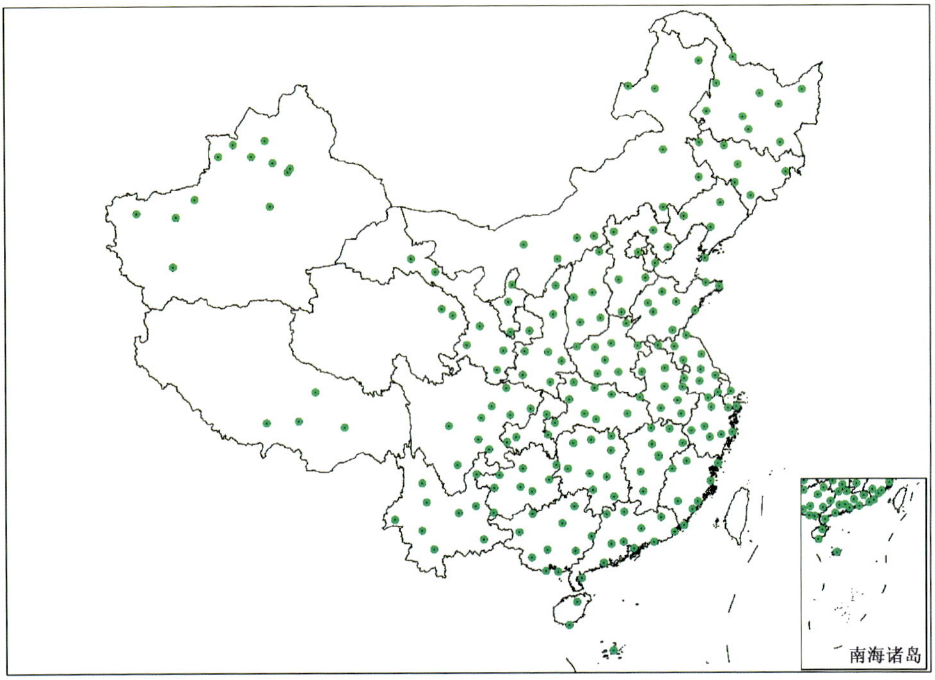

图 8.4　全国天气雷达布局图
(数据来源:中国气象局综合观测司)

(3)空间观测

迄今为止，我国已成功发射了 16 颗风云系列气象卫星，其中 9 颗卫星在轨业务运行(图 8.5，表 8.1)，实现了极轨气象卫星升级换代和上、下午组网观测，成为世界上少数几个同时拥有极轨和静止轨道气象卫星的国家。风云四号 A 星完成地面应用系统主线业务系统建设，完成在轨测试工作并于 2017 年 9 月 25 日成功交付，我国静止气象卫星顺利升级换代；风云三号 D 星于 2017 年 11 月 15 日成功发射并获取首幅图像，在轨测试工作有序展开。

我国卫星地面应用系统以数据处理和服务中心(国家卫星气象中心)和北京、广州、乌鲁木齐、佳木斯、瑞典基律纳 5 个接收站为主体，同时包括 31 个省级卫星遥感应用中心和 2500 多个卫星资料接收利用站，其中静止气象卫星中规模利用站 342 个，地球观测系统/中分辨率光谱成像仪(EOS/MODIS)接收站 22 个，风云三号气象卫星省级地面接收站 16 个(表 8.2)。南极站建成并正式投入使用，提升了全球观测资料获取时效性，形成了“1＋5＋2”的地面应用系统布局。28 个省级接收站项目通

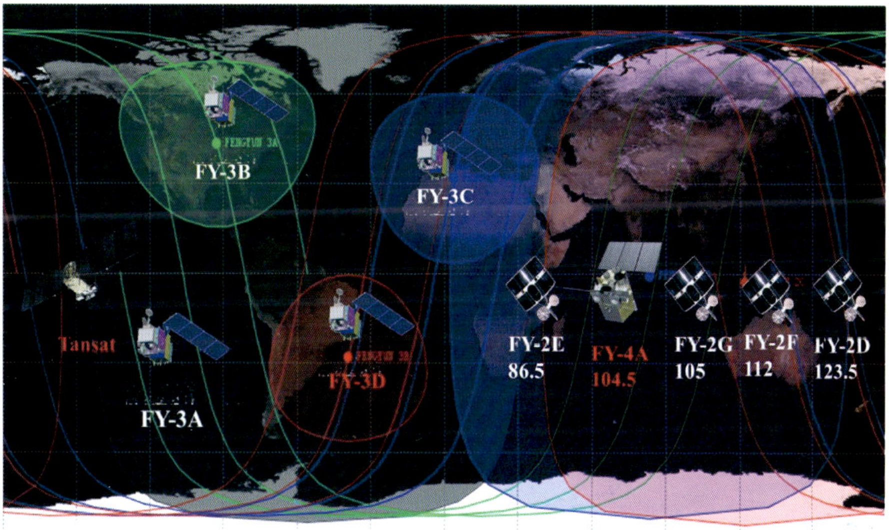

图 8.5 我国在轨的气象卫星示意图

风云三号 D 星

风云三号气象卫星是我国第二代极轨气象卫星，可实现全球、全天候、多光谱、三维、定量遥感。这次发射的风云三号 D 卫星将与 2013 年 9 月发射成功的风云三号 C 卫星进行组网观测，进一步提高大气探测精度，增强温室气体监测、空间环境综合探测和气象遥感探测能力，促进气象卫星综合应用水平的提升，为促进生态文明建设、国家综合防灾减灾和“一带一路”建设等提供重要支撑。碳卫星在轨测试通过评审，数据面向全球实施共享，即将正式交付使用。

据悉，我国将在 2018 年至 2021 年前后陆续发射四颗风云三号卫星，包括风云三号上午星和下午星，卫星将适时增加新型遥感仪器，满足不断增长的新需求；另外两颗风云三号卫星分别为晨昏轨道运行的气象卫星和低倾角近圆轨道降水测量卫星。届时，晨昏星、上午星、下午星和降水星功能互补，相互配合，组网形成完整的低轨气象卫星业务综合观测能力，实现高时效全球中高分辨率光学成像观测，高精度光学微波组合大气温湿度垂直分布探测，气候变化温室气体探测，风场精确探测，全球高精度的降水测量以及太阳和空间环境综合探测能力等六大主要能力。

表 8.1　2017 年在轨中国风云(FY)系列气象卫星基本情况

<table>
<tr><th>系列</th><th>型号</th><th>发射时间</th><th>运行状态</th><th>技术属性</th><th>作用</th></tr>
<tr><td rowspan="4">风云二号</td><td>风云 2E</td><td>2008 年</td><td>在轨运行</td><td rowspan="4">地球静止轨道气象卫星(第一代)</td><td rowspan="4">获取白天可见光云图、昼夜红外云图和水汽分布图,进行天气图传真广播,收集气象、水文和海洋等数据收集平台的气象监测数据,供国内外气象资料利用站接收利用,监测太阳活动和卫星所处轨道的空间环境,为卫星工程和空间环境科学研究提供监测数据</td></tr>
<tr><td>风云 2F</td><td>2012 年</td><td>在轨运行</td></tr>
<tr><td>风云 2G</td><td>2014 年</td><td>在轨运行</td></tr>
<tr><td>风云 2H</td><td>2018 年</td><td>在轨测试</td></tr>
<tr><td rowspan="4">风云三号</td><td>风云 3A</td><td>2008 年</td><td>在轨运行</td><td rowspan="4">极地轨道气象卫星(第二代)</td><td rowspan="4">获取地球大气环境的三维、全球、全天候、定量、高精度资料,满足我国天气预报、气候预测和环境监测等方面的迫切需求</td></tr>
<tr><td>风云 3B</td><td>2010 年</td><td>在轨运行</td></tr>
<tr><td>风云 3C</td><td>2013 年</td><td>在轨运行</td></tr>
<tr><td>风云 3D</td><td>2017 年</td><td>在轨测试</td></tr>
<tr><td>风云四号</td><td>风云 4A</td><td>2016 年</td><td>在轨运行</td><td>地球静止轨道气象卫星(第二代)</td><td>多通道扫描成像辐射计获取的图像、干涉式大气垂直探测仪获取的大气红外辐射光谱、闪电成像仪获取的闪电分布和强度信息、空间环境监测仪获取的空间效应及粒子探测信息</td></tr>
</table>

表 8.2　卫星资料接收站数历年变化

年份	静止气象卫星中规模利用站	EOS/MODIS接收站	风云三号气象卫星省级地面接收站
2010	342	19	
2011	342	21	
2012	342	21	
2013	342	22	
2014	342	22	
2015	342	22	
2016	342	22	16
2017	342	22	16

过验收。进一步完善空间天气观测站网布局,重点加强精细化定量预报能力。统筹建设以数值预报为核心的空间天气业务平台,实现空间天气因果链关键节点的定量预报和模式集成预报。行业气象部门气象卫星接收系统包括民航气象卫星资料接收系统 233 套,农垦建成风云三号卫星接收系统 1 套、气象极轨卫星云图接收系统 6 套、新型静止卫星云图接收系统 10 套,兵团“中国气象局卫星广播系统(CMA-Cast)”卫星气象接收站 42 套、中规模静止卫星利用站 7 套。

我国的空间天气观测,主要以风云系列卫星为核心,充分利用现有的风云卫星平台装载空间天气仪器，在地基监测方面，以气象监测与灾害预警工程为基础，结合国内现有的地基探测站，在“子午”工程探测站网的基础上，在关键地点建设一些太阳、电离层和高空大气观测台站，形成“三代六区”地基空间天气专业观测网布局。截至2017 年底，共有空间天气观测站 84 个。

3. 业务稳定运行能力

2017 年全国各类观测系统业务运行稳定。新一代天气雷达全年平均业务可用性达 99.1%。国家级台站自动气象站平均业务可用性达到 99.98%（图 8.6）。高空气象观测业务可用性 100%。区域自动气象站业务可用性 97.82%，自动土壤水分 98.42%、气溶胶质量浓度 90.8%。风云二号 E、G、F 三颗星的全年接收成功率超过 99.8%，风云三号卫星全年接收成功率超过 98.6%，卫星资料接收、传输、处理、存档及分发成功率平均为 99.53%。对业务系统的规范管理和有计划的升级改造，完成风云三号 A/B 星存储和部分服务器迁移工作，保障业务系统稳定可靠运行。

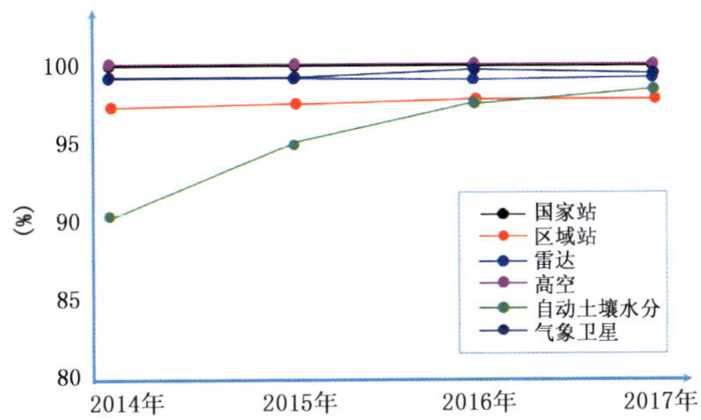

图 8.6　2014—2017 年全国各类观测业务可用性

（数据来源：中国气象局综合观测司）

推进观测业务信息化。实现天气雷达观测数据即采即传，地面观测资料传输时间缩短 90%，实时获取的新一代天气雷达 PUB 产品传输种类增加 70%。

完善装备管理和保障，完善气象技术装备信息化动态管理，推进建立装备分级保障和评价，改革气象专用技术装备行政审批业务。

4. 质量管理和标准化

根据 ISO9001 国际质量管理体系标准和世界气象组织《国家气象和水文部门实施质量管理体系指南》基本要求，2017 年，启动了基于流程管理的、可持续优化的我国气象观测质量管理体系建设，完成体系建设阶段和运行阶段组织架构初步设计。

规范观测装备质量监督，开展新一代天气雷达质量专项治理，实现了天气雷达 7 个主要性能方面的统一。雷达等 31 种新质控算法投入应用，7 种质控算法进行了改进。质控后：天气雷达基数据准确率达 96%以上；风廓线雷达标准差控制在 3 米/秒以内，较质控前提高了 30%；全球导航卫星系统气象观测的大气可降水量（GNSS/

PWV)误差由3～4毫米降低到2～3毫米;土壤水分观测数据准确率达85%,实现了30%观测数据同化到作物模型,50%应用到陆面模型评估系统;雷电观测3类数据业务可用性分别达到90%、95%、95%;气溶胶质量浓度数据业务可用性达90.8%,零检标记识别率达100%,pH数据可用性达到98%。

卫星数据预处理质量、卫星定量产品反演精度等关键指标获得明显提升,风云卫星在太阳反射波段单次定标精度由7%提升至5%,建立基于月球辐射校正的星上内黑体定标算法,风云二号定标精度在地影期提高1开左右,风云二号G主要红外波段定标精度优于0.7开;风云四号全面突破星上面源黑体为基准的全光路定标技术,建立自主的以晴朗大气为目标的光谱定标方法。风云四号成像仪红外波段高温端大部分通道优于0.5开。风云二号显著改进地影、轨控等特殊情况下的图像定位。风云三号业务定位精度稳定提高到1个像素。完成风云四号图像定位与配准系统研制并投入应用,风云四号A定位质量国际先进。云检测产品精度达到90%;微波降水产品相对偏差下降至16.5%;射出长波辐射(OLR)产品与“地球观测系统(EOS)”Aqua卫星的“云与地球辐射能量系统(CERES)”产品偏差优于5瓦/米^2;大气温湿廓线整层温度偏差优于1.5开,相对湿度偏差优于15%;云导风偏差提高到－1米/秒,标准差提高到5.7米/秒。

用高质量的观测标准促进企业核心技术的提高和设计理念的发展,2017年发布气象观测类国家标准23项、行业标准7项、管理规范10项。组织制定了《霾的观测识别》的国家标准,解决了霾观测人工向自动识别的瓶颈。

5.综合观测产品效益发挥

加强风云四号和风云三号卫星在数值预报、生态监测、天气分析等应用,鼓励省级发展本地化特色遥感应用。推动风云系列卫星与多源卫星资料的融合应用,支持依托省级气象部门成立的6个高分中心遥感应用能力建设。组织开展多源数据融合的三维大气实况格点产品制作,初步完成云综合观测产品的完善和模块集成,完善雷达定量估测降水业务,完成天气雷达拼图V3.0应用系统开发和业务试用。观测对预报贡献影响评估系统实现业务试运行,实现了地面、高空、风廓线、天气雷达等对预报贡献的定量评估。风廓线雷达质量控制与评估业务系统(V1.0)实现业务试运行。在强降水条件下同化数据对6小时预报有明显正贡献。天气雷达基数据三维拼图产品、雷电标准数据集、风廓线雷达标准数据集、实况分析场产品、强天气监测产品、中国气象观测网站、全国雾霾实况分布产品、大气气溶胶化学分析年报等8种综合观测新产品进入业务服务。

加强生态文明遥感应用服务能力,为太湖水体水质、南水北调对密云水库水体面积作用、西藏亚东近10年积雪覆盖和地表温度变化做专题应用服务,完成了“最近五年我国气候生态环境变化评估”决策服务材料,卫星二氧化碳监测资料纳入《中国温室气体公报》。加强新型卫星资料应用能力建设,风云四号卫星数据于8月起向中国气象局直属单位应用攻关团队用户开放使用。构建完成基于高分卫星数据的全国16米和2.5米遥感影像底图,可作为重大气象灾害灾的背景数据集。加强卫星遥感应用技术培训,中国气象局气象干部培训学院举办了4期卫星遥感应用技术培训班。

(二)气象预报预测业务

1.天气预报业务

气象学上把分析气象要素、天气现象及其演变规律,并据此预报未来天气变化的业务,称为天气预报业务。随着气象科学技术的不断发展,天气预报业务已由传统的预报业务发展为基于数值天气预报技术的现代天气预报业务。2017年,数值预报核心技术研发取得明显进展,实现全国5千米智能网格预报,暴雨预报准确率仍接近世界先进水平。

(1)数值预报核心技术研发进展明显。2017年,我国自主研发的全球数值预报系统稳定运行。目前,GRAPES_GFS水平分辨率达到0.25°×0.25°,模式顶达到约3百帕,垂直分层60层,北半球可用预报时效达到7.0天(表8.3),较2016年降低0.4天,较2015年降低0.3天,国际上多家数值预报的可用预报天数均较前两年有所降低,如欧洲中期天气预报中心(European Centre for Medium-Range Weather Forecasts,ECMWF)模式2017年北半球可用预报时效达到8.5天,较2016年降低0.3天,较2015年降低0.1天。2017年GRAPES_GFS预报能力优于我国原全球业务模式T639(北半球可用预报时效高0.2天),但与国际先进水平还有一定差距,GRAPES_GFS北半球可用预报天数和ECMWF相差1.5天,和美国环境预报中心(National Centers for Environmental Prediction,NCEP)模式相差0.9天。近三年来,GRAPES_GFS预报能力和ECMWF的差距有略微扩大趋势,从2015年的1.3天到2017年的1.5天;和NCEP的差距有略微缩小趋势,保持在1天以内。

表8.3　各主要预报模式2015—2017年北半球及东亚地区可用预报天数对比(全年平均)

区域	ECMWF			NCEP			T639			GRAPES_GFS		
	2015	2016	2017	2015	2016	2017	2015	2016	2017	2015	2016	2017
北半球	8.6	8.8	8.5	8.3	8.2	7.9	7.0	7.2	6.8	7.3	7.4	7.0
GRAPES_GFS和其他模式相比	−1.3	−1.4	−1.5	−1.0	−0.8	−0.9	+0.3	+0.4	+0.2	—	—	—
东亚	8.4	8.8	8.3	8.2	8.1	8.0	7.1	7.5	6.7	7.0	7.4	6.9

数据来源:中国气象局数值预报中心。

GRAPES区域模式完成版本升级并实现3小时更新同化预报。2017年9月1日实现了GRAPES区域中尺度模式V4.2版本的业务化升级,新版本资料同化能力提升,中低层要素预报误差减小;同时并行和运行效率明显提高,并通过程序和流程的完全一体化实现该系统1天8次、每3小时更新同化预报之功能。

全球四维变分同化系统取得明显进展。优化极小化算法、改进观测增量的计算、实现30分钟的四维变分同化观测剖分等，解决了在实时环境下运行GRAPES全球四维变分同化系统的诸多技术问题，完成了2个月的全球四维变分同化实时试验，为2018年全球四维变分同化系统的业务化奠定了坚实的技术基础。

面向业务的GRAPES全球集合预报系统已经建成。建立了以北半球、南半球和台风为目标区的奇异向量初值扰动构造方案，以及基于奇异向量技术和模式扰动技术的物理过程随机扰动技术方案，研发了动力升尺度方案，完成GRAPES集合预报产品后处理和检验系统开发，建成了50千米水平分辨率30个集合成员的GRAPES全球集合预报系统并开展小批量试验，结果表明该系统的集合预报发散度较好、集合平均优于控制预报。

GRAPES专业模式持续改进。改进GRAPES区域台风模式业务模式的参考大气，2017年GRAPE区域台风模式的24小时路径误差减小明显，为71千米；建立了全球海浪数值预报系统，具备业务应用的运行能力；核污染扩散模式已具备提供大气扩散集合预报产品的能力。

(2)天气预报精准化水平进一步提升。2017年，初步建立全国智能预报服务"一张网"。研制完成并发布全国5千米国家级智能网格指导预报产品；完成全球10千米网格气象要素预报，新增日极端温度、相对湿度、风向风速和云量预报，其中温度、相对湿度、风向风速和云量预报为10天内3小时间隔，日极端温度和相对湿度15天内24小时间隔，所有产品均通过气象云平台中的格点产品共享资源池向全国气象部门提供服务。气象信息综合分析与处理系统(Meteorological Information Comprehensive Analysis and Process System，MICAPS)格点编辑系统V1.2业务化运行，实现国—省两级智能网格预报产品对接、反馈订正。

定量降水业务技术流程向智能化方向迈进。主客观融合定量降水预报(quantitative precipitation forecast，QPF)业务系统V1.0，于2017年5月8日正式开始业务运行，实现了五大类19种预报产品快速调取和显示，预报员可以便捷快速地从各类海量数据中提取有效降水预报信息，并将上述信息通过权重设置进行融合，进而生成等值线和格点背景场，最终进行智能化的格点QPF快速拆分传送服务，充分发挥了预报员的主观能动作用，提高了预报智能化水平。QPF产品中，大雨和暴雨24小时站(格)点预报TS评分分别达到0.304和0.201(图8.7)。对比2010年以来QPF24小时逐年预报评分，2017年中雨和大雨24小时预报准确率均为近8年最高水平，暴雨24小时预报准确率为近8年第二高水平，小雨24小时预报准确率近3年来基本保持稳定。对比ECMWF模式、T639、日本(JAPAN)模式预报，暴雨24小时预报准确率相对EC模式预报准确率提高29.7%，相对JAPAN模式提高(图8.8)，充分体现了预报员的模式订正能力。2017年美国暴雨24小时预报TS评分为0.285(即准确率为28.5%)，我国相较之低29.5%(图8.9)。

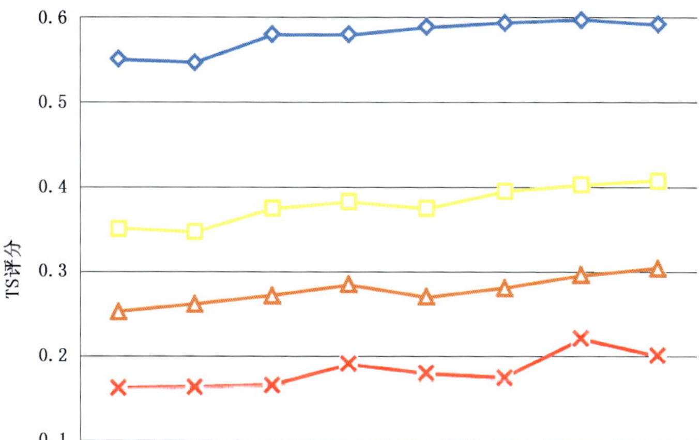

	2010年	2011年	2012年	2013年	2014年	2015年	2016年	2017年
小雨	0.551	0.547	0.58	0.58	0.589	0.594	0.597	0.592
中雨	0.351	0.347	0.375	0.383	0.375	0.395	0.403	0.408
大雨	0.253	0.262	0.272	0.285	0.27	0.281	0.296	0.304
暴雨	0.163	0.164	0.166	0.191	0.18	0.175	0.221	0.201

图 8.7　2010—2017 年中央气象台预报员主观 24 小时定量降水预报 TS 评分对比
（数据来源：天气业务内网）

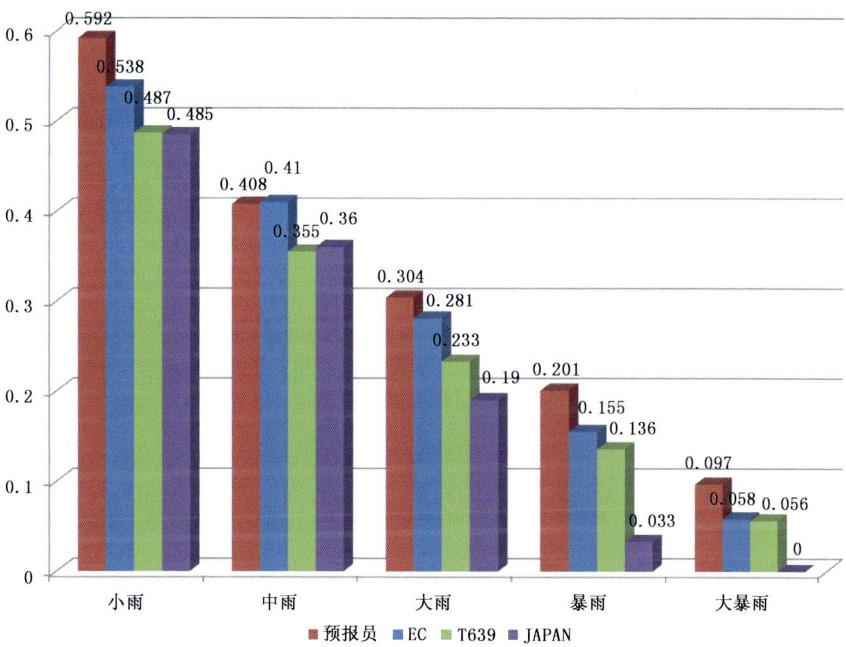

图 8.8　2017 年 08 时次 24 小时定量降水预报 TS 评分的预报员和各模式预报对比
（数据来源：天气业务内网）

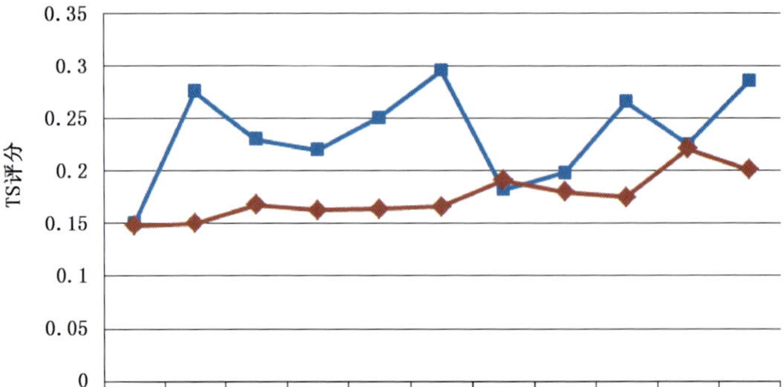

	2007	2008	2009	2010	2011	2012	2013	2014	2015	2016	2017
美国	0.15	0.275	0.23	0.22	0.25	0.295	0.182	0.198	0.265	0.225	0.285
中国	0.148	0.15	0.168	0.163	0.164	0.166	0.191	0.18	0.175	0.221	0.201

图 8.9　中国和美国 2007—2017 年暴雨 24 小时预报 TS 评分对比
(数据来源:中国气象局预报与网络司)

中长期 QPF 主客观融合技术进一步发展。设计中期 QPF 主客观融合技术路线,提出了针对中期逐日 QPF 的客观集成方法并进行研发,实现了 9 种预报产品的动态监测和评估,并在此基础上采用滑动训练确定集成权重,经过反复试验得到最优集成产品,其大雨和暴雨 TS 评分均超过单一客观方法,也比主观预报有明显提高。

台风强度和生成预报技术持续改进。诊断分析影响台风强度变化的因子,将影响台风强度的因子分成两类建立预报方程;改进台风生成潜势预报方法,实现台风初始涡旋的自动识别和追踪算法,对 EC 集合预报系统中的 51 个成员的台风生成预报趋势进行分析,计算 0～48 小时的台风生成概率和台风路径;初步开展了不同风力等级袭击概率预研究,为临近登陆台风的决策服务提供有效参考信息。2017 年,中央气象台台风路径 24 小时、48 小时、72 小时、96 小时和 120 小时预报时段预报误差分别为 74 千米、137 千米、233 千米、318 千米、428 千米(图 8.10)。长期来看,2016—2017 年台风路径预报性能较前两年有所下降。2017 年我国台风路径预报继续保持世界先进水平,台风 24 小时路径预报误差优于日本(82.2 千米)和美国(89.6 千米),台风 48 小时、72 小时、96 小时路径预报误差也均优于日本和美国(图 8.11);台风 24 小时强度预报误差为 3.9 米/秒,创历史新高。

强对流预报技术稳步推进。在强对流监测及预报技术方面,初步建立了 0～3 小时短临预报融合技术;使用概率匹配法融合多家模式得到较好的雷达回波产品;初步实现了 48～72 小时客观化为主的强对流短期潜势预报业务,并初步建立 0～72 小时高频更新、时间和空间稠密化的强对流分类预报格点化的产品体系。

天气预报准确率水平保持稳定。2005—2017 年全国 24 小时晴雨、最高温度和最低温度预报准确率平均分别为 86.1%、71.3% 和 75.5%,其中 2017 年全国 24 小

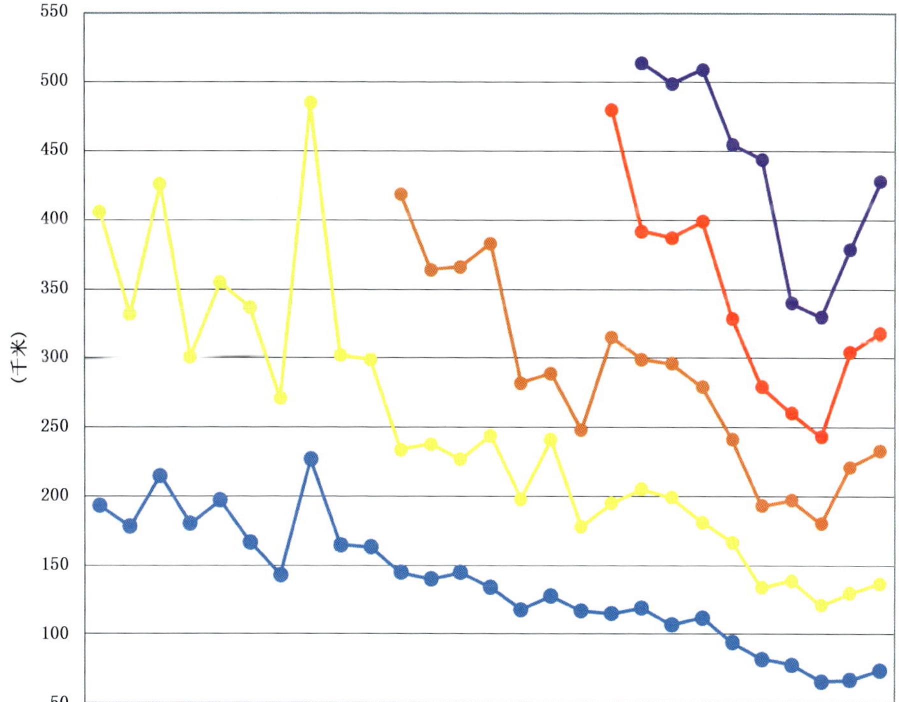

	1991	1992	1993	1994	1995	1996	1997	1998	1999	2000	2001	2002	2003	2004
24小时	193	178	215	180	197	167	143	227	165	163	145	140	145	134
48小时	406	332	426	301	355	337	271	485	302	299	234	238	227	244
72小时											419	364	366	383
96小时														
120小时														

	2005	2006	2007	2008	2009	2010	2011	2012	2013	2014	2015	2016	2017
24小时	118	128	117	115	119	107	112	94	82	78	66	67	74
48小时	198	241	178	195	205	199	181	167	134	139	121	130	137
72小时	282	289	248	315	299	296	279	241	193	197	180	221	233
96小时				480	392	387	399	329	279	260	243	304	318
120小时					514	499	509	455	444	340	330	379	428

图 8.10　1991—2017 年中央气象台西北太平洋和南海台风路径各预报时段预报误差
（数据来源：中国气象局预报与网络司）

时最高温度预报准确率为 2005 年以来最高水平，最低温度预报准确率为 2005 年以来第二高水平，而 24 小时晴雨预报准确率与 2016 年持平。2017 年全国 24 小时晴雨、最高温度和最低温度预报准确率分别为 87.2%、81.7%和 85.1%，分别较多年平均值提高 1.3%、14.6%和 12.7%（图 8.12 至图 8.14）。雷暴、短时强降水预报准确率持续提升。

（3）预报业务检验技术逐步完善。2017 年，QPF 检验技术进一步发展。构建基于可预报性的暴雨预报检验评分新方法，通过评分试验，与预报员和公众预期相吻合，且逐日演变特征与 TS 评分相似。研究了降水邻域法（fraction skill score，FSS）评分的“可用预报尺度”，综合评估了邻域空间检验方法与传统 TS 评分方法的差异，FSS 方法有效地提高了强降水预报检验评估辨识度。

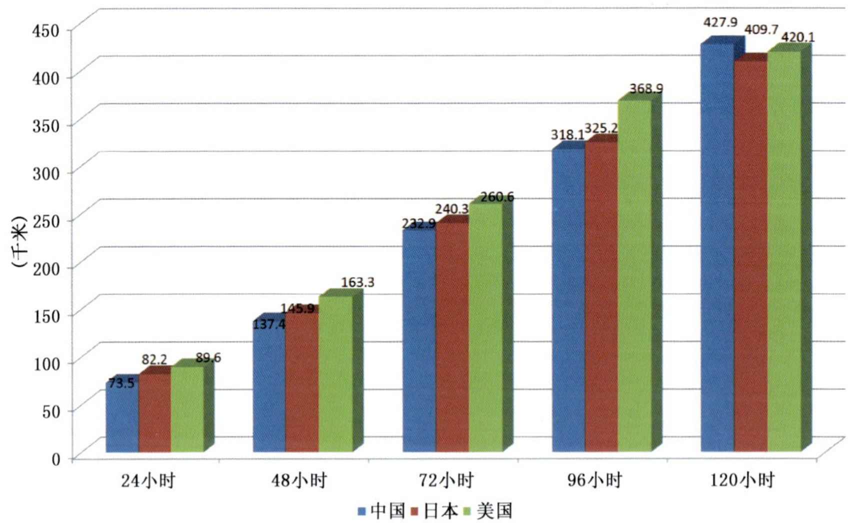

图 8.11　2017 年中国、美国、日本台风路径预报误差对比(单位:千米)
(数据来源:中国气象局预报与网络司)

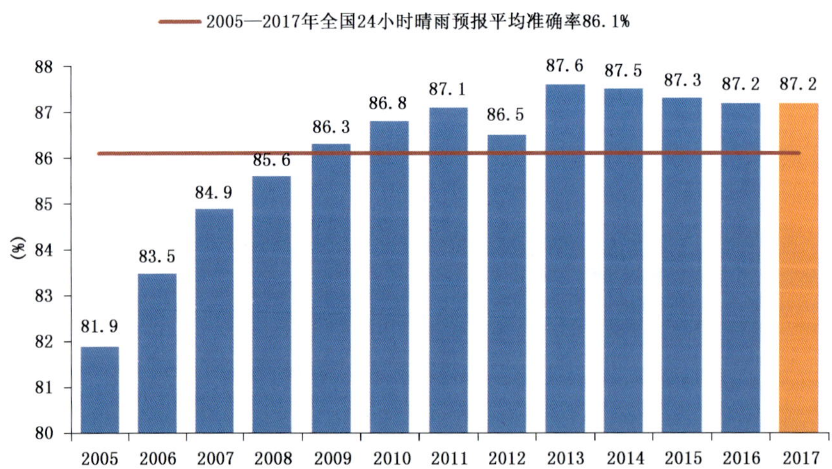

图 8.12　2005—2017 年全国 24 小时晴雨预报准确率评分
(数据来源:中国气象局预报与网络司)

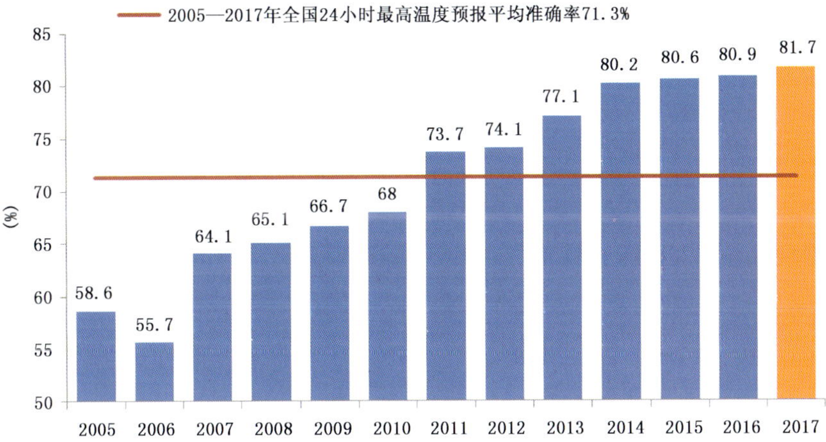

图 8.13　2005—2017 年全国 24 小时最高温度预报准确率评分
（数据来源：中国气象局预报与网络司）

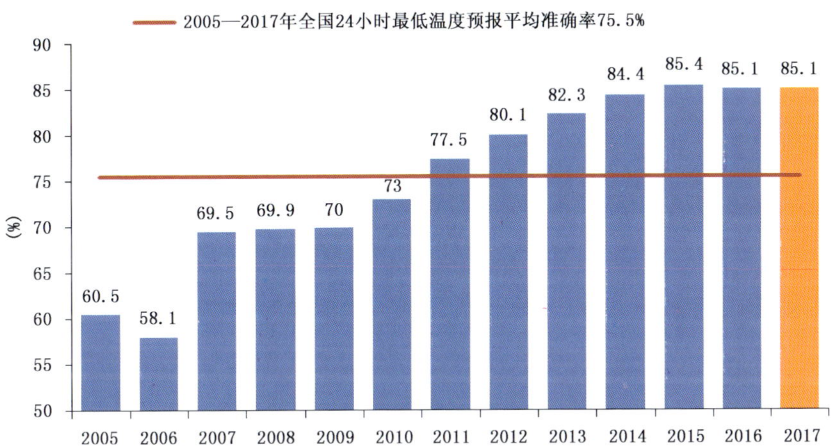

图 8.14　2005—2017 年全国 24 小时最低温度预报准确率评分
（数据来源：中国气象局预报与网络司）

格点预报检验能力进一步增强。建立了网格降水、温度、风预报检验方法与系统；开发基于稠密站点的网格降水邻域检验、格点一格点降水、温度、风、邻域降水预报及检验程序；针对不同密度站点分布对站点设置了不同权重，给出一套站点权重系数，避免由于我国东西部站点的分布密度差异造成的不公平；开发了台风大风圈检验算法。

（4）气象预报业务规范管理不断强化。2017 年，中国气象局印发了《全国智能网格气象预报业务规定》《短时临近天气业务规定》《全国气候预测会商业务规定》，规范各项业务分工布局及流程。印发《关于加强 2017 年气象监测预警和预报预测工作的通知》《关于规范区域型暴雨过程监测预报与服务工作的通知》,督促做好监测预警和预报预测工作。组织编制暴雨等监测业务规定及预报质量检验评估办法。

(5)业务支撑系统平台实现优化升级。2017 年,MICAPS 4 实现数据环境、雷达模块和台风模块升级。智能网络客户端框架技术研发改进成果在中央气象台天气业务内网和中央气象台决策服务应用程序中上线,改进成果融入到国家与全国各级台站的实时气象预报和决策服务业务中,成为各级决策者和决策服务一线人员日常使用的专业栏目。决策气象服务信息系统(Meteorological Service Information System,MESIS)2.0,实现多级(国家、省、市县)钻取大数据应用功能。全国农业气象业务系统(China Agricultural Meteorological Operation System,CAgMSS)建立基于全国综合气象信息共享平台(China Integrated Meteorological Information Service System,CIMISS)数据接口的实时数据自动采集入库模块、优化健全了农业综合数据库应用系统。

2. 气候预测业务

气候预测业务以全球气候系统监测和气候动力学诊断分析为基础,以气候模式、气候系统探测资料综合应用和气候信息处理分析系统为技术支撑,主要针对时间尺度从两周以上,到月、季节和年的预测业务。2017 年,气候监测预测能力不断增强,气候模式关键技术研发取得进展。

(1)气候监测预测能力不断增强。ENSO,MJO 等多项气候预测技术跻身国际先进水平。自主研发的 ENSO 预测系统提前 6 个月预报技巧达到 0.8,达到国际先进水平,预测产品纳入国际 ENSO 多模式预测框架,可以向全球用户提供服务;《厄尔尼诺/拉尼娜事件判别方法》国家标准正式发布,在国际上首次实现对 ENSO 事件的定义、持续时间、峰值、强度、类型的综合判别。雨季监测、极端事件监测等系列行业标准陆续出台。MJO 预报技巧超过 20 天,达到国际先进水平。建立了北极涛动和副高预测系统并发布业务产品。

(2)气候模式关键技术研发取得进展。全球气候模式性能跻身国际前列。定版了国家气候中心中等分辨率全球气候预测模式(Beijing Climate Center_Climate System-Model_Medium Resolution,BCC_CSM2-MR)。建立新版本陆面模式;实现 CICE 海冰模式与 BCC_CSM 的耦合,海冰模拟能力不断提高;实现了风云三号卫星海表温度产品和风云四号卫星地表温度产品分别在 BCC 气候系统模式的海洋分量和陆面分量模式中的同化试验应用,明显提高了对东亚降水的模拟能力,模式相关论文数量在国际上处于上游,模式性能跻身国际前列。完成耦合全球碳氮循环、气溶胶、大气化学等过程的国家气候中心地球系统模式。初步建立次季节—季节—年际气候一体化预测系统。

区域气候模式系统研发快速推进。建立了水平分辨率 30 千米的区域气候模式系统，开展了模式对中国及东亚区域模拟的检验评估，建立高分辨率区域气候预测业务流程。

中国多模式集合预测系统完成框架搭建，将投入实验性业务应用。发展了 11～30 天强降水、强降温过程的概率预测技术，延伸期到次季节预测业务能力不断提升。发展了基于气候异常影响的预测技术，开展了东亚区域月、季气候精细化格点预测，建立了未来 6 个月气温和降水逐月精细化滚动客观预报业务。

(3)定量化气候评估能力进一步提高。开展了中国和亚洲 15 个国家的区域极端温度长期变化的人类活动影响分析，评估了全球近地面气温和降水在不同温升时(1.5℃和 2℃)的响应特征。建立了中国及东亚地区 4 种排放情景、长时间(未来 100 年)、高分辨率(25 千米)的气候变化预估格点数据集。研制了中国和各省人口、经济预测模型，开展了不同发展路径下未来中国及各省的人口和经济发展预估，评估了不同温升下干旱、强降水、极端高温等极端事件变化和社会经济影响风险。探索并初步构建了气候变化背景下农业和典型城市气候承载力评估指标体系，评估了不同气候变化情景下全国草地和森林分布格局、生产力和生态系统服务价值，评估了气候资源对社会经济系统的基本承载情况。

进一步完善全国暴雨洪涝灾害风险普查和致灾阈值数据库，普查数据入库达 130 万条，较 2016 年新增 4.0 万条，致灾阈值入库达 22.2 万个，较 2016 年新增约 129%。完成了台风、暴雨、高温、干旱等全国县域尺度精细化气象灾害危险性区划和气象灾害风险区划；研制了玉米、水稻、小麦等作物粮食产量期望气候指数，并向社会提供了有效服务。改进了灾情信息采集和灾害信息分析功能，完成了自动识别暴雨过程、干旱过程及综合强度评估，叠加影响人口、国内生产总值等社会经济信息，实现了暴雨、干旱风险分析评估功能。

(4)智慧气候业务平台建设有新进展。2017 年，创建桌面云平台，实现气候业务管理智慧化，现有业务系统、气候数据集、气候产品全部部署在云平台服务器上，实现了硬件资源和业务系统使用等统一监控管理，运行管理效率明显提高。气候信息监测预测交互系统(Climate Information Processing and Analysis System，CIPAS)2.0 已通过中国气象局业务化评审，并在国家级和省级气候中心投入使用。初步建成气候应用服务平台，并通过“气候通”提供在线气候服务。建立了智慧中心产品池，整合了气候监测、预测、影响评估、气候变化、气候模式、气候服务等 24 大类约 8000 多种产品，实现了产品自动制作、采集、入库、使用等全流程管理。

(5)季节内月尺度预测水平稳定发展。近 7 年全国月降水、月气温、汛期降水和汛期气温预测评分平均分别为 66.6 分、78.9 分、69.9 分和 83.3 分，分别较 2001—2010 年平均提高 2.8%、5.5%、1.9%和 9.2%(图 8.15—图 8.18)。2017 年全国月降水、月气温、汛期降水和汛期气温预测评分分别为 66.5 分、83.8 分、75.5 分和 94 分，分别较上年提高 6.4%、3.8%、15.8%和 6.6%。气候预测评分逐年变化较大，这主要是由于我国地处东亚季风区，影响我国的气候因子复杂，气候预测难度大，气候预测的稳定性、针对性和精准化水平需要通过科技攻关大力推进。2017 年气候预测效果良好，汛期气候趋势预测准确，降水指导预报评分首次突破 80 分，正式发布预报评分为 75.5 分。建立气象一环保两部门的大气污染扩散气候条件预测联合分析会商机制，建立精细化的延伸期—月大气污染潜势预测系统，业务水平得到提升。

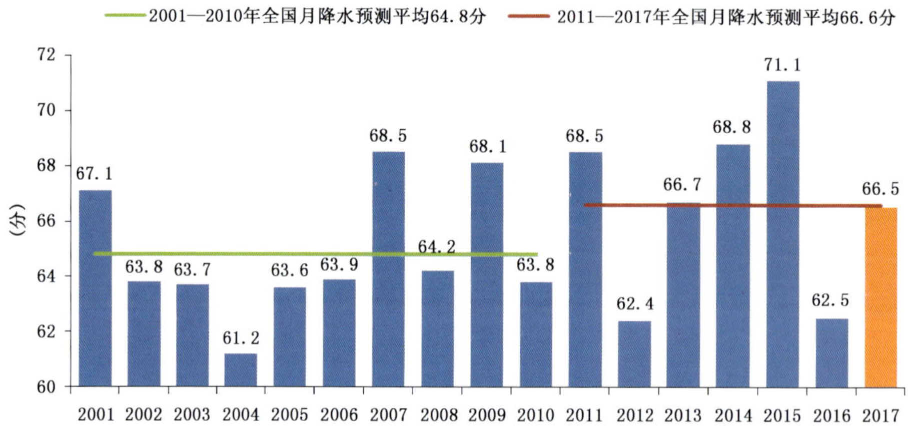

图 8.15　2001—2017 年全国月降水距平百分率趋势预测评分

(数据来源：中国气象局预报与网络司)

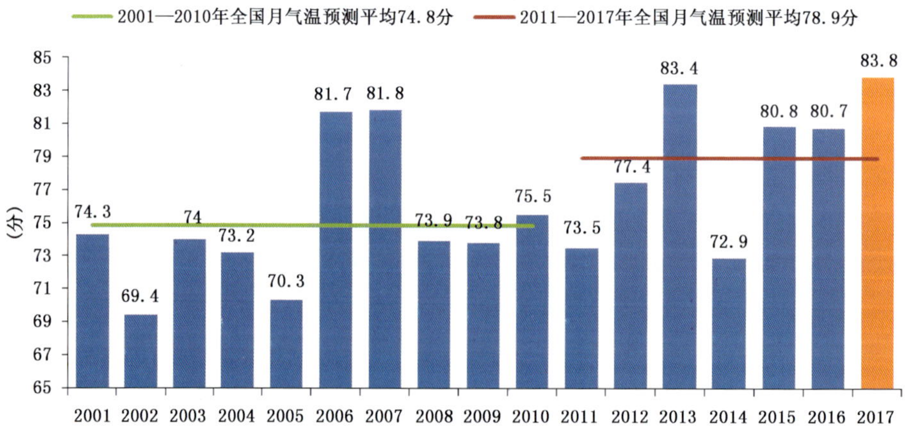

图 8.16　2001—2017 年全国月气温距平趋势预测评分

(数据来源：中国气象局预报与网络司)

3. 卫星气象与空间天气业务

空间天气业务包括太阳大气、行星际、磁层、电离层和中高层大气空间天气监测、

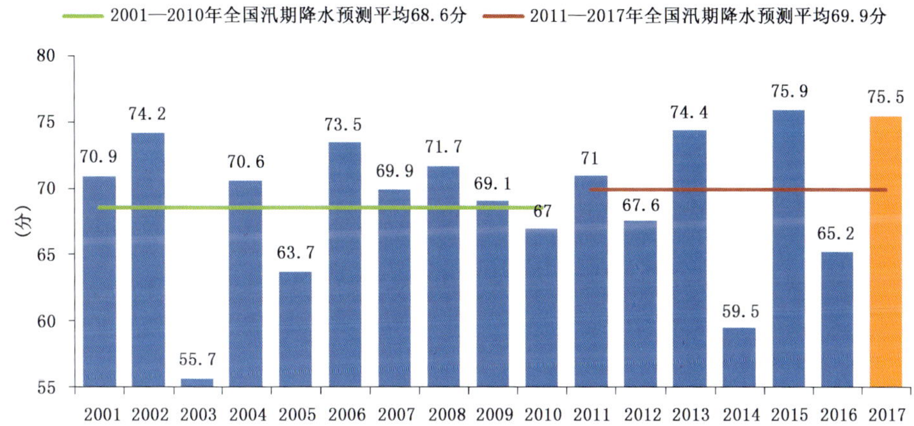

图 8.17　2001—2017 年全国汛期(6—8 月)降水距平百分率趋势预测评分
(数据来源:中国气象局预报与网络司)

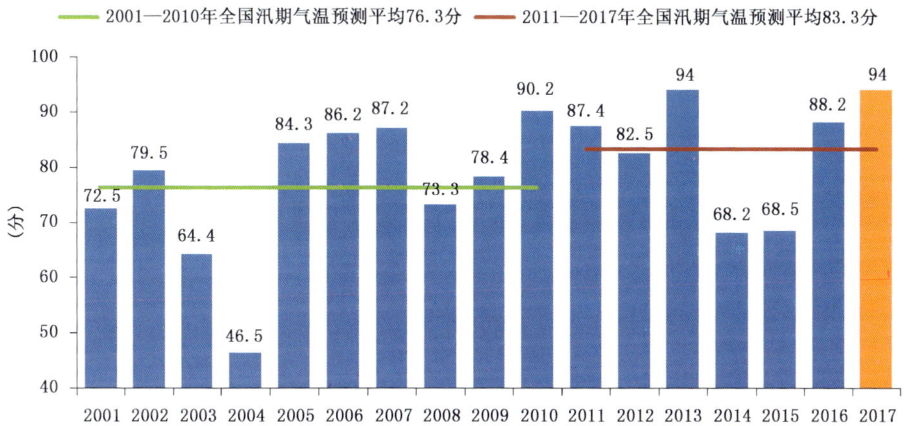

图 8.18　2001—2017 年全国汛期(6—8 月)气温距平趋势预测评分
(数据来源:中国气象局预报与网络司)

预报预警、应用服务、研发以及相关的基础设施建设等。其预报的内容主要是太阳活动水平、地磁活动水平、电离层天气和中高层大气状态等。2017 年,卫星天气遥感定量应用水平、数据质量和服务能力取得明显提高,空间天气监测预警能力持续提升。

——卫星数值天气预报应用。2017 年,进一步完善了卫星数据质量监测和质量标识系统,初步建成风云卫星再分析数据一致性诊断优化系统,使之成为风云三号气象卫星大气探测资料在数值预报模式中应用的强力支撑,并扩展至风云四号卫星高光谱载荷;初步建立我国自有辐射传输模式动力框架,与国外同类模式相比,模拟性能具有可比性。

完成风云三号C星在轨仪器性能跟踪与健康监视系统，实现12个载荷性能和工作状态的跟踪监视。该系统的建设和完善满足各级别用户掌握卫星载荷实时工作状态和健康情况的需求，为汛期气象卫星在轨监测任务的顺利进行提供有力保障。

——提高数据预处理质量。2017年，研发极轨气象卫星可见近红外通道综合定标算法，提高可见近红外通道定标精度和数据稳定性。针对星上定标能力薄弱波段，发展宽动态综合定标方法，解决传统替代定标方案目标种类单一无法实现在轨非线性定标难题。建立在轨日更新模型，实现风云三号C星中分辨率光谱成像仪/可见光红外扫描辐射计(Medium Resolution Spectrum Imager/Visible and InfraRed Radiometer，MERSI/VIRR)业务定标在轨多次更新，将风云卫星在太阳反射波段单次定标精度由7%提升至5%，促进定量产品精度改善。

完善风云卫星光学遥感器全球空间交叉定标系统(Global Space-based Inter-calibration System，GSICS)。建立"风云二号GSICS交叉检验业务系统"，并实现业务试运行。经过定标更新后，其定标偏差基本能够保持在6%以内。初步完成风云四号A星GSICS交叉定标系统的建立，实现了对风云四号A星AGRI成像仪(Advanced Geosynchronous Radiation Imager)可见光—红外波段业务定标结果的跟踪检验。结果显示，较之风云二号，风云四号A星成像仪红外波段的观测精度有长足的进步，高温端大部分通道优于0.5开。

开展可见高光谱探测间的交叉定标方法研究，实现我国首颗全球大气二氧化碳观测科学实验卫星(TanSat)与美国航空航天局轨道碳观测卫星(OCO)的近重合轨道交叉检验。针对TanSat高光谱二氧化碳探测仪的数据精度评价需求，开展了可见高光谱探测间的交叉定标方法研究，实现TanSat与OCO的近重合轨道交叉检验。

——提高卫星定量产品反演精度。2017年，借鉴国际先进经验，发展风云三号传输模拟计算，发展风云三号D星MERSI-II射出长波辐射计算模型，开展风云四号AGRI产品的精度评估；修正风云三号C星太阳总辐射产品处理中冷空辐射和在轨衰减模型，太阳总辐射长序列数据长期稳定性；针对业务上基于概率统计与物理模式结合星载微波降水产品，利用国际上被动、主动微波降水产品以及地面观测对于算法进行评估，分析显示降水反演精度得到显著提高；通过国际合作，发展基于风云三号D星红外高光谱观测大气温湿廓线原型算法；基于数值预报分析场评估业务风云三号B星C星大气温湿廓线产品精度，整层温度偏差优于1.5开，相对湿度偏差优于25%；改进风云三号B星VIRR业务海温产品的设计及算法。添加夜间海温算法，解决了风云三号B星业务海温只有白天没有夜间产品的应用难题，提高全球海温覆盖度；添加质量控制信息，提高海温产品可用性；以5千米全球海温取代风云三号

(01)批 648 个 10 度分块 1 千米全球海温，提高产品的易用性。风云三号 B 星 VIRR 业务海温产品改进后，实现了风云三号 B 星和风云三号 C 星 VIRR 上下午组网每天 4 次全球海温观测。

——提高卫星天气遥感定量应用水平。2017 年，利用风云四号卫星在轨测试期间的数据及产品，并结合葵花 8、风云二号和风云三号等多卫星资料开展典型天气过程应用，对于新型卫星资料的应用取得应用效益，为后续风云四号投入业务应用起到了较好的示范作用。自 2017 年 5 月份以来，风云四号卫星在轨测试期间的成像仪图像已经先后应用于沙尘、暴雨、台风等多次天气过程监测分析，以及“一带一路国际合作高峰论坛气象保障服务特别工作状态响应”“厦门金砖会议气象保障服务”等监测服务工作中。风云四号卫星高分辨率的监测动画及相关服务产品多次被微博、微信、中央电视台新闻联播天气预报、中央电视台国际频道、凤凰卫视、东方卫视等多媒体使用，取得了广泛的社会关注，风云四号卫星资料在天气预报会商中，为预报员提供了重要天气监测参考。

新系统平台保障汛期气象服务。卫星与数值天气预报融合的全球三维数值大气分析系统首次在 2017 年汛期服务中亮相并发挥重要作用，多次在专题会商和监测报告中使用。在卫星天气应用平台(Satellite Weather Application Platform，SWAP)软件中新增了读取显示风云四号资料的功能，开通风云四号卫星实时图像产品资源池连接，使得风四资料在汛期服务中快速见效。

改进完善多源卫星资料融合海温、海风应用产品算法、产品显示规格和软件集成，加强推进海洋气象卫星监测业务。开展了新型卫星资料海洋定量应用研究，完成了《海洋气象综合保障一期工程初步设计》观测系统分册中卫星观测建设任务内容编写。

——提高数据质量和服务能力。2017 年，风云三号 C 星数据产品质量检验系统通过验收并转入业务运行，系统对风云三号 C 星各载荷数据的定位、定标精度，及 29 种二级、14 种三级定量产品的质量进行跟踪检验，定时制作质量检验报告供用户使用。

——提高卫星遥感气候监测和服务能力。建立全球主要温室气体卫星遥感监测系统。2017 年，基于风云三号 D 星近红外高光谱二氧化碳(CO_2)遥感的研究目标，研制了 CO_2 辐射传输计算和 CO_2 总量生成两套软件模块，建立了近红外高光谱卫星 CO_2 全球反演业务算法数据分析软件系统。获得了 CO_2 的分布结果，并以 2013 年 6 月到 2014 年 5 月的日本温室气体观测卫星(GOSAT)-傅里叶变换光谱仪(Fourier Transform Spectrometer，FTS)全球观测数据为参照进行了反演结果验证，两组数据的平均误差为－4.05ppm(1ppm＝10^{-6})，反演结果小于 GOSAT-FTS 观测值，但平均相对偏差在 1.0％左右。多数观测点(51％)平均相对偏差小于 1.0％，相当一部分观测点(24％)平均相对偏差为 1.0％～2.0％，仅有 7％的观测点平均相对偏差为

2.0%～4.0%。算法稳定可靠，满足反演精度要求，并已完成工程化工作。

——卫星遥感生态环境监测服务能力。推进遥感监测处理方法和产品规范化。2017年，完成《卫星遥感火情监测方法　第1部分：总则》《卫星遥感火情监测方法　第2部分：卫星遥感火点判识方法》标准制定，正在开展《卫星遥感火情监测方法　第3部分：火点强度估算方法》《气象卫星遥感产品图像制图规范》《卫星遥感海冰监测产品规范》《卫星遥感秸秆焚烧过火区面积估算技术导则》等标准制定工作。随着这些遥感业务和产品规范的建立，将进一步提升气象卫星资料的应用效率和推广程度。

完成卫星积雪、水体、渤海海冰、火点长序列数据库，实现业务实时更新。此类产品在气象灾害监测、气候变化分析业务上都提供了很好的支撑。其中利用长序列水体专题信息、海冰信息、火点信息制作的分析材料，在决策中收到了很好的服务效果。

研发卫星洪涝、森林草原火灾、蓝藻水华等影响监测评估方法与应用软件。在遥感应用平台的基础上，深入研发以气象卫星为主的洪涝、森林草原火灾、蓝藻水华等影响监测评估方法和软件功能，并在灾害、环境、气候预测等业务中投入应用；正在开发基于高分卫星资料的洪涝、森林草原火灾、蓝藻水华等影响评估软件功能，提高多源卫星资料在灾害、环境、气候预测等业务中的应用能力。相关产品在气候变化公报、生态气象公报以及决策服务中得到广泛的应用。

——空间天气预报。完成新一代空间天气预报业务平台的建设，并通过建设"空间天气信息综合显示系统"，改进现有的空间天气预报平台，目前项目还在前期实施阶段。

建设辐射带环境模式预报系统，初步具备对辐射带环境的定量预报能力。对模型进行简化，使用稀疏的网格计算，并对原有的代码进行了并行化改造，目前实验的效果明显，运行时间缩短80%以上。

到2017年，初步形成预报理论框架和预报规范体系，实现对空间天气因果链关键节点主要参数的定量预报和模式集成预报。目前能够达到的共识是，太阳－行星际－磁层－电离层－中高层之间是相互耦合的日地因果链系统，主要的预报要素和日地因果链过程，也是传统意义上的参数和过程，如太阳F107指数(太阳10.7厘米波长(2800兆赫兹)的射电辐射通量)、地磁活动指数、日冕物质抛射、耀斑、地磁暴等等。完成日冕物质抛射爆发分析、太阳风扰动传播和极光预报系统建设，太阳风暴传播时间预报误差12小时以内。

(三)气象服务业务

1.公众气象服务业务

2017年，进一步加强了预警信息发布业务建设。通过大力推进国家突发事件预警信息发布系统建设，汇集了16个部门76类预警信息，全年发布预警信息15万余条，全国预警信息发布正确率维持在99.6%以上，公众覆盖率达到85%。提高预警信息发布核心技术能力,推进新技术、新媒体在预警信息发布中的应用,发展卫星移动通信、北斗卫星、海洋广播电台、广电直播星等多样化预警信息发布手段。拓展预警信息传播渠道,气象信息传播与新华社等10余家中央媒体及客户端建立预警信息推送及共享机制,气象与交通、旅游、消防、生活服务等各行业合作进一步深化。制定《国家预警信息发布业务运行报告制度》,健全国省两级预警发布会商机制,完善技术标准、管理标准和规范性文件共30余项,有效提升了预警信息发布规范化水平。全国共有22个省级、183个地(市)级、683个县级已批复成立突发事件预警信息发布中心。

2017年,进一步推进公众气象服务向智慧化发展。基本建立了全国5千米智能网格气象预报"一张网"和全球气象要素预报10千米网格,实现气象服务由区域站点向任意时段、任意地点延伸。雷达分钟降水预报信息更新频率由两年前的3小时提高到2017年的10分钟,气象服务逐步从静态向动态更新发展。组织国家级和省级气象服务部门开展基于用户习惯的气象信息推送,探索开展灾害天气实时导航、健康气象、滑雪等个性化的服务,气象服务由大众性普惠式向分众化、定制式转变。建设气象融媒体业务平台,构筑电视、网站、三微(微博、微信、微视频)、客户端等多平台的传播矩阵,实现了气象服务手段的拓展和内容的融合,公众气象服务更加及时、全面。

2017年,全国已经初步建立起以内网共享平台和外网共享平台互补的公众气象服务平台体系。

2017年,全国公众气象服务产品进一步丰富。全国各级气象部门共有128家气象服务网站,每天向公众及时提供6大类,100余种气象服务信息。公众气象服务业务产品种类更加丰富(表8.4)。

表8.4 公众气象服务产品简表

种类	内容
实况类产品	·天气实况监测产品、卫星云图监测产品、雷达监测产品、酸雨监测产品、雷电监测产品 ·对暴雨、雷暴、冰雹、大风、大雪等灾害性天气的发生地域及强度进行的监测和跟踪服务 ·灾害性天气引发的次生灾害监测预报服务(如泥石流、山体滑坡、洪涝和积涝、森林草原火险、电线结冰、道路覆冰等)
预报类产品	包括临近(0～2小时)、短时(0～12小时)、短期(1～3天)、中期(4～10天)、长期(10天以上)天气预报
气候类产品	·年度气候公报、重要气候公报 ·气候系统监测公报 ·月(季、年)气候评价 ·气象灾害年鉴

续表

种类	内容
气象灾害预警类产品	·台风、暴雨、暴雪、寒潮、大风、高温、干旱、雷电、冰雹、霜冻、大雾、霾、道路结冰等气象灾害预报警报和预警信号 ·公路、铁路、水运、航空、旅游、卫生、通信等领域的气象预警产品
生产生活环境气象服务类产品	包括农业气象、城市保障以及交通、环境、能源、旅游、生活、健康等各类气象服务产品
气象资讯类服务产品	围绕当前天气重点、社会热点以及气象灾害防御需求,制作发布天气新闻、文章等,分析天气对公众生活、出行等方面的影响,提出防御对策和建议,供公众选择和参考
专题类产品	遇到突发重大事件和高影响天气事件时,围绕一个主题制作气象科普专题节目、网站专题、事件影响报道等

全国省(区、市)气象部门提供的公众日常生活类气象服务产品非常丰富,如北京气象部门提供的公众生活气象服务产品,包括:商场客流量指数、消化道疾病指数、心脑血管疾病指数、呼吸道疾病指数、穿衣指数、风寒指数、空调开启指数、晒太阳指数、洗车指数、晨炼指数、霉变指数、空气舒适度指数,室外环境与生活提示,感冒气象指数、中暑气象指数、腹泻病气象指数、上下班天气预报。河北省气象部门提供的公众生活气象服务产品,包括:外线辐射指数、穿衣指数、舒适度指数、洗车指数、周预报、月预报、雨情快报、人工影响天气报告、晨炼指数、感冒指数、中暑指数、气象灾害预警信号、空气质量预报、污染指数预报、中高考专项气象服务等。浙江气象部门提供的公众生活气象服务产品,包括:当前温度、中暑指数、霉变指数、人体舒适度、紫外线预报、晨练指数、人体健康指数、穿衣指数、马路路面温度预报、草面温度预报、洗车指数、行车安全指数、日出日落预报、晾晒指数、空气质量指数、感冒指数、降水概率指数、舒适度指数、雨伞指数、上下班天气预报、三小时天气预报、日常天气预报、高血压发病指数、早晨散步指数、傍晚散步指数、医疗指数、今日特别提醒、啤酒饮用指数、公路交通事故等级、赏花指数、郊游指数、冷饮指数、空调开机指数、寒冷指数,霾极端气候事件监测、高温监测、台风及强降水等极端气候事件监测。其他各省(区、市)气象部门均提供了当地群众生活所需要的公众气象服务产品。

2.农业气象服务业务

2017 年,农业气象观测业务基本稳定,全国有农业气象观测 653 个,农业气象试验站 70 个,自动土壤水分观测站 2075 个,均与上年持平。

2017 年,农业气象服务业务不断适应现代农业发展需求。初步构建智慧农业气象大数据平台、开放式全国农业气象业务系统和智慧农业气象服务手机客户端,联合农业部创建 10 个全国特色农业气象服务中心,12 个省份累计成立 44 个农业气象分中心，基本形成国、省、市、县四级业务和延伸到乡的多级服务格局。农业气象服务深入到特色农业生产、村域经济发展、农业保险、农产品气候品质评估等新领域。

2017 年，各省份在 APP、微信等智慧农业气象服务终端注册的新型农业主体数量达 31.9 万(表 8.5)。

表 8.5　2017 年各省智慧农业气象服务终端注册的新型农业主体数量

地区	新型农业主体数	地区	新型农业主体数
北京	531	湖北	10088
天津	306	湖南	8198
河北	3533	广东	24491
山西	7669	广西	3000
内蒙古	50	海南	9
辽宁	5068	重庆	8810
吉林	7455	四川	1052
黑龙江	68800	贵州	3555
上海	2100	云南	5070
江苏	37542	西藏	0
浙江	11149	陕西	3983
安徽	80000	甘肃	314
福建	575	青海	1337
江西	4426	宁夏	3691
山东	8311	新疆	5246
河南	2964	合计	319323

2017 年，农业作物长势监测及产量预报产品有增长。国内外作物长势监测及产量预报产品分别拓展到 18 种和 14 种，全球重点产粮区长势监测和产量动态预报由季尺度提升到月尺度。2017 年，国内粮食总产预报准确率达 99.4%，冬小麦、双季早稻、秋粮等主要农作物产量预报准确率分别是 99.4%、97.2%、99.1%(图 8.19)。

2017 年，国家和省两级气象部门联合编制了设施农业气象灾害影响预报业务规范和业务技术指南，寒露风、北方低温冷害影响预报业务规范及作物模型业务应用技术指南等文件，农业气象服务业务更加标准化、规范化(国家级和省级农业气象服务主要业务产品清单详见表 8.6)。

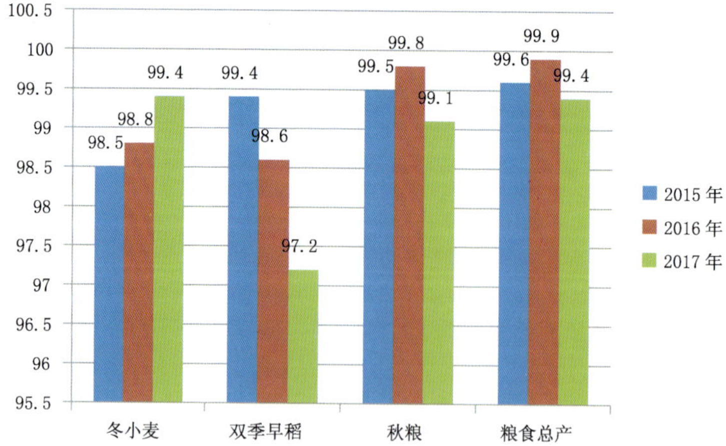

图 8.19　全国主要农作物产量预报准确率(%)

(数据来源:中国气象局应急减灾与公共服务司)

表 8.6　国、省两级主要农业气象业务服务产品清单

类别	产品名称	发布单位	发布时间/频次
实况类产品	农业气象周/旬/月报	国、省级业务单位	周/旬/月
	土壤水分监测	国、省级业务单位	日
	农业干旱监测	国、省级业务单位	周(旬)
	主要农业气象灾害监测	国、省级业务单位	不定期
预报类产品	作物产量预报	国、省级业务单位	不定期
	农业气象影响预报	国、省级业务单位	不定期
	关键农时农事气象保障服务	国、省级业务单位	周
	农业干旱预报	国、省级业务单位	周
	主要农业气象灾害预报	国、省级业务单位	不定期
实况类产品	作物模型业务产品	国家级业务单位	周
	生态气象公报	国家级业务单位	月
预报类产品	世界主要产粮区作物产量气象预报	国家级业务单位	月
	主要农作物病虫害发生发展气象等级预报	国家级业务单位	不定期

全国省(区、市)气象部门提供了丰富的农业生产气象服务产品。如吉林省气象部门提供的农业生产气象服务产品,包括大田播种期天气预报,水稻插秧期天气预报,秋菜播种期天气预报,作物成熟期天气预报,农业气象条件分析,农业生产指导预报,土壤墒情服务预报,农业病虫害预报,节水灌溉预报,春耕春播气象服务专报,重要农业天气报,粮食产量预报,农业气象服务专报,春耕气象服务资料,长中短期产量

预报，农时预报，低温检测及灾情分析，干旱检测及灾情分析，蔬菜移栽期预报，每月旬天气农业生产，农作物产量预报，气象为农服务系列专报，农业气象科普，秋收气象服务专报，烟叶采摘期气象服务专报，蓝莓采摘期气象服务专报，烟叶晾晒期气象服务专报，农作物生育期气象条件分析，明显降水降温重要信息，初霜预报。河南省气象部门提供的农业生产气象服务产品，包括农业产量预报，农气情报预报，小麦播种指南，干旱预警服务，农业气象信息，农业遥感信息，天气与农情周报，三夏天气预报，玉米小麦时播期预报，农业气象周报，小麦产量预报，麦收麦播期间天气预报，卫星土壤墒情监测，农气旬月报，白菜适宜收获期预报，关键农时预报，人工增雨潜势预报。陕西省气象部门提供的农业生产气象服务产品，包括秋收秋播预报，中期周预报，中期旬预报，农事季节天气预报，夏粮产量预报，秋粮预报，农业气象旬月报，"三夏"预报，小麦产量预报，秋粮产量预报，气候与农气，产量预报，土壤墒情预报，农业气象信息，短期气候预测，气候影响评价，重大气象信息专报，气候公报，农业气象服务专报，雨情通报，重要天气消息，春耕春播、直通式气象服务专报，苹果专题服务，气候预测，产量预测，夏播夏种气象预报，气象决策参考，农事专题服务，果业气象服务，猕猴桃气象信息专报，防雹增雨，森林火险等级预报，樱桃专题气象服务，生态监测专报，气候与农情，遥感监测信息，干旱监测预报，土壤水分监测预报，农业气象灾害评估，粮食气象，核桃气象服务，中药材气象服务，核桃花期预测，杜鹃花期预测，板栗气象服务，粮食作物及产量预测，烟叶公司专题预报，苹果预报，农气预报，月、年气候影响评价，月、季、年气候趋势预测，年气候公报，月酸雨监测公报，旬滚动月气候预测，农业气象季报，农业气象年报，农作物病虫害发生发展气象等级预报。其他各省（区、市）气象部门均提供了当地农业生产所需要的农用气象服务产品。

2017 年，面向农业农村发展，提升气象保障水平和精准扶贫效益。"三农"服务专项已实现 832 个国家级贫困县全覆盖。国家级贫困县自动气象观测站和信息服务站分别覆盖 91％和 90％的乡镇，将驻村扶贫工作队全部纳入基层气象信息员队伍，信息员覆盖 99.5％的行政村。国家级重点贫困县全部纳入人工增雨防雹保护范围。形成宁夏闽宁气象扶贫、安徽气象助力农产品销售和乡村旅游等模式。

3.环境气象服务业务

环境气象观测业务进一步加强。到 2017 年，气象部门共建有 7 个大气本底站、29 个沙尘暴观测站、28 个大气成分观测站、259 个大气负氧离子观测站、300 个颗粒物质量浓度观测站、376 个酸雨观测站，臭氧观测站 68 个，紫外线观测站 155 个。全国环境气象观测业务基本建立，在地市级以上城市以及京津冀、长三角、珠三角地区县级城市，建设以雾霾监测为重点的环境气象监测站，满足空气质量预报和大气污染防治的需求。

2017 年，环境气象服务业务产品更趋适用，基本形成了主要包括：雾霾预报预警、空气质量预报、空气污染气象条件预报、紫外线强度预报、能见度预报、大气污染气象条件评估、酸雨监测评估等构成的环境气象服务业务产品体系(具体见第四章)。

全国各省(区、市)气象部门提供的生态环境气象服务产品适用性增强,应用效果好。如北京市气象部门提供的环境气象服务业务产品,包括空气污染气象指数,紫外线气象指数,空气负离子指数,花粉浓度实况,北京市生态质量气象评价报告,一氧化碳气象指数预报,森林生态系统监测评估产品,烟花爆竹燃放指数,空气污染。辽宁省气象部门提供的环境气象服务业务产品,包括火情监测遥感报告,水体遥感监测报告,沙尘遥感监测报告,大雾遥感监测报告,气候公报,地质灾害气象等级预报,森林火险等级预报,森林防火服务专报,植被指数和植被长势遥感监测,积雪遥感监测,海冰变化遥感监测,森林火灾遥感监测,主要水体(湿地)面积遥感监测,生态质量气象评价,地下水位变化综合评估,农田土壤养分评价报告,盘锦湿地生态监测评价报告,地下水位变化报告,农业与生态气象公报,空气质量等级预报,空气污染气象条件预报,大气降尘数据分析,春季植树事宜期预测,大气污染指数预报,酸雨监测预报,沉降监测评价,森林苇场火险等级预报,空气质量污染指数预报,物候期观察报告,海洋天气预报,雾霾遥感监测,空气污染扩散条件预报,山洪地质灾害预报服务,环境气象数值预报,海洋气象预报。江苏省气象部门提供的环境气象服务业务产品,包括空气质量指数,污染指数,干旱监测及预报,大气降水酸碱度监测,森林火险气象服务,每月气候评价,洪泽湖大风联防服务,洪泽湖蓝藻暴发气象预报服务,空气环境质量日报预报,酸雨监测报告,每月气候评价,每季度气候评价,半年气候评价,年度气候评价,生态与农业预报服务,城市霾监测,太湖蓝藻监测,城市热岛监测,太湖生态站监测,太湖蓝藻水华气象监测预警,汛期地质灾害气象预报预警,空气质量指数,地质灾害预警,霾落区等级预报。其他各省(区、市)气象部门均提供了当地经济社会发展所需要的环境气象服务业务产品。

4.旅游气象服务业务

2017年,全国各省(区、市)气象部门丰富了旅游休闲气象服务产品,并增加产品的适用性。如上海市气象部门提供的旅游休闲气象服务产品,包括桃树初花期预测,油菜花期气象预测,节假日专题报告,景区预报,春运天气专报,吴淞国际邮轮港气象专报,上海邮轮旅游节专报,桃花节预报,夏季音乐节、烟花节、迪士尼游园气象条件预报,迪士尼观赏概率预报,国际旅游度假区运营气象条件预报,奉贤菜花节专题预报,旅游气象服务专报,淀山湖旅游节气象专报,崇明休闲体育大会天气专报,崇明森林旅游节天气专报,F1中国大奖赛专报、WEC耐力赛专报等赛事专报、互动戏剧节专报。广东省气象部门提供的旅游休闲气象服务产品,包括广州市爱国主义教育基地气象科普知识展览,郊游指数,黄金周旅游天气,旅游景点天气预报,假期天气预报,周末出行提示,广东省国际旅游文化节专题预报,广州市国际龙舟节专题预报,广东省21个地级市黄金周天气预报,旅游景点天气预报,丹霞山天气预报,市区主要景点旅游天气预报,白水寨天气预报,川岛航线,韶关市旅游景点天气预报。云南省气象部门提供的旅游休闲气象服务产品，包括登山气象指数，钓鱼气象指数，郊游气象指数，户外活动气象指数，室外游泳气象指数，城市污染气象指数，防冻防暑气象指数，风景区天气好报，黄金周旅游服务，城市热岛强度气象条件指数，洗车指数，负氧离子浓度指数，交通气象指数，重大节假日预报。其他各省(区、市)气象部门均提供了当地经济社会发展所需要的旅游气象服务产品。

5. 海洋气象服务业务

2017 年，全国有海洋气象观测、预报及服务等业务的台站 103 个，海洋气象服务融入海洋开发利用全过程。海洋气象观测业务取得新的进展。到 2017 年，已经建有海岛自动气象站 373 个，沿海自动气象站 536 个，船舶自动气象站 52 个，沿海气象观测塔 46 个，全国石油平台自动气象站 35 个，海洋浮标观测站共 41 个，天气雷达站 15 个，沿海风廓线雷达 30 个，GNSS/MET 站 103 个，声学测波仪 5 个，风暴潮站 3 个。

6. 交通气象服务业务

2017 年，加强了公路交通气象服务能力建设，基于智能网格预报产品研发的“全国公路交通气象精细化预报指导产品”实现全国业务化应用。组织开展交通大数据需求分析，建设公路交通气象服务大数据展示系统，开展交通服务数据全国一张图可视化展示。

7. 其他气象服务业务

2017 年，在水文地质气象服务方面，建立了重点江河流域定量化洪水预报模型系统，开展重点江河、中小河流洪水和山洪气象定量化预报试验。建立地质灾害定量化预报系统和首个地质灾害气象风险预报模型，完善地质灾害风险预警业务，每天提供全国地质灾害发生概率、危险度和风险预报预警产品。全年全国成功避让地质灾害 1016 起。

2017 年，在能源气象服务能力建设方面，优化太阳能资源评估成果，并指导开展省级光伏扶贫工作。改进和提升风能太阳能预报业务，指导省级面向风电场光伏电站开展业务服务。研发并初步建立基于影响的电网精准防控气象灾害预报预警技术和服务。依托两个标准分技术委员会平台，进一步完善风能太阳能资源标准体系。

2017 年，在气候资源开发利用方面，开展 164 个风电场和太阳能电站的选址评估，为 887 个风电场和太阳能电站提供预报服务。开展全国风能太阳能资源监测，发布《中国风能太阳能资源年景公报》。建立全国 1 千米分辨率的风能资源精细化评估数据库和 10 千米分辨率的太阳能资源精细化评估数据库。保障国家光伏“领跑者”基地发展计划，评估申报基地太阳能可利用条件。

2017 年，拓展多领域的专业气象服务。上线中国天气网水利、保险、农业病虫害、航空、交通、“一带一路”等专业气象服务频道；建设完成贵阳智慧防汛决策系统，提供广西区小流域与水库洪水预报服务、贵州夹岩水利枢纽工程施工期间洪水预报等。建成“商飞试飞中心气象保障平台”“西南空管系统”，并服务于国产大型商用客机 C919 首飞任务。开发了铁路气象服务系统 2.0 版。

(四)气象信息网络和资料业务

1. 业务系统和数据资源整合

2017 年，CIMISS 在全国 31 个省(区、市)气象局正式投入业务化运行，业务系统和基础设施的集约化程度进一步提升。实现了 450 个省级核心业务系统与 CIMISS 对接，接近业务系统总量的 80%，CIMISS 访问数 24 亿次，数据量 3.3PB，初步形成了“两级部署、四级应用”的业务格局。

丰富国、省气象数据资源，发挥 CIMISS 应用效益。CIMISS 全国业务化，新增 72 种数据接入，新建 19 种数据统计、质控及评估流程，优化 46 种数据处理软件，CIMISS 数据资源持续丰富，数据正确性、完整性和处理时效进一步提高。完善国家级存档管理系统，实现在线、近线、离线归档数据的统一管理和服务。国家气象业务内网新增数据产品 234 种、专题栏目 31 个、2 分钟自动生成的汛期数据服务快报。国家业务内网年度访问量超千万次，同比增长 20.7%，数据下载服务量 51TB，同比增长 34.2%。国、省两级气象业务内网资源共享、联动服务初见成效。与测绘局合作，建设 GIS 数据资源 4.25TB，建成 GIS 服务系统。

2. 信息网络基础设施建设

初步建成气象云国家级中心，业务更加简约高效。到 2017 年，建成初具规模的气象云国家级中心，47 台物理服务器虚拟成 684 台虚拟机，虚拟化比 1∶15，承载 276 个业务系统。完成托管业务、政务等应用系统云化迁移，实施部分核心业务系统云化改造，初步实现“云中心”全业务流程的统一监控。国家级新建峰值处理能力 8PFlops 的高性能计算机系统，启动安装工作。国家级气象通信同城应急备份系统实现人工决策、自动切换。国内气象通信系统 2.0 开展试验运行，国家级中心获取地面分钟观测数据时效由原来的分钟级提高到 2 秒以内，雷达体扫数据实现同步传输、实时服务，基数据到达预报员桌面时间较现有业务减少约 6 分钟。

开展大数据平台建设，推进气象信息化进程。编制《气象大数据云平台总体设计》及《气象大数据云平台实施计划》。启动大数据云平台原型系统开发。

推进气象综合监控系统建设。采用全互联网技术，构建开放、高效、可扩展的监控系统框架，初步建成气象综合业务监控系统(“天镜”)，并投入试运行。系统集约整合 26 套监控系统，实现核心业务状态可视化、信息系统业务集中监控与运维联动、移动运维。

3. 资料业务和服务

组织改进气象资料业务系统，实现了国省数据同步消息全流程监控，实现国省数据同步更新，数据处理及产品生成时效由滞后 2 个月提升至秒级，数据质量稳步提高。组织实现了地面等 4 种观测数据标准格式业务试运行。在全国开展天气雷达标准格式流传输扩大试点。2017 年国家级自动站观测数据 5 分钟到报率为 81.2%，较 2016 年的 82.9%有所降低，主要是由于“系统运行过程中开展系统升级等特殊原因对传输质量到报率有所影响”造成；汛期区域级自动气象站观测数据 5 分钟到报率达到 89.6%，较 2016 年同期有明显提高（增长 7.2%）；上述两种数据的正确率分别达到 99.90%和 97.95%，与 2016 年同期基本持平。

加强数据产品建设，组织研制了近 10 年全球大气再分析实验产品（精度：水平分辨 34 千米，垂直分层 64 层），实现国家和区域站温、压、湿、风、降水、能见度等要素逐小时产品业务化，业务网实时展示，组织实现了 CMA 陆面数据同化系统气象数据产品业务化运行并推广应用。

加强气象数据资源汇交和共享。印发了《气象探测资料汇交管理办法》，协调实现中科院大气所、电工所资料汇交。持续推进与行业部门数据交换共享，与国家测绘地理信息局签署协同发展合作协议，气象与 21 个行业部门实现数据共享。印发《全国气象数据资源汇交工作方案》，组织开展数据资源汇交。

2017 年中国气象数据网新增注册用户 40912 人，访问量 1.19 亿人次，存储数据量 82TB，较 2016 年同期增长 13.9%。为中科院大气所、大连理工大学、浙江大学等等 9 家单位增加提供气象资料和产品。中国气象数据网企业实名注册用户数达 690 个，其中京津冀地区 139 个，长三角地区 128 个，广东省 113 个；涉及行业主要为专业技术服务（32%）、软件（28%）、公共管理（14%）等（图 8.20）。截至 2017 年 12 月，中国气象数据网累计注册个人用户 20.4 万人（含卫星遥感网注册用户）。用户以社会公益性行业为主，排名前 5 名的是教育（28.6%）、地球科学（13.3%）、环境与安全（8.3%）、气象（8.0%）、工程与技术科学（7.4%）（图 8.21）。2016 年 12 月 1 日，风云卫星遥感数据服务网与中国气象数据网完成集约整合，整合后的中国气象数据网作为用户注册和卫星数据服务统一入口，截至 2017 年 12 月，卫星数据服务总量约 1552TB，较 2016 年同期增长约 46.7%。

历史气象资料档案数字化工作稳步推进。截至 2017 年底，累计完成 2743 万页各类报表的扫描和录入、1.05 亿页自记纸及近 337 万页的 1949 年以前气象资料的扫描、993 万页降水自记纸的迹线提取，补充了基础数据产品。扫描数量较 2016 年同期增长 52.6%。

国家级气象资料存储检索系统（MDSS）存储各类气象数据总量达 147TB，较 2016 年同期持平。CIMISS 存储各类气象数据总量达 297TB。

2017 年中国气象数据网为高校、各类科研机构提供数据服务，支持国家科技支撑计划、973 计划、863 计划、自然科学基金等重点科研项目 1588 项；用户应用气象数据发表文章、论著及发布国家标准和行业标准共 459 篇，较 2016 年增长 13.1%（表 8.7，表 8.8）。

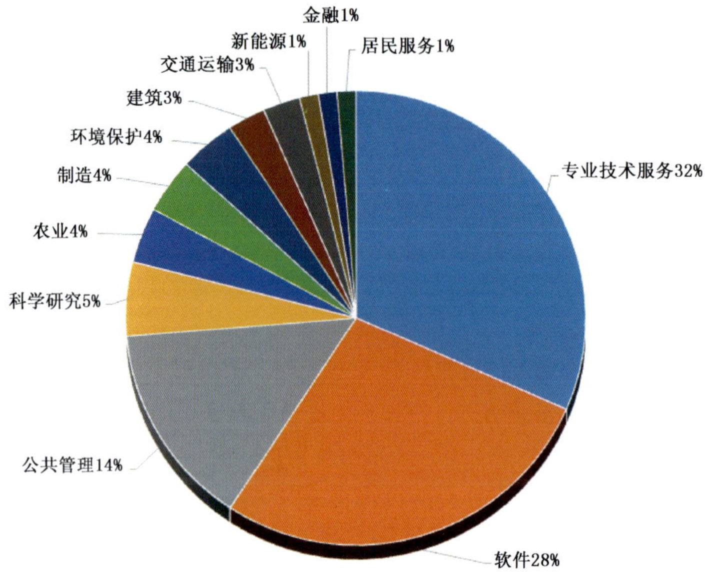

图 8.20　中国气象数据网企业用户行业分布

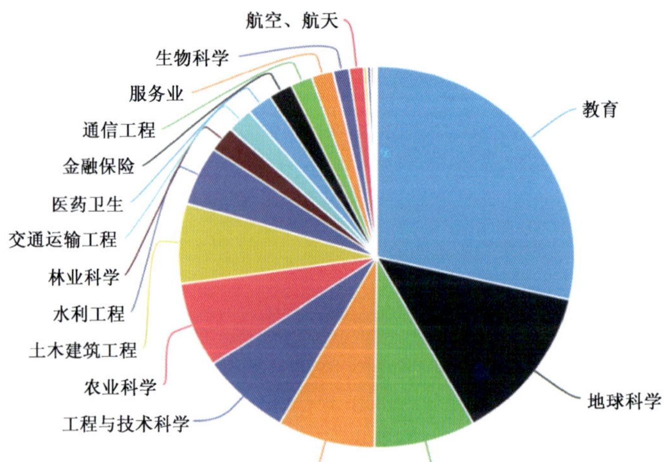

图 8.21　中国气象数据网个人用户行业分布

4. 顶层规划设计

信息化已经进入全面渗透、跨界融合、加速创新、引领发展的新阶段，创造了人类生活新空间，引发了社会生产新变革，开辟了政府治理新疆界。影响社会、经济和生活方方面面的气象信息，更成为政府社会治理、自然灾害治理的重要数据资源。以气

表 8.7　气象数据服务科技项目和支撑效果

科研项目类型	数量(项)
863 项目(课题)	150
973 项目(课题)	62
国家科技支撑计划项目(课题)	41
重大工程	32
国家自然科学基金项目(课题)	582
中国科学院知识创新项目	10
社会公益研究专项基金	43
气象事业业务拓展项目	7
内部项目	65
其他	596
合计(项)	1588

表 8.8　应用气象数据取得科技成果统计表

科技成果类型	2015 年	2016 年	2017 年	合计
发表论文、论著、成果	370	406	459	1235

象信息化驱动气象现代化，建设智慧气象，是落实创新驱动发展战略和国家信息化发展战略的重要举措，是实现《国务院关于加快气象事业发展的若干意见》和《全国气象发展“十三五”规划》奋斗目标、提升气象服务国民经济和社会发展效益的必然选择。

为强化气象信息化顶层设计，规范和指导未来 5 年全国气象信息化发展，贯彻落实国家信息化战略部署和智慧气象发展理念，中国气象局组织编制了《气象信息化发展规划(2016—2020 年)》(以下简称《规划》)。规划提出了气象信息化发展的目标、主要任务、重点工程和保障措施等。

《规划》提出了“十三五”气象信息化发展的总体目标和气象数据资源共享应用水平、气象信息系统能力、气象信息技术实力、气象信息化转型发展体制机制，以及智慧气象生态体系等五方面具体目标。并围绕增强发展能力、提升应用水平、优化发展环境等三大战略方向，明确提出了构建集约高效的新型业务技术体系、建设泛在先进的气象信息基础设施、提高信息资源供给能力和共享水平、支持国家重大专项规划建设、推进气象信息跨部门深度融合应用、营造利于智慧气象发展的良好环境、加强气象信息化标准体系建设和构建整体化网络与信息安全体系等八个方面二十项任务。

三、评价与展望

新时代的公共气象服务业务，应当紧贴社会需求，积极发展智慧气象服务业务。一是利用云计算、大数据和物联网技术，发布面向公众日常生活应用场景的气象服务。二是提高预警信息发布核心技术能力,发展卫星移动通信、广电直播星等多样化预警信息发布手段。改革国家预警信息发布中心运行管理体制机制。开展基层气象防灾减灾标准化建设。三是围绕美丽中国建设,加强生态文明气象保障服务业务。四是面向乡村振兴和扶贫攻坚,强化气象为农服务业务。五是服务国家重大战略,参与“一带一路”和军民融合服务保障。六是推进气象服务供给侧改革要求,推动气象服务改革创新。

新时代的气象预报预测,在大数据、云计算、人工智能等新一代信息技术的影响下,现代气象预报业务的机遇与挑战并存。应联合各高校和科研院所等,积极研发大数据、人工智能技术的气象应用,来支撑无缝隙智能网格预报的发展,解决业务流程智能化水平不高的问题,为2020年在我国建成“预报预测精准、科技支撑有力、核心技术先进、业务平台智能、业务管理科学”的无缝隙智能网格预报业务体系进一步夯实基础;应大力开展世界气象中心(北京)建设,并以此为契机建设全球智能网格预报业务,提升“全球预报”能力。

新时代的综合气象观测,应着力破解观测发展不平衡不充分的问题,推进站网立体化、观测智能化、业务信息化、应用综合化建设,为气象保障国家发展战略提供基础支撑。一是推进气象观测全面自动化,保障观测任务稳定运行。二是以遥感应用体系建设为抓手,增强生态文明建设气象保障能力。三是继续推进气象军民融合深入发展。四是推进“一网多能”综合观测网效益发挥,在气象保障国家发展战略重点发力。五是强化科技创新,加快新技术新装备示范应用。六是推进重点工程建设,不断提升观测现代化水平。

新时代的气象信息网络和资料业务,应全力推进气象信息化建设。一是完善顶层设计,组织实施气象大数据战略、“互联网+”气象战略和众智众创气象平台战略,进一步提升气象信息系统集约化水平,强化高性能计算资源管理,以及气象信息基础设施资源池建设和业务运行方面的规范和制度;二是组织开展国内气象通信系统(CTS2.0)建设,加快实现全国业务运行;三是加快推进气象大数据云平台建设,优化信息网络基础设施布局;四是强化全国气象数据资源汇聚整合与应用服务。五是继续探索大数据、人工智能等新兴技术应用。

创新篇

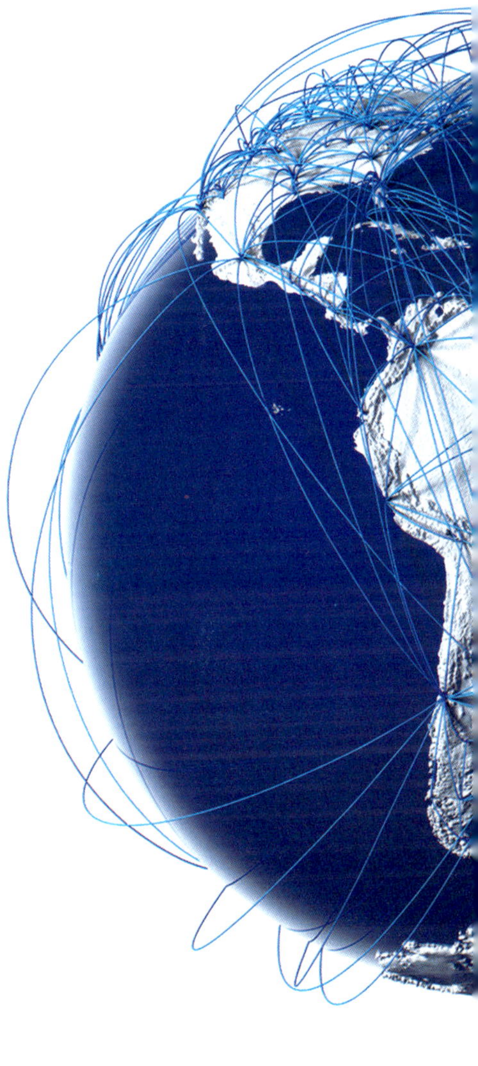

第九章　气象科技创新

气象事业是科技型、基础性社会公益事业，气象科学技术进步是气象事业全面协调发展的支撑。2017 年，气象部门认真贯彻落实国家科技体制改革和“十三五”气象事业发展相关部署，坚持把科技创新作为第一驱动，深入实施创新驱动发展战略，完善科技创新机制，加强气象科技创新文化建设，充分发挥科技创新对气象现代化的支撑和引领作用。

一、2017 年气象科技创新概述

2017 年，中国气象局被世界气象组织认定为世界气象中心，标志着我国气象业务科技水平迈入世界先进行列。气象部门注重气象科技科创新发展的顶层设计，紧跟国家科技创新战略发展；完善气象科技人才发展机制，最大限度地激活气象科技创新活力；聚焦重大核心关键技术开展攻关，切实增强自主创新能力；深入推进气象科研院所改革，营造勇于创新的文化环境氛围；加大气象科技成果推广应用，气象科技贡献率明显上升。

（一）气象业务核心技术攻关取得新进展

2017 年，核心技术攻关实现中期目标，主要在卫星资料同化、四维变分同化、模式精细化改进、集合预报等重点领域科学研究与技术研发取得积极进展。顺利完成风云四号 A 星和碳卫星在轨测试工作，卫星数值天气预报应用成果显著。人工影响天气、大气环境预报等关键技术领域均有新突破。另外，积极推动冬奥气象核心保障技术纳入了国家科技攻关任务。

（二）科学试验平台建设实现共享

2017 年，强化科技创新平台建设，加强灾害天气国家重点实验室建设；中国气象局重点开放实验室完成阶段评估整改。完善野外科学试验基地布局和运行管理，首批遴选“中国气象局野外科学试验基地”21 个。推进大型科学仪器共享工作，组织国家级气象科研院所将价值在 50 万元以上科学仪器在科技部大型科学仪器共享平台进行登记。建立完善各院所自己的共享平台，并实现与国家平台的对接。

(三)气象科研院所改革继续深入

2017 年,深入推进科研院所改革发展,印发并实施了《中国气象局深化专业气象研究所改革方案》,推进了北京城市气象研究院建设。联合督查政策落实情况,组织中国气象科学研究院承担国家扩大院所自主权科技改革试点任务。出台《中国气象局关于进一步深化省级气象科学研究所改革的意见》,推动了省级气象研究所体制机制改革。成立局校合作联络工作组,深化与高校在学科建设、人才培养及科技创新等方面的合作。推动气象部门与相关企业协同创新发展。

(四)科研成果转化取得新成绩

2017 年,国家气象科技研发项目经费达 3 亿多元。启动了国家重点研发计划"重大自然灾害监测预警与防范"重点专项,国家重点研发计划重点专项项目、国家自然科学基金项目、"大气重污染成因与治理"总理基金攻关专项课题等成功立项。按照"统一管理、归口审批"原则,规范科技成果业务转化流程,推进主要业务领域气象科技成果中试平台建设。强化科技成果认定管理,全年共完成气象科技成果登记(备案)1613 项。

中国气象局被认定为世界气象中心

2017 年 5 月 12 日,中国气象局被世界气象组织(WMO)认定为世界气象中心,标志着我国气象业务服务的整体水平迈入世界先进行列。目前,中国是发展中国家里唯一拥有"世界气象中心"称号的国家。世界气象中心是 WMO 最核心的全球气象预报预测业务机构,处在全球预报业务架构的最顶端。根据 WMO 要求,世界气象中心需要为全球各国开展实时气象预报、预测业务提供稳定、丰富、高质量的无缝隙天气气候业务分析、预报、预测指导产品,并牵头开展国际气象预报技术培训、技术交流等活动。所以世界气象中心必须具备较高的业务能力:必须同时具备业务运行全球确定性数值天气预报系统、全球集合数值天气预报系统和全球长期数值预报系统的能力。

近些年来,中国气象局持续提升数值预报核心技术的自主研发与创新能力,发展和完善了数值预报业务技术体系。中国气象局将以世界气象中心(北京)建设为契机,加强顶层设计,着眼全球,着力区域,努力建成全球预报预测业务中心、高速气象数据交换中心和区域性国际会商平台,建立预报、预测技术国际交流机制,促进我国早日从气象大国"变身"世界气象强国。

按照设计,世界气象中心(北京)将成为中国气象局贯彻落实党的十九大精神、践行"一带一路"倡议的重要平台和抓手。一方面,世界气象中心(北京)作为深化国际合作的新平台,将成为对外合作交流和技术辐射的重要基地和窗口;另一方面,它的建设和发展水平将成为判断中国气象局及国家气象中心等国家级业务单位进入世界级先进业务中心行列、我国全面实现气象业务现代化的重要标志。

2018年1月16日,世界气象中心(北京)已正式授牌。目前,全球共有8个世界气象中心。1967年,WMO在第五次大会上认定了美国、俄罗斯和澳大利亚等三个世界气象中心。欧洲中期天气预报中心、英国、加拿大、日本和中国均在2017年WMO执行理事会第69次届会上被认定为世界气象中心。

(来源:中国气象报)

二、2017年气象科技创新进展

(一)气象科技创新注重顶层设计

一直以来,中国气象局高度重视气象科技创新工作的顶层设计。2017年,气象部门加强与国家科技创新战略、规划的衔接,科技部、中国气象局联合其他相关部委印发了《"十三五"环境领域科技创新专项规划》《"十三五"应对气候变化科技创新专项规划》《"十三五"农业农村科技创新专项规划》,提出了有关领域科技创新目标、发展思路、重点任务和保障措施,为做好"十三五"时期气象科技工作提供了行动指南。中国气象局开展面向长远发展、面向国际前沿的数值模式顶层设计,在国内外调研基础上,推进多尺度数值预报模式可持续发展顶层设计,出台了《GRAPES数值预报系统发展规划(2016—2020年)》等专项规划,编制了《中国气象局多尺度数值模式可持续发展总体设计工作方案》,提出我国下一代多尺度气象数值预报预测模式发展目标和技术路线。印发《卫星遥感综合应用体系建设指导意见》,推进遥感产品的综合应用和业务化。并启动国家重点研发计划"重大自然灾害监测预警与防范"重点专项,凝练核心技术,梳理攻关重点。

2017年,中国气象局印发《关于增强气象人才科技创新活力的若干意见》,进一步落实国家科技与人才政策,下大力气完善人才培养使用选拔激励机制,为科技创新"松绑",赋予用人单位更大自主权,进一步调动气象人才特别是现有人才科技创新的积极性、主动性、创造性,增强气象人才科技创新活力。中国气象局通过政策引导、项目带动,强化科技领军人才的遴选和使用,围绕核心科技任务加强科技人才和创新团队建设的思路更加清晰。

2017年,中国气象局不断深化气象科技体制改革,印发了《中国气象局深化专业气象研究所改革方案》《中国气象局关于进一步深化省级气象科学研究所改革的意见》,通过科技创新和制度创新,进一步深化国家级气象科研院所改革和推动省级气象科研所优化学科布局,完善发展体制,强化对专业所的管理,强化业务单位技术创新与应用的主体地位,增强科研院所支撑引领现代化发展的科技创新能力,健全科研业务深度融合机制,完善区域协同创新和共性技术协同发展机制,真正使创新在科研、业务、服务、管理、文化等方面成为破解难题、驱动发展的不竭动力,为核心业务提供更坚实科技支撑。

(二)气象业务核心技术攻关有突破

气象业务核心技术攻关是创新驱动发展的具体行动,是实现我国气象重大核心技术跨越式发展,缩小与国际先进水平差距的重要举措。近些年来,中国气象局组织实施了国家气象科技创新工程(2014—2020 年)等一系列科技工程项目,在气象业务重点领域核心技术攻关取得了重大成效。

1. 气象卫星和雷达观测技术

(1)气象卫星观测与应用技术

2017 年,风云卫星向全球 83 个国家和地区的用户提供数据服务。卫星数据共享服务总量超过 3PB,较 2016 年增长 63.8%。其中,随着巴勒斯坦和约旦等用户的加入,40 个"一带一路"沿线国家和地区用户选择通过风云卫星了解大气、海洋和地表相关信息。2017 年 9 月 25 日,我国新一代静止轨道气象卫星风云四号 A 星正式交付用户使用。风云四号 A 星综合技术性能国际领先,其交付使用标志着我国静止轨道气象卫星观测系统实现更新换代,对于保证我国静止气象卫星观测业务的连续、可靠和稳定运行,提高我国航天事业和气象事业的国际地位和影响力具有重大意义。

——风云四号 A 星在轨测试。风云四号 01 星于 2016 年 12 月 11 日在西昌发射基地发射升空,12 月 17 日成功定点于东经 99.5 度的赤道上空,定点后命名为风云四号 A 星。它是我国新一代的静止轨道气象卫星,也是世界上最先进的气象卫星。所有仪器均属于国内首次上星飞行,整星研制难度高、技术复杂,达到国际先进水平;干涉式大气垂直探测仪是世界上首次在静止轨道卫星上装载,并与多通道扫描成像辐射计同时装载使用,实现静止轨道高频次大气三维探测,综合技术性能国际领先。

2017 年有序推进了风云四号 A 星在轨测试工作。从测试结果来看,产品生成系统能够全自动生成 3 个载荷共计 56 种产品,运行稳定,全系统成功率达 99%。部分产品通过国际对标,与日本葵花八号卫星反演结果、美国业务卫星产品结果高度一致。

在轨测试期间,风云四号卫星数据资源池发布数据累积访问量 713 万次,服务数据总量达 90.5TB,已具备存档 255 种产品、分钟级数据更新能力,回传的信息能够为全球数值预报、台风预报、强对流天气和雷暴预报等提供重要支撑,可满足业务试运行后用户对数据访问高时效、高数据量的需求。据统计，2017 年风云四号卫星资料应用于 80 余次天气事件、5 次国家重大事件专题气象服务保障，利用卫星资料发布各类监测报告 100 余期，用于台风等专题会商 20 余次；利用空间天气监测资料完成服务报告 10 次，已提供给国家空间天气预报台应用。目前，风云四号卫星已被世界气象组织纳入全球对地观测气象卫星序列。

——全球大气二氧化碳观测科学试验卫星（简称碳卫星）在轨测试。碳卫星于 2016 年 12 月 22 日成功发射，每天绕地球飞行约 14 圈，探测宽度 20 千米。其科研目标是在绕地球两极运行的过程中获取全球二氧化碳浓度信息，以准确展示人类活动与自然体系是如何排放和吸收这种温室气体的。这是继日本 GOSAT 和美国 OCO-2 卫星后，全球第三颗具有高精度温室气体探测能力的卫星。可以说，我国用了十年时间弥补了与美国等发达国家三十年的差距，基本实现了在这个前沿技术领域与国际最高水平齐头并进。目前，我国碳卫星二氧化碳光谱数据（即一级数据）已经向全球开放共享。未来，碳卫星还将定期发布全球二氧化碳逐像元探测数据（即二级数据）。

中国气象局国家卫星气象中心负责地面数据接收处理与二氧化碳反演验证系统的研制、建设和运行。从发射以来至 2017 年 8 月，一直在对碳卫星平台和有效载荷进行了全面测试。在轨测试结果表明：碳卫星的各项功能、性能指标符合任务书的要求，取得了圆满成功。碳卫星作为我国自主研制的首颗全球大气二氧化碳观测科学实验卫星，装载了一体化设计的两台科学载荷，在国内首次实现了机动敏捷的星地一体化多模式卫星观测平台、星载高光谱二氧化碳探测技术、多谱段云与气溶胶偏振探测技术，其中高光谱定标和高辐射测量精度的全球二氧化碳探测仪填补了我国天基高光谱温室气体测量的空白，研制难度高、技术复杂，综合技术性能达到国际先进水平，部分指标达到国际领先水平。

——卫星数值天气预报应用。完善卫星数据质量监测和质量标识系统，初步建成风云卫星再分析数据一致性诊断优化系统，使之成为风云三号大气探测资料在数值预报模式中应用的强力支撑，并扩展至风云四号高光谱载荷；初步建立我国自有辐射传输模式动力框架，与国外同类模式相比，模拟性能具有可比性（相关指标见表 9.1）。完成风云三号 C 星在轨仪器性能跟踪与健康监视系统，实现 12 个载荷性能和工作状态的跟踪监视。

完成新一代空间天气预报业务平台的建设，建设空间天气信息综合显示系统，改进现有的空间天气预报平台。建设辐射带环境模式预报系统，初步具备对辐射带环境的定量预报能力。初步形成预报理论框架和预报规范体系，实现对空间天气因果链关键节点主要参数的定量预报和模式集成预报。

——气象卫星资料处理技术。研究卫星数据综合辐射定标技术，提高业务定标精度（相关指标见表 9.1）。利用多种定标技术，研发可见光、近红外、红外综合定标

表 9.1　气象卫星观测业务相关指标国际对标表

序号	业务指标	2015 年		2017 年		2020 年	
		中国水平	国际水平	中国水平	国际水平	中国水平	国际水平
1	极轨气象卫星(卫星名称、数量、仪器指标等)	FY－3C 星发射成功实现了在轨卫星新旧更替，上下午组网观测能力增强，更标志着第二代极轨气象卫星进入业务时代。星上 12 个有效载荷，新增 GNOS 掩星探测大大增强了大气垂直探测能力。光谱覆盖紫外、可见、近红外、红外、微波和掩星探测。	美国：极轨卫星业务全面转向新一代环境业务卫星 Sumi NPP 和即将发射的业务 JPSS 卫星筹备工作，具备光学成像、红外大气探测、微波大气探测、臭氧观测、空间天气观测能力，新一代卫星 Sumi NPP 历史资料再处理列入关键业务，大大提高了 NPP 资料的精度质量和一致性。 欧盟：Metop－A 和 Metop－B 卫星，星上 12 个有效载荷，卫星观测性能同美国 Sumi NPP 相当。	在上下午卫星组网观测基础上，发射 FY－3D 卫星，第二代中分辨率成像光谱仪首次上天，大大增强光学成像能力和观测精度。新增红外高光大气探测，高光谱温室探测和两个空间天气载荷(广角极光成像仪和电离层光度计)，GPS 掩星探测资料进入数值预报同化业务。	美国：以 Sumi NPP 为原型构建新一代极轨观测系统 JPSS，保持 Sumi NPP 的业务观测能力。 欧盟：维持 Metop 系列的业务能力。	在上下午卫星组网观测基础上，增加晨昏轨道卫星的观测能力，具备世界上首个三条轨道组网能力。改进高光谱红外大气探测能力，新增主动风场测量雷达和太阳高光谱及太阳 XE-UV 成像观测、维持现有业务能力基础上，改进仪器观测性能和定标定位精度。	美国：维持 JPSS 的业务能力。 欧盟：维持 Metop 系列的业务能力，研发新一代卫星 EPS－SG 系统。
2	静止气象卫星(卫星名称、数量、仪器指标等)	风云二号系列业务气象卫星投入业务运行，建立双星同步程序业务观测能力。	日本：发射了新一代静止轨道气象卫星 Himawari－8，将静止轨道气象卫星全地球圆盘观测时效提高到每 10 分钟一次。	第二代静止气象卫星 FY－4A 进入在轨测试，建立了 14 通道光学成像、高光谱红外大气探测、闪电成像的观测能力。	美国：新一代静止气象卫星 GOES－R 进入在轨测试，发布测试产品供用户试用，光学成像能力得到改进，新增了闪电成像观测 欧盟：维持第二代业务能力，研发第三代静止卫星 MTG。 日本：Himawari－9 卫星完成测试，在轨备份。	发展风云四号后续业务卫星，研发静止轨道微波观测卫星。	美国：维持 GOES－R 的业务能力。 欧盟：第三代静止卫星 MTG 分为静止成像卫星 MTG－I 和静止大气探测系列 MTS－S 开始业务运行。

续表

序号	业务指标	2015年		2017年		2020年	
		中国水平	国际水平	中国水平	国际水平	中国水平	国际水平
3	卫星观测站网布局	极轨北京、佳木斯、广州、乌鲁木齐国内四站和境外瑞典基律纳站；静止北京和广州两个指令和数据接收站(CDAS)，5个测距站，北京为测距主站，广州同时具有测距主站和副站功能，国内乌鲁木齐、佳木斯和国外澳大利亚墨尔本为测距副站。	美国：极轨卫星主要依靠阿拉斯加 Fairbanks、华盛顿 Wallops 岛和法国 Lannion 三站；静止卫星主要依靠 Wallops 的指令和数据采集站 WCDAS。 欧盟：极轨卫星地面站位于北极圈内的斯瓦尔巴德群岛；静止卫星采用 MSG 卫星地面系统，同时对地面主接收站(PGS)和卫星控制中心(BSCC)进行备份。	极轨系统增加南极站的数据接收能力；静止系统新一代 FY－4 地面应用系统投入使用。 风云二号卫星继续保持双星观测，适时加密观测。	美国：地面接收站全球增至15个，通过卫星和光缆将实时观测数据在几分钟至30分钟内传至数据处理和服务中心。 欧盟：极轨系统进行性能拓展和优化；静止系统改进为 MTS 卫星地面应用系统，其中地面站机构包括遥测遥控跟踪 TTC 和任务数据获取 MDA 功能。	维持现有业务布局，提高资料处理时效和业务稳定性。	美国：维持已有业务布局。 欧盟：维持已有业务布局。
4	卫星资料预处理 (定标、定位)	定位精度在高原地区显著提高，全球定位精度达到1～2像元。红外定标精度优于0.7K，微波定标精度优于1K，可见和近红外定标精度优于7%。	美国：微波和红外定标精度优于0.5K，可见和近红外定标精度优于3%。 欧盟：微波和红外定标精度优于0.5K，可见和近红外定标精度优于6%。	定位精度优于像元级，红外定标精度优于0.7K，微波定标精度优于1K，可见和近红外定标精度优于7%，并实现了月定标更新。	美国：定位精度维持在像元级水平，微波和红外定标精度优于0.5K，可见和近红外定标精度优于5%。 欧盟：定位精度达到或者优于像元级，微波和红外定标精度优于0.5K，可见和近红外定标精度优于5%。	定位精度优于像元级，红外定标精度优于0.5K，微波定标精度优于0.8K，可见和近红外定标精度优于5%，并实现日衰减定标业务更新。	美国：定位精度维持在像元级水平，微波和红外定标精度优于0.4K，可见和近红外定标精度优于3%。 欧盟：定位精度达到或者优于像元级，微波和红外定标精度优于0.3K，可见和近红外定标精度优于3%。

续表

序号	业务指标	2015年		2017年		2020年	
		中国水平	国际水平	中国水平	国际水平	中国水平	国际水平
5	数值预报（同化卫星资料类型、产品，同化率）	全球业务同化系统GSI中同化的卫星资料包括NOAA15/18 AMSUA和红外云导风（GOES、METEOSAT和MTSAT－2）。 当时，GRAPES全球3D－Var同化系统已经准业务化运行，它同化更多的卫星资料，包括NOAA15/18和METOP AMSUA、GNSSRO掩星和红外云导风（GOES、METEOSAT、MTSAT－2和FY－2G）。卫星资料在总的观测使用量中占比在63%左右。	美国：NOAA、MeToP、EOS、DMSP、NPP和FY－3上搭载的大气探测仪器（微波温度计）和风场散射计、GPS掩星资料和卫星反演温湿廓线、极区导风等；GOES导风。卫星资料占资料总量的90%以上。 欧盟：NOAA、MeToP、EOS、DMSP和FY－3上搭载的大气探测仪器（微波温度计、微波湿度计、红外探测仪器和微波成像仪器、GNOS）、GPS掩星资料和风场散射计和卫星反演温湿廓线等；静止卫星导风。卫星资料占资料总量90%。	NOAA、MeToP、EOS、NPP和FY－3上搭载的大气探测仪器（微波温度计、微波湿度计、红外探测仪器和微波成像仪器）和风场散射计、GPS掩星资料和卫星反演温湿廓线、极区导风等；FY－2导风。卫星资料占资料总量的70%以上。	美国：NOAA、MeToP、EOS、DMSP、NPP和FY－3上搭载的大气探测仪器（微波温度计、微波湿度计、红外探测仪器和微波成像仪器）和风场散射计、GPS掩星资料和卫星反演温湿廓线、极区导风等；GOES导风。卫星资料占资料总量90%以上。 欧盟：NOAA、MeToP、EOS、DMSP、NPP和FY－3上搭载的大气探测仪器（微波温度计、微波湿度计、红外探测仪器和微波成像仪器）、GPS掩星资料和风场散射计和卫星反演温湿廓线、极区导风等；静止卫星导风和FY－4红外高光谱大气探测仪。有效同化应用2011－2017年发射的多源多平台卫星资料，卫星资料占90%以上。	MeToP、NPP、JPSS和FY－3上搭载的大气探测仪器（微波温度计、微波湿度计、红外探测仪器和微波成像仪器）、GPS掩星资料和风场散射计和卫星反演温湿廓线、极区导风等；FY－2/4导风和FY－4红外高光谱探测。卫星资料占资料总量的80%以上。	美国：MeToP、DMSP、NPP、JPSS和FY－3上搭载的大气探测仪器（微波温度计、微波湿度计、红外探测仪器和微波成像仪器）、GPS掩星资料和风场散射计和卫星反演温湿廓线、极区导风等；FY－2/4导风和FY－4红外高光谱探测。卫星资料占资料总量95%。 欧盟：MeToP、DMSP、NPP、JPSS和FY－3上搭载的大气探测仪器（微波温度计、微波湿度计、红外探测仪器和微波成像仪器）、GPS掩星资料和风场散射计和卫星反演温湿廓线、极区导风等；静止卫星导风和FY－4红外高光谱探测。卫星资料占全部资料的95%。

续表

序号	业务指标	2015 年		2017 年		2020 年	
		中国水平	国际水平	中国水平	国际水平	中国水平	国际水平
6	空间天气业务（要素监测、模式预报比例、监测数据的使用情况）	具备初级的监测能力，监测数据不能满足预报需求，预报业务仍主要依靠国际数据；空间天气模式预报占30%，自主数据使用率30%左右。	美国：关键节点均有监测设备，可观测重点空间天气要素；空间天气模式预报占60%以上。 欧盟：有比较完备的地基探测系统；通过与美国合作，进行空间探测数据的应用；空间天气模式预报占50%以上。	具备部分关键要素的监测能力，监测数据可用于模式预报；空间天气模式预报占40%以上，自主数据使用率30%左右。	美国：部署新一代L1点探测卫星；空间天气预报模式预报占70%以上。 欧盟：建立地基太阳、电离层监测设备；初步建立基于天/地基探测数据的数值模式系统；空间天气模式预报占60%以上。	监测数据初步满足预报需求，可根据自主数据开展预报业务；空间天气模式预报占60%以上，自主数据使用率50%以上。	美国：完成大规模空间天气数值预报模式的部署；空间天气模式预报占90%以上。 欧盟：建立相对完善的基于天/地基数据的预报模式系统；空间天气模式预报占80%以上。

数据来源：国家卫星气象中心。

技术。完成风云二号红外波段近十年历史资料再定标和数据集建设,并生成了风云二号红外波段近十年观测资料偏差订正产品;以深对流云定标技术为基础,完成风云二号(FY2C/D/E/F/G)十年资料历史数据可见光波段再定标,生成了观测偏差订正和再定标产品。建立在轨日更新模型,实现风云三号C星MERSI/VIRR业务定标在轨多次更新,将风云卫星在太阳反射波段单次定标精度提升至5%,促进定量产品精度改善。完善风云卫星光学遥感器GSICS交叉定标检验系统,建立了风云二号GSICS交叉检验业务系统,并实现业务试运行。针对我国首颗碳卫星(TanSat)高光谱二氧化碳探测仪的数据精度评价需求,开展了可见高光谱探测间的交叉定标方法研究,实现TanSat与OCO的近重合轨道交叉检验。

高精度定量反演与长序列气候数据处理。主要针对极轨和静止两个系列风云气象卫星,发展和改进全球积雪、海表温度、大气顶输出长波辐射等高精度卫星遥感定量产品反演/处理技术,建立产品验证方法和多源卫星遥感产品融合方法,改进完善多源卫星资料融合海温、海风应用产品算法、产品显示规格和软件集成,加强推进海洋气象卫星监测业务。完成卫星积雪、水体、渤海海冰、火点长序列核心遥感产品数据集的制作,实现业务实时动态更新。并重点保障数据集的时空一致性。深入研发以气象卫星为主的洪涝、森林草原火灾、蓝藻水华等影响监测评估方法和软件功能,并在灾害、环境、气候预测等业务中投入应用,提高多源卫星资料在灾害、环境、气候预测等业务中的应用能力。

(2)雷达观测技术与应用技术

——天气雷达观测技术。2017年,通过梳理体现业务现代化水平的关键指标(部分内容见表9.2),动态跟踪,将天气雷达、风廓线雷达、GNSS/MET等业务能力现状与国外进行比较,分析对比国际差距,通过对照国际标准,我国雷达观测技术与国际先进水平还存在一定距离。

表9.2　气象观测业务相关指标国际对标表

序号	业务指标	2017年		2020年	
		中国水平	国际水平	中国水平	国际水平
1	气象观测装备技术要求的标准覆盖率	31%	100%	100%	100%
2	天气雷达相位噪声定标精度	≤0.15°	≤0.1°	≤0.1°	≤0.1°
3	责任海区百千米级格点监测覆盖率	10%	30%	20%	40%
4	计量检定率	100% (2423个站)	100%	90% (约10000个站)	100%

目前,晴空模式已具备全国业务雷达运行能力,负仰角观测模式已在福建业务试运行,在模式观测试验中,已开展体积扫描与RHI扫描相结合的观测模式。采用双

PRF 和相位编码技术，低仰角观测的距离模糊降低到 10%以内，测速范围扩展到 33 米/秒。

广东已有 5 部 S 波段双偏振雷达投入业务运行，观测项目在原有单偏振的组合反射率、基本反射率、速度谱宽等 3 种项目上增加了垂直极化反射率、差分反射率、差分传播相位、比差分相位等 4 种。

——雷达观测数据质量控制关键技术。2017 年，完成 7 道天气雷达基数据质量控制工序，在原有算法基础上增加速度退模糊算法和海浪回波算法，改进地物/超折射质控算法和故障坏图质控算法，开发了新径向回波质控算法。改进后的故障坏图识别准确率由 36.62%提高至 88.57%，地物/超折射质控算法的准确率由 93.25%提高至 95.03%，新径向干扰回波质控算法对层状云、对流云降水回波的误识率分别降低 2.66%和 5.49%，对径向干扰回波识别的准确率提高了 13.59%，明显改善了旧算法对大面积径向干扰回波无法识别的情况。

——观测实况数据产品研发。2017 年，基本建立国家级气象雷达组网产品生成和业务应用服务系统，实现以雷达为主体的基本产品、强天气监测产品和综合数据产品等三大类产品，面向服务、预报和监测等提供实时在线共享服务。初步实现三维组网产品的开发，得到比较连续的回波反射率三维分析数据场、三维 CAPPI 回波产品和任意剖面的雷达回波产品，利用 VAD 算法和组网天气雷达风场信息，制作不同高度层的三维风场产品。提高风、降水综合观测产品在业务中的应用。基本实现基于单站和组网的冰雹、强降水、中气旋和雷暴等判识产品。

2. 全球数值预报技术

至 2017 年底，基本完成以 GRAPES_GFS 为核心的业务体系建设，在解决集合预报初值扰动、下一代同化技术、全球模式动力框架的计算精度和质量守恒性等核心技术方面有所突破（相关指标见表 9.3），解决 GRAPES 数值预报系统的高性能计算瓶颈问题。建成水平分辨率 25 千米三维或四维变分同化 GRAPES 全球中期确定性预报系统，其中同化卫星资料占比接近 70%；建成水平分辨率 50 千米、30 个左右成员的 GRAPES 全球集合预报系统；建成覆盖全球 10 千米分辨率 3 小时快速循环以及重点区域 3 千米分辨率 GRAPES-MESO 系统；建成全国区域 10 千米分辨率的中尺度集合预报系统；完成高精度、守恒、多尺度适用数值算法和大气动力框架研发；研发 Hybrid-3/4DVAR 集合变分混合资料同化技术。同时还完成了适合变分同化的集合扰动核心技术。基本上形成了以自主研发技术为核心的国产化同化技术的业务体系。

2017 年，主要在卫星资料同化、四维变分同化、模式精细化改进、集合预报等方面取得显著进展。一是 GRAPES 全球预报业务系统持续改进。2017 年 6 月 20 日实现业务系统升级，由 2.0 版升级到 2.1 版本。新版本集成了在资料同化、模式框架地形处理和物理过程等多方面的改进成果，并面向预报需求增加了相态降水、土壤温

表 9.3　气象数值预报相关业务指标国际对标表

序号	业务指标	2015 年		2017 年		2020 年	
		中国水平	国际水平	中国水平	国际水平	中国水平	国际水平
1	全球数值预报模式	水平分辨率 25km，垂直 60 层，模式顶 3hPa； 北半球可用预报时效 7.3 天。	水平分辨率 10km 左右，垂直 137 层，模式顶 0.01hPa，海气耦合； 北半球可用预报时效 8.5 天。	水平分辨率 25km，垂直 70 层； 北半球可用预报时效接近 7.5 天。	—	水平分辨率 10～15km，垂直 70～80 层； 北半球可用预报时效突破 8.0 天。	水平分辨率 2.5～5km，垂直 200 层左右，海气耦合，完整大气化学过程； 北半球可用预报时效 9 天。
2	气象服务数据精细化水平	格点实况：全国地面 3km； 站点精细化预报：时间分辨率为 0～3 天逐 3 小时，4～7 天逐 6 小时，8～15 天逐 12 小时，空间分辨率为全球 3 万，其中，中国 2 万，国外 1 万； 格点预报：全国范围未来 3 天，10km 分辨率，逐 1 小时间隔。	格点实况：全球 25km； 站点精细化预报：基于位置的按需服务； 格点预报：3 天内，分辨率 3km 左右，逐小间隔。	格点实况：全国地面 3km，区域 1km； 站点精细化预报：产品室填报时间分辨率为，0～3 天逐小时，4～7 天逐 3 小时，8～15 天逐 12 小时；空间分辨率为，全球 26 万站，其中中国 16 万，国外 10 万； 格点预报：全国范围未来 3 天，0.025°分辨率，逐 1 小时间隔。	格点实况：北美 1km，全球 4km； 站点精细化预报：基于位置的按需服务； 格点预报：未来 3 天，1km 分辨率，逐 1 小时间隔。	全国格点化实况融合数据空间分辨率达到 1km，气象服务精细化数据实现到任意格点的服务能力，集合预报应用技术与资料融合应用技术得到长足发言，精细化、格点化气象服务的准确率和可信度满足服务需求。	格点实况：全球 1km 站点精细化预报：基于位置的按需服务； 格点预报：未来 3 天，1km 分辨率，逐 1 小时间隔；未来 6 小时逐 10 分钟滚动、逐 10 分钟间隔的 1km 分辨率产品。
3	气象信息综合分析处理系统(MICAPS)	发布 MICAPS 4.0 测试版本，提高高分辨率数据的应用效率，增强模式和集合预报应用能力。	发展 AWIPS　II 系统，加强系统整合、气象研究与信息技术应用、研究成果的测试和转换应用，提高数据深入分析和应用能力，支持灾害信息在决策服务中的应用。	发布 MICAPS 4.1 版本，建立数值预报和集合预报基础上的综合分析、预报、订正的业务功能； 建立多专业、多级别协同预报业务流程； 启动云化改造试验、众创平台建设。	—	发布 MICAPS 5.0，建立云化众创的智能天气预报业务系统，集成各类灾害性天气客观分析、预报方法； MICAPS 的数据体系、网络体系、产品加工体系的融合发展。	在 AWIPS 系统中实现预报知识管理功能，提供基于影响的决策支持服务。

续表

序号	业务指标	2015年		2017年		2020年	
		中国水平	国际水平	中国水平	国际水平	中国水平	国际水平
4	暴雨预报	24h暴雨预报相对ECMWF提高13.8%；24h、48h暴雨预报TS评分0.175、0.147。	美国：定量降水预报TS评分较NCEP集合预报或模式后处理预报提高10%。	24h、48h暴雨预报TS评分0.22、0.18，或24h暴雨预报相对国际先进数值模式提高10%～20%。	—	24h、48h暴雨预报TS评分0.23、0.19，或相对国际先进数值预报模式准确率提高10%～20%。	—
5	台风预报	24h、48h台风路径预报误差66km、121km； 24h、48h台风强度预报误差4.3m/s、6.3m/s。	—	24h、48h台风路径预报误差70km以内、130km以内； 24h、48h台风强度预报误差4.2m/s、6.0m/s。	—	24h、48h台风路径预报误差60km、115km； 24h、48h台风强度预报误差4.0m/s、5.5m/s。 建成台风智能预报服务系统并推广应用。	—

湿、反照率、粗糙度、表面应力等新产品。经检验,升级后 GRAPES_GFS 前 3 天全球和北半球环流形势预报有改进,ACC 提高、RMSE 减小;降水落区的稳定性更好。土壤湿度同化技术、混合资料同化技术和全球与区域三维变分同化系统一体化达到预期目标。二是 GRAPES 区域模式完成版本升级并实现 3h 更新同化预报。2017 年 9 月 1 日实现了 GRAPES-MESO V4.2 版本的业务化升级,新版本资料同化能力提升,中低层要素预报误差减小;同时并行和运行效率明显提高,并通过程序和流程的完全一体化实现该系统 1 天 8 次、每 3 小时更新同化预报之功能。三是完善数值预报系统研发的共享平台。完成了数值预报支撑信息系统建设,构建了共享数据集,已经用于 GRAPES 研发试验,通过不断完善数据内容和管理技术,实现更大范围的共享,可以形成对未来天气、气候等模式研发的有力支撑,有助于资源的高效利用。

3. 人工影响天气关键技术①

在人工影响天气关键技术方面,形成多尺度人工增雨概念模型和不同云系作业指标判据,并提出了中国特色人工影响天气五段式业务的技术思路、业务内涵和技术方法,这些理论成果在制定全国人影三年行动计划方案中得到体现。凝练的关于作业条件等核心的技术方法指导各地建立了各类云系作业条件指标,已在各地实际业务中得到应用。新型冷云催化剂和吸湿性暖云催化剂在多省推广使用,取得的主要成果包括:

一是建立了我国典型云系作业条件指标。利用降水资料对河北、河南、山西春秋季增雨作业天气进行了统计,按照高空和地面细分,并统计各类天气系统所占比例,建立了华北地区增雨作业天气分型。基于 PMS 和 DMT 两类飞机云物理探测系统的观测资料,优化了过冷水的飞机识别方法;通过飞行航线雷达回波垂直(水平)剖面的统计研究,提出了雷达回波顶温、回波强度、回波强度垂直变化率三个特征量过冷水指标方法;提出了基于卫星监测识别过冷水的方法,即通过云顶温度、云光学厚度、粒子有效半径的组合特征联合识别过冷水区;建立了我国北方层状云和积层混合云人工增雨作业条件监测指标。利用中尺度模式模拟和观测资料对比,提炼不同天气类型的层状(混合)云的增雨作业概念模型,构建天气过程多尺度条件特征指标;建立了层状云、积层混合云、对流云、地形云的增雨作业模式识别指标。对全国增雨和防雹作业概念模型和指标技术现状进行调研,对各区域天气分型、概念模型、指标体系进行了分类统计,对特色技术和方法进行了归纳,提出并完善人影作业概念模型和指标体系的建立思路和方法。

二是研发适合我国冷云的新型高效的催化剂和适合我国暖云的新型催化剂。研制了一种新型冷云催化剂(WMC-IN-001 型冷云催化剂)和一种吸湿性暖云催化剂(WMC-CN-001 型吸湿性催化剂),并通过了中国气象局成果认定。制订了"人工影

① 资料来源:中国气象科学研究院。

响天气火箭催化剂抽样办法”“人工影响天气高炮炮弹催化剂抽样办法”“人工影响天气催化剂检测流程”“人工影响天气催化剂检测标准”。完成了新型冷云催化剂和新型暖云催化剂外场试验和应用。

三是开展随机化作业试验，提出相对应的物理检验方法。有效开展云降水飞机联合观测科学试验。从 2014 年开始，中国气象科学研究院连续 4 年牵头组织开展地面火箭增雨作业随机化外场试验和飞机增雨作业随机化外场试验。研究基于雷达探测的人工影响天气效果物理检验实用技术方法，编写了“人工增雨效果检验技术指南”；利用雷达观测资料，分析作业前、后云体的物理变化，找出人工影响天气作业效果的物理证据；通过外场试验发展人工影响天气作业效果统计检验实用技术方法。

四是探索科技成果转化服务应用。2017 年，探索国家增雨飞机的科技成果转化服务工作，完成 2 项科成果新云模式系统——云降水显式预报系统（CPEFS-v1.0）和探空云结构分析技术的业务转化并业务运行。

4. 大气环境预报技术①

至 2017 年底，在环境气象数值模式系统研发及应用方面，升级的中国气象局雾－霾业务预报系统 CUACE/Haze-Fog 新版本模式水平分辨率从 54 千米提升到 15 千米，预报偏差明显降低。具体进展如下：

一是建立了包含各类气溶胶、反应性气体及其辐射反馈的环境气象数值预报系统。在一个自主发展的包含了气溶胶－辐射相互作用过程的气溶胶－气候在线耦合模式的基础上，加入了一套双参数云微物理方案（云滴和云冰的质量浓度和数浓度均作为预报变量）和以 Köhler 理论为基础的气溶胶活化过程，改进了模式对气溶胶－云相互作用过程的描述，研制了目前国内唯一自主发展的包含了气溶胶－云－辐射相互作用过程的气溶胶－气候在线耦合模式。

二是构建了不同空间分辨率的动态排放源清单，进一步完善了环境气象资料的数值同化技术。建立了适合中国特点的源分类体系，发展高精度活动水平数据方法，构建我国不同类别污染源不同类别污染物的排放因子数据库，将排放源清单基础数据库更新到 2013 年。完善了生物源、生物质燃烧、机动车以及道路扬尘等不确定源的排放源清单的排放机制以及更新了排放因子库，可为 CUACE 模式提供不同时间和空间分辨率的排放源输入。

三是建立和完善雾－霾、沙尘暴及空气质量数值预报系统。研发构建了基于集合方法的大气成分集合预报和源反演系统，解决了源扰动优化、背景协方差随流型局域化等关键科学问题。通过集合同化方法可有效订正大气成分的源清单，使模式的模拟预报水平显著提高。利用 GRAPES-CUACE 伴随模式模拟的“源－浓度”敏感性信息，伴随追踪不同污染类型本地及周边源对北京市 $PM_{2.5}$ 浓度贡献大小及按照

① 资料来源：中国气象科学研究院。

一定比例削减本地及周边源时,$PM_{2.5}$浓度下降率变化特征。

四是针对雾一霾业务预报系统 CUACE/Haze-Fog 在业务应用中存在的不足,发展或引进多项技术措施来提高 CUACE 的模式性能。完善了模式中的多项物理方案,开发了高分辨率套网格版本,提高了预报准确率,延长了预报时效,大幅提升了计算效率,优化了预报产品制作模块,升级为 CUACE V2.0 版本。业务运行测试表明:2.0 版本业务系统模式水平分辨率从 54 千米提升到 15 千米,能见度预报 TS 评分、AQI 分级预报 TS 评分等方面的预报质量较老版本均有所提高,$PM_{2.5}$预报偏差明显降低。根据空军气象数值预报业务的要求,建立高分辨率(0.15°×0.15°)能见度数值预报模式系统(GRAPES/CUACE/Haze-Fog)并进行业务化运行。研究开发了环境气象指数(EMI)方法和模型,可以定量分辨出排放、沉积、传输、累积等过程对大气污染的贡献,目前正在评估并积极推进业务应用。

5. 气象多源数据融合与再分析①

至 2017 年底,集中突破资料质量控制、多源数据融合技术、资料同化技术、再分析产品评估检验指标与方法等,常规气象资料处理能力快速提升。生成的降水、陆面、海洋、三维云等融合分析产品已对智能网格预报等业务形成有力支撑,2007—2016 年全球大气再分析产品精度达到国际第三代同类水平,建立与国际现阶段水平相当的东亚区域再分析系统。2017 年,在历史资料整合、质控与评估、多源资料融合、全球再分析等方面取得重要进展(相关指标见表 9.4),基本建立了多源数据融合与再分析业务体系,主要体现在以下方面:

一是资料质量控制与评估能力不断提升。主要实施了观测环境与仪器换装等因素对基础资料质量的影响评估,发展了适合我国的偏差订正技术,全新发布了一批达到国际同行先进水平,并在中国地区有竞争优势的地面、高空、辐射和海温等数据集。引进并吸收国外先进质控技术,研究了资料黑名单生成技术,发现和解决了中国实时气象业务资料和长序列历史资料中的诸多隐蔽性、制约性问题,提升了资料在数值预报同化系统和再分析系统的可用率。

二是基础气象数据集和均一化不断优化。全球补缺,完善基础数据集。新研制 1973 年以来全球飞机观测定时值基础数据集。建设完成全球地面、高空、海洋基础数据集。升级全球地面气温、降水以及海洋气象要素统计加工算法。升级全球陆地均一化气温月值数据集。发展 1900 年以来全球陆地气温、降水月值网格化数据集。

三是多源数据融合业务支撑能力不断增强。引进吸收并逐渐自主化的陆面、三维大气、海洋的实时融合气象产品体系趋于完整。陆面融合系统 CLDAS-V2.0 业务运行,实时发布一批均方根误差对标国际先进水平的融合分析产品;按照智能网格预报业务要求, 5 千米降水融合产品的时间分辨率提高至 10 分钟。建立 2.5 千米/时、

---

① 资料来源:中国气象局现代化办公室。

表 9.4 气象多源数据融合与再分析相关业务指标国际对标表

序号	业务指标	2015年		2017年		2020年	
		中国水平	国际水平	中国水平	国际水平	中国水平	国际水平
1	卫星资料预处理（定标、定位）	定位精度在高原地区显著提高，全球定位精度达到1～2像元；红外定标精度优于0.7K，微波定标精度优于1K，可见和近红外定标精度优于7%。	美国：微波和红外定标精度优于0.5K，可见和近红外定标精度优于3%； 欧盟：微波和红外定标精度优于0.5K，可见和近红外定标精度优于6%。	定位精度优于像元级，红外定标精度优于0.7K，微波定标精度优于1K，可见和近红外定标精度优于7%，并实现了月定标更新。	美国：定位精度维持在像元级水平，微波和红外定标精度优于0.5K，可见和近红外定标精度优于5%； 欧盟：定位精度达到或者优于像元级，微波和红外定标精度优于0.5K，可见和近红外定标精度优于5%。	定位精度优于像元级，红外定标精度优于0.5K，微波定标精度优于0.8K，可见和近红外定标精度优于5%，并实现日衰减定标业务更新。	美国：定位精度维持在像元级水平，微波和红外定标精度优于0.4K，可见和近红外定标精度优于3%； 欧盟：定位精度达到或者优于像元级，微波和红外定标精度优于0.3K，可见和近红外定标精度优于3%。
2	大气再分析全球产品分辨率	31km（试验产品2013.05—2015.10正在开展试验；2006.7—2016.12产品输出频率6小时）。	35km	31km	35km	31km	31km
3	陆面再分析亚洲产品分辨率	6.25km（2008年起，亚洲区域）	12.5km	6.25km	12.5km	1km	1km

续表

序号	业务指标	2015 年		2017 年		2020 年	
		中国水平	国际水平	中国水平	国际水平	中国水平	国际水平
4	陆面再分析产品土壤温度误差	2.0 K(2008 年起，亚洲区域)	2.0 K	1.8 K	1.8 K	1.5 K	1.5 K
5	陆面再分析产品土壤湿度误差	0.06m^3/m^3	0.06m^3/m^3	0.04m^3/m^3	0.06m^3/m^3	0.04m^3/m^3	0.04m^3/m^3
6	高性能计算机峰值运算能力	1.3041 PFlops	3.5(ECMWF)PFlops	1.3041 PFlops	8.5 PFlops	8 PFlops	20 PFlops
7	观测资料质量控制覆盖率	70%	100%	95%	100%	100%	100%
8	观测端资料质控覆盖率	—	—	70%	100%	100%	100%

中国区域的三维大气三维云融合准实时系统，实现业务试运行；建成CMA海洋数据融合系统（CODAS），准实时生成25千米分辨率全球海温融合产品，实现业务试运行。

四是大气再分析试验产品进国际先进行列。基于GFS/GSI-混合同化系统、EnKF集合同化系统和观测资料在线质量控制系统建立我国全球大气再分析系统。在输入资料选择方面，强化中国特色观测资料和全球各类卫星资料的同化应用；在技术选型上，充分考虑了同化技术和模式的先进性。成功研制出10年长度（2007—2016年）全球大气再分析中间产品和全球陆面再分析中间产品，我国全球大气再分析产品与JRA-55水平相当，均比CFSR更接近ERA5。

另外，中国气象科学研究院的东亚区域大气数据融合及再分析技术研究取得进展，进一步完善了东亚区域大气再分析系统，优化模式参数组合，改进了雷达同化算子，完成主要卫星资料收集整理，完善了同化流程和参数配置。开展了雷达资料同化试验，加密探空资料分析。以2014年为试验时段，完成了一年期再分析数据集的研制，并检验了试验数据的性能。对比分析东亚区域大气再分析（试验）数据和ERA-Interim的资料，结果表明试验数据在大气细致结构上体现出一定优势。

6. 气候变化预测技术

2017年，在高精度高守恒可扩展模式动力框架、东亚区云微物理过程、分量模式耦合、基于耦合模式的海洋同化等方面取得进展。建立了基于正二十面体网格的球面平流方程求解器和浅水方程求解器，取得良好的理想模拟实验效果；建立了基于NCAR新一代耦合器CPL7的海—气耦合模式。现有耦合气候系统模式初具季节及年代际气候预测能力，引入新的云辐射方案，显著改善大气顶辐射收支平衡状况，较好再现了东亚冷季独特的短波云辐射强迫特征；基于对青藏高原大气和南海季风降水科学试验资料的分析研究和试验改进，采用卫星雷达资料对自主CAMS微物理过程优化，采用大涡模拟结果的高分辨边界层过程参数化以及多物理过程陆面过程的精细化边界通量计算，建立了较适用于东亚区的云微物理参数化方案；采用超级积云对流参数化，有效缓解高原东坡的降水高估。

其中，天气—气候一体化模式动力框架研发和物理过程参数化研究进展显著。主要开展了CAMS-CSM模式参加CMIP6计划的准备工作，完成了CMIP6的核心试验。完成了CAMS-CSM模式定版，模式平流层气溶胶、背景气溶胶以及人类活动气溶胶辐射模块开发。2017年底的CAMS-CSM模式已经达到开展CMIP6核心试验的要求。完成CMIP6强迫数据下载及插值制作，开展了CMIP6强迫数据驱动的标准AMIP型试验以及多组不同配置（物理过程参数、陆—气耦合方式）的标准AMIP试验。完成了PIControl试验（500年耦合积分），耦合系统未出现可识别的气候漂移。完成了Historical试验，模拟的20世纪全球气温演变与观测结果基本一致。完成了4倍二氧化碳及1%增量二氧化碳试验，评估了模式对温室气体的敏感性。

7. 气候系统模式和次季节至季节气候预测

2017 年,在气候系统分量模式改进、气候现象预测模型开发、S2S 关键物理过程及机理研究等方面取得积极进展(相关指标见表 9.5)。第二代气候系统模式垂直分辨率提高,目前已经定版(大气部分水平分辨率为 T106),高分辨率气候系统模式正在定版(大气部分水平分辨率为 T206);模式预测系统大气模式分辨率提高、陆面模式版本升级、海洋海冰模式升级;全球气候现象的预测在初始化及动力统计结合方面获提升,预报有明显改进;多模式集合概率预测方法与模型提出来多模式降尺度的概率预测预报方法,在 ACC 上比原方法有较明显改进;对模式预报的同期因子,以及前期的海冰因子做了组合量子预报模型,近三年取得较好应用效果;开发了 ENSO、MJO、ISO 等一系列业务预测系统。

其中,大气模式分辨率进一步提高,水平分辨率已经提高到了 45 千米,垂直分辨率达到 56 层,比原计划的 50 层更细,模式层顶达到了 0.1 百帕,模式能够长期稳定积分,能够合理再现平流层大气准两年振荡 QBO。陆面模式、海洋模式、海冰模式相关物理过程进一步改进优化。开发完成了耦合全球碳循环、氮循环、气溶胶、大气化学等过程的地球系统模式 BCC_ESM;建立了中等分辨率模式版本 BCC_CSM2-MR,新版本模式相比以前版本明显提高了对东亚降水的模拟能力。基于 3D-Var 方案的海洋资料同化系统已经在参与国际 S2S 计划的预测模式系统中得到应用,基于 EnKF 方案的陆面资料同化试验系统已初步建立并开展了若干同化试验;基于 BCC_CSM-MR 初步建立了次季节—季节—年际气候一体化预测方案和运行流程,开展了若干历史回算试验。

2017 年,我国次季节至季节气候预测和诊断分析技术研究取得了新进展。一是极端气候事件分析研究进一步深化。研究了次季节尺度上极端高温事件的变化特征和持续性极端降水机理,揭示了混合型极端高温事件显著增多变强特征;阐明了东亚—太平洋遥相关、丝绸之路遥相关和欧亚遥相关三者单独存在时对江淮持续性极端降水的影响和差异;发现移出型高原低涡的活动存在 10～20 天的周期性变化,77%的移出型高原低涡发生在 10～20 天滤波后的 500 百帕区域平均涡度正位相期间。开展了极端气候事件分析的归因研究,发现人类活动显著增加了 2009 年西南干旱和 2013 年华东盛夏极端高温事件的发生概率。二是中国天气气候影响研究不断深入。研究了 2015/16 年 ENSO 对中国的天气气候影响,揭示了 10～25 天和 MJO 对南方持续性洪涝的贡献,解释了 2015/16 年超强厄尔尼诺事件发生后次年盛夏西太副高异常偏弱的可能原因。定义了前冬热带大西洋—印度洋热状况协同变化指数,研究了对夏季长江中下游地区高温的影响和机理。基于秋季和冬季海温异常对中国冬季气温和夏季降水的物理关联,分别建立了冬季气温和夏季降水的多因子统计降尺度预报模型。三是在气候极端历史事件判别方面取得显著研究成果。利用球谐函数对全球异常场展开降维,通过计算两个场之间球谐系数的欧式距离,可以定量的描述两场的相似程度,此外,还可以根据天气事件的空间尺度不同,灵活地调整球谐函数的

表 9.5 气候系统模式及气候观测关键业务指标国际对标表

序号	业务指标	2015年		2017年		2020年	
		中国水平	国际水平	中国水平	国际水平	中国水平	国际水平
1	全球气候系统模式能力	水平分辨率45km，垂直分辨率26层，模式层顶2.19hPa，海洋模式水平分辨率1/3度	水平分辨率最高25km，垂直91层，大气模式顶0.01hPa，海洋模式分辨率10km	水平分辨率45km，垂直分辨率提高到50层，模式顶达到1Pa，海洋模式水平分辨率1/6度	水平分辨率45km	水平分辨率25km，垂直分辨率提高到70层，模式顶达到1Pa	水平分辨率10km
2	地面基准气候观测布局	—	—	局部地区的温度解释方差98%、降水解释方差90%	温度解释方差98%以上，降水解释方差95%以上	局部地区的温度解释方差98%、降水解释方差95%以上	温度解释方差98%以上，降水解释方差95%以上

截断波数。基于以上方法,遍历历史气候事件,计算历史场与目标场的相似系数,选取最优结果返回给用户。基于以上方法选取的相似事件关注全局的天气形式分布,不容易受局地极值的干扰,更利于同全球模式对接,为模式模拟个例的选取提供了参考。

2017 年,中国气象局组织开展基于次季节—季节(sub-seasonal to seasonal, S2S)网站的模式产品可视化系统建设工作。该系统已于 2017 年底达到试运行要求并通过试运行专家评审,并于近期在国家气象业务内网正式上线,有效推动了 S2S 数据产品在国家和省级业务单位的应用。目前,展示平台提供中国、欧洲中心、美国、英国、日本、法国、加拿大、韩国、意大利等中心,候、周、旬尺度的未来 30 天,气温、降水、气压、高度场、风等要素产品图和数据下载。

(三)重点实验室和试验基地

1. 国家重点实验室

依托中国气象科学研究院的灾害天气国家重点实验室,目前是我国灾害天气领域唯一的国家级重点实验室,也是中国气象业务系统唯一的国家重点实验室,担负了灾害天气监测、预报方法,以及灾害天气发生、发展机理的前沿研究任务,是支撑我国灾害性天气监测、预报业务能力提升的重要科技力量。2017 年,中国气象局加强重点实验室能力建设,批复了《灾害天气国家重点实验室科研条件改造二期项目实施方案》。

2. 部门重点实验室

中国气象局重点实验室是现代气象业务体系和气象科技创新体系的重要组成部分,是在关键技术领域抢占科技制高点、提升核心竞争力和业务支撑能力的重要力量,是通过开放合作在优势研究方向组织气象科技研发、技术集成、科技成果中试与转化、汇聚和培养优秀科技人才、稳定和发展科技创新团队、开展高水平学术交流的重要基地。2017 年,中国气象局开展了局重点开放实验室整改工作,重点实验室制定了整改方案,落实各项整改任务,进一步完善了气象部门重点实验室学科布局,并将中国气象局交通气象重点开放实验室(江苏)和中国气象局旱区特色农业气象灾害监测预警与风险管理重点实验室(宁夏)纳入中国气象局重点开放实验室管理序列,至 2017 年底,气象部门已建成重点实验室 16 个(表 9.6)。

3. 科学试验基地

2017 年,进一步规范科学试验基地管理,已经认定 21 个“中国气象局野外科学试验基地”(表 9.7)。入选基地依托的单位包括国家级科研业务单位及省级气象部门,覆盖了灾害性天气、大气化学、生态与农业气象、应用气象、大气物理以及大气探测等领域,均具有独立观测场所、先进仪器设备、较高水平的研究队伍以及完备的后勤保障设施,代表了目前气象部门野外科学试验基地建设的最高水平。气象部门将在中国气象局野外科学试验基地的基础上遴选、择优申报国家野外科学观测研究站,旨在做大做强气象科技基础平台,为气象事业发展提供基础支撑。同时,继续推进科技成果中试平台建设,重点加强主要业务领域中试基地建设,提高成果转化应用水平。

表 9.6　2017 年中国气象局重点实验室情况

研究领域	实验室名称	依托单位	所属地区
数值预报（2 个）	台风数值预报重点实验室	中国气象局上海台风研究所	上海市
	区域数值天气预报重点实验室	中国气象局广州热带海洋气象研究所	广东省
气候学（4 个）	气候研究开放实验室	国家气候中心	北京市
	干旱气候变化与减灾重点实验室	中国气象局兰州干旱气象研究所	甘肃省
	树木年轮理化研究重点实验室	中国气象局乌鲁木齐沙漠气象研究所	新疆维吾尔自治区
	中国气象局—南京大学气候预测研究联合实验室	南京大学大气科学学院	江苏省
大气探测（3 个）	气象探测工程技术研究中心	中国气象局气象探测中心	北京市
	中国遥感卫星辐射测量和定标重点实验室	国家卫星气象中心	北京市
	大气探测重点开放实验室	成都信息工程大学	四川省
应用气象（5 个）	农业气象保障与应用技术重点实验室	河南省气象局	河南省
	云雾物理环境重点开放实验室	中国气象科学研究院	北京市
	旱区特色农业气象灾害监测预警与风险管理重点实验室	宁夏区气象局	宁夏回族自治区
	空间天气重点开放实验室	国家卫星气象中心	北京市
	交通气象重点开放实验室	江苏省气象局	江苏省
环境气象（2 个）	大气化学重点开放实验室	中国气象科学研究院	北京市
	气溶胶与云降水重点开放实验室	南京信息工程大学大气物理学院	江苏省

数据来源：中国气象局科技与气候变化司。

表 9.7　2017 年中国气象局野外科学试验基地

序号	基地名称	依托单位	学科方向
1	中国气象局长江中游暴雨监测野外科学试验基地	中国气象局武汉暴雨研究所	中小尺度暴雨监测预警预报
2	中国气象局大理山地气象野外科学试验基地	云南省气象局	山地气象
3	中国气象局定西干旱气象与生态环境野外科学试验基地	中国气象局兰州干旱气象研究所	干旱成因、监测与致灾机理
4	中国气象局东北地区生态与农业野外科学试验基地	中国气象局沈阳大气环境研究所	生态与农业气象
5	中国气象局高原陆气相互作用野外科学试验基地	中国气象局成都高原气象研究所	青藏高原气象
6	中国气象局固城农业气象野外科学试验基地	中国气象科学研究院	农业气象

续表

序号	基地名称	依托单位	学科方向
7	中国气象局华北降水野外科学试验基地	北京气象局	云降水物理与人工影响天气
8	中国气象局淮河流域典型农田生态气象野外科学试验基地	安徽省气象局	生态环境
9	中国气象局吉林云物理野外科学试验基地	吉林省气象局	云物理与人工影响天气
10	中国气象局雷电野外科学试验基地	中国气象科学研究院、中国气象局广州热带海洋气象研究所	大气电学
11	中国气象局临安大气本底野外科学试验基地	浙江省气象局	大气化学
12	中国气象局龙凤山大气本底野外科学试验基地	黑龙江省气象局	大气化学
13	中国气象局南海(博贺)海洋气象野外科学试验基地	中国气象局广州热带海洋气象研究所	海洋气象
14	中国气象局秦岭气溶胶与云微物理野外科学试验基地	陕西省气象局	大气物理与大气环境
15	中国气象局青海高寒生态气象野外科学试验基地	青海省气象局	生态气象
16	中国气象局上甸子大气本底野外科学试验基地	北京市气象局	大气化学
17	中国气象局塔克拉玛干沙漠气象野外科学试验基地	中国气象局乌鲁木齐沙漠气象研究所	沙漠气象
18	中国气象局瓦里关大气本底野外科学试验基地	青海省气象局	大气化学
19	中国气象局锡林浩特草原生态气象野外科学试验基地	内蒙古自治区气象局	草原生态气象
20	中国气象局邢台大气环境野外科学试验基地	河北省气象局	大气环境
21	中国气象局遥感卫星辐射校正场野外科学试验基地	国家卫星气象中心	卫星遥感

数据来源：中国气象局科技与气候变化司。

4. 重大科学试验

2017 年，第三次青藏高原、干旱气象、华南季风强降水、超大城市综合观测等科学试验在综合观测、数据共享、原创成果等方面取得积极进展，主要进展如下。

(1)第三次青藏高原大气科学试验

主要开展狮泉河、改则和申扎的自动探空观测及地面土壤湿度观测的试验，在林芝、纳木错、那曲、班戈等站继续开展边界层铁塔观测。初步建成“青藏高原科学考察数据产品汇交管理系统”及数据共享网站，实现了试验资料网上下载。研究青藏高原复杂下垫面的陆面—大气边界层过程的参数化方案，高原对流云的冰相微物理过程及降水机制，以及适用于区域数值模式的云降水物理过程参数化方案，影响青藏高原区域大气水循环的主要因子；比较夏季青藏高原与华南地区雨滴谱特征；继续研究高原上游关键区的强信号特征及其青藏高原对中国气候的影响。

(2)干旱气象科学试验

主要构建了V字形我国北方（干旱半干旱）陆—气互馈和干旱致灾过程综合观测试验系统，继续开展“空—天—地”协同观测，并取得成果。通过加密观测，对我国北方干旱下垫面陆—气相互作用研究取得新进展。通过干旱致灾过程综合观测试验，开展了干旱胁迫对北方主要农作物——春玉米的影响研究。提出了北方极端干旱事件的可预报性新思路。

(3)华南季风强降水外场试验

主要针对华南前汛期强降水过程开展了加密探空和移动雷达观测。基本建成设备远程监控观测系统，实现了无人值守观测。X波段相控阵天气雷达(XPAR)与佛山站X波段双偏振雷达(XPOL)和广州站S波段双偏振雷达(SPOL)配合进行强对流过程的三维结构观测，获取到了多次飑线和强对流中小尺度特征数据。对试验期间发生的“5·7”广州极端强降水事件成因开展了观测分析与数值模拟试验，揭示了对流系统演变及其内部动力和热动力结构。

(4)超大城市综合观测试验

主要完成试验的实施方案设计；开展北京夏季增强期观测试验，初步获取5条廓线；完成了6项技术报告，4项观测规范。同时，已搭建了7个大气综合廓线站；企业赞助的90余台大型观测设备到位；完成了5类36套大型设备标定。

(四)气象科研院所[①]

1. 气象专业所评估情况

根据中国气象局的要求，按照每四年一次的例行评估，2016年组织专家对中国气象局北京城市气象研究所、沈阳大气环境研究所、上海台风所、武汉暴雨研究所、广州热带海洋气象研究所、成都高原气象研究所、兰州干旱气象研究所和乌鲁木齐沙漠气象研究所等八个气象专业所，2012—2015年的发展状况进行了综合评估。评估认为，与上一次评估(2012年)相比，八个专业所把握定位，抓住优势发展领域开展卓有成效的研究和开发工作，取得了一系列具有一定学术价值和应用前景的研究成果；各所基本上都在优势发展领域形成了研发团队，有的团队已具有相当高的研发水平(表9.8)；研究成果对气象业务支撑能力有显著提升，大多数专业所已成为所在省(区、

① 资料来源：中国气象学会。

市)气象局气象业务发展的主要技术支撑;基础条件有了大幅度的改善,为相关科研和业务的发展提供了有力保障。但也存在专业所发展不平衡、领军人才不足、核心业务支撑能力不强、高影响成果不多、运行机制不完善等问题。

表 9.8 2016 年中国气象局专业所评估的优秀团队

序号	研究团队名称	团队主要研究能力及特色
1	广州热带所的数值预报研究团队	该团队是国内少有具备资料同化、模式动力框架和模式物理过程自主研发能力的团队之一。近年来,在多种资料和多尺度同化技术、高精度动力内核、动力与物理耦合、海陆面参数化和云降水物理等方面取得一系列创新性研究成果。
2	广州热带所的热带大气环境研究团队	该团队自主研发动态排放源处理系统融合各类源清单,分析光化学 VOC 特征,优化排放源时间分配系数;建立气溶胶垂直廓线本地化方案;定量分析相对湿度对能见度的影响,建立本地化的气溶胶吸湿增长函数,改进能见度—雾霾预报;首次实现了耦合城市冠层效应的 GRAPES 模式驱动大气化学模式 CMAQ,对典型污染天气过程模拟,评估冠层模式对空气质量预报影响作用。
3	上海台风所的数值预报研究团队	该团队近几年来一直致力于区域观测系统和资料分析同化,台风预报初始化,动力过程与数值模式动力框架构造及其在台风预报中的应用、模式物理与化学过程及其参数化方法,高分辨模式检验与评估等,为华东区域,尤其是上海市提高灾害天气预报准确率提供了强有力的技术支撑。
4	上海台风所的台风研究团队	该团队加强了台风直接观测技术研究,研制并成功实施了全球首例火箭弹下投探测台风的科学试验,引起国内外的关注;重点开展了台风结构、强度变化及台风降水等的研究,揭示了海峡地形对台风副中心及结构变化的影响、台风内外雨带动力热力结构差异、环境风切变和海温对台风强度突变及非对称雨带的控制、气溶胶—云微物理相互作用对我国登陆台风的强度和降水的影响机制等。
5	北京城市所的数值预报研究团队	该团队重点围绕 RMAPS-ST 系统开展研发,实现区域中尺度观测网资料(重点包括天气雷达、风廓线雷达、闪电定位观测资料等)的多尺度同化分析,建立 RMAPS-ST 系统,实现了京津冀地区 1km 格点预报,温度、降水等预报技巧明显改善。为实现北京市政府确定的预报精度目标做出了重要贡献。
6	北京城市所的城市气象研究团队	该团队建立城市陆面和边界层观测数据集;形成北京大城市边界层结构及变化概念模型;以 RMAPS 系统为核心,研发建立 RMAPS-Urban 城市预报子系统;建立适用于城市区域数值模拟的边界层参数化方案,并耦合到 RMAPS-ST 系统实现业务运行,提高模式系统对城市地区气象要素的精细预报能力,效果优于北京快速更新循环同化和预报系统;围绕城市群复杂下垫面降水和雾霾观测试验,重点开展夏季暴雨强对流观测资料分析,并针对冬季重雾霾天气开展边界层结构特征的研究。

续表

序号	研究团队名称	团队主要研究能力及特色
7	乌鲁木齐沙漠所的树木年轮气候与气候变化研究团队	该研究团队重建了西北干寒区多个中亚地区百年—近千年树木年轮气候序列资料，开展中亚和新疆地区气候变化研究，并率先在中国东南部季风区并涵盖台湾开展树轮气候研究，拓展了树轮气候研究区域，取得了高水平的研究成果。
8	兰州干旱所的干旱气象研究团队	该团队在干旱监测预警预测、干旱陆面过程研究等方面有新的突破，取得了一批创新成果，建立了基于陆面过程模式的干旱监测系统及其业务技术流程，提出了光学遥感估算混合像元表层含水量的新方法，建立干旱遥感数据库；发展了基于低频振荡的延伸期—季尺度的干旱预测预警方法，建立了“干旱、沙尘暴过程低频方法预报系统”。
9	武汉暴雨所的雷达研究团队	该研究团队针对最能体现多普勒天气雷达技术优势和重要功能的径向速度资料的应用还十分薄弱的现状，近四年，侧重于径向速度资料质量控制及其在强对流天气监测和预警中的应用研究，完成了一套径向速度质量控制算法。

2. 气象科研院所改革情况

(1)气科院获批七部委自主权试点。中国气象科学研究院(简称气科院)被科技部等七部门确定为“扩大高校科研院所自主权赋予创新领军人才更大人财物支配权技术路线决策权”试点单位。试点的主要任务一是推动科教领域已出台放权改革措施的落实落地；二是试点探索进一步推进扩大自主权的措施途径，包括管理体制、运行机制、目标考核、人事管理权、绩效工资分配权等内容。

(2)气象专业所改革深入推进。2017 年 4 月印发《中国气象局深化专业气象研究所改革方案》，提出了聚焦核心技术研发任务、通过分类改革壮大研发力量、完善考核评价激励机制等 8 项主要任务。同时，专业所所在省(区、市)气象局组织制订了相应的改革方案，并全面组织实施。

(3)省级气象科研所改革稳步推进。2017 年 11 月印发《中国气象局关于进一步深化省级气象科学研究所改革的意见》，优化省级气象科研所学科布局，完善省级气象科研所发展体制，增强省级气象科研所的研发职能，为核心业务提供更大支撑。各省(区、市)气象局组织省级气象科研所编制了改革实施方案。其中，山西和河南科研所作为改革试点，并编制省级气象科研所改革试点方案，在聚焦省级气象关键核心技术、壮大研发队伍、激发创新活力等方面进行了有益探索。

3. 气象科研院所研究进展

(1)国家级气象科研院所

中国气象科学研究院：2017 年，在灾害性天气机理研究领域，提出云雷达的垂直速度风场反演及融合方法；深化对始发放电过程和辐射机理的认识；研究华南前汛期内陆和沿海暖区暴雨对流触发和发展机制的异同。在大气成分研究领域,提出北京重污染期间“累积型 $PM_{2.5}$ 爆发性增长”与天气过程的双向反馈机制;提出气溶胶减排对全球1.5/2℃增暖评估具有重要影响。在极地气候研究领域,提出南极涛动两种形态特征及其与大气环流的耦合关系;比较多种三维Stokes冰盖模式对海洋性冰盖的模拟能力。在生态与农业气象领域,发展中国农业气象模式——小麦模式框架;量化气候变化对中国草地生态系统固碳速率的影响;评估气候变化对玉米产量影响的不确定性。

中国气象局北京城市气象研究所:2017年,主要研究城市热岛特征及其对降水的影响,建立了山谷风日和强度的判别算法;提出气溶胶一边界层物理化学反馈机制,并将其改进到数值模式;研究形成雾霾事件的气象机制;开展基于GIS的城市形态和城市气候功能分析研究,构建北京中心城和杭州城市环境气候图系统。

沈阳大气环境研究所:2017年,主要在集合变分混合同化技术应用、静止卫星资料在区域模式同化、降雪含水比变化影响因子等方面取得重要进展。在芦苇冠层蒸散过程模拟,玉米根系吸水过程参数方案改进对陆面过程、在农业气象灾害预报及风险评估、降水总量和降水频率/强度变化对玉米产量形成的作用机制、玉米根系吸水过程控制机制及其对陆气水热交换过程的影响、气候变化对农业气候生产潜力影响等方面取得创新成果。

上海台风所:2017年,主要在基于星载雷达的地基雷达反射率一致性分析及订正研究、强风条件下离海风摩擦风速随平均风速变化的饱和现象观测研究、两岸雷达资料同化在台风“莫拉克”强降水中的应用研究、登陆台风降水与强度的关系研究及两类双眼墙台风的强度变化和环境场配置特征研究方面取得了进展。在区域模式预报方面发展了一个新的质量通量scale-aware的方案,并利用真实天气个例进行了初步测试;开展“灰色区域”尺度下三维次网格混合的参数化研究;在边界层方案中实施了EDMF方案。

武汉暴雨研究所:2017年,主要研究高原云系东传与否与长江流域水汽输送通道的关系;完成青藏高原东侧科学考察和观测布点与选型工作;开发中气旋和龙卷涡旋特征自动识别新算法,改进了剧烈方位切变下速度退模糊算法。

广州热带海洋气象研究所:2017年,主要研究升级高性能中尺度数值预报模式;开发广东月季降水的多尺度时空投影预测方法和南海夏季风强度的集成物理统计预测方法;基于GRACEs数值模式系统科学诊断珠三角臭氧形成的敏感区;利用小波分析反演激光雷达边界层高度;研发3千米分辨率的WRF-GHG碳源汇数值模式。

成都高原气象研究所:2017年,主要成功实施“2017年西南涡加密观测大气科学试验”和“第三次青藏高原大气科学试验”;开展C波段雷达资料在区域数值模式中的应用研发;分析和改进WRF-chem以及CUACE模式;开展激光雷达气溶胶颗粒物浓度反演方法和多源大气环境观测数据同化试验研究。

兰州干旱气象研究所：2017 年，主要推进“中国干旱气象科学试验研究计划”，通过加密观测进行了奈曼地区风温湿结构分析、沙地下垫面沙尘气溶胶研究；发展了夏玉米干旱发生发展过程的定量评价技术与标准；建立基于高光谱观测与涡度相关测量的光能利用效率估算模型；制作干旱遥感监测适应性分区图；进行北方极端干旱事件的可预报性研究；改进完善区域气候模式系统 RCM-LZ。研发重点区域水平分辨率为 3 千米级别西北区域数值预报模式和循环同化更新预报系统(RUC)，并进行敏感性试验。

乌鲁木齐沙漠气象研究所：2017 年，主要在推进中亚以及中巴经济走廊气象观测、预报、保障服务体系建设方面开展研究。重点加强新疆本地的特色气候研究，同时服务于中亚、西南亚的区域气候合作；进行了荒漠绿洲戈壁陆气相互作用观测系统一期建设和中天山草地生态气象监测野外基地建设。

(2)省级气象科研所

开展特色领域业务服务中急需解决的关键技术问题研究。江苏完成无人机搭载的气象传感器设计和优化、数据传输和软件开发、无人机安全保障降落伞结构设计和制造等工作，并进行野外测试。内蒙古完成机载云粒子探测系统(DMT)的改装、测试和业务运行等工作，进一步提高了人工影响天气作业科学决策能力和作业方案设计能力。河南开展遥感—作物模拟、风云三号数据土壤水分反演、我国北方干旱致灾过程及机理、农业气象自动化观测试点、小麦干热风灾害评估、盐碱土壤环境下自动土壤水分仪标定方法研究。上海、安徽、重庆、河北、西藏等以卫星遥感业务服务产品为抓手，加强卫星遥感在台风海洋、强对流、城市环境气象、生态环境气象、农业气象、高原天气和数值预报模式中关键技术的研发和应用。

建立特色领域业务服务系统，研发预报平台和服务产品。浙江建立浙江高分辨区域数值模式中台风客观定位及定强预报子系统，改进完善了基于 GIS 的电网气象灾害预警和风险评估业务平台，实现了精细化覆冰厚度的实时监测和预报，开展微地形条件下风场精细化预报、输电线路雷电监测预警及评估等技术研究。山西优化了“山西省大气成分数据分析处理业务平台”系统功能，有效实现对全省各站点温室气体、反应性气体、颗粒物等大气成分观测数据的实时显示、监控和数据分析处理。广西、贵州、海南等 13 个省级气象科研所开展了智慧农业气象服务科技基础支撑能力建设，开展了农业气象数据库、智慧气象为农服务平台、智慧气象为农服务 APP 建设。

建立相关指标体系和标准、规范。江苏编制了国标《公路交通气象监测设施技术要求》。河南牵头完成《农业气象自动化观测规范——作物分册》和《农业气象自动化观测仪器评估大纲》编制，在全国范围内试运行。宁夏、青海等省级气象科研所分别围绕特色农作物气象服务制定了多项地方标准。

(五)气象科学共享数据

2017 年，气象部门继续推进气象数据开放，数据共享在 23 家国家科技资源共享平台中排名第一。目前，中国气象数据网面向公众共享包括地面、高空、气象卫星、天气雷达、数值天气预报等12大类共1073种基本气象资料产品和“气象防灾减灾”“一带一路气象保障”“青藏高原大气科学试验”等七大数据服务专题。据统计，自2015年上线以来，中国气象数据网累计用户数突破20万，访问量超过1.7亿人次，数据订单量突破百万。共享的气象数据已惠及2000余家科研教育机构和近600家企业。针对企业用户的在线问卷调查结果显示，气象数据开放两年多来平均每年为企业节省近千万元开支，带来的直接或间接效益超过12亿元，占全部新增效益的约18%。

在597个实名注册企业用户中，主要从事气象相关行业的占20.7%、服务业占14.0%、农业科学占11.5%。各类行业用户将气象数据与不同领域资源相融合，在交通运输、新能源、农业、移动互联软件开发和服务、公共管理及基于大数据技术的智慧城市、智慧交通、智慧粮食等领域的开发建设中广泛应用。个人用户来自29个主要行业，多以社会公益性行业为主。个人用户更加关注地面气象资料，应用方向涉及专业研究、行业规划、交通保障等。依托科技部全国大学生创新大赛平台，中国气象数据网辐射全国300余所高校，气象相关专业参赛人数超万人，有效推动了气象数据在高校的创新应用。此外，清华大学、北京大学、中国科学院、中国社会科学院等2000余家高校、各类科研机构从中国气象数据网获取数据服务。这些数据目前已支持各类项目累计2644项。其中，国家科技支撑计划、973、863、自然科学基金等重点科研项目或课题1474项，用户应用气象数据发表论文1200余篇，有效支撑国家科技创新发展。在海外，中国气象数据网注册用户遍布30个国家，累计访问量超过61万次。

2017年，围绕“中国气象局气象数据中心”功能定位，国家气象信息中心正式成立数据应用创新服务部。围绕部门和行业用户对气象数据的应用需求，不断开拓思路，走出去、请进来，通过多方联合，积极推动气象大数据跨部门跨领域融合创新应用。数据应用创新服务部将主动适应大数据发展形势，聚焦行业外各类用户实际需求，不断提升气象数据产品研发水平，创新数据服务方式，全面提升国家气象信息中心中高端数据产品供给能力。通过提升数据产品质量和科技含量，努力打造“质量、时效、品牌、权威”的气象数据应用创新服务模式，树立气象数据产品质量和服务标杆，不断提升气象数据品牌影响力。

“气象数据共享与应用”成功入选
2017年度中国“互联网+政务”十大优秀案例

2017年，由中国气象报社、国家气象信息中心联合申报，以中国气象局门户网和中国气象数据网为服务接口，实时为用户提供完整、及时、稳定、准确服务的“气象数据共享与应用”案例成功入选2017年度“互联网+政务”十大优秀案例。评委专家指出，申报单位通过挖掘和技术处理做好数据可视化，形式多样地将数据信息以清晰的逻辑和良好的阅读体验提供给社会公众,成为能看得懂、用得上的气象数据。同时申报单位做好数据共享窗口,面向社会提供了实用的气象数据途径,降低了各类市场主体获取气象数据的难度和成本,激活气象市场,驱动数字经济发展。

2017年度中国“互联网+”优秀案例征集活动共收到报名案例494件,参评案例覆盖政务、民生、制造业三大领域,通过全国网络投票以及专家评审组的两轮评审,最终选出2017年度“互联网+政务”、“互联网+民生”、“互联网+制造业”各十件优秀案例。

(来源:中国气象报)

(六)气象科研成果转化[①]

2017年,气象科研投入结构得到优化,国家级项目经费投入继续增长,气象科技成果及时在业务中应用和检验,气象科技实力得到进一步增强。

1. 气象科研项目立项

近年来(2015—2017年),国家自然科学基金资助项目中大气科学学科的相关申请与资助情况统计详见表9.9。其中,2017年的统计情况为:面上项目申请为560项,获批166项,资助率为29.64%;青年科学基金项目申请为500项,获批142项,资助率为28.40%;地区科学基金项目申请为60项,获批12项,资助率为20.00%;重点项目申请为37项(本项较2014年和2015年数量下降明显,下降了约30%),获批7项,资助率为18.92%;杰出青年科学基金项目申请为27项,获批3项,资助率为11.11%;优秀青年科学基金项目申请为54项,获批4项,资助率为7.41%。

表9.9 国家自然科学基金资助项目

——大气科学学科的申请与资助情况(2015—2017年)统计(金额单位:万元)

资助项目类型	年份	受理申请		批准资助					资助率(%)	
		项数	金额	项数	金额	资助金额比例(%)		单项平均资助金额	项数	金额
						占全委	占学部			
面上项目	2017年	560	44014.88	166	11254.00	1.05	9.95	67.80	29.64	25.57
	2016年	488	38451.84	157	10781.00	1.06	9.96	68.67	32.17	28.04
	2015年	513	42599.00	156	10993.00	1.07	10.06	70.47	30.41	25.81
青年科学基金项目	2017年	500	12353.26	142	3424.00	0.86	8.30	24.11	28.40	27.72
	2016年	428	9804.93	122	2410.00	0.77	7.51	19.75	28.50	24.58
	2015年	465	11009.13	136	2849.00	0.89	8.58	20.95	29.25	25.88

① 数据来源:中国气象局科技与气候变化司。

续表

资助项目类型	年份	受理申请		批准资助					资助率(%)	
		项数	金额	项数	金额	资助金额比例(%)		单项平均资助金额	项数	金额
						占全委	占学部			
地区科学基金项目	2017 年	60	2662.34	12	456.00	0.42	6.44	38.00	20.00	17.13
	2016 年	47	2033.57	10	405.00	0.37	5.71	40.50	21.28	19.92
	2015 年	43	1851.72	10	412.00	0.38	5.79	41.20	23.26	22.25
重点项目	2017 年	37	12579.31	7	2208.00	1.11	7.86	315.43	18.92	17.55
	2016 年	54	18908.76	12	3542.00	2.06	15.00	295.17	22.22	18.73
	2015 年	53	18640.78	12	3542.00	1.98	15.00	295.17	22.64	19.00
杰出青年科学基金项目	2017 年	27	9450.00	3	1050.00	1.55	14.29	350.00	11.11	11.11
	2016 年	22	7700.00	3	1050.00	1.55	14.29	350.00	13.64	13.64
	2015 年	19	6384.33	2	700.00	1.03	9.52	350.00	10.53	10.96
优秀青年科学基金项目	2017 年	54	7020.00	4	520.00	1.00	10.26	130.00	7.41	7.41
	2016 年	48	6240.00	4	520.00	1.00	10.53	130.00	8.33	8.33
	2015 年	43	5448.41	5	650.00	1.25	12.82	130.00	11.63	11.93

数据来源:国家自然科学基金委员会。

2017 年,中国气象局有 38 个科研及业务单位获批立项国家自然科学基金项目各类项目共计 122 项,比 2016 年度增加 31 项,增幅达 34%(图 9.1);项目总经费达 5551 万元,比 2016 年增加 371 万元。具体情况是:中国气象局直属单位项目总数为 59 项,项目经费为 3151 万元;各省(区、市)气象部门(含八个专业气象研究所)项目总数为 63 项,项目经费为 2400 万元。其中,在国家级气象科研院所中,中国气象科

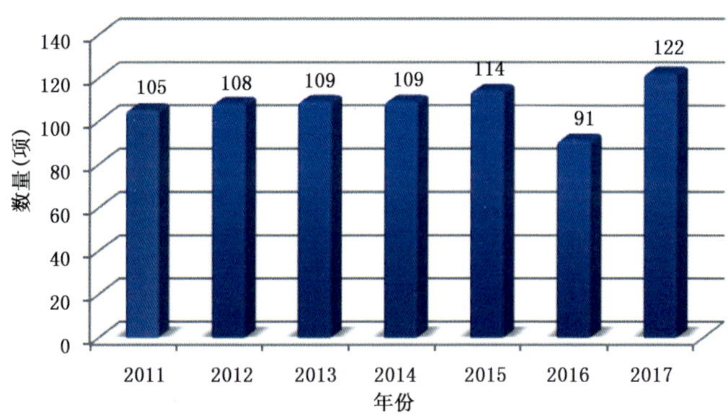

图 9.1 2011—2017 年中国气象局获批国家自然科学基金立项情况
(数据来源:中国气象局科技与气候变化司)

学研究院获批项目 32 项，八个专业气象研究所项目 34 项。从获批项目来看，越来越多的年轻人开始挑起“大梁”，立项主要以青年基金和面上项目为主。从研究领域来看，天气和应用气象领域获资助项目居多。其中，天气研究领域立项 33 项，受到的重视和关注度较高，且具有一定研究优势；应用气象研究领域立项最多为 44 项，应用服务和跨学科研究发展势头强劲。

2017 年，中国气象局承担国家科技重点研发计划项目和课题分别为 10 项（表 9.10）和 11 项（表 9.11），启动“重大自然灾害监测预警与防范”重点专项，优先部署气象现代化重大核心技术研发任务，获批牵头项目 8 项。“全球变化及应对”等其他重点专项获批立项 13 项（含课题），对中国气象局重点领域关键共性技术研究形成有力支撑。

表 9.10　2017 年中国气象局承担国家重点研发计划项目

专项名称	项目名称	承担单位	中央财政专项经费（万元）
重大自然灾害监测预警与防范	气溶胶对流云降水相互作用机理研究及京津冀区域模式应用示范	中国气象科学研究院	2044
	雷暴云起放电过程和雷击效应研究	中国气象科学研究院	2073
	超大城市垂直综合气象观测技术研究及试验	中国气象局气象探测中心	2856
	东亚区域高分辨率资料同化技术研发及大气再分析资料集研制	中国气象科学研究院	1617
重大自然灾害监测预警与防范	高精度可扩展数值天气预报模式研究	国家气象中心	1699
	重大灾害性天气的短时短期精细化无缝隙预报技术研究	国家气象中心	2328
	基于非结构网格的天气一气候一体化模式动力框架研发	中国气象科学研究院	1243
	多模式集合气候预测方法和应用研究	国家气候中心	2284
大气污染成因与控制技术研究	多目标温室气体测量技术	中国气象局气象探测中心	2286
全球变化及应对	东亚地区云对地球辐射收支和降水变化的影响研究	国家气候中心	937

表 9.11　2017 年中国气象局承担国家重点研发计划课题

项目名称	承担单位	中央财政专项经费（万元）
地球系统模式大数据平台与诊断评估系统研制	国家气候中心	492
全球增暖 1.5℃区域水土资源优化配置模式设计	国家气候中心	580
大气海洋环境卫星星上快速处理与反演数据的应用模式	国家卫星气象中心	160
京津冀城市群大气 CO_2 高精度立体化综合监测	中国气象局气象探测中心	761
边界层三维理化结构的一体化和标准化探测技术	中国气象局北京城市气象研究所	291
典型区域空气质量优化调控科学策略与技术途径	中国气象科学研究院	405
哈长城市群大气复合污染立体监测技术体系	中国气象局沈阳大气环境研究所	553
小麦玉米气象灾害综合监测与预警平台建设	山东省气候中心	360
卫星二氧化碳定量遥感反演技术研究	国家卫星气象中心	370
高分辨率全球陆面过程模式的多尺度应用示范	国家气候中心	425
全球气候系统能量与水循环时空演变及其成因辨识	国家气候中心	564

另外，2017 年，中国气象局立项项目中包括国家气候中心组织立项气象变化专项 47 项，立项经费 1212 万元；中国气象局法规司组织立项软科学研究课题 67 项，立项经费 220 万元，具体包括指令项目 3 项，重大项目 1 项，重点项目 26 项，自主项目 37 项。

2. 气象科技成果产出

2017 年，中国气象局发布了《中国气象局科技成果业务准入办法（试行）》，有效推动了科技成果转化应用，促进了气象业务的集约化、标准化发展，规范气象科技成果业务准入管理。科技成果业务转化应用流程，推进主要业务领域气象科技成果转化，充分发挥科技奖励激励引导作用，提高科技成果供给管理水平。

(1)科技成果登记（备案）

2017 年，气象部门积极培育重大科技成果，一批重要成果实现业务转化应用，全年共完成气象科技成果登记（备案）1613 项。其中，中国气象局各直属业务单位科技成果登记（备案）共计 60 项；全国各省（区、市）气象部门科技成果登记（备案）共计 1552 项（图 9.2，图 9.3）。

2014 至 2017 年，全国气象部门每年分别获得专利为 42、62、78、106 项，软件著作权为 167、147、219、312 项。科技成果不断增加，科技人员知识产权保护意识不断增强。

2017 年度，气象相关企业创新成果显著，其中中国气象局企业华云集团和华风集团科技创新方面取得明显成效。一是华云集团充分发挥“观测智能化发展行动计

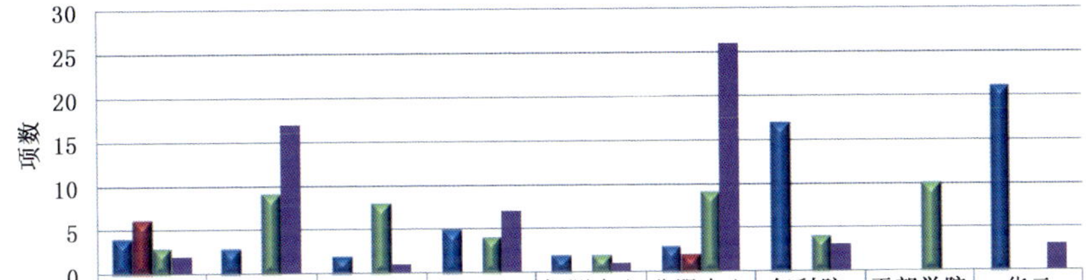

	气象中心	气候中心	卫星中心	信息中心	探测中心	公服中心	气科院	干部学院	华云
2014年	4	3	2	5	2	3	17	0	21
2015年	6	0	0	0	0	2	0	0	0
2016年	3	9	8	4	2	9	4	10	0
2017年	2	17	1	7	1	26	3	0	3

图 9.2　2014—2017 年各直属业务单位科技成果登记(备案)情况

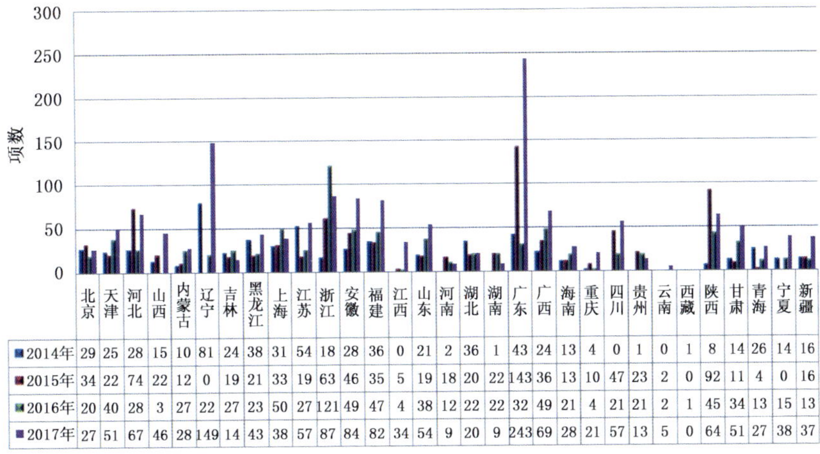

	北京	天津	河北	山西	内蒙古	辽宁	吉林	黑龙江	上海	江苏	浙江	安徽	福建	江西	山东	河南	湖北	湖南	广东	广西	海南	重庆	四川	贵州	云南	西藏	陕西	甘肃	青海	宁夏	新疆
2014年	29	25	28	15	10	81	24	38	31	54	18	28	36	0	21	2	36	1	43	24	13	4	0	1	0	1	8	14	26	14	16
2015年	34	22	74	22	12	0	19	21	33	19	63	46	35	5	19	18	20	22	143	36	13	10	47	23	2	0	92	11	4	0	16
2016年	20	40	28	3	27	22	27	23	50	27	121	49	47	4	38	12	22	22	32	49	21	4	21	21	2	1	45	34	13	15	13
2017年	27	51	67	46	28	149	14	43	38	57	87	84	82	34	54	9	20	9	243	69	28	21	57	13	5	0	64	51	27	38	37

图 9.3　2014—2017 年各省(区、市)气象局科技成果登记(备案)情况

划”牵头单位作用，推动气象行业设备增加状态自检、性能检测、故障诊断与排除、远程在线升级等智能功能。自主研制的大气负离子监测仪、大气透射仪、小型测风激光雷达、单串口服务器等完成了工程样机研制和测试，激光雷达扫描头完成单轴、双轴扫描头样机，天气雷达标准化信号处理器完成样机研发，“风云四号科研试验卫星地面应用系统工程”通过验收进入系统维护阶段，“四川省精细化预报业务平台”等气象大数据服务项目通过了验收，“人影作业装备弹药信息管理系统”在天津宝坻区投入试运行，手持气象站、室内空气质量监测仪已批量投放市场。全年新增 1 项发明专利、4 项实用新型专利、7 项外观设计专利和 32 项计算机软件著作权，获得了“YQS1 型全球导航卫星系统遥感水汽探测设备”和“DZH3 海滨自动气象站”2 项气象装备使用许可证。与子公司联合资助小型自主技术创新项目“激光雷达三维光学扫描机

构”、“基于深度学习技术的云检测算法研究级应用”等研究成果已取得知识产权并形成产品并成功投入市场。二是华风集团在多个领域取得具有明显效益的科技进展。在航空气象服务方面，已形成了针对机场和航空公司、以机场短临预报为基础的航空气象服务产品体系，航空行业用户由 8 家扩展到 13 家，2017 年经营收入超 1 亿元；针对农业服务，研发了“精细化作物农业气象灾害风险管理平台”与“农业气象指数保险基础平台”，具有较为广阔应用推广前景；围绕水文气象服务，以面雨量与水情预测相结合的方法为基础，结合气象精细化预报和水利水文数据，运用大数据和机器学习技术，制作水利洪水预报，预报服务的针对性和精细化程度进一步提高。在保险方面，与多家保险公司达成战略合作意向，研发多种气象保险产品，为气象保险业务提供气象数据共享、气象定量分析、天气风险管理、风险监测等服务。2017 年成立了华风创新研究院，制定创新研究院各项制度、规范、表格近 24 项。实施并成功转化了创新研究院第一个示范项目——“闪电数据检验和闪电预警系统运行监控平台”项目，通过具体实践，打通了创新项目管理的全业务流程。承担的国家科技支撑项目成果获得 2017 年度承担的“天目三维气象影视制播系统”项目成果获中国气象学会气象科技进步奖二等奖，并获得国家发明专利 1 项。

(2)气象科技成果获奖

2017 年，全国气象部门气象科技成果共获得各类省部级科技奖励 57 项，其中获得省部级科技奖一等奖 5 项、二等奖 22 项、三等奖 30 项(表 9.12)。

表 9.12　2017 年气象科技成果获奖情况

推荐单位	获奖项目名称	奖励等级及参与情况
北京市气象局	中国不同区域反应性气体变化特征研究	大气科学基础研究成果奖一等奖(参加)
	北京上空大气污染物空间分布与输送特征研究	北京市科学技术奖三等奖(主持)
	一种基于无人机的防雷检测系统	第十九届中国专利优秀奖项目(主持)
天津市气象局	黄渤海及西岸地区大雾微气象特征和预报应用研究	天津市科技进步二等奖(主持)
河北省气象局	健康气象及其预报技术研究	河北省科技进步奖二等奖(主持)
	山区果品种植区防雹减灾技术研究与示范	河北省科技进步奖三等奖(主持)
山西省气象局	临汾市气象灾害监测预警、防御及应急技术应用研究	山西省科技进步三等奖(主持)
内蒙古自治区气象局	内蒙古春季干旱影响因子研究、季节预测模型设计和算法研究与应用	内蒙古科技进步三等奖(主持)
辽宁省气象局	辽宁暖云人工增雨催化技术研究	辽宁省科技进步三等奖(主持)

续表

推荐单位	获奖项目名称	奖励等级及参与情况
吉林省气象局	吉林省暴雨预报技术研究	大气科学基础研究成果奖二等奖(主持)
吉林省气象局	东北冷涡持续活动及对吉林省汛期降水的影响	吉林省科技进步三等奖(主持)
吉林省气象局	吉林省暴雪灾害预报预警技术研究及应用	吉林省科技进步三等奖(主持)
吉林省气象局	吉林省暴雨洪涝灾害的监测和预警技术研究	吉林省科技进步二等奖(主持)
上海市气象局	人工影响天气作业安全体系新技术集成与应用系统开发	陕西省科技进步三等奖(参加)
江苏省气象局	江苏省致灾性强对流天气分类监测预警预报关键技术	江苏省科技进步二等奖(主持)
江苏省气象局	中国月—季节降水预测的新理论和新方法研究	教育部科学技术进步奖二等奖(参加)
江苏省气象局	基于 GIS 与暴雨管理模型信息的城市强降水积涝 3D 模型显示技术研究	测绘科技进步三等奖(参加)
浙江省气象局	浙江海上大风、大雾预报预警技术研究	浙江省科技进步三等奖(主持)
安徽省气象局	安徽省污染性天气监测评估与预测预报关键技术及应用	安徽省科技进步三等奖(主持)
福建省气象局	福建省风能资源详查与台风大风特性对重大工程的影响研究	福建省科技进步三等奖(主持)
江西省气象局	江西省气候变化影响评估和适应关键技术研究	江西省科技进步二等奖(主持)
江西省气象局	极端气象条件下金属矿山尾矿库防灾技术研究	江西省科技进步二等奖(参加)
江西省气象局	基于 RIA 的省际气象共享数据处理显示技术集成应用	江西省科技进步三等奖(主持)
山东省气象局	移动气象计量检定校准核查技术集成	河南省科技进步三等奖(参加)
河南省气象局	我国主要农作物生长信息监测与综合评价技术及应用	河南省科技进步二等奖(主持)
河南省气象局	移动气象计量检定校准核查技术集成	河南省科技进步三等奖(主持)
湖北省气象局	边界层风廓线气象雷达研制及组网应用技术	气象科技进步成果奖二等奖(主持)
湖北省气象局	太阳能光伏发电预报技术研究与应用	气象科技进步成果奖二等奖(主持)
湖北省气象局	南方持续性暴雨中尺度特征诊断分析和预报技术	湖北省科技进步二等奖(主持)
湖北省气象局	淡水养殖气象保障关键技术的研究与应用	湖北省科技进步三等奖(主持)
湖北省气象局	致灾山洪预报预警技术	大禹水利科技进步二等奖(参加)
湖北省气象局	湖北省雷电灾害防御系统关键技术研究与应用	湖北省科技进步三等奖(主持)

续表

推荐单位	获奖项目名称	奖励等级及参与情况
湖南省气象局	湖南省气象为农服务业务关键技术研究与应用	湖南省科技进步二等奖(主持)
	湖南省气象灾害预警信息发布业务平台	湖南省科技进步三等奖(主持)
	南方持续性暴雨中尺度特征诊断分析和预报技术	湖北省科技进步二等奖(参加)
广东省气象局	省市县一体化突发事件预警信息发布系统设计创新与应用	气象科学技术进步成果奖二等奖(主持)
	南方持续性暴雨中尺度特征诊断分析和预报技术	湖北科技进步二等奖(参加)
广西壮族自治区气象局	暴雨灾害风险评估和实时评估技术研究与应用	广西科技进步二等奖(主持)
	林业有害生物灾害监测预警与应急防控关键技术研究与应用	广西科技进步二等奖(参加)
	基于非常规资料的华南西部中尺度对流系统发生发展机制及暴雨预报技术研究	广西科技进步三等奖(主持)
	广西石漠化区生态气象监测与评估研究与应用	广西科技进步三等奖(主持)
云南省气象局	云南气候变化基本事实及极端气候事件研究	云南省自然科学三等奖(主持)
贵州省气象局	导线覆冰的气象预报与风险评估技术	气象科学技术进步成果奖二等奖(主持)
	贵州省太阳能资源普查与评估应用	贵州省科技进步三等奖(主持)
	贵州省干旱灾害风险评估及其气候预估研究	贵州省科技进步三等奖(主持)
	贵州公路交通气象灾害监测预警技术研究	贵州省科技进步三等奖(主持)
四川省气象局	四川气候变化及主要作物气象灾害防御减损技术研究与应用	四川省科技进步二等奖(主持)
	南亚高压对长江上游川渝地区旱涝灾害影响研究	四川省科技进步二等奖(主持)
	西南地区空中云水资源评估和开发利用研究	四川省科技进步三等奖(主持)
	气象信息智能服务关键技术研究及应用	四川省科技进步三等奖(参加)
	新一代天气雷达测试及故障检测系统	四川省科技进步三等奖(参加)
	南方持续性暴雨中尺度特征诊断分析和预报技术	湖北省科技进步二等奖(参加)
甘肃省气象局	甘肃山洪地质灾害精细化气象预报预警与风险管理技术研究应用	甘肃省科技进步二等奖(主持)
	甘肃省城市规划与重点工程建设气象保障关键技术研究及应用	甘肃省科技进步三等奖(主持)
	干旱地区人工影响天气关键技术研究	甘肃省科技进步三等奖(主持)

续表

推荐单位	获奖项目名称	奖励等级及参与情况
陕西省气象局	人工影响天气作业安全体系新技术集成与应用系统开发	陕西省科学技术奖励三等奖(主持)
	陕西气象因子与气溶胶相互作用及其对雾霾形成的影响	陕西省科学技术奖励三等奖(主持)
青海省气象局	气候变化对植被生产力的多尺度调控机制与影响模拟	大气科学基础研究成果奖一等奖(参加)
	干旱地区人工影响天气关键技术研究	甘肃省科技进步三等奖(参加)
新疆维吾尔自治区气象局	干旱地区人工影响天气关键技术研究	甘肃省科技进步三等奖(参加)
国家气象中心	GRAPES_GFS 全球中期数值预报系统开发和业务应用	气象科学技术进步成果奖一等奖(主持)
	我国雾一霾监测与数值预报关键技术研发及业务系统建立与应用	气象科学技术进步成果奖一等奖(参加)
	台风综合监测预报预警技术研究与应用	北京市科技进步三等奖(主持)
	南方持续性暴雨中尺度特征诊断分析和预报技术	湖北科技进步二等奖(参加)
	我国主要农作物生长信息监测与综合评价技术及应用	河南省科技进步二等奖(参加)
国家气候中心	中国月一季节降水预测的新理论和新方法研究	教育部科学技术进步奖二等奖(参加)
国家卫星气象中心	我国主要农作物生长信息监测与综合评价技术及应用	河南省科技进步二等奖(参加)
中国气象局气象探测中心	中国不同区域反应性气体变化特征研究	大气科学基础研究成果奖一等奖(参加)
	我国雾一霾监测与数值预报关键技术研发及业务系统建立与应用	气象科学技术进步成果奖一等奖(参加)
中国气象局公共气象服务中心	天目三维气象影视制播系统	气象科学技术进步成果奖二等奖(主持)
	太阳能光伏发电预报技术研究与应用	气象科学技术进步成果奖二等奖(参加)
中国气象局气象干部培训学院	中国月一季节降水预测的新理论和新方法研究	教育部科学技术进步奖二等奖(参加)

续表

推荐单位	获奖项目名称	奖励等级及参与情况
中国气象科学研究院	中国不同区域反应性气体变化特征研究	大气科学基础研究成果奖一等奖(主持)
	气候变化对植被生产力的多尺度调控机制与影响模拟	大气科学基础研究成果奖一等奖(参加)
	我国雾一霾监测与数值预报关键技术研发及业务系统建立与应用	气象科学技术进步成果奖一等奖(主持)
	强对流天气定量遥感和预报的关键技术	江苏省科技进步二等奖(参加)
	“十二五”北极海域物理海洋和海洋气象考察	海洋科学技术一等奖(参加)
	我国主要农作物生长信息监测与综合评价技术及应用	河南省科技进步二等奖(参加)
华云公司	综合集成硬件控制器	中国仪器仪表学会优秀产品奖

(3)气象科学论文发表

2014—2017 年,气象部门在高端期刊发表的论文数量稳中有升(图 9.4),其中中国气象科学研究院 156 篇、北京城市所 25 篇、沈阳大气所 11 篇、上海台风所 5 篇、武汉暴雨所 5 篇、广州热带所 7 篇、成都高原所 4 篇、兰州干旱所 9 篇、乌鲁木齐沙漠所 17 篇。

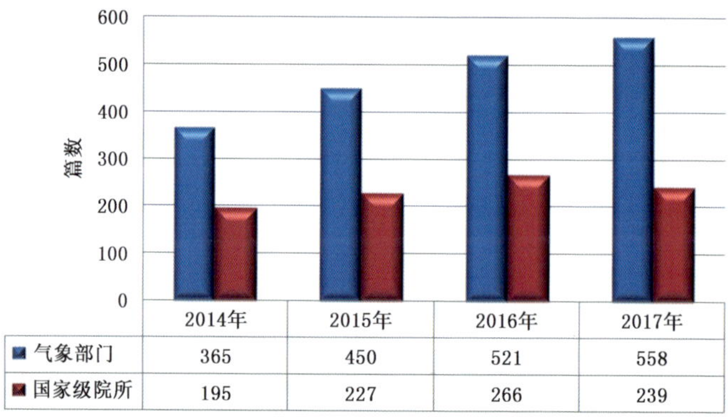

图 9.4　2014—2017 年气象部门 SCI(E)/EI 论文发表情况

2014—2017 年,气象部门在国内核心期刊上发表论文总量分别是 1844 篇、2045 篇、1849 篇和 1655 篇,近年来,在核心期刊发表论文总量虽有下降,但 SCI(E)/EI 发表论文继续增长(图 9.5,图 9.6)。

三、评价与展望

2017 年,所取得的重要核心科技成果,不断刷新中国气象科技创新的高度和维度,但必须看到我国气象科技距离世界先进水平还有较大差距,气象科技创新方面仍

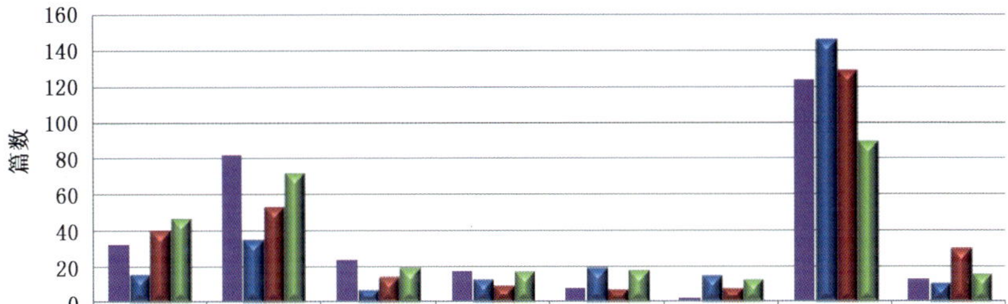

	气象中心	气候中心	卫星中心	信息中心	探测中心	公服中心	气科院	干部学院
2014年	32	82	24	17	8	2	124	13
2015年	16	35	7	13	19	15	146	11
2016年	40	53	14	9	7	8	129	30
2017年	47	72	19	17	18	13	89	16

图 9.5　2014—2017 年各直属业务科研培训单位国内核心期刊论文发表情况

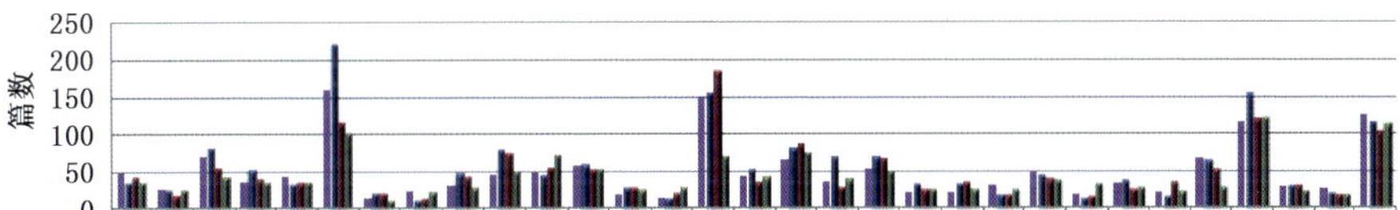

	北京	天津	河北	山西	内蒙古	辽宁	吉林	黑龙江	上海	江苏	浙江	安徽	福建	江西	山东	河南	湖北	湖南	广东	广西	海南	重庆	四川	贵州	云南	西藏	陕西	甘肃	青海	宁夏	新疆
2014年	47	26	70	35	44	161	14	24	31	46	49	57	19	15	150	42	65	35	53	22	21	30	49	19	34	21	68	115	29	25	126
2015年	36	26	82	53	34	220	21	12	47	80	46	61	28	15	155	54	82	69	69	34	34	19	46	15	39	17	65	155	32	21	116
2016年	44	20	56	41	37	117	21	15	42	76	56	53	29	21	185	35	86	28	67	26	35	18	41	16	26	37	54	122	31	20	104
2017年	37	26	44	35	36	102	12	24	29	50	72	53	27	29	70	42	75	40	50	27	26	25	38	33	29	24	29	122	24	20	114

图 9.6　2014—2017 年各省(区、市)气象部门国内核心期刊论文发表情况

存在一些不足和问题。一是创新动力不足。特别是已经出台的一些制度操作性还不够强，成果应用导向的科技创新评价机制尚不完善，激励创新、创新绩效考核等机制有待进一步健全。二是自主创新能力不足。在核心技术方面缺乏创新和突破，与存在攻关力量分散、资源统筹不够、创新能力不足等有关。三是领军科技人才不足。高水平领军人才的缺乏是目前气象专业院所发展、团队建设中的瓶颈问题，特别是青年人才培养和引进的力度还不够，不断加强培养、引进并留住创新型、高层次科技人才是当前所面临的重要任务，也是提高科技创新需要解决的重要问题。

面向新时代的科学技术发展，气象部门应当按照“发展是第一要务，人才是第一资源，创新是第一动力”的精神，坚持把科技发展摆在气象事业发展的核心位置，把科技人才作为气象现代化建设的第一资源，把科技创新作为推进现代气象业务发展的根本动力，着力做好以下工作。

一是推进气象科技创新，引领气象科技发展方向。强化战略导向和目标引导，强化气象科技创新体系能力,加快构筑支撑高端引领的先发优势,加强事关根本和全局的气象科学问题进行部署,在气象科技关键领域、卡脖子的地方下大功夫,力争实现我国整体气象科技水平从跟跑向并跑、领跑的战略性转变,在重要气象科技领域成为领跑者,在新兴交叉气象科技领域成为开拓者;继续大力实施核心技术科技攻关,围绕制约天气气候预报预测准确率和精细化水平的重大瓶颈科技问题,加强预报预测重大科技问题的基础研究与应用基础研究;瞄准世界气象科技前沿,抓住大趋势,下好“先手棋”,打好基础、储备长远,实现前瞻性基础研究、引领性原创成果重大突破,夯实建设气象科技强国的基础。

二是加强气象创新体系建设,优化科技创新布局。不断深化气象科技体制机制改革,多领域多渠道培育和建设国家重点实验室等创新平台,推进国家野外科学试验基地建设。围绕智慧气象发展,加强气象监测、资料、大数据和人工智能融合等应用技术创新。统筹各种资源,充分发挥行业气象科技力量在国家气象科技创新体系建设中的作用,推进区域大气科学联合研究中心、产业技术创新战略联盟建设,建立产学研紧密结合的协同创新机制。加强科技创新政策引导和舆论宣传,加强气象科技发展和创新驱动方面的成果推广和应用。着力培育和优化气象创新环境,构建创新文化,充分激发创新活力。

三是加强关键领域气象科技人才和团队建设。应特别注重培养一线创新人才和青年科技人才,对青年科技人才开辟特殊支持渠道,加强对各级气象科技人才的培育和支持。充分利用行业和社会科技资源,推进气象科技协同创新。进一步强化创新团队建设,围绕重要学科方向和核心攻关任务组建创新团队,充分发挥领军人才等带头人的带动作用,强化气象科技创新能力的交流研讨,全力培养打造骨干科技力量,重点解决气象业务现代化进程中突出的核心科技问题,切实推动气象科技创新与成果业务转化,支撑气象服务战略决策,扩大气象科技经济社会影响力。

第十章　气象人才队伍建设

2017 年，全国气象行业深入学习贯彻落实习近平新时代中国特色社会主义思想和党的十九大精神，坚持党管人才原则，坚持人才优先发展，深化人才发展体制机制改革，着力建设高素质气象人才队伍，增强了气象科技创新能力，促进了气象现代化发展。

一、2017 年气象人才队伍建设概述

2017 年，气象部门实行更加积极、更加开放、更加有效的人才政策，人才发展体制机制改革取得了新进展，进一步调动了广大气象科技人员的积极性和创造性，人才队伍的规模、素质、结构不断优化。

深化人才发展体制机制改革。中共中国气象局党组制定了《关于增强气象人才科技创新活力的若干意见》，为气象人才科技创新注入了新动力。推进事业单位专业技术二级岗位管理改革，组织制定了《气象部门事业单位专业技术二级岗位管理办法（试行）》。深入推进气象职称制度改革，中国气象局制定了《职称评定管理办法（试行）》，修订了气象正高级职称评审条件，改革了正高级职称评审办法，完善评审工作流程，建立完善科学客观公正评价机制。

积极实施人才工程。组织开展国家“千人计划”、百千万人才工程、中国青年科技奖等候选人推荐工作，继续实施中国气象局“双百计划”、青年英才培养计划。高层次人才、青年后备人才队伍建设取得积极进展。

大力加强骨干人才培养。继续与国家留学基金委联合实施气象科技骨干培养项目，选拔优秀中青年科技骨干到海外气象科技先进国家访问交流。持续推进国内高级访问进修工作，接收省级气象业务科研骨干到国家级业务科研单位访问进修。继续在气象现代化重点领域支持创新团队建设，对 2 支团队开展支持期综合考核评估，加强团队跟踪服务，带动骨干人才成长。

扎实推进气象培训体系建设。成立中共中国气象局党校和八个分校，强化气象部门党员干部培训的主渠道和主阵地。聚焦气象保障国家战略开展面向政府和行业的培训，围绕提升干部综合素质和履职能力扎实做好干部培训，认真做好专业技术人员培训，积极选派干部参加组织培训。促进气象高等教育与现代气象业务相衔接。

二、2017 年气象人才队伍建设进展

(一)2017 年气象人才工作

1.气象人才发展政策环境进一步优化

为了贯彻落实好《中共中央关于深化人才发展体制机制改革的意见》等一系列旨在增强人才发展活力、推动科技创新的政策措施,加快实施人才强局战略,2017 年中国气象局党组印发了《关于增强气象人才科技创新活力的若干意见》,并通过媒体宣传、培训解读、专题宣讲、工作督查等多种方式,在全系统深入开展宣贯工作,在广大气象科技工作者中引起强烈反响。中国气象局直属单位和各省(区、市)气象局共出台配套实施意见 21 个,制修订配套政策文件 180 多个,为气象科技创新注入了新的活力和强大动力。

为落实《事业单位人事管理条例》,推进事业单位岗位管理科学化、制度化、规范化,2017 年,中国气象局制定印发了《气象部门事业单位专业技术二级岗位管理办法(试行)》,提出了改革完善专业技术二级岗位管理制度具体措施。专业技术二级岗位选聘,更加注重岗位能力需要和业绩评价导向,全面强化了用人单位在岗位管理中的主体责任,激发了高层次人才的创新创造发展活力。2017 年,全国气象部门 60 位专家通过评审获得专业技术二级岗任职资格。

按照中央《关于深化职称制度改革的意见》和人力资源社会保障部对职称改革工作总体部署,2017 年,气象部门深化了气象职称制度改革。按照中央关于人才评价的改革要求,坚持品德、能力、业绩评价导向,中国气象局制定实施了《职称评定管理办法(试行)》,修订了《气象正高级职称评审条件》。在气象正高级职称评审工作中,落实相关评审改革措施,突出德才兼备、以德为先,对学术造假"零容忍";突出分类评价、区别对待,对人才"干什么、评什么",避免"一把尺子量到底";突出质量重于数量,推行论文代表作制度,重点评价成果、论文的质量和发挥的作用;突出凭实绩论英雄,不唯学历、不唯资历、不唯论文,让干得好的人评得上。2017 年全国气象部门 244 位人员获得正高级职称任职资格。

2.气象高层次人才和青年人才队伍建设进一步加强

积极实施国家人才工程,开展了国家百千万人才工程、"千人计划"、中国青年科技奖等国家人才工程和奖励的推荐工作。2017 年气象部门新增国家"千人计划"专家 1 人、"万人计划"青年拔尖人才 2 人。继续实施中国气象局"双百计划"、青年英才培养计划、西部优秀青年人才津贴制度、创新团队制度等。加强对入选人才和团队的跟踪支持和服务,举办了青年英才研究成果汇报会、第四届大气科学前沿问题高级研修班。按照创新团队管理办法和青年英才培养计划有关规定,对气象资料产品研发国家级创新团队、全国地面观测自动化创新团队开展了支持期综合考核评估,对 2014 年入选的首批气象青年英才组织召开了培养期结业汇报会。

截至 2017 年底，全国气象部门拥有两院院士 9 人，正高级职称专家 976 人，其中专业技术二级岗位专家 94 人。入选国家人才工程和项目人选 30 余人，国务院政府特殊津贴在职专家 78 人。围绕气象科技重点领域引进中国气象局特聘专家 20 人，其中 7 人为“千人计划”专家。遴选首席预报员、首席气象服务专家、科技领军人才共 175 人次、在聘 137 人。有 153 人享受西部优秀青年人才津贴。

3. 气象人才培养平台和服务机制进一步健全

持续加强业务科研骨干人才培养。年内接收 67 名省级气象部门业务科研骨干到国家级气象业务科研单位访问进修，其中，通过中央气象台强对流短时预报交流平台对 17 名省级首席预报员开展强对流短时预报技术轮训。选拔 19 人到海外气象科技先进国家开展为期半年到一年的访问交流。此外，还通过干部上挂下派、东西部人才交流，以及遴选优秀人才参加中央组织部和共青团中央主办的博士服务团等多种渠道，培养锻炼骨干人才和青年人才，有效带动了气象骨干人才队伍建设。

人才工作评估和服务工作进一步完善。持续推进气象人才评价工作，继续开展气象人才队伍评估和气象部门人才工作评估，形成 2016 年、2017 年的气象人才工作评估报告和气象部门人才队伍评估报告，引导各单位完善人才发展政策环境，受到广泛关注。组织开展人才发展规划阶段性评估。加强人才工作宣传，及时宣传落实气象部门人才发展规划的经验做法、气象人才创新成果和优秀专业技术人员的业绩贡献，努力营造识才爱才敬才用才的良好环境。

（二）全国气象部门人才队伍概况

1. 气象人才队伍总量

截至 2017 年底，全国气象部门在职员工共 7.4 万余人，其中编制内人员 5.7 万余人，编外聘用 1.5 万余人，劳务派遣 1300 余人。全国气象部门国家编制在职人员近 5.3 万人，其中参公人员接近 1.5 万人，事业单位人员 3.8 万余人。气象在职国家编制人才队伍规模，在 31 个省（区、市）的分布情况，四川省气象部门人数最多，在职人数为 3139 人；其次为内蒙古自治区气象部门，在职人数为 3073 人。

2. 气象人才学历结构

截至 2017 年底，气象部门国家编制在职人才队伍学历，研究生占 14.9%、本科占 64.9%，本科以上学历人数占比较 2016 年提高了 2.2 个百分点，较 2010 年提高了 26.1 个百分点。总体来看，在职国家编制人才队伍的学历水平持续稳步提高（图 10.1）。但各省（区、市）气象部门学历分布差距依然较大，31 个省（区、市）气象部门中，在职人才队伍本科以上学历占比最高（91.2%）与最低（66.1%）之间的差值超过 25.1 个百分点，但与往年相比已呈逐步缩小趋势。

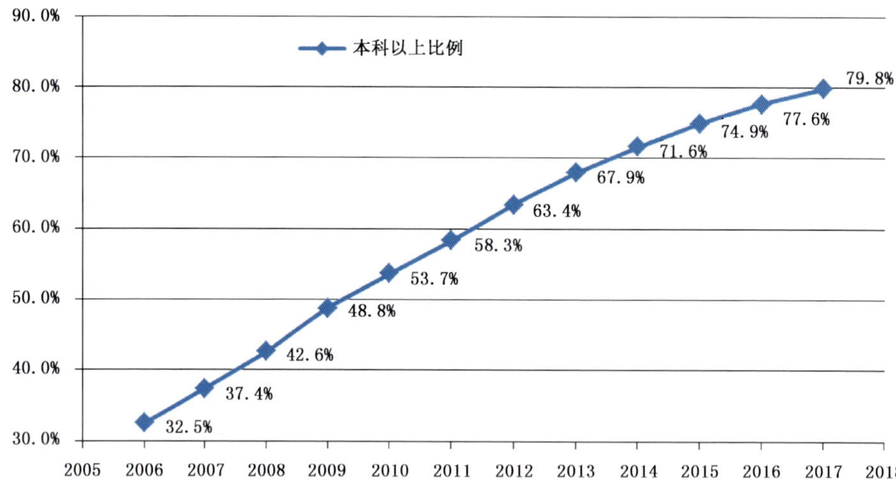

图 10.1　2006—2017 年全国气象在职国家编制人才队伍学历发展趋势图

3. 气象人才专业结构

截至 2017 年底，气象部门国家编制人才队伍专业状况，大气科学专业占 50.2%；地球科学其他专业占 6.2%；信息技术专业占 19.7%；其他专业占 23.9%。总体来看，气象在职人才队伍专业结构不断优化，大气科学专业人才占比稳定上升(图 10.2)。

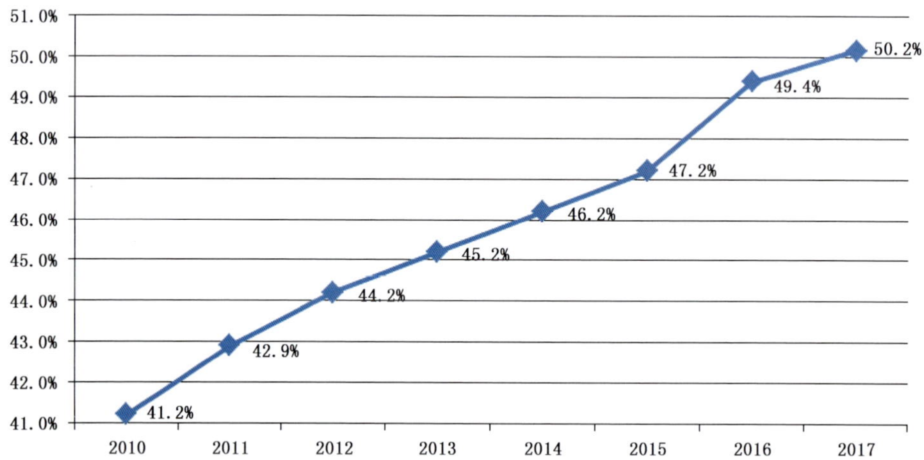

图 10.2　2010—2017 年全国气象部门在职国家编制人才队伍大气科学专业占比

4. 气象人才职称状况

气象在职国家编制人才队伍中，拥有各类专业技术职称的人员接近 4.9 万人，占

92.2%。其中,正高级职称占队伍总量的 1.8%;副高级职称占 17.3%;中级占 44.2%。

5.气象人才层级分布

截至 2017 年底,气象部门国家编制人才队伍中,国家级、省级、市级和县级气象部门人才分别占全国气象人才队伍总量的 5.9%、23.7%、32.9%和 37.5%。

气象部门各层级在职人才队伍学历结构中,研究生比例随国家、省、市、县四级逐级降低,分别占 64.8%,31.0%,7.7%和 3.3%;市级队伍本科生比例最高,占 73%(图 10.3)。与 2010 年相比,国家级队伍研究生比例增长最多,达 17.8 个百分点,县级气象部门队伍本科生比例增长最多,达 31 个百分点。

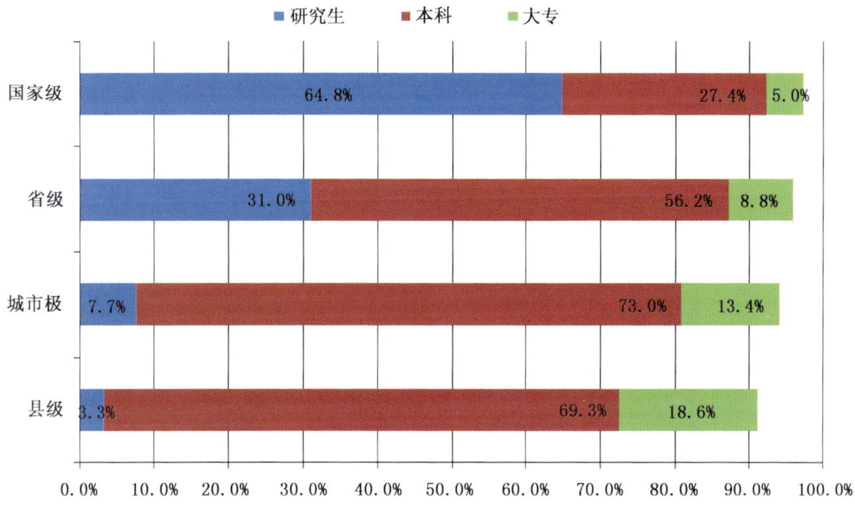

图 10.3　2017 年各层级气象在职国家编制人才队伍学历结构

各层级气象部门在职人才队伍专业结构状况中,市、县级气象部门人才队伍中大气科学专业比例较高,分别达到 50.7%和 54.9%。与 2010 年相比,四层级气象部门队伍中大气科学比例都有所增加,增幅 6.1 个百分点至 10.4 个百分点不等(图 10.4)。

6.气象部门党员、党组织发展情况①

截至 2017 年底,全国气象部门共有各级党组织 5803 个,其中:党组 1089 个、党委 136 个、党总支 406 个(在职党总支 335 个,离退休党总支 71 个)、党支部 4390 个(在职党支部 3794 个,离退休党支部 596 个)(图 10.5)。2017 年全国气象部门共有党员 54316 人,其中:编内党员 34368 人;编外党员 2837 人;离退休党员 17111 人(图 10.6)。

① 资料来源:中国气象局直属机关党委。

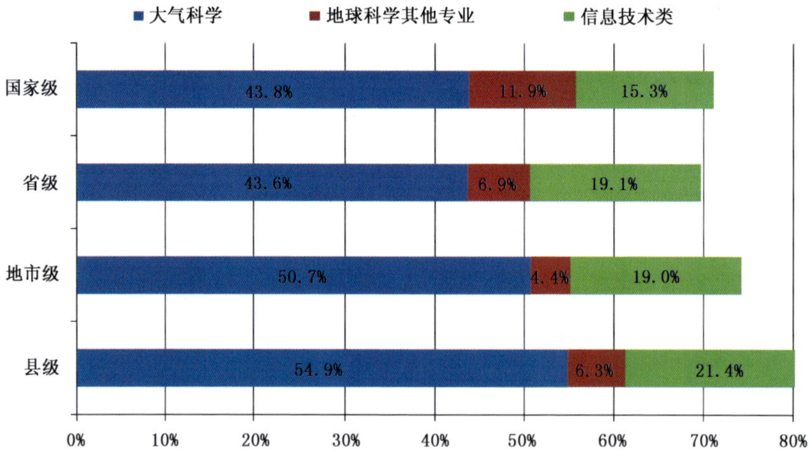

图 10.4　2017 年各层级气象在职国家编制人才队伍专业结构

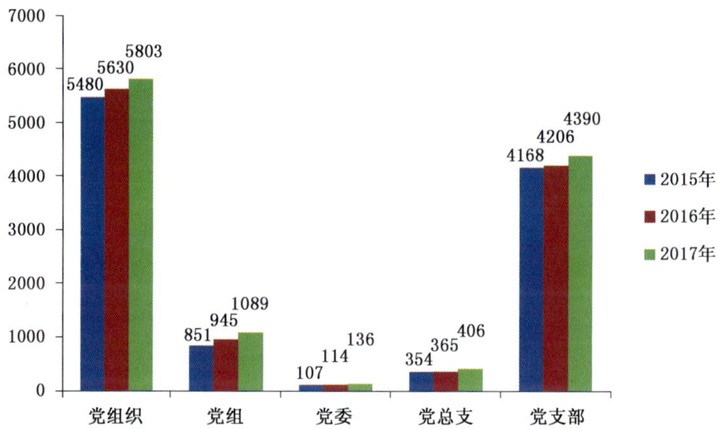

图 10.5　2015—2017 年气象部门党组织情况

7. 气象行业人才队伍

(1)民航气象

具有包括观测、预报、设备维护的航空气象人员队伍。民航气象人员实行执照管理制度,2017 年新增 334 人取得民航气象人员执照,截至 2017 年底,持有民用航空气象人员执照达 4636 人,包括持有预报执照 2150 人,观测执照 2031 人,设备保障执照 1476 人(部分人员持多岗执照)。民航气象部门与南京大学合作培养航空气象博士研究生。中国民航大学空中交通管理学院建立了航空气象系,开设应用气象学(航空气象)专业,首批招收本科生 38 人。民航气象部门在 2017 年开展了卓有成效的培

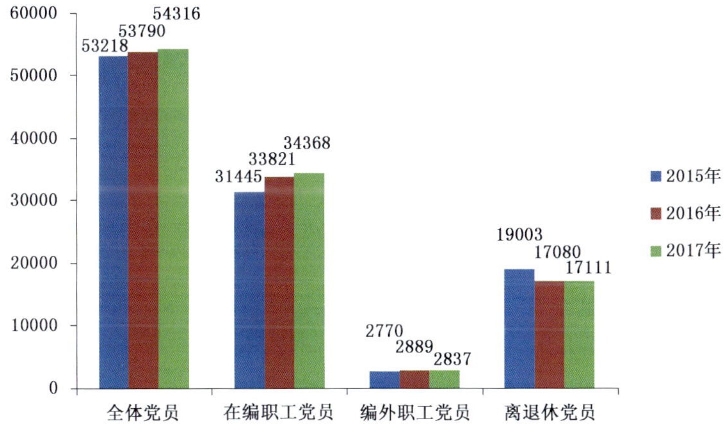

图 10.6　2015—2017 年气象部门党员人数

训工作，根据年度培训计划，组织业务培训 80 期，参训人员共计 1500 余人次。

(2)农垦气象

到 2017 年，有气象科技人员 315 人，其中黑龙江农肯总局和管理局气象台事业在编人数 56 人，农场气象站企业编制人员 259 人。高级气象工程师 26 人，工程师 103 人，助理工程师和技术员 98 人。气象专业人员普遍经过国家气象院校的正规学习和培训，其中本科毕业 158 人，占 50%，大专毕业 93 人，占 30%。垦区注重加强气象人才培训，2017 年举办全垦区气象业务培训班，针对自动站软件应用、维修维护，短时临近和中短期气象预报等内容进行培训，进一步提高垦区台站技术骨干的业务水平。

(3)森工气象

2017 年，黑龙江省森工系统拥有森林物候气象站 45 处，气象哨 114 处，工作人员 283 人。现为三级管理，即总局气象站，管理局气象站，林业局气象站。

(三)高校气象人才培养

1. 高校气象人才培养概况

高校大气科学专业主要是培养大气科学基本理论、基本知识和基本技能，能够在大气物理、大气环境、大气探测、气象学、气候学、应用气象及相关学科从事科研、教学、科技开发及相关管理工作的专门人才。应用气象学是将气象学的原理、方法和成果应用于农业、水文、环境、海洋、航海、航空、军事、医疗等方面，同各个专业学科相结合而形成的边缘性学科。应用气象学专业是大气科学研究和服务国民经济建设的重要组成部分。目前，国内有 24 所高校设置大气科学专业或应用气象学专业(表 10.1)，其中设立大气科学院系的高校有 9 所。

表 10.1　国内设有大气科学及气象学专业研究的高校(排序不分先后)

序号	学校名称	所在地区	大气科学研究部门
1	北京大学	北京	物理学院—大气与海洋科学系
2	南京信息工程大学	江苏,南京	大气科学学院、大气物理学院
3	南京大学	江苏,南京	大气科学学院—大气物理系
4	国防科技大学	湖南,长沙	气象海洋学院
5	兰州大学	甘肃,兰州	大气科学学院
6	清华大学	北京	理学院—地球系统科学系
7	中国海洋大学	山东,青岛	海洋与大气学院
8	中山大学	广东,广州	大气科学学院
9	成都信息工程大学	四川,成都	大气科学学院、其他应用气象学院
10	中国科学技术大学	安徽,合肥	地球和空间科学学院
11	沈阳农业大学	辽宁,沈阳	农学院
12	浙江大学	浙江,杭州	地球科学学院—大气科学系
13	复旦大学	上海	大气科学研究院
14	云南大学	云南,昆明	资源环境与地球科学学院—大气科学系
15	广东海洋大学	广东,湛江	海洋与气象学院—大气科学系
16	江西信息应用职业技术学院	江西,南昌	气象系
17	南京信息工程大学滨江学院	江苏,南京	大气与遥感学院
18	中国地质大学	湖北,武汉	环境学院—大气科学系
19	中国农业大学	北京	资源与环境学院—农业气象系
20	东北农业大学	黑龙江,哈尔滨	资源与环境学院—应用气象学专业
21	安徽农业大学	安徽合肥	资源与环境学院—气象学专业
22	北京师范大学	北京	环境学院—大气环境研究中心
23	华东师范大学	上海	地理科学学院—气象学专业
24	中国民航大学	天津	气象技术研究所

根据 2013—2017 年毕业生统计情况来看,大气科学及相关专业的毕业生逐年增多,开设大气科学相关专业的院校规模继续扩大,大气科学及相关专业招生规模逐步扩大。据不完全统计,2013—2017 年,共有 17470 名大气科学类及相关专业的毕业生(图 10.7),2017 年毕业人数较 2016 年环比增加 9%。

2013—2017 年,硕士和博士学历层次招生规模变化较小,每年毕业生数量比较稳定,本科毕业生有逐年增加趋势,且是毕业生供给的主要来源(图 10.8)。对照用人单位需求的统计口径,将本科学历中的大气科学和应用气象专业,以及研究生学历中的气象学、大气物理和应用气象专业统一纳入大气科学类(或气象学类)范围,近几

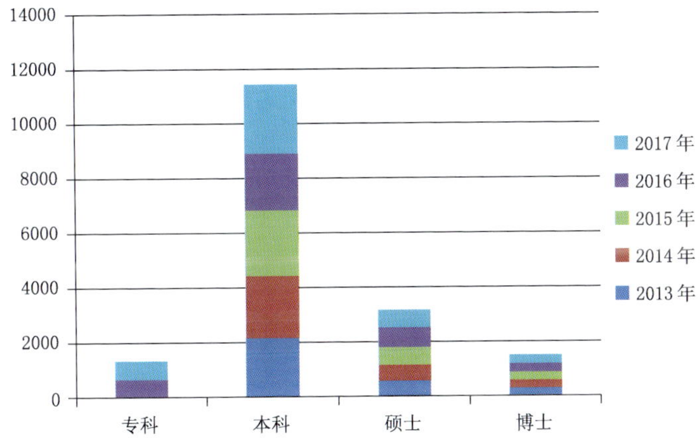

图 10.7　2013—2017 年大气科学类(气象学类)及相关专业毕业生总量(单位:人)

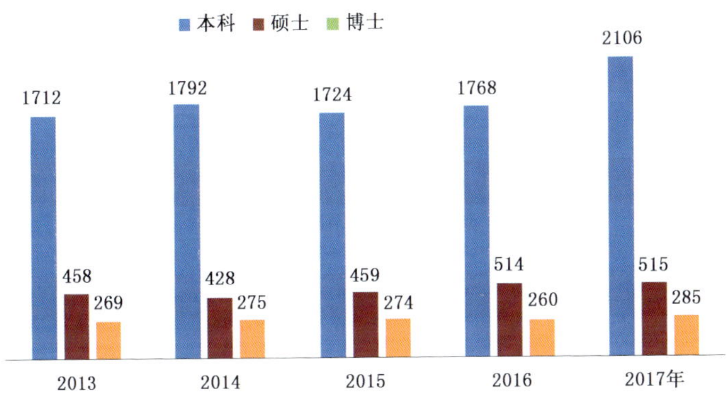

图 10.8　2013—2017 年大气科学类(气象学类)专业毕业生学历分布(单位:人)

年大气科学类(气象学类)专业毕业生总量 12839 人,占所统计毕业生总量的 71%,与上年相比较基本保持不变。

2013—2017 年大气科学类及相关专业的毕业生中,本科毕业生为 11448 人,占毕业生总人数的 66%,2017 年人数较上一年度增长幅度较大。其中,大气科学专业和应用气象专业毕业生达到 9102 人,占到本科毕业生的 80%。其他相关专业 2346 人(图 10.9)。

近几年毕业生中,硕士研究生达 3168 人,占毕业生总量的 18%。其中,气象学(含大气科学、气候学、气候系统与气候变化、气候系统与全球变化、流体力学、海洋气象学、大气探测)、应用气象学(含农业气象)、大气物理的毕业生数量为 2374 人,占硕士研究生的 75%。其他相关专业毕业生 794 人(图 10.10)。

近几年的毕业生中,博士毕业生数量为 1517 人,约占毕业生总量的 9%。其中,

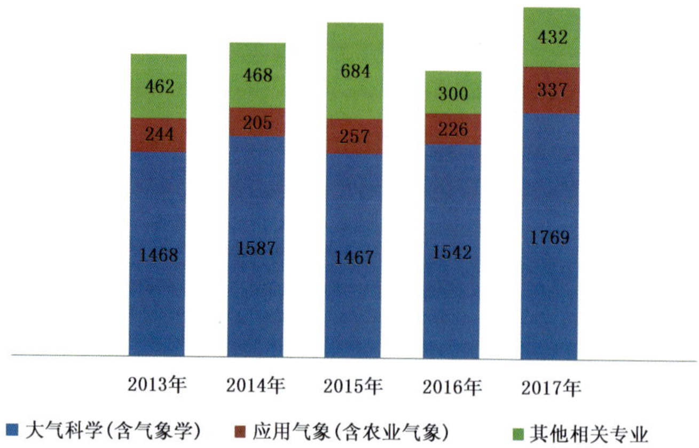

图 10.9　2013—2017 年本科毕业生专业分布情况(单位:人)

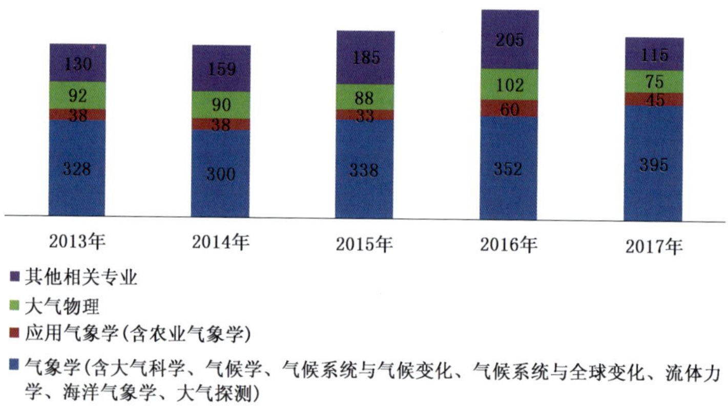

图 10.10　2013—2017 年硕士研究生专业分布情况(单位:人)

气象学(含气候学、气候系统与气候变化、气候系统与全球变化、流体力学、大气探测、海洋气象学)、大气物理、应用气象专业毕业生总共为 1363 人,占博士毕业生统计数量的 90%(图 10.11)。

目前,南京信息工程大学、成都信息工程大学、南京大学、兰州大学、中山大学、云南大学、中国海洋大学、中国农业大学、中国科学院大气所、中国气象科学研究院等院校是大气科学类专业毕业生集中的院校,是大气科学高等教育招生的主力。其中,南京信息工程大学毕业生供给达 7643 人,成都信息工程大学毕业生 2673 人,两所院校大气科学类专业及相关专业的毕业生数量达到所统计毕业生总量的 59%(图 10.12)。

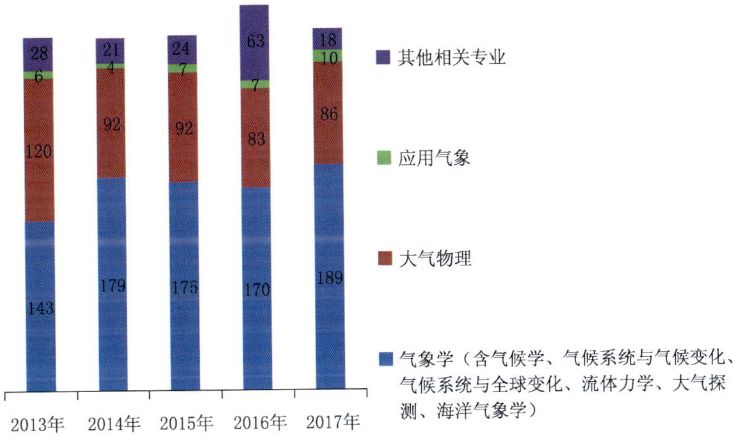

图 10.11　2013—2017 年博士研究生专业分布情况

2. 南京信息工程大学[①]

南京信息工程大学是以江苏省管理为主的中央与地方共建高校。学校办学特色鲜明，大气科学学科在教育部一级学科评估中两次蝉联全国第一、获评 A+ 等级。2017 年，学校成为国家双一流建设高校，大气科学学科入选一流学科建设序列，并成为江苏省重点支持建设 8 所高水平大学之一。

2017 年，南京信息工程大学高等次人才项目持续突破，新增人才工程项目 42 个，其中国家百千万人才工程国家级人选 1 人、国家“千人计划”青年项目 1 人、“长江学者奖励计划”青年学者 1 人，江苏省双创个人 1 人、江苏特聘教授 3 人、江苏省双创博士 8 人、江苏省“六大人才高峰”高层次人才 13 个、“333 工程”科研项目资助 7 个、江苏省高校“青蓝工程”培养对象 9 人。入选教育部首批“全国高校黄大年式教师团队”，江苏省双创团队 2 个、江苏省“六大人才高峰”创新团队 1 个。高水平师资队伍建设成效显著，学校师资队伍建设经验入选江苏省教育改革创新优秀典型案例。

2017 年，在校全日制本科生近 3 万名、硕士和博士研究生 3000 余名、留学生 1500 余名。气象学为国家重点学科，气象装备、环境工程、通信工程等 8 个学科获江苏高校优势学科建设工程立项，地球科学、工程学、计算机科学 3 个学科跻身 ESI 学科排名全球前 1%。拥有大气科学、环境科学与工程、信息与通信工程、管理科学与工程、数学、科学技术史 6 个一级学科博士点，22 个一级学科硕士点、13 个专业学位硕士点。60 个本科专业分布于理、工、文、管、经、法、农、艺 8 个学科领域，学校还设有博士后科研流动站，有 19 个学院。

南京信息工程大学创新高端人才引进机制，2017 年全额资助 50 名海外精英来

① 资料来源：南京信息工程大学。

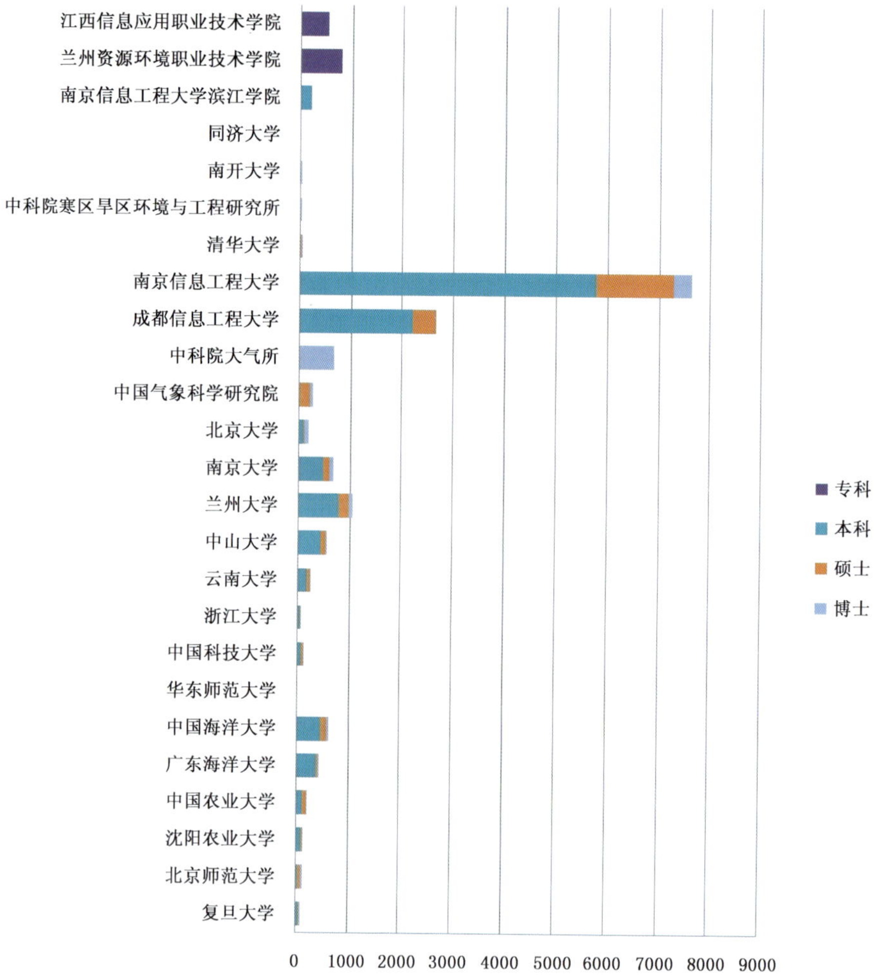

图 10.12　2013—2017 年毕业生院校分布情况(排序不分先后)

校考察加盟，全球招揽学院院长和学科领军人物，全年引进博士及副高以上职称专任教师 109 人，师资博士化率达 79.72%、国际化率达 46.2%。

南京信息工程大学注重加强港澳台合作，与台湾 4 所高校实现学生交流访学常态化。在校留学生总规模达 1553 人，来源分布增加至 120 个国家和地区，其中长期生实现了平稳较快增长。2017 年世界气象组织区域培训中心全年举办 13 期国际培训班和 3 期双边培训班，累计培训学员 262 人次。学校受邀出席第十三届世界气象组织教育培训大会并做主旨报告。

2017 年大气科学相关专业本科生毕业人数 988 人，大气科学相关专业研究生毕业人数 313 人。2017 年大气科学相关专业本科生毕业进入气象部门工作人数 316

人(占比 32%),大气科学相关专业研究生毕业进入气象部门工作人数 163 人(占比 53%)。

3. 成都信息工程大学[1]

成都信息工程大学是四川省和中国气象局共建、四川省重点发展的省属普通本科院校。经过 66 年的建设,学校已发展成为以信息学科和大气学科为重点,以学科交叉为特色,多学科协调融合发展的多科性大学。

成都信息工程大学大气科学相关专业(大气科学学院、电子工程学院、资源环境学院、通信工程学院、计算机学院、软件工程学院、网络空间安全学院),2017 年专职教师共计 374 人,其中博士 207 人,副教授 98 人,教授 65 人。

2017 年大气科学相关专业本科生招生人数 2005 人,大气科学专业本科生招生人数 354 人;大气科学相关专业研究生招生人数 584 人,大气学科专业研究生招生人数 109 人。2017 年大气科学相关专业本科生毕业人数 2070 人,大气科学专业本科生毕业人数 384 人;大气科学相关专业研究生毕业人数 199 人,大气学科专业研究生毕业人数 84 人。

2017 年大气科学相关专业本科生毕业进入气象部门工作人数 103 人(占比 27%),大气科学相关专业研究生毕业进入气象部门工作人数 58 人(占比 74%)。

4. 北京大学[2]

北京大学大气与海洋科学系 1929 年成立。经过 80 多年的发展,大气与海洋科学系由最初的地学系气象专业发展为独立的气象系,扩展为 1958 年成立的地球物理系大气物理和天气动力两个专业;1998 年,大气物理和天气动力专业合并为大气科学专业;2001 年,北京大学成立物理学院,大气科学专业进入物理学院,成立大气科学系;2010 年 5 月,北京大学决定在大气科学系建立物理海洋专业,并将大气科学系更名为大气与海洋科学系。

大气与海洋科学系 2017 年有教职员工 34 人,其中教授 14 人(包括中科院院士 1 人、千人计划 2 人、杰出青年基金获得者 3 人)、青年千人计划 4 人、优秀青年基金获得者 2 人(青年长江学者和青年拔尖人才各 1 人)、北京大学百人计划研究员 2 人,副教授 6 人、高级工程师 2 人,讲师 2 人,教学和科研管理岗位 2 人。另有兼职教授 5 人(均为中科院院士)。近年来,随着一批海外优秀青年人才的回国任职,大气与海洋科学系形成了一支以中青年教师为主、充满活力、学术氛围浓厚的教师队伍。

大气与海洋科学系具有包括本科生、硕士和博士研究生在内的完整的人才培养体系。北京大学的“大气科学”是全国唯一的大气科学国家一级重点学科,同时具有“大气物理学与大气环境”和“气象学”两个国家二级重点学科,自设了气候学和物理

---

[1] 资料来源:成都信息工程大学。

[2] 资料来源:北京大学。

海洋学两个二级学科。大气与海洋科学系设有大气物理学与大气环境、气象学、物理海洋学硕士点和博士点。

2017 年大气科学相关专业本科生毕业人数 20 人,大气科学相关专业研究生毕业人数 25 人。2017 年大气科学相关专业研究生毕业进入气象部门工作人数 6 人(占比 24%)。

5. 南京大学①

南京大学大气科学学院(前身是国立中央大学气象学系)建立于 1944 年,是我国最早建立的气象学系。学院具有一个从本科到博士后的完整的人才培养体系。现有两个系,气象学系和大气物理学系。拥有"气象学"、"大气物理和大气环境学"、"气候系统与气候变化"三个博士和硕士点,是大气科学一级学科博士学位授予单位和博士后流动站。全院 2017 年在职教职工 67 人,现有中科院院士 2 人,973 项目首席科学家 3 人,教育部长江学者特聘教授 1 人,国家杰出青年基金获得者 2 人,新世纪"百千万人才工程"国家级人选 2 人,教育部新(跨)世纪优秀人才 2 人,江苏省"333 工程"中青年科技领军人才 2 人。南京大学大气科学学院目前是国家教育部大气科学指导委员会和中国气象学会、江苏省气象学会教育和智力开发专业委员会的主任委员单位。

2017 年大气科学相关专业本科生毕业人数 93 人,大气科学相关专业研究生毕业人数 34 人。2017 年大气科学相关专业本科生毕业进入气象部门工作人数 14 人(占比 15%),大气科学相关专业研究生毕业进入气象部门工作人数 19 人(占比 55.9%)。

6. 兰州大学②

兰州大学是教育部直属的全国重点综合性大学,是国家"985"和"211 工程"重点建设高校之一,2017 年入选国家首批"双一流"大学。兰州大学大气科学学院始于 1958 年成立的气象学教研组,2004 年 6 月成立我国高校第一个大气科学学院。

兰州大学大气科学学科点具有国务院学位委员会批准的大气科学一级学科博士学位授予权,下设气象学、大气物理学与大气环境、气候学等 3 个二级学科博士点,气象学、大气物理学与大气环境、应用气象学、气候学等 4 个二级学科硕士点。现有 1 个大气科学博士后科研流动站、1 个大气物理与大气环境国家重点培育学科、1 个甘肃省一级重点学科、1 个大气科学国家高等学校特色专业建设点、1 个大气科学省部科学研究与人才培养基地。学院设有 1 个教育部重点实验室、4 个研究所和 3 个中心,即半干旱气候变化教育部重点实验室、气象学研究所、大气物理与大气环境研究所、环境变化研究所、大气遥感研究所、兰州大学环境质量评价研究中心、教学实验中

① 资料来源:南京大学。

② 资料来源:兰州大学。

心、大气科学省级实验教学中心。

学院 2017 年有教职工 77 人，其中教学科研人员 54 人。教授 19 人，副教授 21 人（博士生导师 11 人，硕士生导师 24 人），讲师 14 人，教授级高级工程师 2 人、高级工程师 3 人，工程师 6 人。中国科学院院士 1 人、国家杰出青年基金获得者 2 人、国家千人计划特聘教授 1 人、长江学者特聘教授 1 人、教育部高校青年教师奖 1 人、国家优秀青年基金获得者 2 人、教育部新世纪优秀人才 2 人、国务院学位委员会学科评定组成员 1 人、教育部大气科学教学指导委员会副主任 1 人、甘肃省领军人才 3 人、甘肃省跨世纪学科带头人 2 人、甘肃省教学名师 2 人、国家级大气科学教学团队 1 个、教育部创新团队 1 个、黄大年式教师团队 1 个；另有兼职教授 30 余人（包括两院院士 6 人）。

2017 年大气科学相关专业本科生毕业人数 184 人，大气科学相关专业研究生毕业人数 56 人。2017 年大气科学相关专业本科生毕业进入气象部门工作人数 29 人（占比 16%），大气科学相关专业研究生毕业进入气象部门工作人数 29 人（占比 52%）。

7. 中山大学[①]

中山大学大气科学学院成立于 2015 年 10 月，其前身是 1961 年创办的中山大学地理学系气象学专业。2015 年 10 月，中山大学整合原环境科学与工程学院中的大气科学系、中山大学季风与环境研究中心和中山大学地球气候与环境系统研究院等学科机构，成立了大气科学学院。大气科学学院 2017 年全院教师团队共 66 人，现有教授 20 人，副教授 13 人，工程师 3 人，讲师 4 人。其中千人计划入选者 1 人，973 项目（重大）首席科学家 2 人，国家重点研发计划首席科学家 1 人，长江学者特聘教授 2 人、杰出青年基金获得者 3 人、优秀青年基金获得者 2 人、青年千人计划入选者 3 人。学院已建立了从本科、硕士到博士的完整人才培养体系。目前设有大气科学、应用气象学两个本科专业，设有气象学、大气物理学与大气环境、气候变化与环境生态学三个硕士点和博士点。

2017 年大气科学相关专业本科生毕业人数 77 人，大气科学相关专业研究生毕业人数 10 人。2017 年大气科学相关专业本科生毕业进入气象部门工作人数 15 人（占比 19%），大气科学相关专业研究生毕业进入气象部门工作人数 9 人（占比 90%）。

8. 中国科技大学[②]

中国科技大学地球和空间科学学院大气物理专业隶属于大气科学一级学科，学院在该专业方向培养本科、硕士和博士研究生并设有博士后流动站。该专业 2017 年

① 资料来源：中山大学。

② 资料来源：中国科技大学。

共有教师 19 人,其中教授 8 人,副教授 8 人,讲师 2 人,实验技术系列教师 1 人。

2017 年大气科学相关专业本科生毕业人数 17 人,大气科学相关专业研究生毕业人数 16 人。2017 年大气科学相关专业本科生毕业进入气象部门工作人数 1 人(占比 6%),大气科学相关专业研究生毕业进入气象部门工作人数 3 人(占比 19%)。

9. 云南大学①

云南大学资源环境与地球科学学院大气科学系具有完整的本科、硕士、博士一体化人才培养体系,现设有大气科学本科专业,并有气象学、大气物理学与大气环境 2 个硕士学位点和大气科学一级博士学位点,目前是西南地区唯一具有大气科学一级博士和一级学科硕士点的省级重点学科,同时也是云南省品牌专业和国家级特色专业。2017 年现有专任教师 20 人,其中教授 5 人,副教授 3 人,博士生导师 3 人,云南省云岭学者 1 人,云岭青年人才 1 人。此外,还有中国科学院大气物理研究所、中国气象科学研究院、云南省气象局等单位的客座教授或兼职博士生、硕士生导师 10 余名。

2017 年大气科学相关专业本科生毕业人数 50 人,大气科学相关专业研究生毕业人数 13 人。2017 年大气科学相关专业本科生毕业进入气象部门工作人数 11 人(占比 22%),大气科学相关专业研究生毕业进入气象部门工作人数 10 人(占比 77%)。

10. 中国海洋大学②

中国海洋大学大气科学专业以“海洋气象”为特色,是全国唯一冠以“海洋气象”的历史悠久的教学和科研院系,是我国培养海—气相互作用与气候、海洋气象学等方面人才的重要基地之一。学校早在 1981 年设立海洋气象学硕士点,1984 年海洋气象学成为我国第二批博士点,目前大气科学为博士学位授予权一级学科点,设有博士后流动站,气象学为山东省重点学科,“海洋—大气相互作用与气候”实验室为山东省高校重点实验室。2003 年被山东省人民政府批准设立“泰山学者”岗位,是中国海洋大学“211 工程”和“985 工程”重点建设学科之一。学校大气科学专业 2017 年拥有专任教师 25 名,实验技术系列教师 3 名。其中教授 10 人(博士生导师 6 人)、副教授 6 人、讲师 8 人。目前学校海洋与大气学院下设海洋气象学系,拥有大气科学本科专业,以及“大气物理和大气环境学”、“气象学”两个博士和硕士点。

2017 年大气科学相关专业本科生毕业人数 75 人,大气科学相关专业研究生毕业人数 23 人。2017 年大气科学相关专业本科生毕业进入气象部门工作人数 9 人(占比 12%),大气科学相关专业研究生毕业进入气象部门工作人数 11 人(占比 48%)。

---

① 资料来源:云南大学。

② 资料来源:中国海洋大学。

11. 中国农业大学[1]

中国农业大学农业气象系源于1956年成立的农业物理气象系，1992年并入资源与环境学院。2017年，农业气象系有教职工14人，其中教授5人，副教授6人，讲师3人。设有应用气象学本科专业，农业气象学专业博士点、大气科学一级学科硕士点（包括气象学、大气物理与大气环境两个硕士专业）、农业硕士专业学位点。

2017年大气科学相关专业本科生毕业人数24人，大气科学相关专业研究生毕业人数17人。2017年大气科学相关专业本科生毕业进入气象部门工作人数3人（占比13%），大气科学相关专业研究生毕业进入气象部门工作人数18人（占比53%）。

12. 沈阳农业大学[2]

沈阳农业大学是一所以农业与生命科学为特色，农、理、工、经、管多学科协调发展的全国重点大学，1977年农学系下设农业气象专业，1996年成立农业气象系，1999年原农学系和农业气象系合并后，新组建的农学院下设应用气象学本科专业，2012年新增大气科学专业。目前，应用气象学专业和大气科学专业是我国东北地区唯一的气象类本科专业。学院拥有大气科学二级硕士点，设立了大气科学教研室，2017年拥有专职师资队伍共11人，其中教授2人，副教授6人，讲师3人。

2017年大气科学相关专业本科生毕业人数64人，大气科学相关专业研究生毕业人数23人。2017年大气科学相关专业本科生毕业进入气象部门工作人数22人（占比34%），大气科学相关专业研究生毕业进入气象部门工作人数18人（占比78%）。

13. 复旦大学[3]

2016年4月29日复旦大学成立大气科学研究院，截至2017年底，全职引进了11名复旦大学特聘教授、2名研究员、1名副研究员，其中中国科学院院士2名、国家杰出青年基金获得者3名。

学校对大气科学学科的发展给予了高度重视。2017年学校明确将大气科学学科纳入"一流学科"建设范畴，2017年3月和6月，大气科学研究院分别获得本科生和研究生招生资格，成为全校唯一一个同时开展本科生和研究生培养的科研机构。2017年9月，首批大气科学专业本科生20人进校；2017年10月，大气科学一级博士点经学校推荐、已通过上海市教委评审，现已推荐至国家教育部评审。2017年有7名在读博士生。2017年10月，经专家论证通过了建立复旦大学"大气与海洋科学系"的建设方案待批。

---

① 资料来源：中国农业大学。

② 资料来源：沈阳农业大学。

③ 资料来源：复旦大学。

（四）气象人才教育培训体系建设

2017年，全国气象部门扎实推进气象培训体系建设，分层分类开展业务和管理国家级培训，不断提高气象教育培训质量，积极开展气象教育和人才培养工作，较好地完成了气象教育培训工作任务。

1.气象教育培训开展情况[①]

2017年共举办国家级培训班176期，培训各类干部职工6850余人，培训量达16.7万人·天。各省(区、市)气象培训机构培训各类干部职工2.99万余人次，培训总量9.2万人天。

(1)完成了党的十九大精神年度培训业务。2017年，把党的十九大精神特别是习近平新时代中国特色社会主义思想作为重要内容纳入领导干部培训课程，融入教学各个环节，使党的十九大精神进教材、进课堂、进学员头脑。组织开展了全国气象部门处级以上领导干部学习贯彻党的十九大精神集中轮训工作。组织气象部门在京司局级领导干部参加中国干部网络学院“学习贯彻党的十九大精神”网络专题班，在气象远程教育培训平台开设党的十九大精神学习培训专题，设置党的十九大精神权威解读及学习相关网络课程，供全国气象部门干部职工学习。

(2)开展了面向政府和行业的培训。中国气象局会同中央组织部、环境保护部、国家行政学院共同举办省部级、厅局级领导干部推进生态文明建设与低碳发展研讨班，重点培训省部级分管负责同志、厅局级主要负责同志，提升领导干部对气象保障生态文明建设的理解和认识。中国气象局与中央组织部联合举办了地方领导干部防灾减灾与安全生产气象保障专题研究班，提升了地方政府对综合防灾减灾和突发性公共事件的应急处置能力。依托人社部专业技术人员高级研修项目，举办气候资源开发与利用高级研修班，各省(区、市)发改委(能源局)、气象局、大型电网公司等相关部门和企业的管理和业务骨干70余人参加了培训。

(3)强化了气象领导干部培训。围绕提升干部综合素质和履职能力，着力加强处级以上领导干部理论武装、党性教育和能力培训，选调气象部门处级以上领导干部325人次参加了国家级气象培训。举办6期省级及以上气象部门处级领导干部轮训班和1期中青年正处级领导干部培训班，围绕气象应急管理、科技创新、组织人事工作、行政执法等举办专题培训班42期。举办青年科级干部综合素质培训班4期。

(4)有效组织了专业技术人员培训。提升关键业务岗位工作水平，举办8期省级以上预报员轮训班。开展基础业务岗位培训，面向天气预报员、气象观测员、气象资料业务人员、气候监测预测业务人员等举办37期上岗培训班，举办14期县级综合业务岗位骨干培训班。做好基础培训，举办气象基础知识培训班13期、高级英语强化

① 资料来源：中国气象局气象干部培训学院。

培训班 2 期。保障重点工程建设效益，举办新一代天气雷达、山洪工程、人工影响天气、风云卫星等相关工程培训班 8 期。选派 6 名业务骨干赴荷兰参加为期 6 个月的“地理信息科学技术及其在气象业务服务中的应用培训班”。国际培训影响力进一步扩大。举办全球气候服务框架、应对气候变化南南合作等国际培训 8 期，培训 61 个国家 132 名国际学员。

(5)远程培训效果明显。远程培训覆盖率达到 100%，在线学习时长累计约 373.9 万小时(图 10.13)。举办远程培训 17 期，其中，远程和面授相结合的混合式培训 2 期，按照“干部学院统一发布远程课程、各省结合需求自选 2～3 门课程”的远程培训 5 期。加强远程培训考试，在线考试 7 门，1.11 万人次参加新增网络课件资源 173 个，开发气象防灾减灾知识系列培训微课程 16 个，累计学习资源 5000 余学时(图 10.14)。

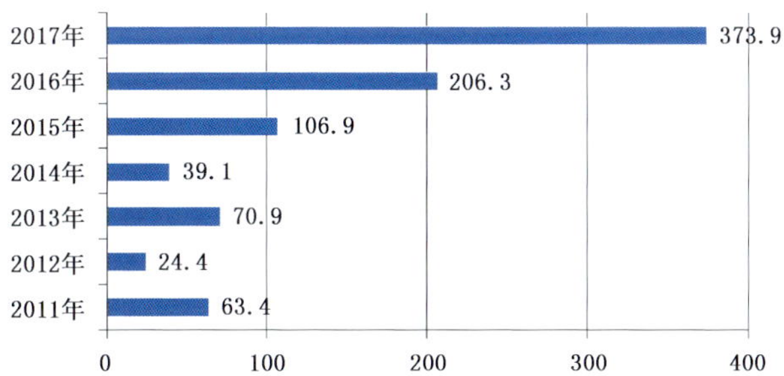

图 10.13　2011—2017 年气象远程在线学习时长(万小时)

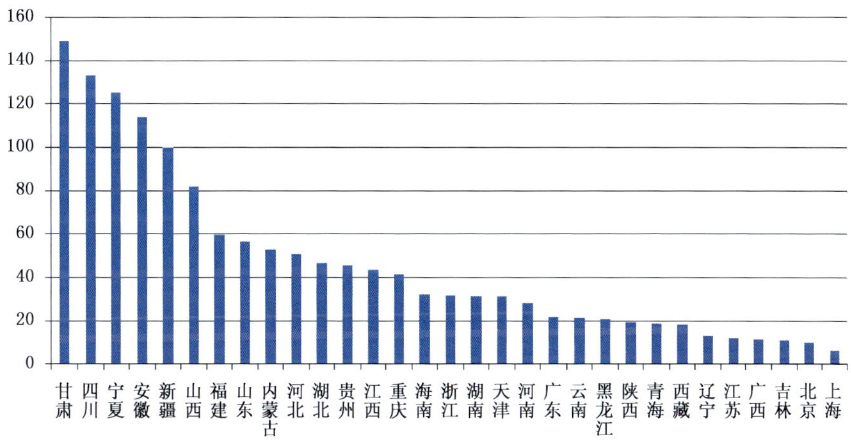

图 10.14　2017 年全国各省(区、市)在线学习人均学时数

2.气象教育培训基础能力建设

(1)深化教育培训改革。2017年,持续推进教学内容和方式改革,教学活动更加规划化、系统化、科学化,培训质量和效益稳步提高。落实《关于党政机关和国有企事业单位培训疗养机构改革的指导意见》精神,对气象部门培训疗养机构情况进行深入摸底和调查研究,指导开展专项核查以及编制改革实施方案等工作。继续推进项目设计质量控制机制、项目实施质量监控机制、项目效果评估机制+数据共享平台("3+1"模型)建设,坚持把培训质量和效果意识贯穿在培训工作的全过程。

(2)加强师资队伍建设。优化人才培养环境,2017年,中国气象局气象干部培训学院出台和落实一系列师资培养、考核、管理制度。包括《211师资培养计划(2017—2020)》《兼职教师管理办法》《职称考核认定办法》《接收教师进修管理办法》等。全年派出青年教师参加培训、国内外交流、锻炼实习等150余人次。加强分院师资培养,建立干部学院与分院教学团队、攻关团队联合工作机制,分院访问进修、跟班学习10余人次,举办师资培训4期。

(3)完善课程教材体系。2017年,新开发或策划国家级课程10个,包括气候监测预测业务人员上岗培训课程、生态文明建设气象保障服务研讨课程、卫星资料课程、基层党员培训课程、气象影视课程等。基本完成基层岗位综合素质能力模块化课程体系开发项目(第一期)12个模块开发工作。编制2017年教材建设项目建设指南,支持教材建设项目40项。教材讲义新编21册,修订19册,累计达210册。基层台站气象业务系列培训教材14本。新增网络课件资源173个,累计学习资源5569余学时。开发气象防灾减灾知识系列培训微课程16个。

(4)推进气象培训体系建设。2017年,贯彻落实党的十九大精神和《中共中央关于加强和改进党校工作的意见》,成立了中共中国气象局党校,为强化气象系统党员干部理论教育和党校教育创造条件。加强国家级培训机构建设,组织开展气象业务现代化中期检查评估工作,督查推进干部学院气象现代化实施方案的落实情况。加大开放合作力度,加强与世界气象组织教育培训交流,参与编制欧洲中心69次会议教育培训议题预案,落实美国、俄罗斯、蒙古、巴基斯坦等国双边多边合作。继续加强国内合作,落实与国家行政学院应急管理培训中心、北京工业大学、民航、军队、湖南韶山毛泽东纪念馆等合作与培训。

(5)促进气象高等教育与现代气象业务相衔接。2017年,积极支持高校气象学科和专业建设,推进增设气象硕士专业学位申报工作,探索启动气象类专业评估认证工作。根据教育部部署,组建专家组并开展《高等职业学校专业教学标准》和《中等职业学校专业目录》制(修)订工作。举办全国高校教师现代气象业务研修班。编制气象人才培养实习实训基地建设方案,在10个省级气象局首批遴选实习实训基地20个。支持内蒙古大学等5所高校增设气象类专业,气象类本科招生每年净增260余人;根据各级气象部门人才需求,联合主要高校优化气象专业本科招生计划,向中西部省份调整招生计划 160 余人；委托南京信息工程大学、成都信息工程大学、云南大学等高校为基层台站招收气象专业定向生。

三、评价与展望

千秋基业，人才为本。我国要实现建成气象现代化强国，关键要进一步加快实施人才强业战略，确立人才引领发展的战略地位。进一步深化人才发展体制机制改革，最大限度把广大气象科技工作者的奋斗精神和创造活力激发出来。要完善人才培养机制，改进人才评价机制，创新人才流动机制，健全人才激励机制，形成所有人才能干成事业和乐于奉献的氛围。

一是继续深化气象人才发展体制机制改革。以贯彻落实《中共中国气象局党组关于增强气象人才科技创新活力的若干意见》为重点，制定完善配套政策措施。以进一步推进气象职称改革为切入点，完善气象人才评价机制。以进一步加强事业单位岗位设置管理为抓手，推动《事业单位人事管理条例》相关制度的贯彻落实。

二是大力实施重大/重点人才工程。强化高层次人才计划顶层设计，规划实施气象“十百千”人才工程，强化顶尖创新人才培养，完善首席专家制度，加快优秀青年后备人才队伍建设，完善科技创新人才培养使用激励机制，构建结构合理、梯次配备、有序衔接的气象优秀高层次创新人才队伍。

三是强化人才服务。完善党组(党委)直接联系服务专家制度，以政治引领吸纳增强思想认同、情感认同，推动人才服务向基层延伸、政策向一线倾斜，加强对优秀人才典型宣传。

四是加快气象教育培训改革。推进气象教育培训现代化建设，优化业务布局、规范培训管理，促进气象高等教育与气象业务相衔接，不断提升教育培训质量和效益。

改革开放篇

第十一章　气象改革和法治建设

2017年是供给侧结构性改革的深化之年，也是认真贯彻落实党中央全面依法治国重大战略部署的重要之年。全国气象部门深入推进全面改革和法治建设，为加快气象事业发展提供了强大动力和法治保障。

一、2017年气象改革与法治建设概述

（一）气象改革工作概述

2017年，中国气象局坚决贯彻落实党中央和国务院改革部署，坚持正确方向、问题导向和破题指向，聚焦制约气象事业发展的体制机制障碍，加强顶层设计，抓统筹协调、抓职能定位、抓问题导向、抓责任落实、抓改革成效，全面深化气象改革各领域取得明显实效。全国各级气象部门按照中国气象局党组部署细分责任、细化措施、细排时间，共形成改革制度性成果585项，实现了各项改革工作改有所进、改有所成。

2017年，在气象“放管服”改革方面，认真落实国家简政放权部署，深化了气象行政审批制度改革，全面完成了防雷减灾体制改革任务，继续做好取消行政审批事项的衔接落实，增强企业活力，强化了事中事后监管。

在气象服务体制改革方面，推进了气象服务供给侧结构性改革，促进了气象服务产品升级增效，提升了气象服务供给水平。改进了决策气象服务、专业气象服务运行机制，提高了集约化水平。进一步放活了气象服务市场，规范了气象信息传播与服务，加强了气象服务市场管理制度建设，气象服务发展呈现崭新态势。

在气象业务与科技体制改革方面，进一步优化了气象业务布局和质量管理，全国智能网格气象预报业务取得新变革，综合气象观测改革多点推进，无人值守观测业务改革全面启动；推进气象信息系统集约化改革，促进了气象信息基础设施、应用系统、数据标准等集约化水平全面提升；深化气象科研院所改革，加快气象科技管理“放管服”改革，增强了创新动力，促进了气象科技成果转化。

进一步强化了党对改革工作的领导，坚持把党的建设与深化气象改革同步谋划、同步设置、同步开展，落实党建工作责任制，健全党建工作机制，发挥巡视督查工作在全面从严治党中的利剑作用，以改革为动力抓实党建和党风廉政建设。

(二)气象法治建设概述

2017 年,中国气象局以落实党中央、国务院重大决策部署和适应全面深化改革需要为重点,全面推进气象法治建设,修订《气象灾害防御条例》,确保重大改革于法有据;印发《中国气象局党组贯彻落实〈党政主要负责人履行推进法治建设第一责任人职责规定〉实施办法》,压实各级气象主管机构主要负责人落实法治建设的第一责任;印发《中国气象局聘用法律顾问管理办法》,在省级以上气象部门全面推行法律顾问制度;开展《气象法》实施情况的执法检查和调研,积极创新气象法治宣传方式。一年来,全国气象部门运用法治思维和法治方式深化改革、推动发展,气象立法和法规文件清理工作主动适应改革和经济社会发展需要,依法行政工作深入开展,气象法治宣传能力和水平不断提升,气象标准化建设实现新的突破,为推进气象现代化建设提供了强有力的法治保障。

二、2017 年气象改革工作进展①

(一)气象行政审批制度改革取得重大进展

2017 年,中国气象局认真贯彻落实国务院推进简政放权、放管结合、优化服务的改革精神和国家推进行政许可标准化建设的有关要求,以规范行政审批为重点,全面推进气象行政审批制度改革,并取得明显成效。

1. 继续做好取消行政审批事项的落实工作

一是抓好取消事项的衔接落实。2017 年,为做好《气象法》修改后取消三项行政审批事项的落实工作,中国气象局下发做好行政审批制度改革有关工作的文件通知,明确取消"大气环境影响评价使用非气象主管部门提供的气象资料审批"、"重要气象设施建设项目审核"和"人工影响天气作业组织资格审批"三项行政审批事项,提出有针对性的事中事后监管措施,要求各省(区、市)气象部门做好三项行政审批事项取消后的事中事后监管工作。同时,向国务院审改办申请调整了审批事项清单。二是做好改革措施落实的自查。落实国办"放管服"改革专项督查要求,在全国气象部门开展"放管服"改革自查工作,形成自查报告报送国办。同时,还对气象部门证照和年检情况等进行了自查梳理。认真贯彻落实行政审批办理时限"零超时"的要求,全年审批事项办理 28553 件,全部按时办结,没有发生超时办理情况。

2. 积极推动气象行政许可标准化建设

2017 年,按照《行政许可标准化指引(2016 版)》要求,气象部门编制印发《气象行政审批服务标准规范汇编(试行)》,完成了第二轮气象行政审批事项服务指南修订工作并对外公布。中国气象局下发了进一步做好气象行政审批网上平台开发应用工作

① 资料来源:中国气象局政策法规司。

的通知，进一步明确开发进度和工作沟通机制。目前中国气象局实施的2项审批事项和全国各省级气象局实施的2项审批事项已上线运行。截至2017年12月，网上平台有效用户数量达4544个，办件量已达1479件，为申请人办理审批事项带来极大便利，也提高了气象部门审批工作的效率和规范性。同时，继续加强对中国气象局行政审批大厅的运行管理，做好网上平台和实体大厅的衔接工作。中国气象局在国务院审改办开展的行政许可标准化工作测评，在59个参评部门中排名第4，得到国务院审改办充分肯定。

3. 协同推进"放管服"各项改革举措有效落实

2017年，中国气象局高度重视对取消和下放行政审批事项的衔接和督导，不断建立健全制度，调整流程，并通过重点事项督查，改革专项督查等方式，组织开展自查，强化督办监管。各级气象部门严格落实行政审批事项取消和下放工作，同时严格规范审批行为，创新监管方式，推进气象行政审批制度改革工作向纵深发展。各省（区、市）气象部门积极贯彻落实行政审批事项取消和下放后的落实工作，严格按照相关时间节点停止受理并及时调整权责清单和审批目录。同时全力配合各级人大政府认真做好取消下放行政审批事项相关的地方性法规和地方政府规章及规范性文件的梳理清理和制修订工作。各地持续优化流程，简化环节，压缩办理时间。广东自建气象业务系统广东省防雷安全在线监管平台与省政府网上办事大厅对接，全部行政审批事项实现网上全流程办理。安徽、浙江等省将气象行政审批事项纳入本省"最多跑一次"事项清单，不断提高审批时效。山东开展审批流程再造工作，实现气象行政审批事项在法定办结时限基础上压缩50%以上。天津、福建等省（市）气象改革融入地方改革思路，实施"多规合一"、"融缺办理"，优化行政审批流程，不断提质增效。转变"重审批，轻监管"的管理方式，创新形式强化行政审批事项的事中事后监管。各地积极配合工商部门做好"多证合一"工作，充分运用各地方政府的信用平台和企业信用信息公示平台共享企业信用信息，实现对企业经营行为的共管共治。同时加强与地方政府及各部门在行政执法工作方面的联动，积极探索创新社会管理和安全监管工作机制，提高监管能力和水平。

（二）防雷减灾体制改革强化了监管职责

进一步贯彻落实国务院关于优化建设工程防雷许可的决定。2017年，中国气象局印发《进一步贯彻落实〈国务院关于优化建设工程防雷许可的决定〉的实施意见》，提出40项重点工作任务，明确责任单位及进度安排，并专门召开全国气象部门电视电话会议进行动员部署，抓牢抓实防雷减灾安全管理。全国30个省级政府、311个市级政府、854个县级政府已出台落实防雷改革举措，落实国务院39号文件。

强化防雷减灾安全监管。防雷监管纳入国务院安全生产大检查。中国气象局下发《进一步加强防雷减灾安全监管工作的通知》（气发〔2017〕77号），积极履行气象部门的雷电灾害防御组织管理职责。完成全国防雷减灾综合管理服务平台（一期）建设并上线试运行。27 个省(区、市)将防雷安全工作纳入安全生产责任制,23 个省(区、市)纳入地方政府考核评价指标体系。推进防雷监管标准体系建设,制修订行业标准 9 项。全面实施"双随机、一公开"监管,制定随机抽查事项清单,建立检查对象名录库和执法检查人员名录库,合理确定随机抽查的比例和频次,2017 年全国组织开展"双随机"抽查 17592 次,参与检查人员 38490 人次,检查过程中发现问题并提出整改意见 6445 份,已经督促完成整改 5698 宗,并及时向社会公开通报抽查结果。

推动防雷检测主体多元化全面开放。2017 年,基本建成雷电防护装置检测资质管理信息系统,各地完成甲级检测资质认定自查。核定与认定雷电防护装置检测甲级资质 405 家、乙级资质 500 家,基本形成主体多元、共同竞争的防雷检测市场格局。

全国防雷减灾体制改革,经过三年的深入推进,到 2017 年基本达到了转型发展、依法履职、放开市场、提升能力、创新体制的改革要求,气象部门的防雷安全监管责任进一步得到了强化,市场创新活力获得有效激发,多元主体参与的防雷技术服务市场初步形成,构建了防雷减灾工作的新格局,同时有效地规避了廉政风险,减轻了企业负担。

(三)深入推进气象体制机制改革

1.扎实推进气象服务体制改革,提升气象服务供给水平

研究构建新时代气象防灾减灾体系框架。贯彻国家综合防灾减灾救灾体制机制改革要求,2017 年组织开展了气象综合防灾减灾专项设计,推进政策环境和体制机制战略研究,提出新时代气象防灾减灾体系建设"五大体系""六个作用""七大行动计划"。

改进气象服务运行机制。推进决策气象服务标准化、制度化建设,开展重大活动气象服务保障 ISO9000 认证。气象信息决策支撑平台在国务院应急办部署运行。

创新气象服务供给产品与机制。2017 年,举办了气象服务创新大赛,培育上海远洋导航、宁波港口气象服务、贵州扶贫模式以及天津内涝监测预警等为代表的创新产品和模式。加强气象服务频道改革,组织融媒体平台建设,促进了多媒体气象服务的融合发展。

建立气象服务市场管理体系。基本完成由 9 个办法、14 项标准构成的气象服务市场管理和标准体系建设,发布 11 项行业标准。组织开展气象信息服务企业的备案管理,备案企业达 456 家。

规范气象信息传播与服务。组织北京、河北建立重点天气过程公众气象服务监控平台,联合网信办开展气象信息传播的监控和管理。开展针对全国 10 家知名网站和 11 家知名手机客户端传播预报预警信息质量评价。

2.深入推进气象业务体制改革,优化气象业务布局和质量管理

全国智能网格气象预报业务取得新变革。到 2017 年基本实现了格点站点、预报实况、预报服务一体化制作,建成全国智能网格气象预报"一张网"。广东、北京、上

海、天津、福建、陕西和海南等省(市)率先开展智能网格预报业务与原有城镇站点预报业务的单轨运行。加强多尺度数值模式可持续发展的总体设计,提出了我国下一代多尺度气象数值预报预测模式发展目标和技术路线,梳理了核心科技攻关任务,进一步推进多尺度数值预报模式可持续发展。

综合气象观测改革多点推进。印发《卫星遥感综合应用体系建设指导意见》,推进遥感产品的综合应用和业务化。完成《国家综合气象观测试验基地建设指导意见》,科学设计气象观测站网布局,推进观测业务流程再造,实施保障业务体系改革。编制完成上海物管处管理体制改革方案,将其更名为中国气象局气象装备支持中心,形成与中国气象局气象探测中心、人工影响天气中心、空间天气中心无缝衔接、有效互补的业务布局,实现全国气象装备和保障业务的新格局。

无人值守观测业务改革全面启动。印发《国家地面气象观测站无人值守工作管理暂行规定》,2017 年在国家一般气象站加快推广无人值守观测,同时在部分省(区、市)国家基准气候站和国家基本气象站推进无人值守试点。北京、福建、山东、广东、广西、贵州、四川、陕西、新疆等 9 个省(区、市)的 240 个国家地面气象观测站实现无人值守观测。

气象信息系统集约化程度全面提升。搭建"云+端"的技术发展架构,有力支撑了智能网格预报系统。建立起统一信息源的应用生态,发布气象信息化标准规范 18 项。推进基础设施资源池集约化建设和管理,截至 2017 年 11 月,全国 87.5%硬件设备、65.3%的业务系统纳入全国气象信息统一管理,基础设施集约化、应用系统集约化、数据标准集约化等信息化评估指标与 2016 年底相比分别提高 18%、17%、26%。

3. 积极推进气象科技体制改革,创新科技人才发展机制

(1)深化气象科研院所改革

中国气象科学研究院完成"扩大高校科研院所自主权、赋予创新领军人才更大人财物支配权技术路线决策权"的国家科技改革试点工作年度目标,并推进分院建设。中国气象局印发《深化专业气象研究所改革方案》和《中国气象局关于进一步深化省级气象科学研究所改革的意见》,推进北京、广州和乌鲁木齐三个专业气象研究院建设,北京城市气象研究院建设可行性研究报告和机构设置方案报送科技部。各省(区、市)气象局启动省气象科学研究所改革实施方案编制,山西、河南省所改革试点继续推进。

(2)加快气象科技管理"放管服"改革

中国气象局印发《关于增强气象人才科技创新活力的若干意见》《中国气象局职称评定管理办法(试行)》《气象正高级职称评审条件》等 9 个部门层面的配套措施,进一步向创新主体放权,建立健全以科技创新质量、贡献、绩效为导向的评价分配制度及风险防控机制,促进气象科技成果转化与应用推广。

(3)规范气象科技成果业务转化流程

认真贯彻落实《关于进一步完善中央财政科研项目资金管理等政策的若干意见》相关政策,对各领域科技成果业务准入实行统一的“入口”和“出口”管理,探索设立多渠道出资的气象科技成果转化引导基金的推进措施,探索设立多渠道出资的气象科技成果转化引导基金的推进措施,促进气象科技成果转化工作,激励和支持绩效突出的气象科研开发和成果转移转化活动。

4. 协同推进气象管理体制改革,提升气象管理质量和效能

推动气象行政许可标准化建设。2017 年组织编写了《气象行政审批服务标准规范汇编(试行)》。截至 2017 年 12 月,全国气象部门办理行政审批事项 6142 件,办结事项“零超时”。

稳步推进气象事业单位相关改革。综合考虑各省(区、市)气象局分类建议,参考中央编办对中国气象局所属事业单位类别划分结果,形成省级及省级以下气象事业单位分类意见并报送中央编办。按照人力资源与社会保障部和财政部的要求,有序推进事业单位绩效工资改革、养老保险参保登记等相关工作。

加强气象管理信息化建设。中国气象局印发了《气象管理信息系统总体设计方案》,积极推进政务信息系统整合共享工作,实现气象政务信息的业务数据在全国政务信息交换平台的发布和共享,加快建设国家级气象政务管理平台。

(四)大力推进气象工作创新

2017 年,中国气象局加强了对全国气象创新工作的培育和指导,通过创新工作交流研讨会、实地调研帮助推进等举措,鼓励各单位互相学习推广,着力提高创新工作的质量和水平。2017 年度全国气象系统共有 40 个单位申报了 91 个项目参加气象创新工作奖评比。

2017 年,全国气象创新工作紧紧围绕中国气象局重点工作部署和中心工作要求,对全国气象工作的引领作用更加显著。各单位根据协调推进“四个全面”战略布局,牢固树立和落实新发展理念的工作要求,结合各地实际,创造性地开展工作,主要集中在突出抓气象灾害防御,抓气象服务保障民生,抓气象服务供给能力,抓气象部门党的建设等方面。申报项目有融入国家战略方面的,比如辽宁、山西、陕西、新疆等在服务生态文明建设、军民融合发展、“一带一路”建设等新的做法;也有持续推进气象现代化和改革方面的,比如上海、广西、北京等省(区、市)气象部门和国家气象信息中心在智慧气象服务、观测业务无人值守、气候可行性论证、气象大数据融合运用和信息共享等创新的模式;还有针对气象事业发展过程中遇到的问题和困难方面的,比如黑龙江、浙江、河北等在规范气象信息传播、气象灾害防御等工作中新的探索。

2017 年,在各单位申报的 91 项创新项目中,有 27 个气象创新项目获奖(表 11.1),覆盖 23 个省(区、市)气象局和 4 个中国气象局直属单位。获评气象工作创新项目中,业务服务类创新 14 项,科技体制机制类创新 4 项,管理创新类 9 项(图 11.1)。

表 11.1 2017 年全国气象工作创新获奖项目

序号	单位	创新项目名称
1	北京市气象局	创新通风廊道规划技术体系 强化气候可行性论证在城市规划中的作用
2	天津市气象局	基于位置的城市积水监测及内涝预警推送服务
3	河北省气象局	落实总书记“两个坚持 三个转变”新思想 构建河北省气象灾害防御新体系
4	山西省气象局	落实国家战略 系统推进气象军民融合发展
5	辽宁省气象局	参加生态保护红线划定工作 开创生态建设和保护气象保障服务新实践
6	黑龙江省气象局	先行先试 全程监管 出台全国首部气象信息服务管理地方性法规
7	上海市气象局	以信息化带动业务一体化 助推智慧气象建设
8	江苏省气象局	以南京大气科学联合研究中心为载体 构建江苏协同合作新格局
9	浙江省气象局	推进党委领导下的气象安全改革 气象灾害防御体制机制取得新突破
10	安徽省气象局	发挥气象“趋利”功能 助推农村产业扶贫
11	福建省气象局	实现网格气象预报业务化 牵引智慧气象服务转型升级
12	湖北省气象局	深化信息共享 实现气象水文雨量资料“一张图”应用
13	广东省气象局	突出防雷安全监管 实现服务效益双提升
14	广西壮族自治区气象局	率先开展地面气象观测业务无人值守改革成效显著
15	海南省气象局	以党建为抓手 扛起守护祖国南大门的气象担当
16	重庆市气象局	清单化、流程化、信息化 构建重庆气象安全管理新模式
17	贵州省气象局	以岗位技能认证为抓手 扎实推进县级综合业务转型发展
18	云南省气象局	以云茶产业为突破 推进云南气象供给侧结构性改革创新实践
19	西藏自治区气象局	挖掘藏族文化闪光点 古为今用科普新气象
20	陕西省气象局	深化军民融合协同推进陕西现代人影技术发展
21	青海省气象局	采用先进观测和信息技术 创新运行机制 推进青海艰苦台站观测业务无人值守
22	宁夏回族自治区气象局	破体制建机制提能力增效益 打造气象为农服务研服产一体化新格局
23	新疆维吾尔自治区气象局	聚焦中亚大气科学研究 服务丝绸之路经济带建设
24	国家气象信息中心	推动气象大数据融合应用 树立政府开放公共数据资源典范
25	中国气象局公共 气象服务中心	首创气象服务大数据应用新思路 提升灾害应急辅助决策支撑新高度
26	中国气象局气象 干部培训学院	构建“3＋1”全流程培训质量管理模型
27	中国气象局气象 宣传与科普中心	传统媒体和新媒体融合助推“气象普法教育”

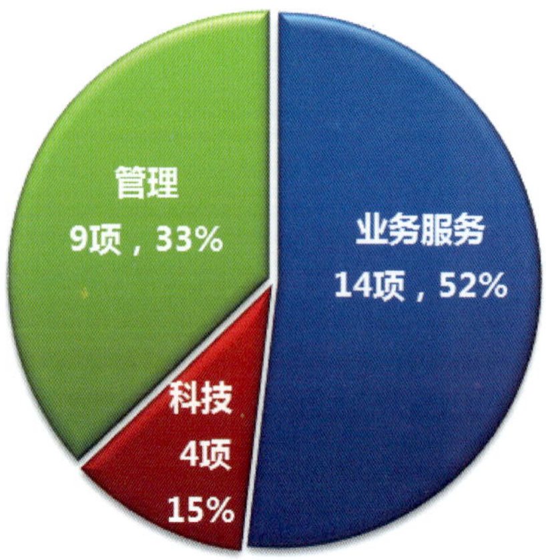

图 11.1　气象部门 2017 年创新项目类别

在获评的 27 项创新项目中，业务服务体制机制创新占 14 项，超过了半数，体现了全国气象系统在落实新发展理念，全力推进气象现代化建设，着力提升气象服务水平等方面做出的积极探索和勇于创新，在增强服务主动性、开辟服务新领域，融入国家战略、深化军民融合，提升信息化水平、发展智慧气象，推动特色为农气象服务、助力产业扶贫，以及创新服务方式方法等方面取得了积极成效。科学管理类共有 9 项，占三分之一，主要反映了在创新体制机制、发挥政府主导作用，健全规章制度、深化气象改革，优化管理模式、提升服务效益等方面的内容。科技体制机制创新类共有 4 项，占 15%，主要反映了科研项目和科学技术研发的组织管理等方面的内容。

三、2017 年气象法治建设进展

2017 年，全国气象部门坚持立法进程与改革决策相衔接，围绕深入推进简政放权，充分发挥立法的引导和规范的作用，以良法促进发展，保障善治。不断完善行政执法监督体系，切实加强事中事后监管，进一步推进依法行政。加大气象法治宣传力度，不断强化标准化宏观管理和制修订工作，气象法治建设取得了新进展。

(一)气象立法工作不断加强

2017 年，中国气象局坚决贯彻落实党中央国务院重大决策部署，坚持立法主动适应改革要求，运用法治思维和法治方式推进改革，加快推进法规规章的立改废和法规文件清理工作。

1. 围绕“放管服”改革，加快推进行政法规修改

认真贯彻落实《国务院关于优化建设工程防雷许可的决定》(国发〔2016〕39 号)精神，全力配合国务院法制办完成了《气象灾害防御条例》涉及防雷管理相关条款的修订，并于 2017 年 10 月 7 日以国务院令 687 号正式对外公布，确保国家关于防雷行

政许可的相关改革于法有据。

中华人民共和国国务院令

第 687 号

现公布《国务院关于修改部分行政法规的决定》,自公布之日起施行。

总理　李克强

2017 年 10 月 7 日

国务院关于修改部分行政法规的决定

为了依法推进简政放权、放管结合、优化服务改革,国务院对取消行政审批项目涉及的行政法规进行了清理。经过清理,国务院决定:对 15 部行政法规的部分条款予以修改。

其中第十五为《气象灾害防御条例》修改的内容:

十五、将《气象灾害防御条例》第二十三条修改为:"各类建(构)筑物、场所和设施安装雷电防护装置应当符合国家有关防雷标准的规定。新建、改建、扩建建(构)筑物、场所和设施的雷电防护装置应当与主体工程同时设计、同时施工、同时投入使用。

"新建、改建、扩建建设工程雷电防护装置的设计、施工,可以由取得相应建设、公路、水路、铁路、民航、水利、电力、核电、通信等专业工程设计、施工资质的单位承担。

"油库、气库、弹药库、化学品仓库和烟花爆竹、石化等易燃易爆建设工程和场所,雷电易发区内的矿区、旅游景点或者投入使用的建(构)筑物、设施等需要单独安装雷电防护装置的场所,以及雷电风险高且没有防雷标准规范、需要进行特殊论证的大型项目,其雷电防护装置的设计审核和竣工验收由县级以上地方气象主管机构负责。未经设计审核或者设计审核不合格的,不得施工;未经竣工验收或者竣工验收不合格的,不得交付使用。

"房屋建筑、市政基础设施、公路、水路、铁路、民航、水利、电力、核电、通信等建设工程的主管部门,负责相应领域内建设工程的防雷管理。"

删去第二十四条第一款中的"专门"和"设计、施工"。删去第二款中的"依法取得建设工程设计、施工资质的单位,可以在核准的资质范围内从事建设工程雷电防护装置的设计、施工。"

删去第四十三条第三项中的"设计、施工"。

删去第四十五条第一项中的"设计、施工"。增加一项,作为第三项:"(三)违反本条例第二十三条第三款的规定,雷电防护装置未经设计审核或者设计审核不合格施工的,未经竣工验收或者竣工验收不合格交付使用的"。

2. 围绕行政审批制度改革,加大了部门规章修订力度

颁布《中国气象局关于废止部分部门规章的决定》(中国气象局令第 32 号),废止了《防雷工程专业资质管理办法》;修订出台了《气象行政许可实施办法(中国气象局令第 33 号)》《气象行业管理若干规定(中国气象局令第 34 号)》;完成了《涉外气象探测和资料管理办法》修订并报批。积极推进《雷电防护装置检测资质管理办法》《施放气球管理办法》《气候可行性论证管理办法》《防雷减灾管理办法》和《防雷装置设计审核和竣工验收规定》等 5 部部门规章修订工作。

3. 依法确保各项改革措施有效落实

按照国务院和国务院法制办要求,全面开展气象部门"放管服"改革和生态文明建设涉及的规章和规范性文件清理工作。截至 2017 年底废止规范性文件 42 件,修改 1 件,依法保障了改革和生态文明建设扎实推进(表 11.2)。

各省(区、市)气象部门全力配合地方人大、政府积极推进地方性法规和地方政府规章制定出台,2017 年制修订出台 7 部地方性法规和 5 部地方政府规章(表 11.3,图 11.2,图 11.3)。同时也完成了"放管服"改革和生态文明建设涉及法规、规章和规范性文件的清理工作。

表 11.2　2017 年国家气象立法情况统计表

序号	法律法规名称	完成单位	颁布时间
1	《气象灾害防御条例》(修改)	国务院法制办	10 月 7 日
2	《气象行业管理若干规定》(修订)	中国气象局	1 月 18 日
3	《气象行政许可实施办法》(修订)	中国气象局	1 月 18 日
4	《防雷工程专业资质管理办法》(废止) (《中国气象局关于废止部分部门规章的决定》)	中国气象局	1 月 18 日

表 11.3　2017 年地方气象立法情况统计表

省份	地方性法规(7)	省份	地方政府规章(5)
内蒙古	莫力达瓦达斡尔族自治旗气象灾害防御条例	吉林	吉林省气候资源保护和开发利用办法
辽宁	沈阳市防御雷电灾害条例	上海	上海市气象灾害防御办法
吉林	延边朝鲜族自治州气候资源开发利用和保护条例	江苏	江苏省气象设施和气象探测环境保护办法
黑龙江	黑龙江省气象信息服务管理条例	广东	珠海市防御气象灾害规定
浙江	浙江省气象灾害防御条例	宁夏	宁夏回族自治区气候资源开发利用和保护办法
	宁波市气候资源开发利用和保护条例		
贵州	贵州省人工影响天气条例		

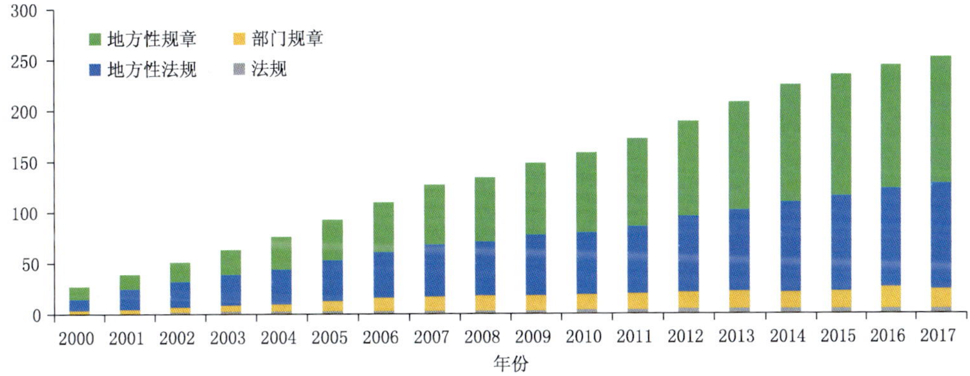

图 11.2 法律法规、地方性法规规章年度累计情况统计表

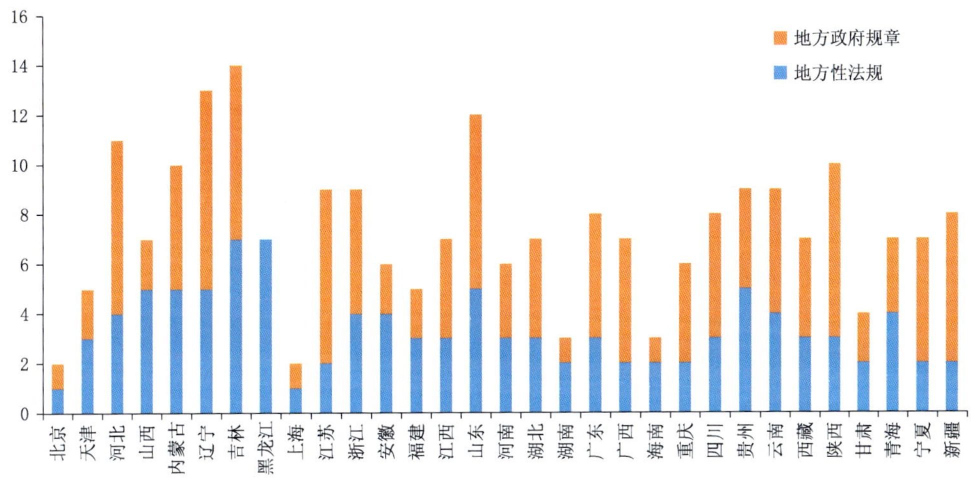

图 11.3 地方性法规规章现有情况统计表

（二）气象依法行政着力推进

2017 年，中共中央办公厅、国务院办公厅印发《党政主要负责人履行推进法治建设第一责任人职责规定》，为认真贯彻落实《规定》要求，结合气象工作实际，中国气象局党组印发了《贯彻落实〈党政主要负责人履行推进法治建设第一责任人职责规定〉实施办法》，要求各级气象主管机构主要负责人自觉运用法治思维和法治方式，全面依法履职，深化气象改革，对气象法治建设重要工作做到亲自部署、重大问题亲自过问、重点环节亲自协调、重要任务亲自督办，全面落实法治责任和法治考核，切实把各项工作纳入法治化轨道。

2017 年，中国气象局继续认真贯彻落实中共中央办公厅、国务院办公厅关于推行法律顾问制度和公职律师公司律师制度有关文件精神，印发了《中国气象局聘用法律顾问管理办法》,中国气象局本级建立了法律顾问制度,确定 1 家律师事务所和 1 名法学专家担任法律顾问。截至 2017 年底,全国 31 个省(区、市)气象局和 73.3% 的地市级气象局均建立了法律顾问制度。同时,积极推进气象部门公职律师制度建立,起草了《气象部门公职律师管理办法》,在全国气象部门征求意见。

2017 年 3 月,全国人大农委执法检查组对海南省贯彻实施《气象法》情况进行了检查调研,所提出的加快推进南海气象预警中心建设的建议得到了全国人大农委的重视,调研报告全文刊登在全国人大农委《人大农业与农村工作》上。通过执法检查进一步强化了海南省贯彻实施《气象法》的工作力度,对促进南海气象监测军民融合,加快推进南海气象预警中心建设以及推进基层气象防灾减灾等将产生积极影响和良好效果。

气象执法监督工作不断强化。针对 2017 年 6 月 21—24 日京津冀地区出现区域性暴雨过程,网络、媒体出现虚假信息的情况,为进一步规范气象信息传播工作,中国气象局加强了气象预警信息发布规范性政策研究,提出了规范气象信息传播具体措施。同时,继续完善气象行政执法监督工作政策,制定了《气象行政执法监督办法》《气象行政处罚自由裁量权规定》《气象行政处罚自由裁量权基准》,不断强化制度约束,规范气象行政执法行为,促进依法行政。

2017 年,31 个省(区、市)气象局均已对外公布权责清单,并建立了清单更新备案工作机制。气象部门全面实施"双随机、一公开"监管,全国组织开展双随机抽查 13579 次,参与检查人员 16779 人次,检查发现问题并提出整改意见 7446 份,督促完成整改 4831 宗。执法能力建设不断加强,举办了 1 期气象执法骨干培训班和气象行政执法与监管政策培训班,通过培训进一步加强和规范气象行政执法工作,不断提高气象行政执法整体水平。

2017 年,作为气象行业管理部门,中国气象局积极关注中央对行业部门改革要求,切实加强行业管理工作。中国气象局与民航总局开展了民航气象专业培训,与交通运输部开展海洋气象导航服务,与国家铁路总局开展铁路系统自然灾害管理研究。

(三)气象法治宣传影响力不断提升

为深入贯彻落实《中共中央办公厅、国务院办公厅〈关于实行国家机关"谁执法谁普法"普法责任制的意见〉的通知》要求,中国气象局制定出台了《气象部门落实"谁执法谁普法"普法责任制的实施意见》,结合气象部门工作实际,从强化组织领导、实行普法责任清单制度、完善干部职工学法用法制度、利用气象立法过程向社会开展普法、在执法实践中开展普法、利用行政许可过程和行政复议及解决纠纷案件过程开展普法,围绕社会热点难点和利用重要时间节点进行普法,创新普法工作方式方法,加强考核检查,强化保障措施等十三个方面对实行"谁执法谁普法"普法责任制提出了要求,推动了普法责任制在气象部门的全面落实。

2017 年,各级气象部门积极创新气象法治宣传教育形式,不断提升气象法治宣传教育水平。中国气象局以“互联网+气象普法”工作思路创新普法形式，利用网站、微信、微博等多种渠道推出法治气象系列图解、《气象法》《气象灾害防御条例》普法系列问答、依法保护气象设施和气象探测环境微视频等六个方面22个法治宣传产品。利用世界气象日、防灾减灾日、科普日、宪法日等活动开展法治宣传。制作《依法保护气象设施和气象探测环境》微视频参加全国第十四届全国法治动漫微电影征集展播（映）活动，进一步扩大气象法治宣传教育社会覆盖面和渗透力。

（四）气象标准化工作大力推进

2017年，中国气象局切实强化标准化管理，标准化工作体系不断完善。印发出台了《“十三五”气象标准体系框架及重点气象标准项目计划》。“十三五”气象标准体系框架采用标准层级、功能类别及专业领域等三个维度进行描述，明确了生态气象、公共气象服务等14个专业领域。“十三五”重点气象标准项目计划按照面向民生、面向生产、面向决策的原则，研究确定了212项重点标准项目。通过体系框架和重点项目计划，力求到“十三五”末，基本构建有机统一、相互衔接的气象标准体系，实现气象标准重点突出、应有尽有、已有尽用、及时更新的目标。

重点领域气象标准制修订工作加快推进。2017年，《霾的观测识别》等基础业务领域标准，以及防雷安全监管、气候可行性论证监管、气象观测装备使用许可等“放、管、服”支撑标准体系建设取得了突破性进展，其中气候可行性论证监管标准作为指令性项目，立项13项行业标准。《厄尔尼诺/拉尼娜事件判别方法》《梅雨监测指标》《沙尘天气等级》《地面标准气候值统计方法》等重要、关键标准发布。2017年，气象领域共制定发布了112项国家标准（表11.4）、46项行业标准（表11.5，图11.4）、2项团体标准和35项地方标准。集中发布了310项气象行业标准复审结论，向国家标准委报送了108项国家标准的复审结论，进一步提升了气象标准的适用性和协调性。

气象认证和标准化试点取得新进展。中国气象局在组织开展气象认证专题调研、研讨和相关标准研制的基础上，以农产品气候品质认证为突破口，联合国家认监委推进建立农产品气候品质认证制度，起草了《农产品气候品质认证指导意见》及实施规则、技术规范等，积极探索具有气象特色的认证工作机制和模式，为推进气象认证的规范、持续发展奠定基础。2017年，联合国家标准委推进气象标准化试点、示范项目建设，城乡气象服务、人工影响天气2个试点项目顺利通过专家验收评估，新增了预警发布、草原防扑火、设施农业等6个国家级项目。中国气象局气象探测中心获批成为首批国家级标准验证检验检测点试点项目。《军民融合气象标准体系建设研究》获国家标准委批准立项。气象标准化试点、示范工作领域进一步拓宽、影响不断扩大。

继续加强标准化管理，建立和完善了“五项制度”。2017年，全面推行“执行标准清单”制度，强化标准实施的第三方监督，推进标准在实际气象业务服务和管理工作中的应用水平；建立了标委会评估制度，组织对各气象标委会的年度工作进行了全面评估，督促标委会履行工作职责、提升服务水平；建立了标准制修订信用管理制度，开发了“信用记录系统”并上线运行，通过信息化手段强化标准制修订任务的督办管理；建立了地方标准信息报告制度，推进地方标准化成果的信息交流和共享；建立了标准复核人员激励制度，进一步提升复核人员能力水平和工作积极性。

表 11.4　2017 年发布的国家标准

序号	标准编号	标准名称	发布日期	修订日期	实施日期
1	GB/T 19117—2017	酸雨观测规范	2003-05-16	2017-05-12	2017-12-01
2	GB/T 19202—2017	热带气旋名称	2003-06-17	2017-12-29	2018-07-01
3	GB/T 19565—2017	总辐射表	2004-06-22	2017-05-12	2017-12-01
4	GB/T 20480—2017	沙尘天气等级(原名:沙尘暴天气等级)	2006-08-28	2017-05-12	2017-12-01
5	GB/T 20481—2017	气象干旱等级	2006-08-28	2017-09-07	2018-04-01
6	GB/T 20482—2017	牧区雪灾等级	2006-08-28	2017-09-07	2018-04-01
7	GB/T 20484—2017	冷空气等级	2006-08-28	2017-05-12	2017-12-01
8	GB/T 20486—2017	江河流域面雨量等级	2006-08-28	2017-05-12	2017-12-01
9	GB/T 21984—2017	短期天气预报	2008-06-03	2017-09-07	2018-04-01
10	GB/T 21987—2017	寒潮等级	2008-06-03	2017-10-14	2018-05-01
11	GB/T 22164—2017	公众气象服务 天气图形符号	2008-07-02	2017-10-14	2018-05-01
12	GB/T 33666—2017	厄尔尼诺/拉尼娜事件判别方法	2017-05-12		2017-12-01
13	GB/T 33669—2017	极端降水监测指标	2017-05-12		2017-12-01
14	GB/T 33670—2017	气候年景评估方法	2017-05-12		2017-12-01
15	GB/T 33671—2017	梅雨监测指标	2017-05-12		2017-12-01
16	GB/T 33672—2017	大气甲烷光腔衰荡光谱观测系统	2017-05-12		2017-12-01
17	GB/T 33673—2017	水平能见度等级	2017-05-12		2017-12-01
18	GB/T 33674—2017	气象数据集核心元数据	2017-05-12		2017-12-01
19	GB/T 33675—2017	冷冬等级	2017-05-12		2017-12-01
20	GB/T 33676—2017	通信局(站)防雷装置检测技术规范	2017-05-12		2017-12-01
21	GB/T 33677—2017	太阳能资源等级　直接辐射	2017-05-12		2017-12-01
22	GB/T 33678—2017	VLF-LF 三维闪电定位网技术规范	2017-05-12		2017-12-01
23	GB/T 33679—2017	人工影响天气用燃烧剂和致冷剂的存储技术条件	2017-05-12		2017-12-01
24	GB/T 33680—2017	暴雨灾害等级	2017-05-12		2017-12-01
25	GB/T 33691—2017	杯式测风仪测试方法	2017-05-12		2017-12-01
26	GB/T 33692—2017	直接辐射测量用全自动太阳跟踪器	2017-05-12		2017-12-01
27	GB/T 33693—2017	超声波测风仪测试方法	2017-05-12		2017-12-01

续表

序号	标准编号	标准名称	发布日期	修订日期	实施日期
28	GB/T 33694—2017	自动气候站观测规范	2017-05-12		2017-12-01
29	GB/T 33695—2017	地面气象要素编码与数据格式	2017-05-12		2017-12-01
30	GB/T 33696—2017	陆-气和海-气通量观测规范	2017-05-12		2017-12-01
31	GB/T 33697—2017	公路交通气象监测设施技术要求	2017-05-12		2017-12-01
32	GB/T 33698—2017	太阳能资源测量　直接辐射	2017-05-12		2017-12-01
33	GB/T 33699—2017	太阳能资源测量　散射辐射	2017-05-12		2017-12-01
34	GB/T 33700—2017	地基导航卫星遥感水汽观测规范	2017-05-12		2017-12-01
35	GB/T 33701—2017	长波辐射表	2017-05-12		2017-12-01
36	GB/T 33702—2017	光电式日照传感器	2017-05-12		2017-12-01
37	GB/T 33703—2017	自动气象站观测规范	2017-05-12		2017-12-01
38	GB/T 33704—2017	标准总辐射表	2017-05-12		2017-12-01
39	GB/T 33705—2017	土壤水分观测　频域反射法	2017-05-12		2017-12-01
40	GB/T 33706—2017	标准直接辐射表	2017-05-12		2017-12-01
41	GB/T 33707—2017	气象太阳模拟器	2017-05-12		2017-12-01
42	GB/T 33865—2017	光合有效辐射表校准方法	2017-07-12		2018-02-01
43	GB/T 33866—2017	太阳紫外辐射测量 宽带紫外辐射表法	2017-07-12		2018-02-01
44	GB/T 33867—2017	光合有效辐射测量 半球向辐射表法	2017-07-12		2018-02-01
45	GB/T 33868—2017	紫外辐射表校准方法	2017-07-12		2018-02-01
46	GB/T 33869—2017	绝对直接辐射表比对方法	2017-07-12		2018-02-01
47	GB/T 33872—2017	太阳能资源观测站分类指南	2017-07-12		2018-02-01
48	GB/T 33903—2017	散射辐射测量用遮光球式全自动太阳跟踪器	2017-07-12		2018-02-01
49	GB/T 34048—2017	紫外辐射表	2017-11-01		2018-05-01
50	GB/T 34283—2017	国家突发事件预警信息发布系统管理平台与终端管理平台接口规范	2017-09-07		2018-04-01
51	GB/T 34286—2017	温室气体　二氧化碳测量　离轴积分腔输出光谱法	2017-09-07		2018-04-01
52	GB/T 34287—2017	温室气体　甲烷测量　离轴积分腔输出光谱法	2017-09-07		2018-04-01
53	GB/T 34291—2017	应急临时安置房防雷技术规范	2017-09-07		2018-04-01

续表

序号	标准编号	标准名称	发布日期	修订日期	实施日期
54	GB/T 34292—2017	人工防雹作业预警响应	2017-09-07		2018-04-01
55	GB/T 34293—2017	极端低温和降温监测指标	2017-09-07		2018-04-01
56	GB/T 34294—2017	农村民居防御强降水引发灾害规范	2017-09-07		2018-04-01
57	GB/T 34295—2017	非职业性一氧化碳中毒气象条件等级	2017-09-07		2018-04-01
58	GB/T 34296—2017	地面降雹特征调查规范	2017-09-07		2018-04-01
59	GB/T 34297—2017	冰冻天气等级	2017-09-07		2018-04-01
60	GB/T 34298—2017	暴风雪天气等级	2017-09-07		2018-04-01
61	GB/T 34299—2017	大气自净能力等级	2017-09-07		2018-04-01
62	GB/T 34301—2017	龙卷灾害调查技术规范	2017-09-07		2018-04-01
63	GB/T 34302—2017	地面臭氧预警等级	2017-09-07		2018-04-01
64	GB/T 34303—2017	数值天气预报产品检验规范	2017-09-07		2018-04-01
65	GB/T 34304—2017	人工防雹作业预警等级	2017-09-07		2018-04-01
66	GB/T 34305—2017	37mm 高射炮防雹作业方式	2017-09-07		2018-04-01
67	GB/T 34306—2017	干旱灾害等级	2017-09-07		2018-04-01
68	GB/T 34307—2017	干湿气候等级	2017-09-07		2018-04-01
69	GB/T 34309—2017	登陆台风近地边界层增强观测技术指南	2017-09-07		2018-04-01
70	GB/T 34312—2017	雷电灾害应急处置规范	2017-09-07		2018-04-01
71	GB/T 34325—2017	太阳能资源数据准确性评判方法	2017-09-07		2018-04-01
72	GB/T 34412—2017	地面标准气候值统计方法	2017-09-29		2018-04-01
73	GB/T 34415—2017	大气二氧化碳(CO_2)光腔衰荡光谱观测系统	2017-09-29		2018-04-01
74	GB/T 34808—2017	农业气象观测规范 大豆	2017-11-01		2017-11-01
75	GB/T 34809—2017	甘蔗干旱灾害等级	2017-11-01		2018-05-01
76	GB/T 34810—2017	作物节水灌溉气象等级 玉米	2017-11-01		2017-11-01
77	GB/T 34811—2017	作物节水灌溉气象等级 小麦	2017-11-01		2018-05-01
78	GB/T 34812—2017	作物节水灌溉气象等级 棉花	2017-11-01		2017-11-01
79	GB/T 34813—2017	作物节水灌溉气象等级 大豆	2017-11-01		2017-11-01
80	GB/T 34814—2017	草地气象监测评价方法	2017-11-01		2018-05-01
81	GB/T 34815—2017	植被生态质量气象评价指数	2017-11-01		2018-05-01
82	GB/T 34816—2017	倒春寒气象指标	2017-11-01		2018-05-01
83	GB/T 34817—2017	农业干旱预警等级	2017-11-01		2018-05-01

续表

序号	标准编号	标准名称	发布日期	修订日期	实施日期
84	GB/T 34818—2017	农田水分盈亏量的计算方法	2017-11-01		2018-05-01
85	GB/T 34965—2017	辣椒寒害等级	2017-12-29		2017-12-29
86	GB/T 34967—2017	北方水稻低温冷害等级	2017-11-01		2017-11-01
87	GB/T 35139—2017	光合有效辐射表	2017-12-29		2018-07-01
88	GB/T 35219—2017	地面气象观测站气象探测环境调查评估方法	2017-12-29		2018-07-01
89	GB/T 35220—2017	地面基准辐射站建设指南	2017-12-29		2018-07-01
90	GB/T 35221—2017	地面气象观测规范 总则	2017-12-29		2018-07-01
91	GB/T 35222—2017	地面气象观测规范 云	2017-12-29		2018-07-01
92	GB/T 35223—2017	地面气象观测规范 气象能见度	2017-12-29		2018-07-01
93	GB/T 35224—2017	地面气象观测规范 天气现象	2017-12-29		2018-07-01
94	GB/T 35225—2017	地面气象观测规范 气压	2017-12-29		2018-07-01
95	GB/T 35226—2017	地面气象观测规范 空气温度和湿度	2017-12-29		2018-07-01
96	GB/T 35227—2017	地面气象观测规范 风向和风速	2017-12-29		2018-07-01
97	GB/T 35228—2017	地面气象观测规范 降水量	2017-12-29		2018-07-01
98	GB/T 35229—2017	地面气象观测规范 雪深与雪压	2017-12-29		2018-07-01
99	GB/T 35230—2017	地面气象观测规范 蒸发	2017-12-29		2018-07-01
100	GB/T 35231—2017	地面气象观测规范 辐射	2017-12-29		2018-07-01
101	GB/T 35232—2017	地面气象观测规范 日照	2017-12-29		2018-07-01
102	GB/T 35233—2017	地面气象观测规范 地温	2017-12-29		2018-07-01
103	GB/T 35234—2017	地面气象观测规范 冻土	2017-12-29		2018-07-01
104	GB/T 35235—2017	地面气象观测规范 电线积冰	2017-12-29		2018-07-01
105	GB/T 35236—2017	地面气象观测规范 地面状态	2017-12-29		2018-07-01
106	GB/T 35237—2017	地面气象观测规范 自动观测	2017-12-29		2018-07-01
107	GB/T 35562—2017	气温评价等级	2017-12-29		2018-07-01
108	GB/T 35563—2017	气象服务公众满意度	2017-12-29		2018-07-01
109	GB/T 35573—2017	空中水汽资源计算方法	2017-12-29		2018-07-01
110	GB/T 35663—2017	天气预报基本术语	2017-12-29		2018-07-01
111	GB/T 35664—2017	大气降水中铵离子的测定 离子色谱法	2017-12-29		2018-07-01
112	GB/T 35665—2017	大气降水中甲酸根和乙酸根离子的测定 离子色谱法	2017-12-29		2018-07-01

表 11.5　2017 年发布的行业标准

序号	标准编号	标准名称	发布日期	实施日期	行标备案号
1	QX/T 93—2017	气象数据归档格式 地面气象辐射	2017-10-30	2018-03-01	61275-2018
2	QX/T 103—2017	雷电灾害调查技术规范	2017-10-30	2018-03-01	61276-2018
3	QX/T 309—2017	防雷安全管理规范	2017-12-29	2018-04-01	61290-2018
4	QX/T 370—2017	厄尔尼诺/拉尼娜事件判别方法	2017-02-10	2017-03-15	58237-2017
5	QX/T 371—2017	阻塞高压监测指标	2017-02-10	2017-06-15	58238-2017
6	QX/T 372—2017	酸雨和酸雨区等级	2017-02-10	2017-06-15	58239-2017
7	QX/T 373—2017	气象卫星数据共享服务评估方法	2017-02-10	2017-06-15	58240-2017
8	QX/T 374—2017	风云二号卫星地面应用系统运行成功率统计方法	2017-02-10	2017-06-15	58241-2017
9	QX/T 375—2017	气象信息服务监督检查规范	2017-06-9	2017-10-01	61250-2018
10	QX/T 376—2017	气象信息服务投诉处理规范	2017-06-9	2017-10-01	61251-2018
11	QX/T 377—2017	气象信息传播常用用语	2017-06-9	2017-10-01	61252-2018
12	QX/T 378—2017	公共气象服务产品文件命名规范	2017-06-9	2017-10-01	61253-2018
13	QX/T 379—2017	卫星遥感南海夏季风爆发监测技术导则	2017-06-9	2017-10-01	61254-2018
14	QX/T 380—2017	空气负(氧)离子浓度等级	2017-06-9	2017-10-01	61255-2018
15	QX/T 381—2017	农业气象术语 第 1 部分:农业气象基础	2017-06-9	2017-10-01	61256-2018
16	QX/T 382—2017	设施蔬菜小气候数据应用存储规范	2017-06-9	2017-10-01	61257-2018
17	QX/T 383—2017	玉米干旱灾害风险评价方法	2017-06-9	2017-10-01	61258-2018
18	QX/T 384—2017	防雷工程专业设计方案编制导则	2017-06-9	2017-10-01	61259-2018
19	QX/T 385—2017	穿衣气象指数	2017-10-30	2018-03-01	61260-2018
20	QX/T 386—2017	滑雪气象指数	2017-10-30	2018-03-01	61261-2018
21	QX/T 387—2017	气象卫星数据文件名命名规范	2017-10-30	2018-03-01	61262-2018
22	QX/T 388—2017	静止气象卫星红外波段交叉定标技术规范	2017-10-30	2018-03-01	61263-2018
23	QX/T 389—2017	卫星遥感海冰监测产品规范	2017-10-30	2018-03-01	61264-2018
24	QX/T 390—2017	人工影响天气作业用 37mm 高炮维修技术规范	2017-10-30	2018-03-01	61265-2018
25	QX/T 391—2017	日光温室气象要素预报方法	2017-10-30	2018-03-01	61266-2018
26	QX/T 392—2017	富士系苹果花期冻害等级	2017-10-30	2018-03-01	61267-2018
27	QX/T 393—2017	冷空气过程监测指标	2017-10-30	2018-03-01	61268-2018
28	QX/T 394—2017	东亚副热带夏季风监测指标	2017-10-30	2018-03-01	61269-2018

续表

序号	标准编号	标准名称	发布日期	实施日期	行标备案号
29	QX/T 395—2017	中国雨季监测指标　华南汛期	2017-10-30	2018-03-01	61270-2018
30	QX/T 396—2017	中国雨季监测指标　西南雨季	2017-10-30	2018-03-01	61271-2018
31	QX/T 397—2017	太阳能光伏发电规划编制规定	2017-10-30	2018-03-01	61272-2018
32	QX/T 398—2017	防雷装置设计审核和竣工验收行政处罚规范	2017-10-30	2018-03-01	61273-2018
33	QX/T 399—2017	供水系统防雷技术规范	2017-10-30	2018-03-01	61274-2018
34	QX/T 400—2017	防雷安全检查规程	2017-12-29	2018-04-01	61277-2018
35	QX/T 401—2017	雷电防护装置检测单位质量管理体系建设规范	2017-12-29	2018-04-01	61278-2018
36	QX/T 402—2017	雷电防护装置检测单位监督检查规范	2017-12-29	2018-04-01	61279-2018
37	QX/T 403—2017	雷电防护装置检测单位年度报告规范	2017-12-29	2018-04-01	61280-2018
38	QX/T 404—2017	电涌保护器产品质量监督抽查规范	2017-12-29	2018-04-01	61281-2018
39	QX/T 405—2017	雷电灾害风险区划技术指南	2017-12-29	2018-04-01	61282-2018
40	QX/T 406—2017	雷电防护装置检测专业技术人员职业要求	2017-12-29	2018-04-01	61283-2018
41	QX/T 407—2017	雷电防护装置检测专业技术人员职业能力评价	2017-12-29	2018-04-01	61284-2018
42	QX/T 408—2017	基于CAP的气象灾害预警信息文件格式　网站	2017-12-29	2018-05-01	61285-2018
43	QX/T 409—2017	农业气象观测规范　番茄	2017-12-29	2018-05-01	61286-2018
44	QX/T 410—2017	茶树霜冻害等级	2017-12-29	2018-05-01	61287-2018
45	QX/T 411—2017	茶叶气候品质评价	2017-12-29	2018-05-01	61288-2018
46	QX/T 412—2017	卫星遥感监测技术导则　霾	2017-12-29	2018-05-01	61289-2018

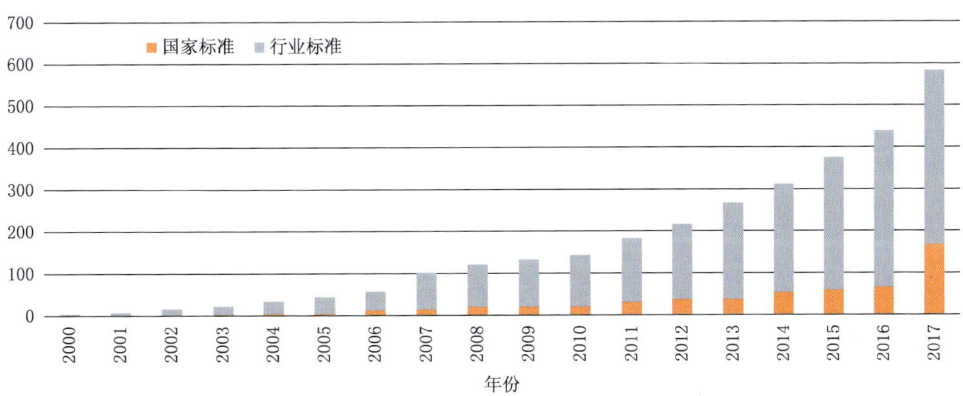

图 11.4　2000—2017 年气象国家与行业标准现有情况年度统计表

四、评价与展望

我国气象改革与气象法治建设取得了重大成就，但也还面临不少挑战。主要表现为气象服务供给侧结构性改革还不够深入，改革和创新的动力还有待增强，思想观念束缚和体制机制障碍依然存在，助推气象发展的社会资源和力量亟待凝聚，气象治理体系和治理能力还有不少薄弱环节，气象改革和法治建设的任务依然艰巨。全国气象部门面对新形势、新任务，还需从以下方面全面深化气象改革和全面推进气象法治建设。

第一，贯彻落实好国家各项改革部署。认真贯彻落实国家生态环境监管体制改革举措，组织落实生态文明建设气象保障服务指导意见确定的各项改革任务；围绕乡村振兴和脱贫攻坚气象保障，制定贯彻党中央关于乡村振兴战略的气象保障服务实施意见；落实国家科技奖励制度改革要求，研究建立气象部门国家科技奖励提名工作流程，加大重大科技成果培育力度；稳妥推进省以下气象事业单位分类改革，优化市、县气象事业机构，规范机构编制人员管理；继续贯彻落实国务院“放管服”改革要求，加快推进气象行政审批信息化建设。

第二，进一步深化气象部门改革。瞄准全面建成“气象强国”现代化目标，坚持整体推进，协同联动，通过全面深化改革着力解决气象业务、服务、科技、管理和党建各领域各环节制约气象事业发展的思想观念和体制机制问题，优化业务布局，做好制度安排，实现改革综合效益。《中共中国气象局党组关于全面深化气象改革的意见》作为全面深化气象改革的顶层设计和行动指南，经过三年多的改革实践，在具体的改革任务和推进方式上也需要进一步完善，以适应国家改革的整体部署和部门改革的实际需求。今后，要在抓紧梳理党的十九大提出的改革任务和举措的基础上，继续推动党的十八届三中全会以来部署的改革任务落实，结合气象事业改革发展和现代化建设实际，研究制定新时代全面深化气象改革实施性举措，保持工作力度和连续性，有计划有秩序推进落实。

同时，应深入推进各重点领域改革。重点以优化职能定位和提升管理效能为目标，推进中国气象局内设机构职能调整，推动气象规划体制改革和中国气象局所属国有企业改革；以供给侧结构性改革为主线，出台专业气象服务发展意见，强化气象信息服务市场监管职责；以实施人才优先发展和创新驱动发展为导向，深入推进气象科技管理体制改革；以发展智慧气象业务为考量，研究制定业务体制改革总体方案。

第三，继续全面推进气象法治建设。坚持问题导向和立改废并举，持续推进重点领域法律法规和部门规章制修订工作，加强与全国人大和法制办沟通协调，积极争取将《中华人民共和国气象法》修订列入第十三届全国人大常委会立法规划；根据新时代气象事业发展的新需要，加快推进部门规章的制修订，并在全国气象部门开展气象法立法后评估工作，为《气象法》修订奠定坚实基础。继续做好气象法律法规贯彻实施情况的监督检查和规范性文件合法性审查和清理工作，不断加大气象法治宣传工作力度。切实加大地方立法工作指导。严格依法行政，指导各省(区、市)气象局完成权责清单动态更新，按要求完成负面清单编制。完善气象执法监督制度，建立重大案件的通报机制。不断强化气象行政执法监督，加强气象服务社会化管理，切实规范气象信息传播管理。

第四，加快气象标准化建设步伐。以生态文明气象保障、气候资源开发利用、灾害风险管理、信息化、预警发布、为农服务等领域标准为重点，加大相关国家、行业标准及预研究项目立项力度，强化重点领域标准化支撑和项目储备。深化标准化工作的机制改革，积极推进深化气象标准化工作改革意见出台并做好任务分解落实，建立扎实有效的标准化工作体系。组织研究建立气象科技成果转化标准指标体系，组织开展气象行业专项科技成果转化为标准的评估工作。不断推进标准化机制创新与合作，联合国家认监委探索建立国家气候标志、农产品气候品质等统一认证制度，联合相关部门组织开展《气象领域军民融合标准体系建设》课题研究，指导推进国家级标准化试点和示范项目建设。

第十二章　气象开放与合作

2017 年,中国气象局以建立新型大国关系和人类命运共同体为总体目标,以服务于国家总体外交和服务于气象事业发展为主线,积极开展全方位、宽领域、多层次的国际气象科技合作,气象开放与合作取得了显著成效。

一、2017 年开放与合作概述

2017 年,气象国际交流合作工作紧扣服务国家总体外交和服务于气象事业发展的主线,紧密围绕关于全面推进气象现代化,全面深化改革以及开放发展的目标、任务和要求,主动树立全球意识和战略思维,以制定规划计划为抓手,以务求实效为目标,积极开展了全方位、宽领域、多层次的对外合作与交流活动,开放合作更加活跃,更具有系统性、针对性,有效提升气象科技国际国内合作质量与水平,取得了显著成效。

配合国家总体外交,开展气象国际合作。2017 年建立了与世界气象组织针对“一带一路”的合作机制,进一步完善了气象合作的国际合作平台,与世界气象组织签署合作意向书,加强意向书实施中的合作与交流。积极推进气象务实合作,提出“提升世界气象组织二区协(亚洲)减轻气象灾害风险能力试点项目”,召开中国—东盟气象灾害防御研讨会、第三届中亚气象科技研讨会等区域交流活动,继续做好气象援非、教育培训等其他气象援助工作。

提升了中国影响力。2017 年,围绕气象全球治理和气象事业发展需求参与国际组织活动,组团参加世界气象组织执行理事会第 69 次届会、台风委员会第 49 次届会、IPCC 第 45 次全会等会议,一批专家入选 WMO 专家组成员和 IPCC 主要作者。中国气象局被正式指定为世界气象中心,标志着我国气象业务的整体水平迈入世界先进行列。

2017 年,主要围绕核心业务和重点服务领域,推进多边双边气象科技合作,组织召开了中美、中俄、中韩、中蒙、中巴五国的双边工作组会议,商定合作项目共 62 个。继续推动中国气象局与欧洲中期天气预报中心(ECMWF)和欧洲气象卫星开发组织(EUMETSAT)的务实合作,并与 EUMETSAT 更新签署了《中国气象局与 EUMETSAT 关于气象卫星资料应用、交换和分发合作协议》;围绕国内业务和科研发展承办 11 个国际会议。

四是积极推进与港澳台合作。2017 年，配合粤港澳大湾区建设国家战略，推动粤港澳气象科技合作提高到新层次。海南省气象局与香港天文台签署了未来合作协议；举办了中国气象局、澳门地球物理暨气象局和葡萄牙气象局三方气象技术会议；参与了第九届海峡论坛·第六届海峡两岸民生气象论坛。

2017 年，全国气象部门立足实际，主要围绕气象现代化建设、气象防灾减灾、公共气象服务、气象科技创新、气象人才培养等重要工作，不断深化部际合作、省部合作、局校合作和局企合作等。中国气象局与 14 个部委或单位开展了信息数据共享，与 31 个省(区、市)政府签署合作协议；通过大力推进部际合作，气象防灾减灾和气象服务领域合作不断深化；全国气象部门以省部合作为平台，有力推动了气象现代化建设和地方气象事业快速发展；在局校合作共赢机制下，继续推动与高校的战略合作。通过积极探索一系列的国内开放合作、融入发展、借智借力举措，取得了明显成效，有力助推了气象事业发展。

二、2017 年气象国际交流与合作进展

(一)气象与国家总体外交战略的对接

2017 年，积极推动与“一带一路”沿线国家的气象合作。2017 年 12 月，中国气象局正式发布《气象“一带一路”发展规划(2017—2025 年)》，结合气象特点提出了气象事业在“一带一路”建设中的指导思想、基本原则、发展目标和重要任务，是气象“一带一路”发展的行动纲领和重要依据。在北京“一带一路”国际合作高峰论坛期间，刘雅鸣局长与世界气象组织秘书长塔拉斯签署《中国气象局与世界气象组织关于推进区域气象合作和共建“一带一路”的意向书》，建立了与世界气象组织针对“一带一路”的合作机制。提出“提升世界气象组织二区协(亚洲)减轻气象灾害风险能力试点项目”；召开中国—东盟气象灾害防御研讨会、第三届中亚气象科技研讨会等，为积极推进气象服务“一带一路”谋篇布局。执行理事会第 69 次届会批准中国气象局承担世界气象中心和亚洲沙尘暴预报区域专业气象中心。此外，自 2017 年起中国气象局承办世界气象组织高影响天气项目国际协调办公室。

2017 年“一带一路”气象合作进展[①]

在世界气象组织框架下进一步加强针对“一带一路”沿线国家的气象合作：

(1)联合中国香港天文台在二区协第 16 次届会期间共同提出“提升世界气象组织二区协(亚洲)减轻气象灾害风险能力试点项目”，重点实施亚洲多灾种预警系统。

① 资料来源：中国气象局国际合作司。

(2)继续做好中国气象局卫星广播系统(CMACast)国外用户支撑,提升"一带一路"沿线国家气象部门的全球气象数据和产品接收、天气预报制作及气象卫星资料应用能力。

(3)举办亚洲区域气候监测、预测和评估论坛,与周边国家共商2017年夏季亚洲区域降水、温度分布趋势。

(4)进一步加强国际气象教育培训工作。共举办了19个国际培训班,来自包括"一带一路"沿线国家在内的385位国际学员参加了培训;招收71位气象和水文专业的博士、研究生或本科长期奖学金学员。

(5)举办了第47期多国别考察。与中亚国家和世界气象组织代表就加强中亚地区气象基础设施建设、区域数值预报开发应用、区域灾害性天气科学研究、教育培训和人员交流等方面的合作,以及建设中英俄三种语言的中亚气象网进行了沟通交流并达成共识。

推进区域气象防灾减灾和应对气候变化合作:

(1)积极推进《乌鲁木齐倡议》框架下与中亚国家的气象科技合作。举办了第三届中亚气象科技研讨会,来自中亚五国气象部门及科研机构的专家围绕气象防灾减灾和应对气候变化进行了交流。与哈萨克斯坦气象部门就未来气象科技合作初步达成一揽子合作意向。向乌兹别克斯坦援助自动气象站。在巴基斯坦瓜达尔港建成首座港口气象站,实时数据已通过北斗卫星进入中国气象局业务系统。向巴基斯坦赠送一套气象视频演播系统。

(2)积极推进《南宁倡议》框架下与东南亚国家的气象科技合作。召开了中国—东盟气象灾害防御研讨会,就加强东南亚地区气象防灾减灾技术、灾害联防、航空气象,以及推进全球多灾种预警系统的区域实施等进行了研讨。协助缅甸气象和水文局开展高分辨区域数值预报系统建设取得进展。向老挝援助气象视频演播系统程序。

(3)有序推进气象援非项目的实施。完成5个非洲受援国(科摩罗、津巴布韦、肯尼亚、纳米比亚、苏丹)的全部援建任务。其余两国(刚果金、喀麦隆)的援助工作已接近完成。

(4)加强与世界银行在区域气象防灾减灾和应对气候变化能力发展方面的合作,共同组织了"基于影响的预报和基于风险的预警培训班"。

(5)组织实施了中国气象局与陕西省人民政府联合主办的"2017年欧亚经济论坛"首届气象分会,谋划推进丝绸之路经济带建设气象服务工作。

（二）双边、多边合作及与国际气象组织交流

2017 年，围绕国际治理和气象事业发展需求参与 WMO、IPCC、联合国气候变化框架公约（UNFCCC）、台风委员会（TC）等国际组织的活动。

中国气象局组团出席了世界气象组织执行理事会第 69 次届会、世界气象组织第 17 财期执行理事会战略和运行计划工作组第二次会议和第三次会议、世界气象组织二区协第 16 次届会、大气科学委员会第 17 次届会及海洋学和海洋气象学联合技术委员会第 5 次届会。在执行理事会第 69 次届会上，刘雅鸣局长当选世界气象组织执行理事会成员，一批专家入选 WMO 专家组成员。曾庆存获颁第 61 届国际气象组织奖并作科学报告。中国气象局被正式指定为世界气象中心，标志着我国气象业务的整体水平迈入世界先进行列。呼和浩特、长春、营口等 3 个气象站入选百年气象站，推动了国内气象观测环境的保护。

截至 2017 年底中国承担的 WMO 国际中心列表

序号	国际中心名称	负责单位
1	世界气象中心	国家气象中心
2	非核环境应急响应区域专业气象中心	
3	北京大气沙尘暴预报区域专业气象中心	
4	资料收集或制作中心（DCPC-NMC）	
5	全球信息系统中心（GISC）	国家气象信息中心
6	资料收集或制作中心（DCPC-NMIC）	
7	区域通信枢纽（RTH）	
8	次季节到季节预报项目（S2S）归档中心	
9	TIGGE 归档中心	
10	区域气候中心（RCC）	国家气候中心
11	资料收集或制作中心（DCPC-NCC）	
12	全球长期预报制作中心（GPC）	
13	亚洲极端事件监测中心（CEEMA）	
14	东亚季风活动中心（EAMAC）	
15	资料收集或制作中心（卫星资料 DCPC-NSMC）	国家卫星气象中心
16	北京区域仪器中心（RIC）	中国气象局气象探测中心
17	北京区域培训中心（RTC-Beijing）	中国气象局气象干部培训学院
18	南京区域培训中心（RTC-Nanjing）	南京信息工程大学
19	区域海洋仪器中心	国家海洋标准计量中心
20	海洋气象和海洋气候资料中心	国家海洋信息中心

中国气象局充分发挥IPCC国内牵头组织部门的作用,积极参与联合国气候变化框架公约谈判工作。组团出席IPCC第45和46次全会。我国推荐的21位中国专家入选IPCC第六次评估报告三份特别报告("1.5℃全球增暖""海洋与冰冻圈""2006年国家温室气体清单指南方法学报告2019年修订")主要作者,9位中国专家受邀参加IPCC第六次评估报告规划会议,这为我国参与IPCC后续工作奠定了良好基础。派员参加联合国气候变化框架公约附属机构第48次会议和第23届联合国气候变化大会及其他重要气候变化相关会议。

继续深入参与台风委员会事务,组团出席了台风委员会第49次届会和台风委员会第12次综合研讨会及咨询工作组会,牵头实施10余项年度工作计划,承担台风委员会培训中心。举办了2017年沿海多灾种早期预警系统协同的标准业务程序项目培训班、台风预报培训班、台风预报员在岗培训等。进一步巩固和提升了我在区域内台风相关工作中的影响和地位,推进区域台风合作。

继续围绕核心业务和重点服务领域推进双边气象科技合作。2017年,中国气象局与美国国家海洋和大气管理局召开第二十次中美大气科技合作联合工作组会,在气候和季风、开发性研究、数值天气预报、气象现代化、卫星气象等五个领域深化合作达成共识(郝静等,2017)。与俄罗斯重点推进冬季奥运会气象保障方面的合作,通过借鉴2014年俄罗斯索契冬奥会的相关技术和经验,助力2022年北京—张家口冬奥会气象服务工作。与巴基斯坦重点推进在"中巴经济走廊"气象保障能力提升方面的合作。与蒙古国重点推进气象灾害联合监测等合作活动,并加强在环境监测、气象通信、气候预测与服务、气象观测和仪器、中蒙边境地区气象部门之间的合作、培训等领域的合作。与韩国重点推进冬季奥运会气象保障方面的合作,并确定了气象观测、气候预测等八个领域的合作。积极推进与哈萨克斯坦的气象合作。

继续推动中国气象局与欧洲中期天气预报中心(ECMWF)的务实合作。刘雅鸣局长会见ECMWF主任,就未来互利共赢合作达成共识;组织数值预报专家赴ECMWF培训和访问。刘雅鸣局长访问EUMETSAT总部,并更新签署了《中国气象局与EUMETSAT关于气象卫星资料应用、交换和分发合作协议》关于资料和产品交换清单的附件;组织召开了第三届中国气象局和EUMETSAT联合研讨会;就碳卫星资料的共享达成初步共识。

围绕国内业务和科研发展在华举办了世界气象组织气候服务信息系统研讨会、"第13届亚洲区域气候监测、预测和评估论坛(FOCRAII)"全球气候观测系统2017年指导委员会会议、华南季风降水试验国际研讨会、第4届风云卫星发展咨询会、第3届数值预报国际科学指导委员会会议、第2届月球定标国际研讨会等11个国际会议。为提升核心科技能力,支持气象现代化建设,以及参与气象和气候变化国际治理、提升国际合作话语权做出了贡献。

(三)境外气象培训和引智

培训与智力引进工作积极服务于气象核心业务发展和人才培养发展战略,在气象科技研究领域、提高科研效率、人才培养等方面起着十分重要的作用。2017 年,中国气象局组织赴德国、英国、加拿大和荷兰等因公出国培训项目 5 项,达 84 人次。国家级气象业务科研单位有 4 项引进专家项目列入国家外专局 2017 年引进境外技术、管理人才项目计划。

三、2017 年气象国内合作进展

(一)部际合作

2017 年中国气象局与国务院办公厅、民政部、国土资源部、环境保护部、交通运输部、住建部、水利部、农业部、海洋局、林业局、民航局、地震局、测绘地理信息局、新华社等 14 个部委或单位[①]开展了信息数据共享。

向商务部报送了"一带一路"相关国家的气象能力建设储备项目、气象援非二期工程、为非洲国家研制和发射一颗风云二号气象卫星等建议。成功申请 2017 年度亚专资项目"中亚气象科技国际研讨会"和"东盟国家灾害性强对流天气临近预报技术示范培训",并获批相应资助资金。

(二)省部合作

截至 2017 年底,中国气象局与 31 个省(区、市)政府签署合作协议。全国气象部门以省部合作为平台,有力推动了气象现代化建设和地方气象事业快速发展。24 个省(区、市)成立省级突发事件预警信息发布中心,183 个地(市)、683 个县成立地方突发事件预警信息发布中心,30 个省级设立了人工影响天气办公室。30 个省(区、市)政府出台政策性文件,结合实际明确气象现代化目标、主攻方向和主要任务,其中北京、上海、江苏、广东等第一批率先基本实现气象现代化的试点单位,充分发挥双重管理体制的优势,地方气象事业整体发展水平得到了明显提升,起到了良好的示范作用;气象工作法治化水平明显提升,各地相继出台了人工影响天气管理、探测环境保护、气象灾害防御、气候资源保护和开发利用等地方性法规和政府规章;地方财政支持力度逐步加大。

(三)局校合作与局企合作

2017 年,中国气象局不断完善局校合作机制。截至 2017 年底,中国气象局已与清华大学、北京大学、南京信息工程大学等 22 所高校签署了局校合作协议,明确重点合作领域和合作机制;同时,与中国科学院、中国社会科学院、中国农业科学院等高端

① 党的十九届三中全会之前的相关部门。

研究机构的合作不断深化。

2017年,为进一步推动气象服务业发展,中国气象局继续推进了局企合作,中国气象局与中国长江三峡集团公司(简称三峡集团)在京座谈共商战略合作,围绕全方位、多领域深化面向三峡集团的专业气象服务达成共识;摩拜单车与中国气象局公共气象服务中心签署了战略合作协议,双方将在气象数据信息增值服务、物联网、大数据研发等领域开展全方位合作,扩大气象服务信息覆盖面,打造"气象+物联网"生态建设[①]。全国各省级气象部门与相关企业进行深入合作,例如,2017年,陕西省气象局、曙光信息产业股份有限公司签署战略合作协议。双方将充分发挥各自在气象预报和遥感应用等领域、技术和大数据研发、人才和政策等方面的优势,形成合力,联合发展大数据应用技术、基于云计算系统的短临预报技术,开展人才交流与合作,共同研发"智慧气象"服务,联合开展技术推广。

中国长江三峡集团公司致信中国气象局
感谢气象部门对白鹤滩水电站建设的大力支持[②]

2017年8月3日,中国长江三峡集团公司致信中国气象局,感谢气象部门对白鹤滩水电站前期筹建及核准工作的大力支持。

信中写道,经过6年多精心筹备,经国务院审批同意,全球装机规模第二大、在建规模第一大水电站白鹤滩水电站于7月31日正式通过国家核准。这是继溪洛渡、向家坝水电站顺利建成投产和乌东德水电站主体工程全面开工建设之后,金沙江下游水电开发又一具有里程碑意义的重大事件。

信中表示,在白鹤滩水电站前期筹建及核准过程中,中国气象局始终给予高度重视,大力支持项目核准建设工作,为项目可研设计和研究工作提供了大量的专业气象基础数据和工作指导,为项目核准创造了良好条件。中国长江三峡集团公司对中国气象局长期以来给予公司改革发展和流域梯级电站建设运行工作的关心、支持、指导、帮助表示衷心的感谢和崇高的敬意。

白鹤滩水电站通过国家核准,标志着金沙江下游水电开发将全面进入两座千万千瓦级巨型水电站同时进行主体工程大规模施工的新阶段,这对推动长江经济带发展、优化我国能源结构、提高流域防洪减灾能力、提升中国装备制造能力和水平、巩固中国水电世界领先地位、促进库区脱贫攻坚和经济社会发展都具有重要意义。

① 资料来源:中国天气网.气象+物联网"为骑行人群提供"最后一公里"精准服务.2017-12-20 18:33:15.

② 资料来源:《中国气象报》.2017-08-17 11:24.

（四）港澳台气象合作

2017年，中国气象局局长会见香港天文台台长和澳门地球物理暨气象局局长一行，共商深化内地与港澳地区气象交流合作、推动“一带一路”建设和区域气象防灾减灾、亚洲航空气象中心建设等。在中国气象局与香港天文台《气象科技长期合作安排》的框架下，推动海南省气象局与香港天文台签署了未来合作计划，合作领域涉及短临预报技术、台风观测及警报技术、气象数据共享等方面。2017年10月召开中国气象局、中国澳门地球物理暨气象局和葡萄牙气象局三方气象技术会议。2017年6月，第九届海峡论坛·第六届海峡两岸民生气象论坛在厦门开幕。海峡两岸160多位气象业者共享气象研究最新成果，共商气象服务民生大计，共促两岸气象发展。海峡两岸气象专家在2017年汛期期间就台风命名、天气预报、灾害性天气预警等技术问题进行了沟通交流。

四、评价与展望

当前，在世界气象领域，中国已成为深入参与者、积极贡献者，以及未来发展方向的主动引领者，气象对外开放正处于大有可为的战略机遇期。中国是气象国际合作的重要贡献者，通过积极参与重要国际活动，体现我负责任大国形象，履行中国在世界气象组织等国际组织中的义务，发挥在国际治理中的积极作用和影响。根据我国气象发展总体战略，气象事业发展将统筹国际国内两个大局，需要不断提升高水平双向务实合作。把服务气象事业发展作为根本任务，谋求合作、发展和互利共赢作为根本原则，加强顶层设计，科学合理布局，提升效益水平，为实现我国气象现代化做出积极贡献。

国际合作交流主要在以下方面着力：

一是服从和服务于国家整体外交战略，配合国家总体外交，深化与“一带一路”沿线、金砖国家、非洲国家等国家的气象合作。围绕“一带一路”建设气象合作，重点推进在“中国－中亚、中国－东南亚极端天气联合监测预警合作及海洋气象联合观测”任务以及《意向书》《南宁倡议》《乌鲁木齐倡议》等有关合作框架下有关举措的实施。以世界气象中心建设为契机，推动其他国际中心的国际合作能力建设。推进南海台风监测预警平台建设。推进中蒙俄和中巴经济走廊建设气象保障合作。继续完成气象援非项目一期工程的后期工作。继续做好国际教育培训和气象援外工作。通过上述活动，拓展我与发展中国家气象合作基础。

二是进一步参与全球气象和气候变化治理。全面参与国际气候事务，并组织好气象合作双边会议，继续推动与ECMWF、EUMETSAT的合作。加强对国外最新气象科技发展的跟踪和分析。继续加强外事管理和气象部门国际合作能力建设工作，推进规范化管理，提高国际合作交流的质量。进一步加强国际合作人员队伍的建设,提升地方气象部门在气象国际合作中的能力和作用。

国内合作交流主要在以下方面着力:

一是推动国内合作向更高层次、更宽领域发展。充分发挥全国气象部门与地方人民政府双重领导的优势,发挥好中央与地方气象事权相适应的支出责任作用,继续完善气象行业内资源配置与整合,建立气象部门与行业部门的互动合作机制,推动跨领域跨行业协同创新,实现更加科学、更好地开放。

二是强化共享联动、提升专业气象服务能力。进一步深化省部合作、部际合作、局校合作与交流,在优势互补、资源共享、合作共赢的基础上,继续加大部门信息共享力度,建立统一数据格式和规范,共同推进我国深层次气象数据、资源及成果的开放;进一步促进监测数据、灾情信息、预报预警等信息充分共享共用;进一步完善以灾害性天气预报预警信息为优先,各部门高效联动的协同应急机制。强化合作任务督查落实,主要针对部门和行业需求,强化面向行业的气象服务,联合发文出台相关政策,建立台账制度,推动落实合作协议、备忘录各项工作,进一步提高合作质量效益。

三是探索与社会资源和社会力量的深度合作。积极引导、鼓励社会力量参与气象防灾减灾和公共服务;完善政府购买公共气象服务机制,加强有关试点工作。积极培育国内商业化气象服务市场,拓展气象数据应用领域,进一步规范商业化气象服务市场秩序;实现气象服务多元化、个性化发展,提高气象服务的社会经济效益。

主要参考文献

财新智库，国家气候中心，2018. 中国气候指数报告.

柴麒敏，傅莎，祁悦，等，2017. 特朗普“去气候化”政策对全球气候治理的影响[J]. 中国人口·资源与环境，27(8)：1-8.

巢清尘，胡婷，张雪艳，等，2018. 年气候变化科学评估与政治决策[J]. 阅江学刊(1).

杜祥琬，2014. 应对气候变化的两个基本问题——应对气候变化战略的科学性及对中国发展的意义[J]. 地球科学进展，29(4)：438-442.

冯丽丹，2017. 上海：1公里网格预报，玩转智能云气象[N]. 中国气象报，2017-07-25(3).

国家发展和改革委员会，2017. 中国应对气候变化的政策与行动2017年度报告[M]. 北京：中国环境出版社.

国家海洋局. 2017年中国海平面公报. 2018-04-23. http://www.soa.gov.cn/zwgk/hygb/zghpmgb/201804/t20180423_61104.html.

国家能源局，前瞻产业研究院，2018. 2018—2023年中国光伏发电产业市场前瞻与投资战略规划分析报告[R].

国家能源局. 2017年风电并网运行情况[EB/OL]. http://www.nea.gov.cn/2018-02/01/c_136942234.htm.

郝静，刘淑乔，吴鹏. 合作互利推动发展 中美大气科技合作亮点扫描[N]. 中国气象报，2017-11-08.

何建坤，2017. 全球气候治理形势与我国低碳发展对策[J]. 中国地质大学学报(社会科学版)(5).

何霄嘉，郑大玮，许吟隆，2017. 中国适应气候变化科技进展与新需求[J]. 全球科技经济瞭望(2).

玖天气象. 2017年风能太阳能资源年景公报发布 风能资源有增加 太阳能资源偏少[EB/OL]. (2018-02-06). http://www.sohu.com/a/221258707_472920.

凌霄. 2017年中国风电装机数据火热出炉：全国风电新增装机1966万千瓦，累计装机达1.88亿千瓦[EB/OL]. (2018-04-04). http://www.in-en.com/article/html/energy-2267140.shtml.

刘毅. 大国担当！中国引领全球气候治理[N]. 人民日报. 2018-06-13(1).

刘钊，张志强. 气象数据开放[N]. 中国气象报，2017-12-01(8).

卢健，咸迪，李雪. “风云”卫星数据服务年度报告发布[N]. 中国气象报，2018-03-01(1).

卢杉. 2017年光伏发电新增装机53.06GW 分布式同比增长3.7倍[N]. 21世纪经济报道，2018-01-25.

唐伟，王喆，朱玉洁，2018. 省级气象现代化评估怎么看？怎么办？[N]. 中国气象报，2017-05-11(3).

唐伟，朱玉洁，2018. 省级气象现代化建设如何全面提速[N]. 中国气象报，2018-02-02(3).

唐伟，朱玉洁，王喆，2018. 气象现代化区域发展水平评估实证研究[J]. 阅江学刊(3)：31-39.

王敬涛，2017. 全国智慧气象信息员管理平台投入应用“消息必达”缩短预警响应时间 实现动态管理[N]. (中国气象报). (2017-07-27). http://www.cma.gov.cn/2011xzt/2017zt/20170608/2017060801/201707/t20170727_442332.html.

王玫珏,王兵,潘继鹏,等. 我国启动气候适应型城市建设 28 个城市试点[N]. 中国气象报,2017-03-20.

王伟光,刘雅鸣,巢清尘,等,2017. 应对气候变化报告(2017)[M]. 北京:社会科学文献出版社.

王喆,朱玉洁,2018. 国家级气象业务现代化进展与思考[N]. 中国气象报,2018-01-29(3).

新华网,2017. 贵州:"三个叫应"气象防灾机制成效凸显[EB/OL]. [2017-12-20]. http://www.gz.xinhuanet.com/2017-12/20/c_1122140707.htm.

杨诗芳,肖芳,姜海如,等,2017. 新中国气象信息传播服务发展及未来趋势分析[J]. 气象科技进展,7(3).

叶芳璐,2017. 北京:铸就首都特色智能网格预报蜂巢[N]. 中国气象报,2017-07-25(3).

张格苗. 气象数据共享平台位列 23 家国家科技资源共享平台第一[N]. 中国气象报,2018-01-19(1).

张妍,杨晓君,2017. 天津:智能格点撬动转型杠杆[N]. 中国气象报,2017-07-31(3).

赵晓妮. 盘点 2017 气象科技创新篇:破解核心难题 驱动事业发展[N]. 中国气象报,2018-01-10(1).

赵彦哲. WMO 亚洲沙尘暴预报区域专业气象中心获认定 我国成为亚洲沙尘暴区域中心国[N]. 中国气象报,2017-06-09.

《中国气象百科全书》总编委会,2016. 中国气象大百科全书:气象服务卷[M]. 北京:气象出版社.

中国气象局,2017. 中国公共气象服务白皮书(2017)[M]. 北京:气象出版社.

中国气象局发展研究中心,2017. 中国气象发展报告 2017[M]. 北京:气象出版社.

中国气象局风能太阳能资源中心. 2017 年中国风能太阳能资源年景公报[R]. 2018 年 1 月 26 日.

中国天气网. 国内外十大天气气候事件评选. 2017-12-29. //http://wxtq.weather.com.cn/Climateevent/index.

中华人民共和国民政部. 2017 年全国自然灾害基本情况系列报告. 2018-02-01.

朱茜. 十张图带你读懂 2017 年光伏发电行业成绩单! 2018 年光伏发电还要怎么玩? [EB/OL]. (2018-03-07). https://www.qianzhan.com/analyst/detail/220/180307-68dec91b.html#comment.

WMO. WMO Statement on the State of the Global Climate in 2017 [R]. 2017-07. https://library.wmo.int/opac/doc_num.php?explnum_id=4520.

附录 A　2017 年中国天气气候

一、2017 年天气气候特征

2017 年的全球平均温度大约高于工业化前时代 1.1℃，是在无厄尔尼诺事件情况下有记录以来的最暖年份，为 2016 年之后的三个最暖年份之一。

2017 年，中国气温偏高，降水略偏多。中国平均气温较 30 年平均偏高 0.84℃，为历史第三高。全国平均年降水量 641.3 毫米，较 30 年平均偏多 1.8%。华南前汛期开始晚，结束与常年一致，雨量少；西南雨季开始和结束均偏晚，雨量少；梅雨入梅和出梅均偏早，梅雨量多；华北开始晚、结束早，雨量少；华西秋雨开始晚、结束早、雨量为 1984 年来最多。根据中国气象局、国家气候委员会发布的《2017 年中国气候公报》，2017 年全国气温降水日照气候主要呈现以下特征。

（一）气温

1. 全国平均气温为历史第三高

2017 年，全国平均气温 10.39℃，较常年（9.55℃）偏高 0.84℃，为 1951 年以来第三高，仅次于 2007 年和 2015 年（图 A.1），除 10 月气温较常年同期略偏低外，其余各月均偏高，其中 1 月和 2 月偏高分别达 1.6℃和 1.7℃，7 月和 9 月为 1951 年以来同期最高。全国六大区域平均气温均较常年偏高，其中华北、西北分别偏高 1.2℃和 0.9℃，华北区域平均气温为历史最高。从空间分布看，全国大部地区气温接近常年或偏高，其中华北中部和东南部、黄淮大部、江淮东部、江南东北部、西南西部及内蒙古中西部、新疆东部、甘肃中西部、宁夏中南部、青海南部、辽宁中部等地偏高 1～2℃。

2017 年，全国 31 个省（区、市）气温均较常年偏高，其中河南、山西平均气温为历史最高，天津、江苏、山东、福建为次高。

2. 四季气温均偏高，冬季气温为历史最高

冬季（2016 年 12 月—2017 年 2 月），全国平均气温 −1.4℃，较常年同期（−3.4℃）偏高 2.0℃，为历史最高。

春季（3—5 月），全国平均气温 11.1℃，较常年同期（10.4℃）偏高 0.7℃。与常年同期相比，除西南地区局地和北疆局地气温偏低外，全国其余大部地区气温接近常

年同期或偏高。

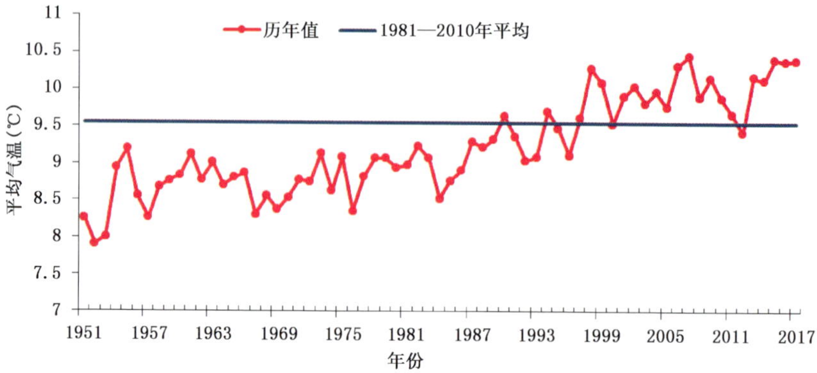

图 A.1　1951—2017 年全国年平均气候历史变化

夏季(6—8 月),全国平均气温 21.7℃,较常年同期(20.9℃)偏高 0.8℃。与常年同期相比,除新疆西部局地气温偏低外,全国大部地区气温接近常年同期或偏高。

秋季(9—11 月),全国平均气温 10.4℃,较常年同期(9.9℃)偏高 0.5℃。除东北北部及内蒙古东北部、新疆北部气温偏低 1～4℃外,全国其余大部地区气温接近常年同期或偏高。

3.高温日数为 1961 年以来最多

2017 年,全国平均高温(日最高气温≥35℃)日数 12.1 天,较常年(7.7 天)偏多 4.4 天,较 2016 年(10.7 天)偏多 1.4 天,为 1961 年以来最多。华北东南部、黄淮西部、江淮南部、江汉中西部、江南、华南大部及陕西南部、四川东部、重庆、新疆中南部、内蒙古西部等地高温日数有 20～30 天,江南中南部、华南中东部及重庆中南部、海南东部、南疆中东部等地超过 30 天。

4.最高温日数为历史偏多

2017 年,全国平均≥10℃活动积温(作物生长季积温)为 4843℃·日,较常年(4730℃·d)偏多 113℃·日,但较 2016 年偏少 132℃·日。

2017 年,全国共有 437 站日最高气温达到极端事件标准,极端高温事件站次比为 0.71,较常年(0.12)和 2016 年(0.34)明显偏多。年内,全国有 113 站日最高气温突破历史极值,主要分布在陕西、甘肃、内蒙古、辽宁、新疆、江苏、安徽等省(区),其中陕西旬阳最高气温达 44.7℃。年内,全国有 410 站连续高温日数达到极端事件标准,极端连续高温日数事件站次比(0.5)较常年(0.13)偏多。

（二）降水

1. 全国平均降水量略偏多

2017 年，全国平均降水量 641.3 毫米，比常年（629.9 毫米）偏多 1.8%，比 2016 年（730.0 毫米）偏少 12%（图 A.2）。2 月、5 月、11 月和 12 月降水偏少，其中 12 月偏少 49%；3 月、6 月、8 月和 10 月降水偏多；其余月份降水接近常年同期。

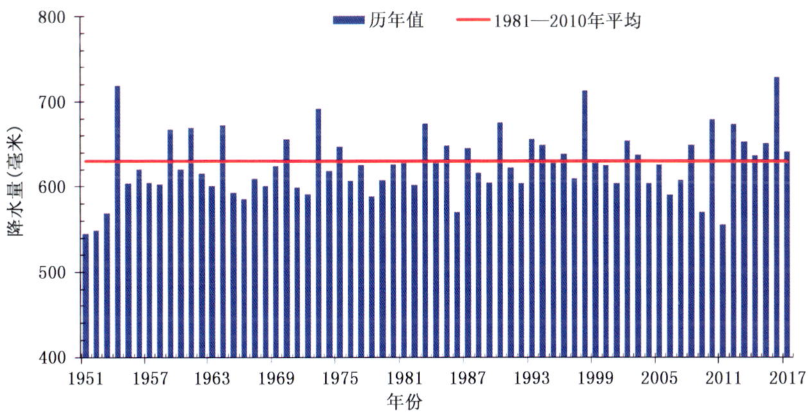

图 A.2　1951—2017 年全国年平均年降水量历史变化

与常年相比，全国大部地区降水量接近常年，其中山西中部、陕西北部、湖北北部和西部、重庆东北部、江西西北部、广西中西部、青海北部、甘肃中部、新疆西部、西藏西部等地偏多 20% 至 1 倍；内蒙古中东部、辽宁中南部、新疆东部部分地区偏少 20%～50%。

2. 降水冬季偏少、夏季偏多；东北降水偏少，四大江河流域降水量偏多

2017 年，除东北平均降水量（531.3 毫米）偏少 10% 外，全国其余各区域平均降水量接近常年或偏多，其中西北（442.0 毫米）偏多 15%，华南（1748.7 毫米）偏多 5%，长江中下游（1392.6 毫米）和华北（461.7 毫米）均偏多 4%；西南（996.3 毫米）接近常年。七大江河流域中，黄河（516.1 毫米）偏多 11%，长江（1238.9 毫米）和珠江（1624.2 毫米）流域均偏多 5% 左右，淮河（840.4 毫米）偏多 4%；辽河（495.0 毫米）偏少 16%，松花江（499.3 毫米）偏少 5%，海河（500.4 毫米）偏少 2%。

3. 暴雨日数接近常年

2017 年，全国共出现暴雨（日降水量≥50.0 毫米）6069 站日，接近常年（5992 站日），比 2016 年（8303 站日）明显偏少（图 A.3）。2017 年，全国共有 244 站的连续降水日数达到极端事件标准，站次比为 0.12，较常年（0.13）略偏少；其中有 36 站连续降水日数突破历史极值，主要分布在广西、云南、浙江和甘肃等地。

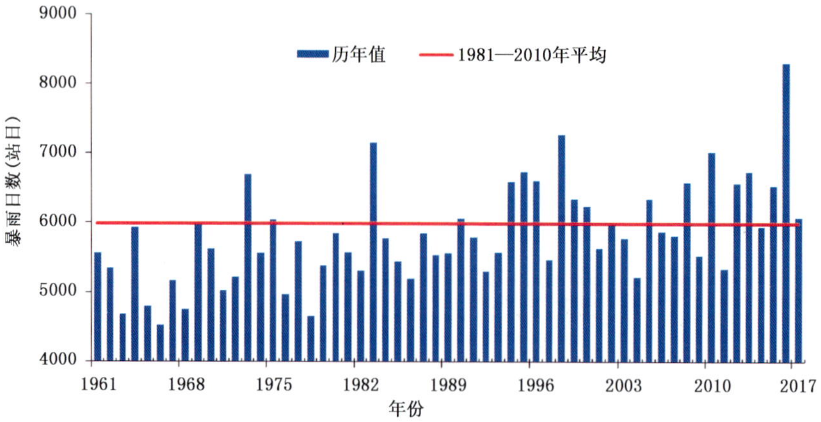

图 A.3　1961—2017 年全国年暴雨日数历史变化

(三)日照

2017 年,我国西北大部、东北大部、华北、黄淮东部、西南地区西部及内蒙古等地日照时数一般在 2000 小时以上,其中西北中西部、华北北部、东北西部及内蒙古大部、西藏西部等地超过 2500 小时;西北东南部、黄淮西南部、江淮、江汉东部、江南东部、华南东部和南部及西藏东南部、云南西部和南部等地为 1500～2000 小时,其余地区不足 1500 小时。与常年相比,除东北南部及福建大部、内蒙古东部等地日照时数偏多外,全国大部地区一般偏少 100～400 小时。

二、2017 年中国气候灾害事件

2017 年,我国干旱、台风、强对流等灾害偏轻,暴雨洪涝损失偏重。2017 年,全国干旱受灾面积占气象灾害总受灾面积的 50%,暴雨洪涝占 32%,台风占 2%,风雹占 14%,低温冷冻害和雪灾占 2%(图 A.4)。气象灾害造成农作物受灾面积 2010 万公顷,死亡失踪 913 人,直接经济损失 2849 亿元。与 2012—2016 年平均值相比,农作物受灾面积、死亡失踪人口以及直接经济损失均明显偏少。

(一)台风

2017 年,西北太平洋和南海共有 27 个台风(中心附近最大风力≥8 级)生成,较常年(25.5 个)偏多 1.5 个,其中 8 个登陆我国(图 A.5,表 A.1),较常年(7.2 个)略偏多。第 13 号台风“天鸽”于 8 月 23 日在广东珠海南部沿海登陆,登陆时中心附近最大风力 14 级(45 米/秒),中心最低气压 950 百帕。“天鸽”为 2017 年登陆我国的最强台风,与 1991 年第 11 号台风“Fred”并列成为 1949 年以来 8 月登陆广东的最强台风。全年台风共造成 35 人死亡、9 人失踪,直接经济损失 346.2 亿元。与 2007—

2016 年平均值相比，2017 年台风造成直接经济损失明显偏少。其对我国主要影响详见表 A.1。

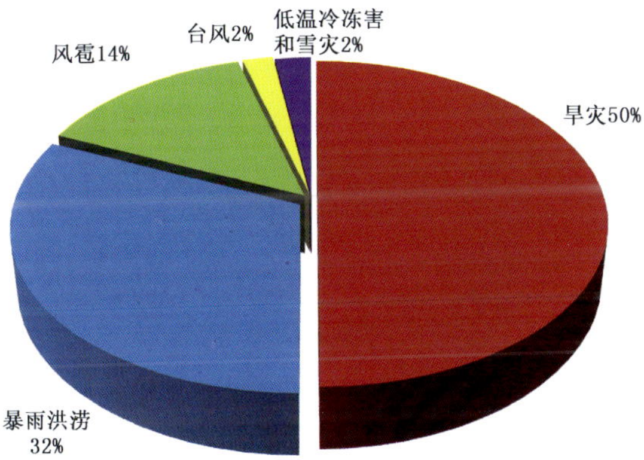

图 A.4 2017 年全国主要气象灾害受灾面积占总受灾面积比例(单位:%)

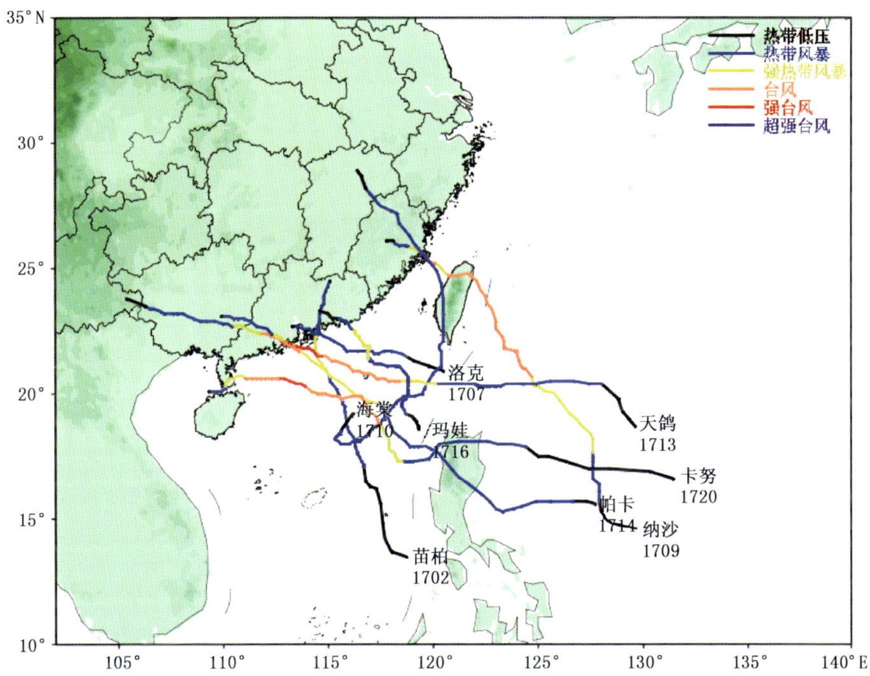

图 A.5 2017 年登陆中国台风路径图(中央气象台提供)

表 A.1　2017 年登陆中国台风简表

台风编号名称	登陆地点	登陆时间(月．日)	登陆时最大风力(风速)	影响区域	造成损失
1702 苗柏	广东深圳	6.12	9(23 米/秒)	福建、江西、广东	损失轻微，造成闽赣粤 3 省 2.5 万人紧急转移安置，直接经济损失 5.9 亿元
1707 洛克	香港	7.23	8(20 米/秒)		—
1709 纳沙	台湾宜兰	7.29	13(40 米/秒)	福建、山东、河南、湖南、广东、云南	第 9 号台风“纳沙”、第 10 号台风“海棠”共造成北京、河北、福建、江西、山东、河南、湖南、广东 8 省(市)35 市 132 个县(市、区)81.7 万人受灾，19.1 万人紧急转移安置，3900 余人需紧急生活救助；400 余间房屋倒塌，6400 余间不同程度损坏；农作物受灾面积 55.8 千公顷，其中绝收 1.4 千公顷；直接经济损失 7.6 亿元
	福建福清	7.30	12(33 米/秒)		
1710 海棠	台湾屏东	7.30	9(23 米/秒)		
	福建福清	7.31	8(18 米/秒)		
1713 天鸽	广东珠海	8.23	14(45 米/秒)	福建、湖南、广东、广西、贵州、云南	截至 24 日 15 时，广东省珠海、中山、江门、广州、茂名、阳江、佛山、东莞等市受灾，因灾死亡 9 人，直接经济损失 118.4545 亿元，农作物受灾面积 75.7004 万亩，受灾人口 44.6271 万人，转移人口 53.5306 万人，倒塌房屋 6425 间，直接经济损失 289.1 亿元
1714 帕卡	广东台山	8.27	12(33 米/秒)	广东、广西、贵州、云南	造成广东、广西、贵州、云南 4 省(区)11 市(自治州)30 个县(市、区)8.3 万人受灾，8 人死亡，1.4 万人紧急转移安置
1716 玛娃	广东汕尾	9.3	8(20 米/秒)	福建、广东	
1720 卡努	广东湛江	10.16	10(28 米/秒)	广东、海南、浙江	造成 3 人死亡，87 万人受灾，直接经济损失约 25 亿元

(二)暴雨洪涝

2017 年全国共出现 43 次大范围强降雨过程。其中 6 月下旬至 7 月初，南方地区连续出现 11 天的强降雨天气，局地最大累计降雨量超过当地年均降水量的三分之二，造成长江中下游发生区域性大洪水，湖南、江西、贵州、广西、四川等省发生严重洪涝灾害。7 月中下旬至 8 月上旬，东北、西北等地接连出现强降雨过程，吉林省吉林市重复内涝、陕西无定河发生超历史洪水，吉林、陕西两省灾情严重。9 月中旬至 10

月，安徽、河南、湖北、陕西等省持续出现连阴雨天气，汉江等江河发生流域性洪水，秋汛灾害损失为近 5 年同期最高。据统计，2017 年洪涝和地质灾害共造成全国 6951.2 万人次受灾，674 人死亡，75 人失踪，397.5 万人次紧急转移安置；13.4 万间房屋倒塌，23.2 万间严重损坏，77.7 万间一般损坏；直接经济损失 1909.9 亿元。其对我国主要影响详见表 A.2。

表 A.2　2017 年主要暴雨洪涝一览表

事件	时间	影响区域	主要影响
洪涝	1 月上旬	云南部分地区	局地蔬菜和经济作物生长受到影响，造成 2100 人受灾，农作物受灾面积 300 余公顷，直接经济损失 300 余万元
暴雨洪涝	3 月中下旬	南方地区出现 2 次区域性暴雨天气过程，江西、湖南和广西等地灾情较重	洪涝和地质灾害共造成全国 11 个省（区）23.2 万人次受灾，21 人死亡，1500 余间房屋不同程度损坏，农作物受灾面积 11.5 千公顷，其中绝收 1.6 千公顷，直接经济损失 1.4 亿元
暴雨洪涝	4 月	4 月份，强降雨主要分布在长江中下游及豫皖沿淮地区、江南与华南地区	共造成全国 12 个省（区、市）和新疆生产建设兵团 64.9 万人次受灾，12 人死亡，700 余间房屋倒塌，4500 余间不同程度损坏，农作物受灾面积 56.2 千公顷，直接经济损失 3.7 亿元。其中，4 月 17 日陕西省白河县强降雨引发山体滑坡造成 6 人死亡
暴雨洪涝	5 月	5 月份，南方地区共出现 5 次区域性暴雨过程，主要分布在西南、长江中下游及两广等区域，尤其是 5 月 7 日广州市黄埔区九龙镇日降雨量破历史极值	洪涝和地质灾害共造成全国 15 个省（区、市）123.6 万人次受灾，17 人死亡，近 3000 间房屋倒塌，1.2 万间不同程度损坏，农作物受灾面积 58.6 千公顷，直接经济损失 15.3 亿元
暴雨洪涝事件	6 月	南方大部遭受上半年最强降雨过程，造成浙江、江西、湖南、四川、贵州等 12 省（区、市）受灾	四川茂县“6·24”特大山体滑坡造成 10 人死亡，73 人失踪
暴雨洪涝事件	7—8 月	南方地区出现大范围强降雨过程，东北、西北等地接连出现强降雨过程，造成吉林、陕西等省严重受灾	共造成全国 27 个省（区、市）和新疆生产建设兵团 2484 万人次受灾，212 人死亡，43 人失踪，255.3 万人紧急转移安置；7.2 万间房屋倒塌，11.4 万间严重损坏，44.1 万间一般损坏；直接经济损失 1123.9 亿元
强降水过程	9 月	华西地区降水时间长达 8～16 天，降水量较常年同期偏多 5 成以上	—

续表

事件	时间	影响区域	主要影响
暴雨洪涝灾害	10月	全国共出现3次区域性强降雨过程，16个省(区、市)近300个县级行政区不同程度受到秋汛影响，受灾县数量为近五年以来同期最高	共造成1565.4万人次受灾，51人死亡，2人失踪，7.7万人次紧急转移安置；1.3万间房屋倒塌，1.9万间严重损坏，3.2万间一般损坏；直接经济损失139.8亿元

数据来源：民政部《全国自然灾害基本情况》系列。

(三)高温与干旱

2017年全国旱灾时段、区域相对集中，主要是北方部分地区出现春夏连旱。其中，4—5月，东北、华北和山东等地出现阶段性高温少雨天气，东北、内蒙古、河北、山东等地旱情初露；6月下旬至7月中旬，北方地区出现近12年以来最强持续性高温天气，内蒙古中东部、华北、西北地区东南部等地降水量较常年同期偏少3成以上，造成山西、内蒙古、辽宁、吉林、山东、陕西和甘肃等7省(区)旱情较重。据统计，2017年干旱灾害共造成全国农作物受灾面积9874.8千公顷，其中绝收752.4千公顷，直接经济损失375亿元。其对我国影响详见表A.3。

表A.3　2017年主要高温热浪和干旱一览表

事件	时间	影响区域	主要影响
干旱	2月	宁夏固原市和陕西渭南市等地遭受干旱灾害	共造成83.8万人次受灾，农作物受灾面积57.1千公顷，直接经济损失1.9亿元
干旱	5月	河北、山西、内蒙古、辽宁、山东等地出现阶段性干旱	造成农作物受灾面积900余千公顷
干旱	6—7月	内蒙古中东部、华北东部、西北东南部等地降水量较近年同期偏少3成以上，局地最高气温突破历史极值，造成山西、内蒙古、陕西、甘肃等8省(区)旱情较重	共造成全国17个省(区)2457.7万人次受灾，农作物受灾面积5836.1千公顷，其中绝收面积408.2千公顷，直接经济损失161.6亿元

数据来源：民政部《全国自然灾害基本情况》系列。

(四)低温冷害及雨雪

2017年，全年低温冷冻害和雪灾造成的损失与2010—2015年平均值相比，死亡人数、受灾面积、直接经济损失均偏少，属低温冷冻害及雪灾偏轻年份。其对我国影响详见表A.4。

表 A.4　2017 年主要低温冷害及雨雪事件一览表

事件	时间	影响区域	主要影响
低温冷冻雪灾	2 月 18—21 日 2 月 20—23 日	全国 12 个省(区)和新疆生产建设兵团等地区	共造成 29.1 万人次受灾,农作物受灾面积 18.4 千公顷,1000 余间房屋一般损坏,直接经济损失 1.9 亿元
低温冷害	4 月	9 个省(区)和新疆生产建设兵团等地区	给云南、新疆等省(区)牲畜养殖以及山西、陕西等省果树、西瓜等作物生长造成一定影响
低温冷害	5 月中上旬	11 个省(区)和新疆生产建设兵团等地区	共造成农作物受灾面积 83 千公顷
低温冷害雪灾	10 月	内蒙古、黑龙江、甘肃、宁夏等省(区)	共造成全国 8 个省(区)和新疆生产建设兵团 19.8 万人次受灾,农作物受灾面积 48.8 千公顷,农作物绝收面积 1.7 千公顷,直接经济损失 2.2 亿元

数据来源:民政部《全国自然灾害基本情况》系列。

三、2017 年气候变化与影响

气候变化导致了更为频繁以及可能更为强烈的天气相关灾害,并且由于气候系统的变化导致部分地区资源萎缩、海平面上升导致沿海低地地区不适宜居住等问题,加大了社会压力和环境压力。在此背景下,《巴黎协定》的生效以及所作出的全球承诺,对于减缓气候变化,加强人类的适应性和恢复力,无疑有着积极意义。

(一)全球气候变化事实及影响

2017 年全球气候变化事实及影响,世界气象组织发布 2017 年气候状况声明内容如下①:

(1)2017 年的全球平均温度高于工业化前水平(1.1±0.1)℃。虽然 2017 年的温度低于创纪录的 2016 年,但仍是有记录以来的三个最暖年份之一,而且是未受厄尔尼诺事件影响的最暖年份。2013—2017 年的全球平均温度比 1850—1900 年的全球平均温度高出近 1℃,同时也是有记录以来最高的五年平均值。世界仍在经历着海平面上升并有一定加速,且温室气体浓度在增加。冰冻圈在不断收缩,北极和南极海冰也在退缩。

所有大陆 2017 年是有记录以来其六个最暖年份之一,其中南美洲是其第二最暖年、亚洲是其第三、非洲是其第四、欧洲是其第五、北美洲和大洋洲是其第六最暖年

① https://library.wmo.int/opac/doc_num.php?explnum_id=4520.

(表 A.5)。非洲的温度到 2017 年中期都处于创记录水平,而在 5 月、6 月、7 月和 9 月创下月度记录,但从 10 月起显著降温。南美洲出现其有记录以来第二最暖夏季和第二最暖冬季,而大洋洲出现其最暖的 7 月。

表 A.5　大陆温度距平

区域	与 1981—2010 年平均值的距平(℃)	2017 年温度距平在本洲温度距平历史序列中的排名	现存记录
北美洲	+0.84	6	+1.32 (2016)
南美洲	+0.54	2	+0.69 (2015)
欧洲	+0.73	5	+1.18 (2014)
非洲	+0.54	4	+0.83 (2010)
亚洲	+0.88	3	+0.92 (2015)
大洋洲	+0.51	6	+0.73 (2013)

(2)2017 年全球海面温度略低于 2015 年和 2016 年的水平,但仍位列有记录以来的第三最暖年份。最显著的海面温度距平是在热带太平洋西部和副热带南印度洋西部及中部。在这两个海域,海面温度普遍比 1981—2010 年平均值高 0.5～1.0℃,印度洋局部超过平均值 1.0℃,通常处于记录的高位。澳大利亚东海岸近海海面温度连续第二年高于平均值,导致大堡礁出现严重珊瑚白化。

(3)2017 年南极臭氧洞相对较小。这主要反映出 2017 年的局地大气条件,但其本身并不代表更为持续的下降趋势。季节峰值期间(9 月 7 日—10 月 13 日)臭氧洞的平均面积为 1740 万千米^2。这是自 2002 年(1200 万千米^2)以来的最小值,也小于 2012 年的数值,2012 年是 2003—2016 年期间的最低值(1780 万千米^2)。连续最差 30 天的平均臭氧洞面积为 1750 万千米^2。这同样是自 2002 年(1550 万千米^2)以来观测到的最低值,也略低于 2012 年(1890 万千米^2)。

(4)2017 年全年,北极和南极的海冰范围远低于 1981—2010 年的平均值。3 月 7 日北极海冰达到 1442 万千米^2 的冬季最大值,这是卫星记录中的最低冬季最大值,比 2015 年创下的记录低点还少 10 万千米^2。南极海冰范围全年处于或接近记录的低位。3 月 3 日出现 211 万千米^2 的夏季最小值,比 1997 年创下的历史记录还低 18 万千米^2。

(5)随着 2015/2016 年强厄尔尼诺事件影响的结束,2017 年降水距平大的地区少于 2015 年或 2016 年。2017 年年降雨量超过第 90 百分位的最广大地区是欧洲东北部,从俄罗斯欧洲部分北部向西到德国北部和挪威南部。俄罗斯欧洲部分出现其有记录以来第二最潮湿年份,挪威出现其第六最潮湿年份。波罗的海地区秋季尤其潮湿,而爱沙尼亚和立陶宛都出现了其有记录以来最潮湿的秋季,拉脱维亚则是其第二最潮湿的秋季。

(6)极端气象气候事件频发,造成影响恶劣。2017 年全球气象事件较多,5 月 29

日，莫斯科发生了雷暴，其速度超过 100 千米/时，造成了大范围的破坏，至少 11 人死亡。7 月 30 日因斯布鲁克发生的时速高达 165 千米/时的阵风，7 月 27 日伊斯坦布尔降下直径达 9 厘米的冰雹，8 月 12 日在芬兰南部发生的大范围雷暴，造成 5 万户家庭停电。8 月 14 日发生在塞拉利昂弗里敦的山体滑坡，至少有 500 人死亡。2017 年，南非开普省的干旱情况严重恶化，降雨量总计 285 毫米（比 1981—2010 年平均水平低 47%），为开普敦有记录以来最干旱的年份，地中海地区的许多地区都经历了重大干旱；美国和加拿大边境两侧的北美中部地区也受到了干旱的影响。2017 年的夏季，全球包括南半球和南半球都出现了多次重大热浪。

（二）中国气候变化事实及影响

中国气象局在发布的《2017 年中国气候公报》中称，2017 年是中国是自 1951 年以来平均气温的历史最三高。《2017 年中国气候公报》和《2017 年中国海平面公报》表明：

（1）气温。2017 年，我国平均气温较常年偏高 0.84℃，为 1951 年以来最第三高。据统计，2016 年，全国平均气温 10.39℃，较常年（9.55℃）偏高 0.84℃。2017 年，全国 31 个省（区、市）气温均较常年偏高，其中河南、山西平均气温为历史最高。

（2）降水。全国降水略偏多，全国平均降水量 641.3 毫米，较常年（629.9 毫米）偏多 1.8%，降水冬季偏少，夏季偏多，春、秋季接近常年。从各区域情况看，东北降水偏少，其余区域接近常年或偏多。

（3）海平面。1980—2017 年中国沿海海平面上升速率为 3.3 毫米/年，高于同期全球平均水平。2017 年，中国沿海平面较常年高 58 毫米，较 2016 年低 24 毫米，达 1980 年以来的第四高位。中国各海区沿海海平面上升明显。与常年相比，渤海、黄海、东海和南海沿海海平面分别高 42 毫米、23 毫米、66 毫米和 100 毫米。受气候变化和海平面上升累积效应等多种因素的影响，辽宁、河北、山东和海南等省沿海的海岸侵蚀范围加大，辽宁、河北和山东等省沿海的海水入侵较重。

（4）气候变化对中国的影响。气候变化对中国的影响主要集中在农业、水资源、生态系统、能源需求、交通、人体健康等方面，具体影响如下。

对农业的影响。2017 年冬小麦全生育期光热充足，降水量接近常年同期或偏多，土壤墒情适宜，气象灾害偏轻，气候条件较好，总体利于冬小麦生长和收晒。玉米生育期内，全国大部玉米产区光温适宜、降水充沛，利于玉米生长发育和产量形成，全生育期整体气候条件较好。早稻生育期内，江南、华南出现暴雨洪涝、低温阴雨寡照、高温等灾害性天气，气候条件较差。晚稻生育期内，主产区气象条件总体利于晚稻生长发育及产量形成，气候条件较好。一季稻生育期内，总体上气候条件比 2016 年偏好，气象灾害偏轻。

对水资源的影响。2017 年，全国年降水资源总量为 60851.0 亿$米^3$，比常年偏多 1213.9 亿$米^3$，比 2016 年偏少 8036.9 亿$米^3$。从全国年降水资源量历年变化及年降水资源丰枯评定指标来看，2017 年属于正常年份。2017 年，十大流域中黄河、长江、珠江、西北内陆河和淮河流域较常年偏多。

对生态系统的影响。2017 年 5—9 月,秦岭及淮河以南大部分地区、东北大部、华北大部、黄淮大部、西北东南部及内蒙古东北部植被覆盖较好或好;西北大部、青藏高原中西部及内蒙古中西部等地植被覆盖较差。

对能源需求的影响。北方 15 省(区、市)冬季采暖耗能评估结果显示,冬季平均气温均较常年同期偏高,采暖耗能也均较常年同期减少。2017 年夏季,全国大部地区平均气温接近常年同期或偏高,使得降温耗能也较常年同期偏高。据统计,2017 年夏季全国用电量为 17307 亿千瓦·时,同比增长 7.6%,其中 6 月、7 月和 8 月用电量分别为 5244 亿千瓦·时、6072 亿千瓦·时和 5991 亿千瓦·时,分别同比增长 6.5%、9.9%和 6.4%。

对交通的影响。2017 年,全国大部地区交通运营不利日数(10 毫米以上降水、雪、冻雨、雾及扬沙、沙尘暴、大风)有 15～55 天,其中南方大部及新疆东部等地超过 55 天。年内,降雪、暴雨洪涝及其次生灾害、台风、大雾等不利天气给公路和铁路及航空运输造成较大影响。特别是 8 月下旬的台风“天鸽”和“帕卡”使得多个机场出现大面积延误、部分铁路停运、客运口岸停航,市内交通设施受损。

对人体健康的影响。2017 年,全国平均年舒适日数 126 天,比常年偏少 7 天。全国大部地区年舒适日数接近常年或偏少,其中东北中部和南部、西北西部和东部、华北西南部、黄淮西部、江汉西部、华南大部及四川中部和东北部、重庆东南部、湖南西北部等地偏少 10 天以上;江苏南部、浙江北部、贵州西南部、云南西北部、西藏东南部、内蒙古中部局部等地舒适日数偏多 10 天以上。

(三)2017 年国内外十大天气气候灾害事件

为了提高社会防灾减灾意识,最大限度预防和降低气象灾害造成的损失,中国气象局已连续主办“国内外十大天气气候事件”评选活动。2017 年投票选出的国内外十大天气气候事件主要与暴雨洪涝、台风、高温热浪、强对流天气等灾害相关[①]。

1. 国内十大天气气候灾害事件

(1)8 月内蒙古赤峰龙卷逞能显威

2017 年 8 月 11 日 16 时许,内蒙古赤峰市克什克腾旗和翁牛特旗遭受龙卷袭击,并伴有暴雨、冰雹等极端天气,多地出现 8 级以上大风,极大风速达 22.1 米/秒,冰雹最大直径约 2 厘米;共造成 5 人死亡,58 人受伤,多处民房严重损毁。8 月 11—14 日,华北、东北等地出现短时强降水、雷暴大风、冰雹等强对流天气。

(2)华西秋雨降水量为 1984 年以来最多

2017 年华西秋雨开始早,持续时间长,降水量大、强度强。累计降水量较常年偏

① http://wxtq.weather.com.cn/Climateevent/index.

多七成，为 1984 年来最大值。受其影响，丹江口水库的水位上升明显，9 月 2 日开闸泄洪。秋雨频繁还导致甘肃、陕西、四川、重庆、贵州、湖北、湖南等 7 省(市)遭受暴雨洪涝及其引发的地质灾害，600 多万人受灾，农作物受灾面积 48 万公顷，直接经济损失 121 亿元。

(3)台风“天鸽”重创粤港澳大湾区

台风“天鸽”于 8 月 23 日在广东珠海南部沿海登陆，登陆时中心附近最大风力 14 级(45 米/秒)，与 1991 年第 11 号台风“Fred”并列成为 1949 年以来 8 月登陆广东的最强台风，登陆前后珠三角及沿海地区出现 11～14 级大风，局地超过 17 级。“天鸽”登陆期间恰逢天文大潮，强风及风暴潮导致广东、广西等省区近 30 人死亡，直接经济损失超过 200 亿元。27 日台风“帕卡”再袭广东珠三角，强风暴雨造成广东、广西、贵州、云南四省(区)9 万余人受灾，农作物受灾面积 4.9 千公顷，直接经济损失 3.7 亿元。

(4)6 月南方 6 轮暴雨 橘子洲头被淹

6 月南方出现 6 次暴雨过程，湖南、贵州降水量均创历史同期极值。6 月下旬，湖南长沙降水量累计达 536.8 毫米，超过长沙常年全年降水量(1428.1 毫米)的三分之一，著名景点“橘子洲头”被淹。湘江干流全线、资水中下游、沅江干流全线及洞庭湖区出现超警戒水位洪水，部分站点出现超历史水位洪水。湖南长沙、株洲、湘潭、邵阳等地共 692.1 万人受灾，农作物受灾面积 49.9 万公顷，绝收面积 8.4 万公顷；直接经济损失 190.3 亿元。

(5)两台风一天内创造多项记录

2017 年第 9 号台风“纳沙”于 7 月 29 日在台湾宜兰县登陆，30 日在福建福清市再次登陆；第 10 号台风“海棠”于 7 月 30 日在台湾屏东县登陆，31 日在福建福清市再次登陆。两个台风 21 小时内相继登陆福建福清，属历史首次。受双台风影响，福建、浙江、江西等地的部分地区出现暴雨或大暴雨天气，福建损失较大，但台风缓解了南方地区持续高温天气和部分地区的旱情。

(6)北方高温过程出现早范围广极端性强

5 月 17—19 日，东北、华北、黄淮等地出现今年首次高温过程，68 站日最高气温达到或突破当地 5 月历史极值，内蒙古高力板(43.6℃)、吉林洮南(42.7℃)等地超过 42℃；今年东北、华北首次高温过程是 1961 年以来出现最早的。7 月上中旬，北方地区再受高温袭击。7 月 10 日，35℃以上高温影响面积达 215.7 万千米^2，40℃以上面积 49.5 万千米^2。新疆吐鲁番(49.0℃)、陕西眉县(42.3℃)等 63 站日最高气温突破历史极值；北京、天津、济南等地电网最大负荷创历史新高，宁夏银川居民供水紧张，新疆吐鲁番 1 小时内发生 4 起火灾。

(7)风云四号卫星和碳卫星监测数据全球共享

9 月 25 日，风云四号 A 星正式交付使用，微信启动页面一度变为由风云四号从太空拍摄的祖国全景。该卫星将大幅度提高我国天气预报、气象防灾减灾、应对气候变化、生态环境监测和空间天气监测预警能力。10 月 24 日，在美国华盛顿召开的国际地球观测组织(GEO)第 14 届全会上，我国正式宣布向全球免费共享风云四号气象卫星数据和碳卫星监测数据。2016 年 12 月，我国成功发射了全球二氧化碳监测科学实验卫星，这是我国第一颗专门用于监测全球大气二氧化碳含量的卫星。

(8)徐家汇持续高温破百年纪录

7 月中下旬，南方地区出现大范围持续高温天气。浙江、江苏、安徽、重庆、陕西、湖北、湖南的部分地区日最高气温超过 40℃，其中陕西旬阳(44.7℃)、重庆江津(42.5℃)等 4 县市超过 42℃。7 月 21 日上海徐家汇最高气温达 40.9℃，打破了徐家汇 1873 年以来(145 年)的历史记录。江苏、山东、上海等省(市)用电负荷创历史新高；部分地区高温中暑病例增加；持续高温对农作物、经济作物和水产养殖等造成不利影响；江汉、江淮等地部分地区旱情发展。

(9)4 月全国 18 省份频遭风雹袭击

4 月，全国有 18 省(区、市)遭受风雹袭击，贵州、江西、湖南及重庆等地受灾较重。其中 5—6 日，贵州中西部出现雷雨、大风、冰雹等强对流天气。贵阳市城区、清镇市区及辛店等地出现冰雹，直径普遍为 5～10 毫米，最大达 20 毫米，其中贵阳市部分城区冰雹堆积 15～20 厘米；清镇城区出现 27 米/秒的大风，清镇市红枫湖镇最大降雨量达 99.6 毫米。据初步统计，贵阳市有 4 万多人受灾，农作物受灾 1.9 千公顷。

(10)5 月初我国遭遇大面积沙尘天气

5 月初，北方大部及江淮、江汉、江南地区北部等地出现浮尘或扬沙天气，其中内蒙古北部出现沙尘暴、局地强沙尘暴，最低能见度约 300 米；沙尘强度大，导致多地空气质量指数数值“爆表”，其中内蒙古局地 PM_{10} 峰值浓度超过 2000 微克/米^3，北京局地超过 1000 微克/米^3；沙尘影响面积达 235 万千米^2；同时，伴有 5～7 级风，内蒙古和黑龙江部分地区最大阵风达 9～10 级。

2.国外十大天气气候灾害事件

(1)飓风接连重创北美和加勒比海

2017 年大西洋飓风非常活跃，8 月底至 10 月初相继有 4 个飓风接连登陆北美和加勒比海地区，其中的“厄玛”和“玛丽亚”都是最高等级的五级飓风(风速 69 米/秒以上)。8 月 25 日，四级飓风“哈维”在美国德州登陆，并在海岸附近持续了好几天，其带来了极端降雨和洪水。德州内德兰 7 天的降雨总量高达 1539 毫米，这是美国大陆有史以来单次降雨事件的最大降雨量。“哈维”造成 1800 亿美元经济损失，为美国历史上最高；9 月底，“玛丽亚”袭击加勒比海地区，引发局地洪涝，造成 60 多人死亡。10 月 5—7 日，飓风“纳特”袭击墨西哥湾地区，至少 31 人死亡；“纳特”随后在美国路易斯安那州和密西西比州两次登陆，造成美国超过 10 万户断电。

(2)史上最强飓风“厄玛”横扫美国等地

9 月上旬，史上最强的大西洋 5 级飓风“厄玛”横扫美国和加勒比海地区，共造成

100多人死亡。美国580万户家庭断电,700万人紧急撤离,佛罗里达州遭到了严重破坏。加勒比海地区巴布达岛和圣马丁岛逾9成建筑物损毁,波多黎各逾半地区100多万人断电。

(3)全球二氧化碳浓度再创新高

2017年秋季,世界气象组织称,2016年地球大气的二氧化碳含量继2015年的400ppm①之后再创新高,达到403.3ppm,为80万年以来的最高水平。这一数字相对于工业化前(1750年前)的水平增加了45%。2015—2016年二氧化碳的年度增加值也突破了历史纪录,比过去10年的平均值要高出50%。2016年是自有气象记录以来的最暖年份,而世界气象组织预计2017年将是没有厄尔尼诺现象年份中的最炎热的一年。

(4)南亚多国暴雨频繁洪水肆虐

8月随着印度夏季风的向北推进,孟加拉国、印度、尼泊尔等国多地频遭暴雨洪涝灾害。8月9—12日,印度梅加拉亚邦的降雨量超过了1400毫米;8月11—12日,孟加拉国朗布尔两天的降雨量相当于1个月的降雨量(360毫米)。共造成1200多人死亡,4000多万人受灾。

(5)暴风雪致欧洲多国交通瘫痪

1月上旬,意大利、捷克、波兰、罗马尼亚、塞尔维亚、保加利亚、克罗地亚、希腊、土耳其、拉脱维亚、俄罗斯等多国遭遇低温寒流和暴风雪袭击,在塞尔维亚南部,一些地区的积雪高达2米。暴风雪导致交通瘫痪,学校停课,居民日常生活受到严重影响,至少60人在寒流中丧生。

(6)罕见热浪开启欧洲南部烧烤模式

7月上中旬,欧洲南部遭遇罕见热浪袭击,意大利、西班牙、希腊等国多地的日最高气温超过40℃。意大利南部及西西里岛频繁发生林火,大风、干燥等因素加剧火势蔓延。7月12日,意大利南部发生大约23起林火,希腊多个考古遗址因高温临时关闭。

(7)新德里遭遇严重霾官员自嘲“毒气室”

11月7—14日,印度新德里空气污染指数大幅度超标,7日新德里$PM_{2.5}$最大值为967微克/米^3,空气污染指数超标10倍以上。11月9日风云四号气象卫星监测显示印度境内霾层随喜马拉雅山脉向东蔓延,雾—霾影响面积最大约83万千米^2。受空气污染影响,小学被令停课,多趟航班及列车班次延误。德里州首席部长甚至自嘲新德里已经变为一个“毒气室”。

(8)美国西岸遭受“地狱热浪”袭击

7月上旬,美国西岸遭受“地狱热浪”袭击,凤凰城、洛杉矶市区日最高气温打破一百多年来同期记录,至少5人因高温死亡。7月7日,凤凰城最高气温达47℃,打

① 1ppm=10^{-6}

破了122年来同日最高气温记录(1905年7月7日凤凰城的日最高气温是46℃)。由于高温,洛杉矶好莱坞地区7月8日出现大面积断电,约14万人受影响。由于连续高温,美国西部多个州山火频发,加州有17个地方发生山火。

(9)美国暴风雪致大面积航班取消

1月上旬,美国加州大部分地区出现暴风雪天气,高速公路部分路段封闭。1月初,美国东海岸受到暴雪天气影响,导致交通事故多发、电力中断、航班取消,至少5人因灾死亡。2月初日,美国东北部地区遭遇暴雪,近6000万人生活受到影响。3月中旬,暴风雪肆虐美国东北部,5000多万人生活受到严重影响,6500余航班被取消。

(10)强风暴"多丽丝"席卷英国全境

2月23日,英国全境遭遇强风暴"多丽丝",导致大面积停电,陆海空交通都受到极大影响。造成1人死亡、至少2人严重受伤。北爱尔兰地区的部分输电线路被大风刮倒的树木截断,导致约1500户家庭停电。受极端天气影响,当天伦敦希思罗机场至少有77架航班被取消,大量航班延误。

四、统计资料

2004—2017年全国气象灾害损失统计见表A.6。2017年各省气象灾害受灾情况见表A.7。1951—2017年全国平均气温和平均降雨量统计见表A.8。

表A.6 2004—2017年全国气象灾害损失统计表

年份	受灾人口 (万人)	死亡人口 (人)	直接经济损失 (亿元)	农作物受灾面积 (千公顷)
2004	31179.223	2248	1352.483	3563.78
2005	35952.35	2710	2223.5	3875.5
2006	40692.25	3473	2507.9	3907.2
2007	38109	2713	2281	4961.7
2008	39399.7	1988.8	3250	3951.2
2009	43685.3	1367	2799.3	4523.9
2010	36601	3918	4413.01	3642.23
2011	43150.6	982.8	3069.1	3211.2
2012	25602.6	1660	3304.7	2289.4
2013	38096.2	1995	4756.3	2895.793
2014	24300.7	849	2953.2	2970.8
2015	18600.3	780	2500	2100.98
2016	16951.5	1600	5000	2622
2017	14383.2	913	2850.42	1847.62

数据来源:气象统计年鉴2004—2017。

表 A.7 2017年各省气象灾害受灾情况

地　区	农作物受灾情况		人口受灾情况			直接经济损失（亿元）
	受灾（万公顷）	绝收（万公顷）	受灾人口（万人次）	死亡人口（人）	失踪人口（人）	
全国总计	1847.62	182.67	14383.2	828	85	2850.42
北　京	0.67	0.01	4.6	7		0.84
天　津						0.01
河　北	71.8	4.29	722	6		46.01
山　西	82.13	5.36	658	5		57.96
内蒙古	391.73	37.61	722.6	16	2	126.15
辽　宁	94.96	5.78	599.4	5		108.46
吉　林	98.31	10.02	362.2	25	13	393.46
黑龙江	155.05	11.07	241.5	7		54.74
上　海						
江　苏	9.07	0.81	77	11		7.88
浙　江	10.73	0.71	112.7			46.12
安　徽	39.98	3.47	347.6	7		21.23
福　建	5.75	0.57	61.4	8		17.03
江　西	44.14	5.53	665.5	18	2	118.23
山　东	85.69	8.64	785.7	2		83.08
河　南	124.7	10.94	1538.5	20	1	58.16
湖　北	143.71	20.08	1254.2	39	1	148.97
湖　南	121.77	13.82	1716.3	95	3	587.95
广　东	28.26	1.07	326.4	25		316.23
广　西	19.6	1.67	357.4	82	8	99.04
海　南	1.08	0.07	88.4			4
重　庆	12.59	0.68	251	47	4	24.12
四　川	21.38	3.2	393.1	143	12	69.56
贵　州	26.73	4.12	531.4	56	12	57.57
云　南	40.66	5	626.2	90	20	72.32
西　藏	1.28	0.25	27.7	9	1	15.53
陕　西	65.11	9.28	687.3	66	3	162.87
甘　肃	77.31	6.6	660.8	20	2	86.32
青　海	27.24	3.08	205.5	17		17.41
宁　夏	17.44	2.95	227.1			11.99
新疆(含兵团)	28.75	5.99	131.7	2	1	37.18

数据来源:气象统计年鉴2017。

表 A.8　1951—2017 年全国平均气温和平均降雨量统计表

年份	平均温度（℃）	平均降水（毫米）	年份	平均温度（℃）	平均降水（毫米）
1951	8.25	544.76	1985	8.76	647.83
1952	7.9	548.37	1986	8.9	569.5
1953	8.0	569.08	1987	9.29	645.38
1954	8.94	719.01	1988	9.21	616.75
1955	9.19	603.99	1989	9.33	605.09
1956	8.55	620.6	1990	9.64	675.07
1957	8.26	604.91	1991	9.36	622.36
1958	8.67	602.77	1992	9.04	603.55
1959	8.76	667.82	1993	9.08	655.73
1960	8.83	620.12	1994	9.7	649.49
1961	9.12	669.24	1995	9.47	628.39
1962	8.77	615.0	1996	9.11	638.87
1963	9.01	601.03	1997	9.62	610.0
1964	8.7	672.46	1998	10.28	713.1
1965	8.8	593.01	1999	10.09	630.96
1966	8.86	585.39	2000	9.53	625.43
1967	8.31	609.9	2001	9.9	603.38
1968	8.55	601.29	2002	10.04	653.71
1969	8.37	624.14	2003	9.81	637.32
1970	8.53	655.87	2004	9.96	603.95
1971	8.77	598.83	2005	9.76	625.54
1972	8.74	591	2006	10.32	590.54
1973	9.13	691.13	2007	10.45	607.95
1974	8.62	618.28	2008	9.89	649.0
1975	9.08	647.39	2009	10.15	570.12
1976	8.35	606.71	2010	9.88	678.72
1977	8.82	624.65	2011	9.66	555.67
1978	9.07	588.55	2012	9.42	672.98
1979	9.07	607.81	2013	10.17	652.85
1980	8.94	626.24	2014	10.12	636.19
1981	8.97	631.55	2015	10.39	650.35
1982	9.23	601.97	2016	10.37	728.53
1983	9.07	673.83	2017	10.39	641.31
1984	8.52	629.85			

数据来源：国家气候中心。